内容简介

本书首先介绍了 ABS 树脂的发展历程、供需情况，然后详细论述了 ABS 树脂及单体的生产、ABS 树脂的组成与特性、相容剂在 ABS 改性中的应用、ABS 树脂品种与专用料以及各种类型的 ABS 树脂合金。附录中列出了各主要公司的 ABS 树脂牌号及性能供参考。本书既包含基础理论，又有具体的应用实例，参考性较强，可供从事 ABS 树脂研发、生产及应用的技术人员参考，也可作为相关院校或企业的培训教材。

图书在版编目（CIP）数据

ABS 树脂及其应用 / 王荣伟等编著. -- 2 版. 北京 : 化学工业出版社, 2025. 7. -- （合成树脂及应用丛书）. -- ISBN 978-7-122-47987-7

Ⅰ. TQ325. 2

中国国家版本馆 CIP 数据核字第20258G15R9 号

责任编辑：赵卫娟　仇志刚　　　装帧设计：王晓宇

责任校对：张茜越

出版发行：化学工业出版社

(北京市东城区青年湖南街 13 号　邮政编码 100011)

印　　装：北京建宏印刷有限公司

787mm×1092mm　1/16　印张 17¼　字数 386 千字

2025 年 11 月北京第 2 版第 1 次印刷

购书咨询：010-64518888　　　售后服务：010-64518899

网　　址：http://www. cip. com. cn

凡购买本书，如有缺损质量问题，本社销售中心负责调换。

定　　价：128. 00 元

“十四五”国家重点出版物
出版规划项目

合成树脂及应用丛书

ABS树脂及其应用

第2版

王荣伟　杨为民　辛敏琦　等 编著

化学工业出版社
·北京·

内容简介

本书首先介绍了ABS树脂的发展历程、供需情况，然后详细论述了ABS树脂及单体的生产、ABS树脂的组成与特性、相容剂在ABS改性中的应用、ABS树脂品种与专用料以及各种类型的ABS树脂合金。附录中列出了各主要公司的ABS树脂牌号及性能供参考。本书既包含基础理论，又有具体的应用实例，参考性较强，可供从事ABS树脂研发、生产及应用的技术人员参考，也可作为相关院校或企业的培训教材。

图书在版编目（CIP）数据

ABS树脂及其应用 / 王荣伟等编著. -- 2版. 北京 : 化学工业出版社, 2025. 7. -- （合成树脂及应用丛书）. -- ISBN 978-7-122-47987-7

Ⅰ. TQ325.2

中国国家版本馆CIP数据核字第20258G15R9号

责任编辑：赵卫娟　仇志刚　　　　装帧设计：王晓宇

责任校对：张茜越

出版发行：化学工业出版社

(北京市东城区青年湖南街13号　邮政编码100011)

印　　装：北京建宏印刷有限公司

787mm×1092mm　1/16　印张17¼　字数386千字

2025年11月北京第2版第1次印刷

购书咨询：010-64518888　　　　售后服务：010-64518899

网　　址：http://www.cip.com.cn

凡购买本书，如有缺损质量问题，本社销售中心负责调换。

定　　价：128.00元　

前言

ABS树脂，全称丙烯腈-苯乙烯-丁二烯共聚物，是一种兼具高强度、高韧性与优良成型加工性能的热塑性高分子材料，在汽车制造、电子电气、建材等领域有着广泛且重要的应用。

《ABS树脂及其应用》第1版于2011年10月正式出版发行，一经问世便获得专业读者的广泛认可和青睐，在ABS树脂专业技术领域的知识交流、学习和技术进步方面，发挥了重要的促进作用。十余年来，国内外ABS树脂行业在技术、生产集中度方面发生了较大变化，为了满足广大科技工作者的需求，化学工业出版社启动了第2版的修订工作。

《ABS树脂及其应用》（第2版）主要对国外ABS树脂行业兼并重组现象进行了分析；对国内新旧ABS树脂企业历史、技术状况作了简单介绍。突出分析了乳液法和本体法工艺涉及的丁二烯橡胶合成、形态和物理性能关系，ABS树脂的组成、结构与物理性能关系；详细介绍了ABS与PC、PVC、PA、PET、SMA等组成合金的性能和应用。另外，还结合部分章节需要，提供了国内外知名ABS树脂牌号的物理性能和应用领域。

在本书编著过程中得到了许多人的支持，如崔伟、吴粮华、缪长喜、王坚、白瑜、田冶、徐建荣、罗明华、宋治乾、李文强、胡沁、周霆、李强、姚斌、胡圳、王芳。在此，再次向他们表示诚挚的谢意。

由于编著者能力和时间有限，书中一定有不全面、不完善之处，请读者多多指正。

编著者

2025年6月

目录

第1章 绪论

1.1 ABS树脂的发展概况

1.1.1 概述

在聚合物生产、加工和应用领域，ABS是取丙烯腈（acrylonitrile）、丁二烯（butadiene）和苯乙烯（styrene）三种单体英文单词首字母组合而成的名称[1]，代表一类热塑性树脂或热塑性工程塑料。ABS树脂是五大通用合成树脂之一。

与其他四大通用树脂［聚丙烯（PP）、聚乙烯（PE）、聚氯乙烯（PVC）、聚苯乙烯（PS）］和苯乙烯-丙烯腈共聚物（SAN）不同，ABS既不是均聚物，也不是简单的共聚物，而是由分散相和连续相构成的聚合物共混物。其分散相是接枝了苯乙烯-丙烯腈共聚物的橡胶颗粒，橡胶相可以是聚丁二烯（PB）、丁二烯-苯乙烯嵌段共聚物（SBR）等；其连续相是苯乙烯-丙烯腈共聚物（SAN），也被称为基体树脂相。所以，ABS是用橡胶增韧SAN所得的共混物。

ABS合成工艺包含橡胶合成（乳液法或溶液法工艺）、橡胶接枝SAN分散相合成、SAN基体树脂合成和/或共混。工业上，实现ABS生产至少要两个步骤：橡胶合成（或外购）、橡胶接枝SAN分散相-SAN串联合成（即本体法ABS树脂生产工艺路线）。而常见的ABS生产工艺是乳液法合成颗粒状橡胶（被称为胶乳）、橡胶再接枝SAN，然后，将接枝了SAN的橡胶颗粒与由其他聚合工艺合成的SAN掺混制成ABS［即乳液接枝-本体（或悬浮或乳液）掺混法ABS生产工艺路线］。不使用胶乳的本体法工艺已是生产高抗冲聚苯乙烯（HIPS）树脂的主要工艺。而针对ABS，仍有很多生产厂采用使用胶乳的乳液接枝-掺混工艺[2]。

ABS是一类常用的非结晶型聚合物。其不仅可被直接注塑、模塑、挤塑成型制成制品，也常被用来与其他热塑性聚合物共混制成合金[3]，如ABS/PC、ABS/PA、ABS/PBT，以及与玻纤共混制成增强材料，还常与SMA、PMMA、PVC和PS共混来改进其自身的耐热性能、加工性能和改善参与共混的聚合物的抗冲击性能。所以，应用上的灵活性、多样性是其重要的特色，是工程塑料高性能化、通用塑料工程化研究中不可缺少的材料。表1-1是从Utracki[4]根据专利文献选择性地罗列的聚合物共混技术开发历史年表中节选的部分与ABS相关的内容。表中各共混物类型中凡列第一位的聚合物是共混物的主要成分。图1-1进一步表明[5]，表1-1中的共混技术开发基本紧随其他热塑性树脂开发，反映了ABS品种、应用的特殊性、多样性。

表 1-1　与 ABS 相关的共混技术开发历史[4]

起始年	共混物类型		
	通用	工程	特种
1946	机械共混 ABS		
1950	接枝 ABS		
1951	PVC/ABS		
1960		PC/ABS	
1961		PA/ABS	
1964			PSF/ABS
1965	CPE/ABS		
1967	PVC/MABS		
1968		PET/ABS/PDMS	
1969		PC/PAES/ABS PC/PSF/ABS	
1970	ABS/PES/PC		
1971		PC/PMMA/ABS	PAR/ABS
1973	ABS/PCL		
1974	PVC/PC/ABS		
1976	PU/ABS-MA	PBT/SEBS/ABS	
1978	ABS/TPU		
1981	SMI/ABS/SAN	PC/LLDPE/ABS PPE/ABS/PA/SMA	
1982		PPE/ABS	PAE/ABS/Phenoxy
1991			PPS/PC/PPE/ABS/SMA

注：Phenoxy 为苯氧基树脂。

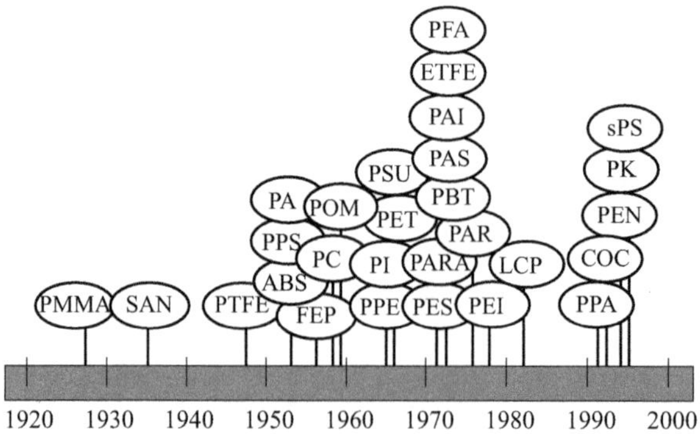

图 1-1　热塑性合成树脂开发历史[5]

PTFE—聚四氟乙烯；FEP—四氟乙烯-六氟丙烯共聚物；PFA—全氟乙烯基醚-四氟乙烯共聚物；ETFE—乙烯-四氟乙烯共聚物；PAI—聚酰胺酰亚胺；PAS—聚芳砜；PARA—聚芳酰胺；sPS—间规聚苯乙烯；PK—聚酮；PEN—聚萘二甲酸乙二醇酯；COC—环状烯烃共聚物；PPA—聚对苯二酰对苯二胺；PET—聚对苯二甲酸乙二醇酯；POM—聚甲醛；PMMA—聚甲基丙烯酸甲酯；SAN—苯乙烯-丙烯腈共聚物；PA—聚酰胺；PPS—聚苯硫醚；ABS—丙烯腈-丁二烯-苯乙烯共聚物；PC—聚碳酸酯；PSU—聚砜；PBT—聚对苯二甲酸丁二醇酯；PI—聚酰亚胺；PPE—聚苯醚；PAR—聚芳酯；PES—聚醚砜；PEI—聚醚酰亚胺；LCP—液晶聚合物

因此，从组成、工艺、应用方面，ABS都展示了其特殊性。人们在发现、认识这些特性过程中，积累了很多经验和知识。

1.1.2 国外ABS树脂发展概况

20世纪20年代中期，采用本体法或溶液沉淀法，在天然橡胶存在下制备冲击改性PS技术雏形就已出现[6]。1946年，United States Rubber Company（美国橡胶公司）用丁腈橡胶（NBR）或SBR与SAN共混制备了非接枝型苯乙烯-丁二烯-丙烯腈共混物[7]。1948年，该公司Naugatuck化学部以Royalite商标名，出售用该共混物压延制成的板材。可是，该类制件的表面易起皱、产生不平整的橘皮效应，且在0℃环境中受冲击易开裂[8]。从物化性能而言，当时所用的SAN和NBR相容性很差。1961年，美国橡胶公司更名为Uniroyal。2000年，美国Spartech公司从Uniroyal公司购得高性能塑料业务[9]。2013年，Spartech公司被普立万收购。2020年，普立万更名为埃万特（Avient）。

20世纪50年代，用合成橡胶制备HIPS和ABS的接枝共聚技术开始出现[10]，而且，悬浮法、乳液法、本体法聚合工艺都被用于HIPS或ABS合成[11-15]。乳液法SAN接枝橡胶被用于ABS的制备后改善了橡胶颗粒与SAN基体树脂的界面张力。特别是，美国Borg-Warner公司Marbon化学部1953年申请了乳液接枝法ABS专利[16]。有趣的是该专利中未提及接枝概念，直到1959年授权的1957年申请专利中才提出此概念[17]。1953年，Marbon化学部进行1万多次的试验后，才得到优化的ABS组成。1954年，又经现场和额外的实验室工作（超过5万个配方试验），才工业化生产可销售的Cycolac系列ABS产品（取名Cycolac与当时环化处理橡胶有关）。该系列产品迅速成为市场主导产品。Cycolac L级产品被用于收音机外壳制作。1956年，因印第安纳州加里市工厂产能太低，所以，在弗吉尼亚州华盛顿市，Borg-Warner公司建起了5500吨/年ABS树脂生产装置。1957年，该装置开始生产Cycolac T系列韧性新产品，T代表韧性，也代表电话，使其成为制作电话外壳材料的工业标准。1958年，Cycolac系列耐热产品推向车用制品市场。随后，开发了PVC改性的阻燃Cycovin ABS专用料和ABS抗冲改性PVC。虽然这些产品未被广泛使用，但粉状的Blendex™改性ABS系列产品被成功开发。还促成了使用小分子阻燃剂替代PVC制造阻燃级Cycolac ABS。Cycolac ABS的许多应用涉及替代金属。而关键是保留金属原有的外观特征，以满足装饰性需求。Borg-Warner公司采用化学沉积法在Cycolac ABS表面涂上了镍金属膜。这层膜可为铜、铬和镍电镀打底。后来，这种非电镀喷镀工艺被许可给了电镀厂。Cycoloy PC/ABS合金试制时，设想要获得透明的合金，但未实现。但该合金的热变形温度却高于ABS。70年代，Borg-Warner公司在开发ABS新品中曾经历失败，如饮料瓶用高丙烯腈含量的Cycopac ABS研发项目，因无法做到残单为零而被迫放弃。80年代，Prevex PPE/ABS合金被列入产品目录。另外，1964年，其合资厂Ube Cycon在日本投运。1966年，其独资厂在荷兰阿姆斯特丹投运，加利福尼亚州工厂开工。1967年，在加拿大和美国伊利诺伊州的多家工厂开工。1981年，密西西比州工厂投运。1988年，GE Plastics公司购并Borg-Warner公司及其ABS技术[10]。1992

年前，BF Goodrich 公司从 GE Plastics 公司购得 Cycovin™ ABS/PVC 业务。2007 年 8 月，SABIC 宣布购并 GE Plastics，将其更名为 SABIC Innovative Plastics[18-20]。

德国 Bayer 公司紧随美国公司，于 1956 年开始生产商品名为 Novodur 的 ABS 树脂。1972 年开始生产用于汽车仪表板的 ABS 树脂。1995 年，购并美国 Monsanto Co.（孟山都）公司在美国、加拿大和欧洲的 ABS 业务。1996—1997 年，购并泰国 Premier Enterpriser 公司和印度 ABS 有限公司 ABS 业务。2004 年，剥离包括 ABS 在内的化学品业务，该业务并入新成立的朗盛（Lanxess）公司。2007 年，INEOS 公司购入与朗盛公司合资企业的大部分股权。随后，将该企业命名为 INEOS ABS[21]。2010 年 11 月，INEOS 和 BASF 共同宣布合资（50/50）成立了一家全球领先的苯乙烯系树脂公司，名称为 Styrolution[22]。2014 年 6 月，INEOS 又宣布将收购 BASF 的 50%股份，独立拥有 Styrolution[23]，同年 11 月完成交易，且 Styrolution 独立运营[24]。2015 年，INEOS 和 Styrolution 的 ABS 业务合并[25]。2016 年，Styrolution 更名为 INEOS Styrolution[26]。

20 世纪 60 年代，Dow 化学公司在美国密歇根州米德兰市建有万吨级 ABS/SAN 树脂生产装置。1979 年至 1980 年间，Dow 化学公司本体法生产的 Magnum™ 系列 ABS 面市[27-29]。Dow 化学公司从事苯乙烯系均聚物和共聚物本体法合成研究已有七十多年历史[30]。其研究内容涉及反应器、设备、流程、配方、聚合物及加工等[15,31-33]，聚合物包括 PS、HIPS、SAN 和 ABS 等。其早期提出的本体聚合的一些基本思路、概念和实施手段沿用至今，如相反转、多釜串联平推流工艺、两级脱挥技术、反应器内无垂直混合的搅拌技术、橡胶颗粒大小及分布和包埋量概念等。这些研究积累使其能在 20 世纪 70 年代初将本体法 ABS 工艺和产品实现工业化和商品化。2009 年 7 月，Dow 化学公司宣布成立 Styron 部门，该部门包括 Dow 化学公司的 PS、ABS、SAN、PC、苯乙烯单体、丁苯橡胶及其乳胶等业务[34]。2010 年 6 月，该部门成为独立的 Styron 公司，随即从 Dow 化学公司剥离，被以 1.63 亿美元出售给了美国 Bain Capital，LLC 公司[35]。2011 年 4 月，Styron 宣布将变更公司名为 Trinseo（盛禧奥），该名是 trins 和 eo 的组合，前者取自 intrinsic，后者是拉丁文动词词根 eo（to go），所以，Trinseo 意为公司产品及技术给顾客带来“内在”价值[36]。2014 年 6 月，Trinseo 在纽交所首次公开发行股票。2015 年 2 月，Styron 才正式将其旗下的分（子）公司更名为 Trinseo[37]。

1.1.3 国内 ABS 树脂发展概况

国内 ABS 研发的设想及其落实始于 20 世纪 50 年代末 60 年代初[38,39]。1962 年，兰化公司合成橡胶厂已在 ABS 用橡胶合成方面解决了冷冻附聚法增大胶乳粒径技术难点，在与日本同行交流中得到印证和肯定。因此，我国 ABS 研发与日本同时起步。

20 世纪 60 年代，兰化公司合成橡胶厂采用 SBR 或 NBR 与 SAN 共混法制备 ABS。后改用橡胶接枝法制备 ABS 用胶乳。其间，最关键的发现是冷冻附聚增大丁苯胶乳粒径的方法，最关键的认识是胶乳颗粒合成是 ABS 合成中的关键技术。同期，上海高桥化工厂（现中国石化上海高桥分公司）也起步展开 ABS 研发。

20世纪70年代中期，兰化公司合成橡胶厂以自有的技术建起了2000吨/年乳液接枝法ABS装置，生产能耐低温（−30℃）的ABS，作为地雷壳原料。据此，形成了较完整的千吨级工艺包技术。同期，上海高桥化工厂也建起了1000吨/年乳液接枝-乳液SAN掺混法ABS装置[40,41]。

20世纪80年代，兰化公司引进了日本三菱人造丝公司ABS生产技术，其中，包括了Zeon公司的乳液法丁二烯聚合（EBR）技术和Daicel公司的悬浮法SAN合成技术[42]，建起了1万吨/年乳液接枝-悬浮SAN掺混法ABS装置。同期，上海高桥化工厂从美国钢铁公司（USS）购进了一套闲置的2.25万吨/年乳液接枝-乳液SAN掺混法ABS旧装置，完成一期1万吨/年装置建设[43,44]。另外，吉林化学工业公司有机合成厂从日本东洋工程公司-三井东压公司（TEC-MTC）引进一套1万吨/年连续本体法ABS装置（1986年签约，1989年年底投产，1991年仅用于生产HIPS）[45]。三套装置能生产注塑级、挤塑（或挤出）级ABS产品，三十多个牌号[46]。

20世纪90年代，吉林化学工业公司试剂厂引进日本合成橡胶公司技术，建成10万吨/年乳液接枝-本体SAN掺混法ABS装置[47]；大庆石化总厂引进韩国味元公司技术，宁波乐金甬兴化工有限公司采用美国通用电气（GE）公司技术，分别建成5万吨/年乳液接枝-本体SAN掺混法ABS装置；盘锦双兴工程塑料公司引进韩国新湖油化公司技术，建成5万吨/年乳液接枝-悬浮SAN掺混法ABS装置；镇江国亨化学有限公司采用中国台湾的国乔公司技术，建成4万吨/年乳液接枝-本体SAN掺混法ABS装置；兰化公司合成橡胶厂对原装置实行改扩建后，实现5万吨/年的ABS生产能力；上海高桥化工厂完成二期1万吨/年装置建设[48-50]。值得一提的是，其间，有许多以掺混法生产ABS的厂家出现，形成了约10万吨/年总产能[38,40,43]。

2000年之后，镇江奇美化工有限公司建成一套25万吨/年乳液接枝-本体SAN掺混法ABS装置[51]；宁波乐金甬兴化工有限公司原5万吨/年的ABS装置改扩建成15万吨/年，后又增能至48万吨/年[52,53]；常州塑料集团和常州新港经济发展有限公司共同投资兴建了10万吨/年乳液接枝-本体SAN掺混法ABS装置；吉林化学工业公司合成树脂厂原10万吨/年的ABS装置改扩建成15万吨/年；大庆石化总厂原5万吨/年的ABS装置改扩建成10.5万吨/年[54]；台湾化纤（宁波）公司建成15万吨/年乳液接枝-本体SAN掺混法ABS装置[55]；中国石化上海高桥分公司建成20万吨/年本体法ABS装置[56]，2002年前关停了原2万吨/年装置[41]；镇江国亨化学有限公司改扩建后ABS装置产能达25万吨/年[53]。2008年，镇江奇美化工有限公司和镇江国亨化学有限公司合并，ABS产能达70万吨/年[57,58]。

纵观六十多年国内ABS研发，正如专家三十多年前指出的那样：取得成果不少，但工业化的不多[59]。国内ABS生产能力建设，经历了20世纪70年代用自我研发技术建千吨级装置，20世纪80年代用引进技术建万吨级装置，20世纪90年代之后继续用引进技术建万吨级装置，并开始利用外资、台资建独资和合资万吨级装置，形成了生产地主要在东北和华东而使用地主要在华南的格局。表1-2中列出了截至2009年底国内ABS生产厂地域分布情况。

表 1-2 国内 ABS 生产厂地域分布（2009 年统计）

企业名称	所在地
中国石油兰化合成橡胶厂	甘肃兰州
中国石油大庆石化公司化工三厂	黑龙江大庆
中国石油吉林石化公司合成树脂厂	吉林
盘锦双兴工程塑料有限公司	辽宁盘锦
天津大沽化工股份有限公司	天津
新湖（常州）石化有限公司	江苏常州
镇江奇美化工有限公司	江苏镇江
中国石化上海高桥分公司	上海漕泾
宁波乐金甬兴化工有限公司	浙江宁波
台湾化纤（宁波）有限公司	浙江宁波

2010 年以来，国内 ABS 树脂生产规模和集中度随需求增长、国家环保政策趋严而进一步地发生变化。天津大沽化工股份有限公司 40 万吨/年乳液接枝-本体 SAN 掺混法 ABS 装置分两期于 2010 年和 2012 年投产[60]。吉林石化公司 40 万吨/年乳液接枝-本体 SAN 掺混法 ABS 装置于 2012 年后分两期投产[61]。北方华锦化学工业集团有限公司 14 万吨/年本体法 ABS 装置于 2010 年底投产，其 5 万吨/年 ABS 装置关停[62,63]。镇江奇美化工有限公司、盛禧奥聚合物（张家港）有限公司分别将各自的 HIPS 装置改造为 5 万吨/年、7.5 万吨/年本体法 ABS 装置[64,65]。乐金化学（惠州）化工有限公司与中海油合资建成了 15 万吨/年 ABS 装置[66]。新湖（常州）石化有限公司经营了十多年的 ABS 装置已停产[67,68]。兰化公司合成橡胶厂退出 ABS 生产[69]。上海华谊聚合物有限公司经营不足十年的一期 3.8 万吨/年装置关停[65,70-72]。随 2016 年以来开展的环保督察工作不断深入，ABS 树脂下游应用企业规模和集中度也在发生改变，这种改变不断促进 ABS 树脂生产厂发展[73]。表 1-3 列出了截至 2023 年初国内 ABS 生产厂、规模、地域分布。其中，广西长科新材料有限公司一期 5 万吨/年连续本体法 ABS 装置于 2019 年底建成试车成功；二期由 6 条线构成的 30 万吨/年连续本体法 ABS 装置于 2023 年 2 月底建成试车成功[74]。山东海江化工有限公司 20 万吨/年 ABS 装置经历了建成、验收手续后[75-77]，于 2020 年前后投产并销售其产品，采用的是乳液接枝-本体 SAN 掺混法工艺。漳州奇美化工有限公司采用乳液接枝-本体 SAN 掺混法工艺建设的 45 万吨/年 ABS 装置（9 条生产线）于 2021 年 9 月初竣工投产[78,79]。利华益利津炼化有限公司采用乳液接枝-本体 SAN 掺混法工艺建设的 40 万吨/年 ABS 装置（9 条生产线）于 2023 年 1 月初竣工试生产[80]。荣盛石化控股的浙江石油化工有限公司 40 万吨/年 ABS 装置于 2023 年 1 月中旬建成投产。中国石油吉化（揭阳）分公司采用乳液接枝-本体 SAN 掺混法工艺建设的 60 万吨/年 ABS 装置于 2023 年 2 月中下旬一次开车成功[81]。至 2023 年 5 月，国内 ABS 树脂产能达 621.5 万吨/年。近几年，广东、广西、福建新增 ABS 产能总和达 170 万吨/年。

表 1-3 国内 ABS 生产厂规模和地域分布（2023 年 5 月统计）[65,82]

企业名称	规模/（万吨/年）	所在地
中国石油吉林石化	60	吉林
中国石油大庆石化	10	黑龙江大庆
中国石油吉化（揭阳）分公司	60	广东揭阳
北方华锦化学工业集团有限公司	14	辽宁盘锦
天津大沽化工股份有限公司	40	天津
中国石化上海高桥分公司	20	上海漕泾
宁波乐金甬兴化工有限公司	75	浙江宁波
台化兴业（宁波）有限公司	45	浙江宁波
浙江石油化工有限公司	40	浙江舟山
镇江奇美化工有限公司	80	江苏镇江
盛禧奥聚合物（张家港）有限公司	7.5	江苏张家港
山东海江化工有限公司	20	山东淄博
利华益利津炼化有限公司	40	山东东营
乐金化学（惠州）化工有限公司	30	广东惠州
广西长科新材料有限公司	35	广西防城港
漳州奇美化工有限公司	45	福建漳州

1.2 ABS 树脂的特性

ABS 是 HIPS 的自然衍生物。PS 中添加了聚丁二烯类橡胶后，其抗冲性能获得了提高，然而其他性能如拉伸强度和弯曲强度却降低了，并失去了透明性，其耐化学性和表面硬度也有一定程度下降。HIPS 中添加丙烯腈后得到的 ABS 在上述性能上得到了显著改善。因此，苯乙烯、丁二烯和丙烯腈单体以化学和物理方式结合，赋予了 ABS 一定的特性，如图 1-2 所示。

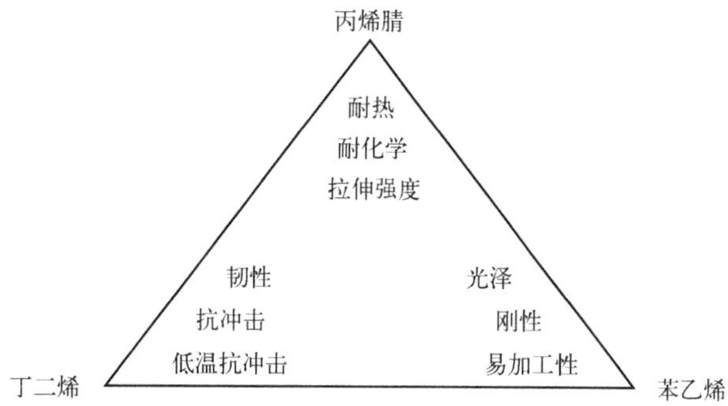

图 1-2 ABS 树脂的组成和特性[83]

1.2.1 物理性能

ABS 树脂有两个基本特性：优异的抗冲击性能和良好的机械强度。其抗冲击性能取决于材料中的橡胶相成分；其强度由连续的基体树脂提供。图 1-3 进一步表明[1,84,85]，ABS 树脂具有与 SAN 和 PS 相近的抗应力特性，又具有 HIPS 和 PB 的屈服形变特性。ABS 树脂特性可概括如下：

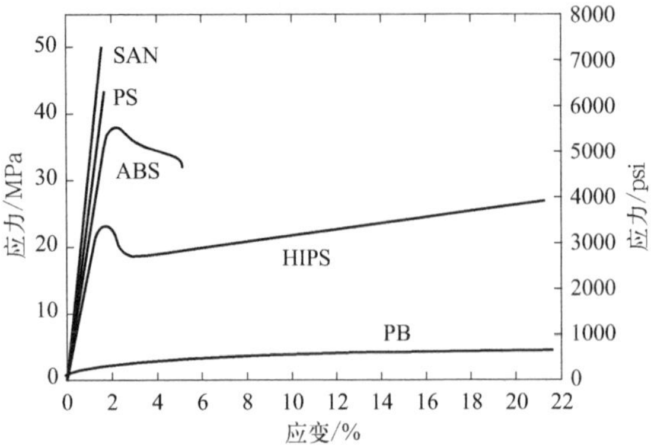

图 1-3 苯乙烯系树脂应力-应变曲线[1,84,85]

① 适中的价格；

② 易加工；

③ 良好的韧性、刚性和力学性能结合性；

④ 可着色性好；

⑤ 良好的尺寸稳定性；

⑥ 无毒；

⑦ 良好的抗水性；

⑧ 优异的耐化学试剂特性。

如上所述，适中的价格是 ABS 树脂特性之一。图 1-4 表明[5]，ABS 价格远比高性能热塑性树脂低；在工程热塑性塑料中，价格与 PET、PMMA 相当，比 PC、PA、PPE、sPS 等低。与图中所有热塑性树脂相比，ABS 产量是最高的。

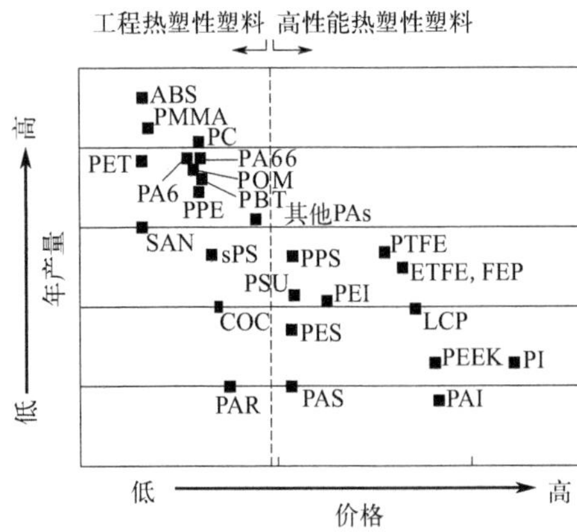

图 1-4 热塑性树脂的产量和价格

1.2.1.1 抗冲击性能和热性能

ABS 不仅有价格优势，而且，如图 1-5 所示，常温和低温抗冲击性能明显比 HIPS 高，与 PC 组成的 ABS/PC 合金常温和低温抗冲击性能以及耐热性能大幅提升，特别是 PC/ABS 合金大幅地改善了 PC 低温抗冲击性能及其可加工性。

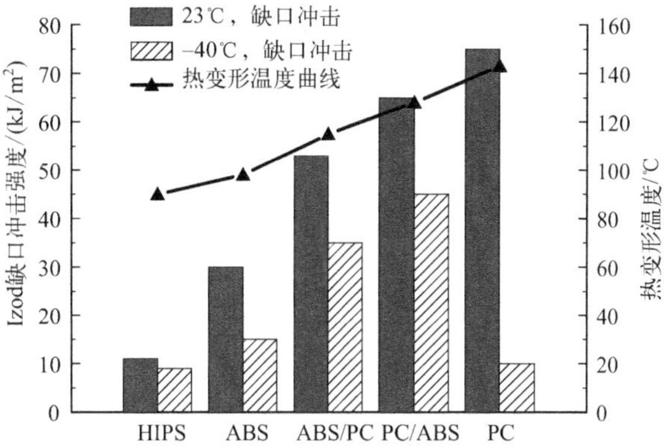

图 1-5　ABS 与其合金及其他树脂抗冲击性能和耐热性能比较

表 1-4 列出了几类 ABS 树脂的物理、力学性能。表中类别可按韧性（中抗冲和高抗冲）、耐热、阻燃、高模量分成四类。

表 1-4　ABS 树脂性能[86]

项目	ASTM 方法	中抗冲	高抗冲	耐热	阻燃	高模量①
Izod 缺口冲击强度/（J/m）	D256	160～270	270～530	75～300	140～320	50～150
拉伸屈服强度/MPa	D638	35～50	30～45	35～60	35～45	63～95
断裂伸长率/%	D638	20～40	25～80	10～60	10～30	2～5
弯曲屈服强度/MPa	D790	55～75	50～75	55～90	55～75	95～160
弯曲模量/GPa	D790	2～3	1.5～2.5	2～3	2.0～2.5	4～9
热变形温度（1825 kPa）/℃	D648	75～90	75～85	90～110	70～80	95～105
维卡软化温度/℃	D1525	100～110	95～105	110～125	85～100	100～110
洛氏硬度	D785	100～115	80～110	105～115	95～105	110～115

① 填充 10%～30%玻纤。

1.2.1.2　电性能

介电强度是表征材料在绝缘状态下所能承受的最高电压。其数值越大，材料绝缘性越好。体积电阻率是衡量单位体积材料在指定温度和湿度下抵抗导电的能力。表 1-5 数据[5,45,87]大致地反映了 ABS 以及部分其他热塑性树脂物理性能指标。

表 1-5　ABS 与其他树脂物理性能对比[5,45,87]

树脂名称	介电强度/(kV/mm)	介电常数	体积电阻率/(Ω·cm)	密度/(g/mL)	热膨胀系数/K^{-1}	吸水率（24h，23℃）/%
ABS	13.8～19.7	3.2	1.0×10^{16}	1.05	80×10^{-6}	0.3～0.7
SAN		2.7	1.0×10^{16}	1.08		0.2～0.3

续表

树脂名称	介电强度/(kV/mm)	介电常数	体积电阻率/(Ω·cm)	密度/(g/mL)	热膨胀系数/K^{-1}	吸水率（24h，23℃）/%
SMA	20	3.3	5×10^{15}	1.07		0.3
聚酰胺66	23.6		1.0×10^{15}			1.5～3.5
PC	15～67	2.9	1.0×10^{16}	1.2	$(66\sim70)\times10^{-6}$	0.1
PP	23.6		1.0×10^{16}			<0.01～0.02
PS	19.7～22.7		1.0×10^{17}			0.03～0.05
HIPS	21.7		1.0×10^{16}			
PSU	17	3.03	5.0×10^{16}	1.24	5.6×10^{-5}	0.3
PES	15	3.54	1.0×10^{17}	1.37	4.9×10^{-5}	0.4
PPS			1.0×10^{16}	1.37		0.1
PMMA	15	3.0	$1\times10^{14}\sim6\times10^{17}$	1.19	8.3×10^{-5}	
PET	17	3.0	$>10^{14}$	1.3～1.43	$(30\sim65)\times10^{-6}$	0.1
PBT	20	3.2	1.0×10^{15}	1.31		0.1
ASTM方法	D149	D150	D257	D792	D696	

1.2.1.3 流变特性

ABS的多相结构决定了其结构与性能关系的特殊性。ABS流变行为与其结构密不可分。在高剪切速率下，其熔体黏度主要由SAN基体树脂相组成和分子量决定，模量曲线与纯SAN一致，橡胶颗粒形态和含量不影响熔体的黏度-温度关系。与之相反，在低剪切速率下，ABS长时间松弛谱受橡胶颗粒间相互作用影响。这种相互作用与橡胶颗粒大小、形态、含量以及SAN接枝密度密切相关。因此，低剪切速率下，ABS流变行为类似于网状交联橡胶；但是，剪切力可以打破这种网状结构[86]。

1.2.1.4 光泽

ABS制品的光泽度可达到从很低的亚光级（<10%）至>95%的高光泽（60° Gardner）。制品光泽度与树脂专用品级、模具或抛光压辊表面有关。低光泽制品生产主要采用以下两种方式：一是采用具有大尺寸橡胶微区或小粒径橡胶颗粒聚集体的特殊ABS；二是添加消光剂。本体法工艺生产的ABS中橡胶颗粒大，制品光泽度低。

1.2.1.5 橡胶颗粒特性

ABS中橡胶颗粒特性与其生产工艺密切相关。图1-6为乳液法和本体法ABS树脂的透射电镜照片。由图可知，乳液法ABS中橡胶颗粒粒径在0.5μm以下，本体法ABS中橡胶颗粒明显比乳液法的大，且明显有包埋SAN现象。因此，橡胶种类、含量、颗粒大小及其分布不同使 ABS 树脂品种、应用呈现多样性。

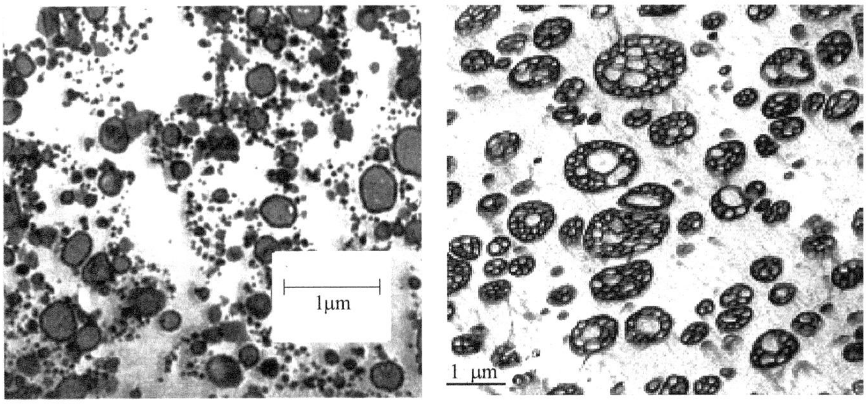

乳液法ABS　　本体法ABS

图 1-6　乳液法和本体法 ABS 树脂透射电镜照片

1.2.2　化学性能

1.2.2.1　耐化学特性

耐化学特性与材料具体使用环境和方式相关。它通常指材料的抗溶剂能力，溶剂可能会引起材料膨胀、应力开裂或化学反应。氰基的存在可使 ABS 与碳氢溶剂、矿物油、蔬菜油、蜡的相互作用减弱。作为家用制品材料，ABS 具有优异的耐颜色污染特性，如耐咖啡、葡萄汁、牛血污染。与其他聚合物材料相同，ABS 与化学试剂接触会发生应力开裂。注塑成型条件对 ABS 耐化学特性也有较大影响，这种影响与其品级有关。从表 1-6 溶剂浸泡试验结果看，本体法和乳液法 ABS 耐化学试剂特性基本相同，两者在冰醋酸中软化。HIPS 溶解在柠檬油中[45]。

表 1-6　经各种溶剂浸泡后 ABS 和 HIPS 拉伸强度保持率[45]　　单位：%

试剂	本体法 ABS	乳液法 ABS	HIPS
煤油	100	100	
锭子油	100	100	
甲醇	86	89	100
乙醇	99	99	98
异丙醇/正庚烷（体积比 1∶1）	98	98	89
异丙醇/邻二甲苯（体积比 1∶1）	100	99	99
邻苯二甲酸二辛酯	100	99	99
生菜油	99	100	100
乙二醇	100	99	100

续表

试剂	本体法 ABS	乳液法 ABS	HIPS
柠檬油	91	100	溶解
润滑油	100	99	100
冰醋酸	软化	软化	98

1.2.2.2 加工稳定性

高温注塑成型时橡胶颗粒的聚集是形貌变化的明显特征。物理作用，如取向和模塑会导致内应力，对制品力学性能产生影响。因此，加工参数的合理选择和控制对优化模塑件性能至关重要。添加抗氧剂有助于加工时保持材料物理性能。

一定加工条件下，制品外观变化是以颜色变化、光泽度变化和表面缺陷为主要特征。挤塑、模塑时降低温度可以使变色程度降至最低。表面缺陷的形成往往与沿熔体流动方向的牵伸有关，还与湿气、包裹的空气、气态降解物质有关。合理的干燥条件可以克服湿气引发的表面缺陷。

1.2.2.3 热氧化稳定性

ABS 中橡胶（PB 和/或 SBR）相比 SAN 更易氧化，会因氧化而交联变脆，使 ABS 抗冲击性能下降。SAN 接枝物会因氧化而从橡胶颗粒上脱落，使 ABS 抗冲击性能下降。另外，着色剂对 ABS 抗氧化性能有不利的影响。抗氧剂可以明显地改善 ABS 热氧化稳定性。

1.2.2.4 光氧化稳定性

除热氧化稳定性，橡胶相同时还面临光氧化稳定性问题。光氧化降解一般发生在制品的外层。光辐射导致的制品颜色泛黄与橡胶相和 SAN 基体树脂相中有色基团形成有关。添加光稳定剂、着色剂以及采用保护性涂层和涂膜技术都是提高户外应用制品光氧化稳定性的有效手段。

1.2.2.5 阻燃性

ABS 阻燃性通常借助添加含卤添加剂和氧化锑或采用与 PVC 或 PC 共混形成合金的方法获得。比较新的方法是将含溴化合物接枝到聚合物分子链上实现阻燃。

1.3 ABS 树脂品种和牌号

ABS 树脂问世之后，从生产工艺上，曾被分成两类：机械共混（B 型）和接枝共混（G 型）[1]。虽然 B 型 ABS 因性能差而退出了历史舞台，但原美国橡胶公司用于 B 型 ABS 产品的 Royalite 商标名却被美国 Spartech 公司继承、沿用，且用于其挤塑级热塑性板材的命名[88]。20 世纪 60 年代初，美国主要有四家 G 型 ABS 生产商[1]：孟山都、美国橡胶公司、Borg-Warner公司、BF Goodrich Chemical Co.，其生产的ABS树脂品种见表1-7。表1-7表明，最初ABS品种分类比较简单，牌号也不多，有的既适合注塑成型，又适合挤塑成型。值得一提的是，Borg-Warner公司较早地开发了用于与PVC共混的ABS专用料。

表1-7 20世纪60年代初美国生产的ABS树脂品种[1]

品种	公司	牌号
注塑级	孟山都	Lustran I710、I720、I610、I410、I420、210、I220
	美国橡胶公司	Kralastic MH、MHA、MHB、MV、K-2983（都可用作型材）
	Borg-Warner公司	Cycolac H（可用作板材）、GSM（可用于吹塑）、T、X-27、X-7，Cycolon AM、DM
	BF Goodrich Chemical Co.	Abson 89015（板材也可）
挤塑级	孟山都	Lustran I761、I461、I261
	美国橡胶公司	Kralastic SR、SRA、SRB、K-2540（压延也可）、400（管材）
	Borg-Warner公司	Cycolac L（型材和压延）、GSE（压延也可）、SF（型材）、B（管材）、LL（管材）、C（管材），Cycolon AE（型材可用）、DE（型材可用）
	BF Goodrich Chemical Co.	Abson 89016（型材可用）、89017（注塑可用）、810X17（压延可用）
专用料	Borg-Warner公司	Blendex 101、201、301、401，粉状，用于与PVC共混

随着ABS生产技术日趋成熟和市场需求增加，ABS生产厂日益增多，品牌、用途也呈多样化发展。特别是，20世纪70年代晚期至80年代初，除通用级外，形成了与用途相关的阻燃级、电镀级、高光泽级、低光泽级（或表面无光泽级）、耐热级、透明级、结构发泡级、玻纤增强级等ABS专用料品种[90-93]，其品种及性能见表1-8。表1-8表明[89]，除玻纤增强、导电品种外，原Borg-Warner公司ABS树脂产品覆盖其余所有品种。采用本体法工艺，只能生产四个无需共混工序的品种。原Dow化学公司生产经营状况随其乳液法工艺装置和共混装置的建成而得到改善[94-96]。因此，共混在ABS树脂生产中起着重要作用。

表1-9列举了部分公司的部分ABS树脂品种和牌号。部分欧美公司的ABS牌号与其性能、用途、产地、客户区和经营方式相关[21,56]。INEOS Styrolution公司现同时拥有Absolac、Lustran、Novodur和Terluran品牌的ABS树脂及其共混合金产品，其产地分布于北美、欧洲、亚洲等地。与原Dow化学公司相比，Trinseo公司的ABS树脂无论是产量和品种都大幅缩减。

表 1-8 ABS树脂品种及其性能[46,89]

性能	ASTM方法	阻燃级，模塑和挤塑			ABS/PC注塑和挤塑	注塑级					挤塑级	电磁干扰屏蔽（导电）		
		ABS	ABS/PVC	ABS/PC		耐热	中抗冲	高抗冲	电镀	20%玻纤增强		20%PAN基碳纤维	20%石墨纤维	40%铝屑
拉伸断裂强度/MPa	D638	34～55	40	47～64	49～51	34～52	38～52	30～43	41～44	76～90	17～55	103～110	105～109	29
断裂伸长率/%	D638	5～25		50	50～65	3～30	5～25	5～75		2～3	20～100	1～2	2.0～2.2	5
拉伸屈服强度/MPa	D638	28～51	30～39	58～62	24～59	30～48	35～45	18～41			30～44			
拉伸模量/GPa	D638	2.2～2.8	2.2～2.3	2.5～3.1	2.4～2.6	2.1～2.5	2.1～2.8	1.0～2.4	2.3～2.6	5.1～6.1	0.9～2.9	12.4～13.8	11.4	2.6
弯曲强度/MPa	D790	62～99	55～66	83～94	83～90	66～90	49～90	37～76	73～79	97～121	28～99	159～173	159	54
弯曲模量(23℃)/GPa	D790	2.1～2.8	2.2～2.4	2.4～2.7	2.2～2.6	2.1～2.8	2.1～2.8	1.2～2.6	2.4～2.7	4.5～5.5	0.9～3.0	11.7～12.4	10.8	2.8
Izod缺口冲击强度(3.2mm厚样条)/(J/m)	D256A	160～640	347～560	219～560	342～560	107～347	160～320	320～496	267～283	64～75	96～640	53	69	107
线性热膨胀系数/(10^{-6}/℃)	D696	65～95	46～84	67	62～72	60～93	80～100	95～110	47～53	20～21	60～130	18	20	40
热变形温度(1.82MPa)/℃	D648	91～107	82	100～105	111～116	105～116	94～105	96～102	96～102	99～105	77～105	102～107	102	100
相对密度	D792	1.16～1.21	1.20-1.21	1.2～1.23	1.07～1.12	1.05～1.08	1.03～1.06	1.01～1.05	1.06～1.07	1.18～1.22	1.02～1.06	1.13～1.14	1.17	1.61
吸水率（24h，3.2mm厚样条）/%	D570	0.2～0.6		0.24	0.21～0.24	0.20～0.45	0.20～0.45	0.20～0.45		0.18	0.20～0.45	0.17	0.15	0.23
供货商		b，d，f	b，d，f	d，g	d，g	b，c，d，e，h	a，b，c，d，e，f，，h	a，b，c，d，e，f，h	b，d，i	f，j，k，l，m，n	a，b，c，d，e，f	j，n	l	l

注：a为Bamberger；b为Monsanto；c为Shuman；d为Borg-Warner；e为Dow Chem.；f为Schulman；g为Mobay；h为Montedison；i为USS Chem；j为RTP；k为LNP；l为Thermofil；m为Washington Penn；n为Wilson-Fiberfil。

表 1-9 部分公司的部分 ABS 树脂品种和牌号[97-102]

品种	公司	牌号
通用级高流动	INEOS Styrolution	Terluran GP-22、GP-35，Absolac 300、380
	SABIC Innovative Plastics	Cycolac MG47（F）、MG47N、MG47U、MG94、MG94U
	Trinseo（盛禧奥）	Magnum 8931、A156
	LG Chem	HF380
	奇美实业	Polylac PA-737，PA-716，PA-757H，PA-746
通用级高抗冲	INEOS Styrolution	Terluran HI-10，Absolac 120、140，Novodur E 502
	SABIC Innovative Plastics	Cycolac MG38（F）、MG38N、MG38U
	Trinseo（盛禧奥）	Magnum 3513、A371
	LG Chem	HI121H，HI100
	奇美实业	Polylac PA-717C
超高抗冲	INEOS Styrolution	Absolac 100，Novodur 532
	SABIC Innovative Plastics	Cycolac MG29
	Trinseo（盛禧奥）	Magnum 3904
	奇美实业	Polylac PA-747、PA-709
电镀级	INEOS Styrolution	Absolac 200EP，Novodur P2MC
	LG Chem	MP211、MP220、MP230
	奇美实业	Polylac PA-727、PA-726M
阻燃级	SABIC Innovative Plastics	Cycolac FR-15、FR-15U、FR-23
	LG Chem	AF312A、AF365、AF332
	奇美实业	Polylac PA-763、PA-764、PA-765
挤塑级	INEOS Styrolution	Terluran SP-6，Novodur 530
	SABIC Innovative Plastics	Cycolac EX39（F）、EX58（F）
	Trinseo（盛禧奥）	Magnum 3404、A290、A440
	LG Chem	RS650，SH610A
	奇美实业	Polylac PA-747R、PA-747F、PA-709S
高耐热	INEOS Styrolution	Lustran Elite 1891、1827，Absolac XT104 PM
	SABIC Innovative Plastics	Cycolac X11、DL100、DL100LG、DL200H
	LG Chem	ER461，XR401
	奇美实业	Polylac PA-777C、PA-777B、PA-777D、PA-77NB

国内 ABS 树脂的生产始于 20 世纪 60 年代[103]。1975 年，兰化公司合成橡胶厂建成于 1970 年的 2000 吨/年乳液接枝法 ABS 装置正式投运[48]。1978 年，上海高桥化工厂建成 1000 吨/年乳液接枝-乳液 SAN 掺混法 ABS 装置，1986 年，该装置实际生产能力达到 2000 吨/年。按照当时的企业标准，兰化公司合成橡胶厂装置可产耐寒型 H02、通用型 T02-1 和 T02-2 三种牌号；上海高桥化工厂装置可产中抗冲 R-102、高抗冲

R-103、超高抗冲R-104三种牌号[104]。

随着兰化公司合成橡胶厂、上海高桥化工厂相继引进国外技术建成万吨级ABS装置，国内生产的ABS树脂品种和牌号开始丰富起来。表1-10列出了当时部分用引进技术建成的ABS装置所能生产的品种和牌号[38,45,48]。以上这些早期自产和引进的牌号中，或因装置原因或因受进口品牌和合资独资品牌冲击，大部分牌号现已退出市场或被性能更好的牌号所替代。目前，国内主要ABS生产厂及其主要牌号如表1-11所示。以广州金发科技发展有限公司和上海锦湖日丽塑料有限公司为代表的塑料共混加工企业所产ABS牌号未列入其中。

表1-10 20世纪80年代末和90年代初国内生产的部分ABS品种和牌号[38,45,48]

品种	公司	牌号
通用型	兰化公司合成橡胶厂	701，301，101，102
	上海高桥化工厂	IMT-100，ISH-100，IH-100
	吉化公司有机合成厂	GT-12，ST-42
高流动型	兰化公司合成橡胶厂	F-3
	吉化公司有机合成厂	GT-11，ST-31
挤出型	兰化公司合成橡胶厂	E-1，E-3，E-7
	上海高桥化工厂	EM-100，EH-100，EHL-100，ESH-100
	吉化公司有机合成厂	ET-70，ST-52
耐热型	兰化公司合成橡胶厂	T-2，T-332，T-5
	吉化公司有机合成厂	GT-10，ST-30
耐寒型	兰化公司合成橡胶厂	G-8
电镀型	兰化公司合成橡胶厂	301M
	上海高桥化工厂	PIH-100
阻燃型	兰化公司合成橡胶厂	V-1，V1M
专用型	兰化公司合成橡胶厂	H-08，SHI-01，SHI-02，SHI-04，IM-1，IM-2

表1-11 国内主要ABS生产厂及其主要牌号

公司	牌号
中国石化上海高桥分公司	275，8391，8434，3513，3504
中国石油吉林石化	0215A
宁波乐金甬兴化工有限公司	HI-121H
中国石油大庆石化	750A，750
新湖（常州）石化有限公司	AC-800，AC-810
镇江奇美化工有限公司	PA-757K，PA707K，D-180，D-190
盘锦双兴工程塑料有限公司	CH510，MABS275，MABS8434
台湾化纤（宁波）有限公司	AG15A1，AG15E1，AG12A1

1.4　ABS 树脂国内外供需变化

1.4.1　ABS 消费量

ABS 树脂生产始于美国。1958 年，美国 ABS 消费量为 9000 吨。到 1964 年，已有四家公司投身 ABS 生产经营业务（如表 1-7 所列）[1]。图 1-7 为美国历年 ABS 消费量[1,47,65,95]。由图 1-7 可知，1973 年之前，美国 ABS 消费量一路上升；随后，有一短期回落；紧接着有上升；1979 年之后，有三次回落。到 1994 年，其消费量达到峰值；而后，又开始缓慢下降。受 2008 年金融风暴影响，2009 年其消费量处于十多年来的最低值。之后几年稍有回升，基本维持在年消费量 40 万～50 万吨左右[105-108]。

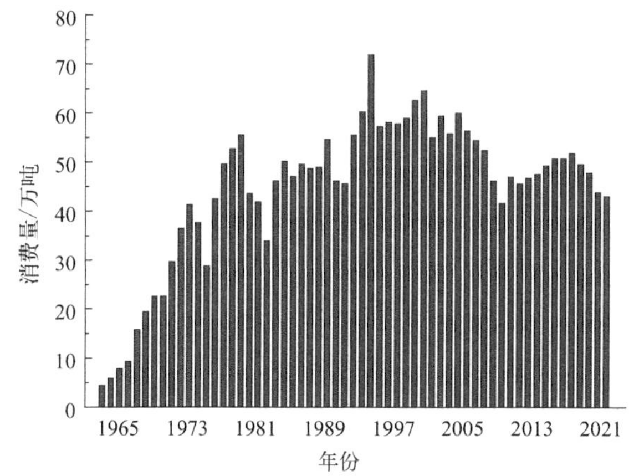

图 1-7　美国历年 ABS 消费量

与美国情形不同的是，世界 ABS 总消费量却不断上升。图 1-8 为全球历年 ABS 消费量[47,51,65,95,107,109-111]。由图 1-8 可知，2021 年，世界 ABS 总消费量已超过 1000 万吨。导致这一反差的原因是国内需求的快速增长引领了亚洲需求增长，亚洲需求增长又

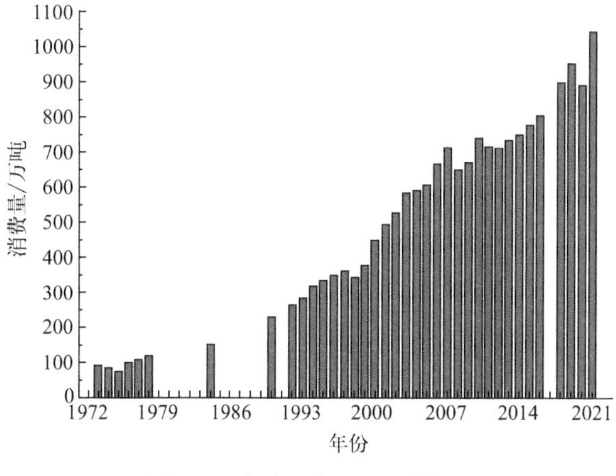

图 1-8　全球历年 ABS 消费量

引领了世界 ABS 需求增长。并且促使全球 ABS 产能持续向亚洲转移。2021 年亚洲地区 ABS 产能 965.4 万吨/年，消费量 815.9 万吨，分别占当年全球总产能（1177.5 万吨/年）的 82%和总消费量（1037.8 万吨）的 78.6%[107,111-113]。

与全球 ABS 消费量历年走势类似，国内 ABS 年消费量分别在 2008 年和 2012 年出现两次短期回落，总体保持增长态势，见图 1-9。

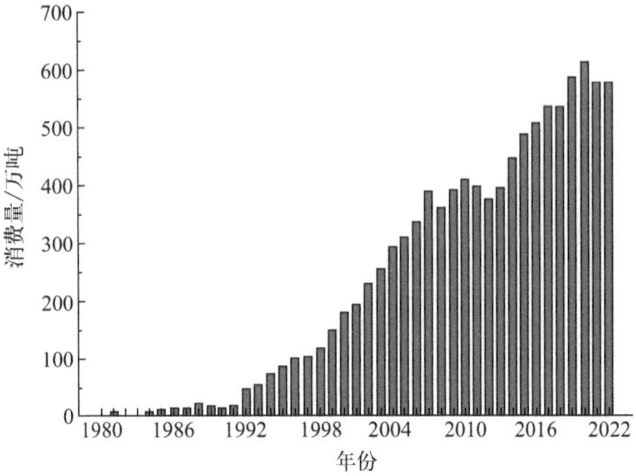

图 1-9 国内历年 ABS 消费量[38,47,48,59,107,108,113-117]

1.4.2 ABS 产量

图 1-10 为美国历年 ABS 产量[1,47,65,95,107,108]。图 1-7 和图 1-10 对照表明，美国 ABS 消费量与产量变化基本吻合。特别是，经 30 多年的兼并重组，美国本土公司或退出或缩减或转让 ABS 生产经营业务[20,118]。SABIC Innovative Plastics 分别在美国密西西比州和伊利诺伊州、墨西哥坦皮科保留了 Cycolac 牌号 ABS 生产装置[119]，现仍是美国最大 ABS 生产商。2018 年 8 月，LyondellBasell 宣布完成对美国 A. Schulman, Inc. 的购并，将其与原有的聚合物共混业务合并成立独立运营的 Advanced Polymer Solutions 事业部。至此，A. Schulman, Inc. 在美国的 ABS 树脂

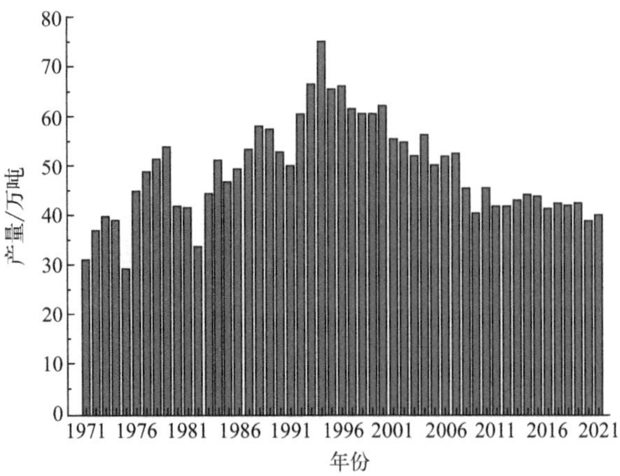

图 1-10 美国历年 ABS 产量

生产和经营由该事业部接管[120,121]。除此之外，INEOS Styrolution 和 Trinseo 公司在美国仍有 ABS 树脂生产和经营。以上四家公司在美国的 ABS 树脂总产能约 46 万吨/年。

与美国情况相反，国内的 ABS 产量不能满足消费需求（如图 1-9 和图 1-11 所示）。图 1-12 进一步说明，国内 ABS 生产能力建设从 20 世纪 90 年代开始，受国家政策鼓励[115]，国内企业、境外企业或投资或合资建起了多套 ABS 装置，并在 2002 年、2007 年和 2012 年产能分别超过 100 万吨/年、200 万吨/年和 300 万吨/年。2017 年国内 ABS 生产能力与产量已基本持平。虽然国内 ABS 产能、产量和自给率增速显著，但至今，ABS 年进口量仍在 100 万吨以上。2022 年，国内 ABS 自给率为 76%，进口量为 137.4 万吨[107,117,123]。国内多位人士从各自角度对产生这种局面的原因进行过分析[48,59,65,124,125]。据统计，2020—2024 年国内 ABS 产量增长 150 多万吨，增幅 37%，但产能利用率逐年下降，由 93%降至 61%。

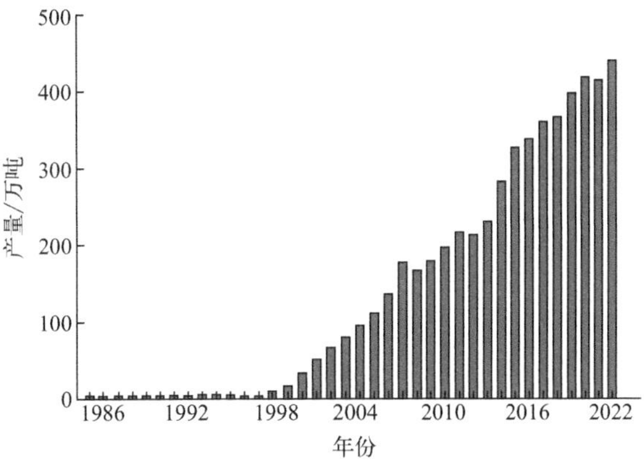

图 1-11 国内历年 ABS 产量[47,48,51,115,117,122]

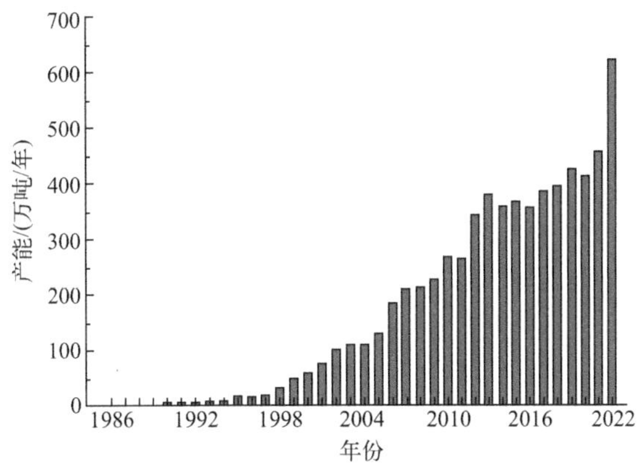

图 1-12 国内历年 ABS 生产能力[47,48,51,81,115,117,122]

图 1-13 为国内近二十年来引进本体法和乳液法技术建起的 ABS 装置年开工率对比[61-63,69,117,126-130]。中国石化上海高桥分公司本体法 ABS 装置开工率在 2007 年至 2021 年期间有 7 年在 60%～70%波动，相当于有一条生产线是处于停工闲置状态；

另有 7 年在 80%～95%波动。北方华锦化学工业集团有限公司本体法 ABS 装置开工率在 2010 年至 2017 年间有 6 年不足 50%，相当于有一条生产线处于停工闲置状态；2017 年之后开工率超过 60%，2020 年超过 100%。天津大沽化工有限公司乳液法 ABS 装置开工率在 2010 年至 2017 年间只有 2 年不足 50%；自 2015 年以来，均超过 90%。2020 年达到 120%。显然，天津大沽乳液法 ABS 装置运转、开停车灵活性、品种变换、产品营销方面优于上海高桥和北方华锦本体法 ABS 装置。本体法 ABS 装置开工率不仅受国内 ABS 树脂结构性产能过剩、下游用户需求变化影响，而且还受专用橡胶品种供应、单线规模过大（导致开停车和牌号切换产生过渡料多）、产品单一等因素影响和制约。另外，两种工艺都有橡胶接枝、再与基体树脂 SAN 共混后制成 ABS 树脂过程，不同点在于，对接枝用橡胶有特殊要求的本体法工艺，国内两家生产厂把该种橡胶生产剥离了出去，导致专用橡胶供应和品质不受控。再者，后续接枝橡胶与 SAN 共混在聚合釜内完成，因黏度大，橡胶用量受限，从而使本体法产品品质和品种受限，最终使本体法工艺的产能不能被充分利用。因此，ABS 树脂的重要特征是聚合物共混，这一特征赋予了 ABS 树脂品种和性能以及后加工和应用的多样性。换言之，ABS 树脂生产厂要有后续共混改性加工能力，以使 ABS 产品适应用户需要。

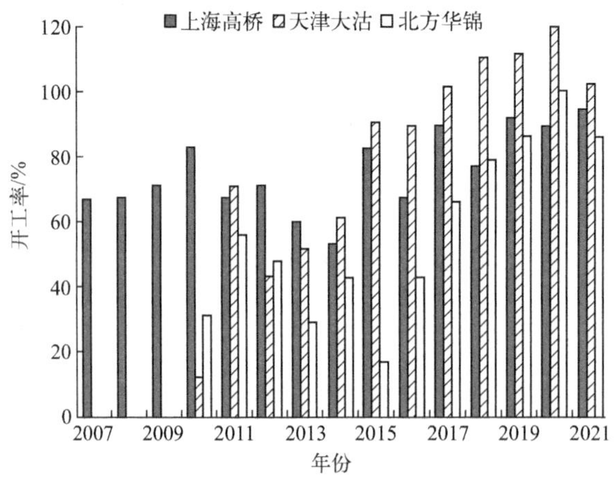

图 1-13 引进本体法和乳液法技术建起的 ABS 装置年开工率对比

表 1-12 进口 ABS 主要来源及其份额 单位：%

年份	2009	2010	2012	2013	2014	2015	2016	2017	2019	2020	2021
中国台湾	46.8	50.0	50.8	51.51	50.21	51.44	51.24	50.06	41.7	41.7	41.5
韩国	33.7	32.4	34.0	35.18	34.39	34.74	34.70	32.87	29.4	32.4	30.0
马来西亚	6.7	6.2	5.0	4.22	4.03	4.29	4.86	5.37	10.7	10.7	11.1

表 1-12 为进口 ABS 主要来源及其份额[82,117,126,131]。表中数据进一步表明，2009 年以来，中国台湾、韩国和马来西亚是 ABS 的主要来源地。尤其是，中国台湾已占进口 ABS 份额 40%以上；韩国份额从 2009 年开始保持在 30%上下；马来西亚份额从

2009年后超过日本。另外，多年来，华南地区进口ABS占ABS总进口量的80%，且ABS进口料为目前难于生产的专用料，其贸易方式以来料加工为主[51,82,124,126]。

1.4.3 ABS应用

1.4.3.1 美国

自1948年美国橡胶公司推出机械共混型Royalite系列ABS和1954年美国Borg-Warner公司Marbon化学部推出乳液接枝型Cycolac系列ABS后，至1963年，美国ABS年消费量就达到了近5万吨[1]。这一方面归功于生产技术进步，另一方面更应归功于对应用开发和标准制定的重视。两方面结合使ABS品种和应用领域迅速地趋于多样化。当时，美国ABS主要应用市场是汽车；家用电器，如冰箱、真空吸尘器、电吹风机、便携式搅拌器等；机架和机盖，如商用机器等；行李箱；电话机；电子产品；管子和管道；包装；手提盒；小船外壳；鞋跟；电镀塑料。其中，管子和管道是最先开发的ABS应用领域，始于20世纪40年代。1951年，为与金属管件争市场，美国塑料制品生产商联合美国塑料工业协会成立了热塑性塑料管件分会，负责制定塑料管子和配件的尺寸和性能标准。1954年，美国国家卫生基金会（NSF）发起了测试计划，以保证用户所使用的塑料管子适合饮用水的输送和符合商业标准的规格。凡符合这些强制性要求和通过NSF测试的厂商都可以在其产品上加盖NSF批准印章。1955年之后，塑料管件工业界纷纷效仿。ABS被制成管子和配件后，主要用于燃气配送、自来水配送、油田管道、电器绝缘套管、化学工业用管道以及民用排污、下水道、通风管道等。

汽车市场是当时ABS应用的重点开发领域。1963年，美国汽车工业消费了7200吨ABS。每辆轿车使用约1.13公斤ABS，主要用于扶手和仪表板制造。除此之外，运动车型的变速箱、空调格栅、方向盘表皮等也采用ABS制作。

20世纪80年代，美国ABS应用领域基本划分为：家用电器、运输工具、管子和管道及其配件、电器/电子部件，以及包括改性剂、共混物、医用电器、包装等在内的其它应用[50,51]。对照20世纪60年代可见，虽然ABS在美国的消费量是稳步上升的，但其应用领域基本没变。20世纪80年代末以来，各应用领域的消费量相对稳定。因此，下游产业（如汽车业、建筑业、电子电器业等）的稳定、成熟需求是刺激和引领ABS在美国消费面和消费量增加的重要因素[50,51,106,132]。

表1-13为部分车用Magnum系列ABS及汽车公司标准号[133]。由表可知，美国Trinseo公司继承、沿袭了Dow化学公司按有关汽车公司要求开发的Magnum系列ABS产品生产和经营。表1-14为INEOS Styrolution部分车用ABS牌号[134]。该公司将ABS应用分为汽车内、外饰件两部分，且按地域区块生产不同车用ABS牌号，其Absolac系列ABS产品也有车用型号（未被列入表中）。很显然，上述两家公司长期牢牢地掌握着ABS树脂车用领域。换言之，无论公司如何购并、重组，ABS树脂车用高端牌号生产和应用技术都不会轻易地许可或转让给欧美以外的公司。

表 1-13 部分车用 Magnum 系列 ABS 及汽车公司标准号

牌号	公司及其标准号			
	GM	FORD	CHRYSLER	Volkswagen
342 EZ	GMW15572P-ABS-T1	WSS-M4D483-C1	MS-DB-200 Type A	
		WSS-M4D827-A3		
347 EZ	GMW15572P-ABS-T1		MS-DB-200 CPN3457	
			MS-DB-200 CPN508	
357 HP	GMW15572P-ABS-T2	WSS-M4D690-B1	MS-DB-191 CPN1734	VW TL527B
			MS-DB-191 CPN3826	TL527
			MS-DB-300 CPN4412	TL527 Type A
			MS-DB-300 CPN4573	
375 HH			MS-DB-300	VW-TL527
			MS-DB-191	VW-TL527A
				VW-TL527B
3416 SLG	GMW15572P-ABS-T1			VW-TL527A
	GMW15572P-ABS-T2			VW-TL527B
1150 EM			MS-DB198-TYPE B	
1250 BG	GMW15572P-ABS-T8		MS-DB-300 CPN4262	
3325 MT	GMP. ABS. 003	WSK-M4D827-A	MS-DB-191 Type A	
	GMW15572P-ABS-T2	WSS-M4D827-C1		
		ESB-M4D483-A2		
		WSS-M4D483-C1		
8434	QK002022	WSS-M4D827-A3		VW-TL527A

表 1-14 INEOS Styrolution 部分车用 ABS 牌号

主要牌号		类型	应用
外饰件	Terluran GP-22	通用（全球三区块生产）	后视镜、散热格栅等
	Novodur HH-106	高耐热	灯罩、外饰件、装配架等
	Novodur H-702	高耐热、高流动	气流偏导板、外饰件等
	Novodur HH-112	超高耐热（全球三区块生产）	灯罩、外立柱、外饰件
	Novodur H802	超高耐热	灯罩
	Novodur HH-106 G1	4%玻纤增强、高耐热	外立柱
	Novodur HH-106 G2	8%玻纤增强、高耐热	外立柱、气流偏导板
	Novodur P2HGV	16%玻纤增强	外立柱、气流偏导板
内、外饰件	Novodur H801	高抗冲	灯罩、气流偏导板、装配架、门板
	Novodur P2MC	高流动、电镀级	电镀饰件、中控台
内饰件	Novodur H605	耐热、超高流动	立柱、座椅饰件
	Novodur H701	高耐热	门板、门板把手、立柱等

1.4.3.2 国内

国内六十多年ABS树脂发展进程中，前二十年是以乳液法工艺研究为主，产品主要为国防建设需求服务[38]。伴随电视机、收录机、录像机、冰箱、洗衣机等家电开始在国内普及，1980年，国内ABS消费量超过1万吨，产量为3020吨[48]。如表1-15所示，20世纪80年代末，国内ABS消费结构基本形成，且以电子电器为龙头的消费格局持续了三十多年。这得益于：家用电器出口；家用电脑和个人通信工具普及和更新换代速度加快；家用电器更新换代；国内农村市场开发。

表1-15 国内ABS消费结构[69,107,108,126,135] 单位：%

年份	1989	1990	1994	2000	2008	2014	2020	2021
电子电器	79.0	76.6	75.0	76.2	78.1	60	63	62
轻工产品	12.4	13.8	15.0	14.2	9.2	20	17	18
运输工具	3.8	4.2	4.0	7.6	9.9	10	10	11
其他	4.8	5.4	6.0	2.0	2.8	10	10	9

另外，小轿车进入家庭后，运输工具领域中ABS消费量和所占份额悄然同步上升。这种潜在性的消费结构变化是值得关注的。就ABS生产而言，与国外厂家不同的是，国内厂家的车用ABS牌号很少。这一方面缘于其不了解汽车行业的需求和要求，因而未能与汽车厂家长期合作开发ABS专用料；另一方面，受限于自身ABS生产装置和营销方式的局限性[136]。由此涌现了金发科技股份有限公司、上海锦湖日丽塑料有限公司和上海普利特复合材料股份有限公司等一批以ABS为原料的聚合物共混企业。这类企业在ABS生产商与车企间架起了桥梁。表1-16是上海锦湖日丽塑料有限公司部分车用ABS产品[137,138]。该公司有60%的后加工ABS及PC/ABS用于汽车零部件。2025年，该公司在上海、广东、泰国三基地总产能将达20万吨/年以上，销售总额将超30亿元。

表1-16 上海锦湖日丽塑料有限公司部分车用ABS产品

主要牌号	类型	应用	Volkswagen车用标准
ABS710	高刚性	散热格栅及保险杠、外门把手、轮毂盖	
ABS713	耐热	仪表板	
H2938P	耐热	门板、仪表板、散热格栅	VW-TL527A
HU600-P	高耐热	门板、仪表板	VW-TL527B
BM510	高抗冲	尾翼	
HU650M	高耐热	内后视镜、遮阳板、立柱饰板	
ABS730	较高流动性	外后视镜	VW-TL527
HU600	高耐热	尾灯、门板、遮阳板	VW-TL527B

从以上ABS生产厂和汽车用户关系分析表明，国内ABS生产厂一般都不拥有成系

列、针对车用的 ABS 牌号以及后加工 ABS 共混物牌号，不掌控车用 ABS 应用和营销条件，多依附于以 ABS 为原料的聚合物共混企业来间接实现其生产的 ABS 在汽车上的应用[139,140]。这种局面的出现再次证明了 ABS 是聚合物共混物的重要特征。其品质可以在后加工中提升，也必须在后加工中进一步地优化性能、增加多样性，满足最终用户要求，同时提高产品附加值和企业利润。

参考文献

[1] Basdekis C H. ABS Plastics. New York：Reinhold Publishing Corporation，1964.

[2] Bouquet G. Rubber Particle Formation in Mass ABS// Modern Styrenic Polymers：Polystyrene and Styrenic Copolymers. England：John Wiley and Sons Ltd. ，2003：305-320.

[3] 程曾越. 通用树脂实用技术手册. 北京：中国石化出版社，1999.

[4] Utracki L A. History of Commercial Polymer Alloys and Blends(from a Perspective of the Patent Literature). Polymer Engineering and Science，1995，35(1)：2.

[5] Garbassi F，Po R. Engineering Thermoplastics：in Kirk-Othmer Encyclopedia of Chemical Technology. Online：John Wiley & Sons，2001：168-228.

[6] Ostromislensky I. Process for Manufacturing Plastic Compositions and Products Obtained Thereby：US 1613673. 1927-01-11.

[7] Daly L E. Composition of Butadiene-Acrylonitrile Copolymer and Styrene-Acrylonitrile Copolymer：US 2439202. 1948-04-06.

[8] Daly L E. Blends of Butadiene-Acrylonitrile Rubbery Copolymers Having a Toluene-insoluble "B" Gel Content of from 30 to 50% and Hard Resinous Styrene-Acrylonitrile Copolymers：US 2550139. 1951-04-24.

[9] US Spartech to Acquire Uniroyal Plastics unit. http://www. icis. com/Articles/1999/12/27/101555/us-spartech-to-acquire-uniroyal-plastics-unit. html 1999-12-27.

[10] Scheirs J. Historical Overview of Styrenic Polymers// Modern Styrenic Polymers：Polystyrene and Styrenic Copolymers. England：John Wiley and Sons Ltd. ，2003：3-24.

[11] Stein A，Walter R L. Suspension Process for the Polymerization of Vinylidene Aromatic Hydrocarbons：US 2862906. 1958-12-02.

[12] Stein A，Walter R L. Suspension Process for the Polymerization of Vinylidene Aromatic Hydrocarbons Having Rubbery Conjugated 1，3-Diene Polymers Dissolved Therein：US 2862907. 1958-12-02.

[13] Haward R N，Elly J. Suspension Polymerization Process：US 2668806. 1954-02-09.

[14] Calvert W C. Polymerization of Acrylonitrile-alpha Methyl Styrene Mixtures onto Polybutadiene and Products Produced Thereby：US 2908661. 1959-10-13.

[15] Amos J L，Mccurdy J L，Mcintire O R. Method of Making Linear Interpolymers of Monovinyl Aromatic Compounds and a Natural or Synthetic Rubber：US 2694692. 1954-11-16.

[16] Calvert W C. Polymerization of Acrylonitrile-styrene Mixtures in the Presence of Polybutadiene：US 3238275. 1966-03-01.

[17] Pavelich W A. A Path to ABS Thermoplastics// High Performance Polymers：Their Origin and Development. New York：Elsevier Science Publishing Co. ，Inc. ，1986.

[18] Launch of Sabic Innovation Plastics Expands Sabic's Global Presence. http://www. sabic. com/corporate/en/newsandmediarelations/news/20070831. aspx 2007-08-31.

[19] Westervelt R. Sabic to Acquire GE Plastics for $11. 6 Billion. Chemical Week，2007，169(19)：8.

[20] Westervelt R，Bryner M. Sabic Completes Acquisition of GE Plastics. Chemical Week，2007，169(29)：8.

[21] History. http://www. ineos-abs. com/en/ineos-abs/about-ineos-abs/history. html 2010-02-22.

[22] Joint News Release. https://www. basf. com/global/en/investors/basf-at-a-glance/strategy/portfolio-optimiza-

tion/joint-venture. html 2010-11-30.
[23] Styrolution to Become a Standalone Company within INEOS. http://www. ineos-styrolution. com/news/cmp_20160815_121225 2015-06-30.
[24] INEOS acquires BASF's 50% Stake in Styrenics Joint Venture. https://www. plasteurope. com/news/STYROLUTION_t229794/ 2014-11-19.
[25] Styrolution and INEOS ABS to Integrate Business Activities. http://www. ineos-styrolution. com/news/cmp_20160815_100126 2015-03-04.
[26] Styrolution Changes Name to INEOS Styrolution. http://www. ineos-styrolution. com/news/cmp_20160812_153411 2016-01-18.
[27] 卡尔柯卓娃. 本体共聚法生产 ABS 塑料的现状. 石油化工译丛, 1990,(6): 38.
[28] 信华. 国外本体共聚法 ABS 塑料生产现状. 国外塑料, 1991, 9(3): 13.
[29] 胡景沧. ABS 树脂生产工艺技术. 石油化工设计, 1996, 13(3): 1.
[30] Stober K E, Amos J L. Method for Polymerizing Styrene: US 2530409. 1950-05-27.
[31] Mcdonald D L, Couiter K E, Mccurdy J L. Process of Mass Polymerization in Vertical Unmixed Strata: US 2727884. 1955-12-20.
[32] Amos J L, Frank J C, Stober K E. Process of Conducting Exothermic Bulk Polymerization: US 2714101. 1955-07-26.
[33] Amos J L, Miller C T. Two-stage Devolatilization Process for Making Alkenyl-Aromatic Hydrocarbon-Acrylonitrile Copolymers: US 2941985. 1960-06-21.
[34] Dow plans to sell PS, ABS, SAN and Polycarbonate Business. http://plasticsnews. com/headlines2. html? id=16364 2009-07-31.
[35] Dow selling Styron to Bain Capital for $1. 63 Billion. http://plasticsnews. com/headlines2. html? id = 17987&channel=130 2010-03-02.
[36] Styron Changes Company Name to Trinseo. https://www. gupta-verlag. com/news/industry/9780/styron-changes-company-name-to-trinseo 2011-04-15.
[37] Corporate Overview. https://p. widencdn. net/x6mrpo 2018-10-29.
[38] 张传贤. 中国 ABS 树脂四十年// 第二届中国国际工程塑料展览会暨研讨会. 北京. 2001.
[39] 张传贤. 兰州石化公司 ABS 树脂研究开发历程. 石化技术与应用, 2003, 21(1): 29.
[40] 李克汉, 张传贤. 国内 ABS 树脂发展概况. 塑料工业, 1998, 26(5): 1.
[41] 马伯文, 顾约伦. 发展民族的 ABS 工业争夺迅速扩大的国内市场. 高桥石化, 2002, 17(1): 1.
[42] 胡景沧. ABS 树脂生产工艺技术(续). 石油化工设计, 1996, 13(4): 10.
[43] 吴本仁. 我国苯乙烯系树脂发展评述. 石油化工技术经济, 1996, 12(3): 42.
[44] 裴华. ABS 引进装置进入化工投料阶段. 高桥石化, 1987, 2(1): 48.
[45] 杨德富. 连续本体法 ABS 树脂的性能与加工应用. 合成树脂及塑料, 1991, 8(2): 10.
[46] 张玉龙. 塑料品种速查手册. 北京:中国纺织出版社, 2009.
[47] 张殿奎. ABS 国内外生产技术及发展. 吉化科技, 1995,(4): 11.
[48] 吴本仁. ABS 树脂. 合成树脂及塑料, 1989(增刊): 52.
[49] 杜强国, 胡七一, 明伟华, 等. ABS 聚合配方和工艺优化. 高桥石化, 1994, 9(4): 23.
[50] 陶水元. 国内外 ABS 树脂产需现状. 金山油化纤, 1995(3): 43.
[51] 崔小明. ABS 树脂的生产现状及国内外市场分析. 塑料技术, 2003(3): 7.
[52] 李振国, 井涌, 杨丽萍. 国内 ABS 市场分析及后市展望. 化学工业, 2007, 25(6): 26.
[53] 钱伯章. 我国 ABS 树脂发展概况. 化工新型材料, 2008, 36(5): 7.
[54] 孙可华. 大庆石化总厂应用自由技术改造 10.5 万 t/aABS 装置. 国内外石油化工快报, 2006, 36(7): 21.
[55] 李玉芳, 伍小明. ABS 树脂的生产技术及国内外市场分析. 化工科技市场, 2006, 29(7): 1.
[56] 王荣伟. Dow 化学公司本体法工艺及部分 ABS 产品. 合成树脂及塑料, 2009, 26(1): 68.
[57] 编辑部. 奇美实业与国乔石化合并江苏镇江 ABS 项目公司. 塑料科技, 2008, 36(4): 98.

[58] 沈镇平. 镇江台企奇美、国乔决定合并. 化工时刊，2008，22(9)：32.
[59] 张传贤. 我国 ABS 树脂科研、生产现状及对今后技术开发的建议. 兰化科技，1986，4(4)：243.
[60] 焦占磊，李春耕，沈野. 大沽化工 ABS 树脂新牌号的改型研究. 橡塑资源利用，2015(03)：14.
[61] 黄金霞，陆书来，曲茵，等. 2012 年 ABS 树脂生产与市场分析. 弹性体，2013，23(5)：74.
[62] 黄金霞，陆书来，刘彬. 2010 年国内外 ABS 树脂生产与市场. 化工新型材料，2011，39(S2)：31.
[63] 黄金霞，马振航，孟凡忠，等. 2015 年 ABS 树脂市场分析. 化学工业，2016，34(4)：45.
[64] ABS:新增装置下半年集中投产 影响效果恐将延后. http://www. chem99. com/news/24179026. html 2017-03-10.
[65] 孙春福，陆书来，宋振彪，等. ABS 树脂现状与发展趋势. 塑料工业，2018，46(2)：1.
[66] 中海石油炼化有限责任公司和 LG 化学 30 万吨/年 ABS 项目(一期)竣工环境保护验收公示. http://zwgk. gd. gov. cn/006940060/201511/t20151125_629468. html 2015-11-24.
[67] 孙可华. 常州新湖石化公司 10 万 t/aABS 装置投产. 国内外石油化工快报，2003，33(6)：20.
[68] 黄金霞，张卫华，陆书来. 2013 年 ABS 树脂生产与市场分析. 化学工业，2014，32(6)：31.
[69] 宋振彪，徐国华，张贵，等. 国内 ABS 装置及产品分析. 化工科技，2014，22(6)：75.
[70] 编辑部. 中国有了自己的本体 ABS 自主技术 20 万吨/年产业化项目正在实施中. 上海塑料，2009(3)：29.
[71] 郑宁来. 华谊公司将本体 ABS 扩为 40 万 t/a. 塑料工业，2010，41(4)：117.
[72] 涂闽. 华谊聚合物 20 万吨本体 ABS 一期工程开工. 上海化工，2010，(1)：43.
[73] 环保督查下塑料行业迎来的是“危机”还是“机遇”?. http://info. plas. hc360. com/2017/08/230854628205. shtml 2017-08-23.
[74] 防审批市政交通环保[2022]65 号. http://www. fcgs. gov. cn/zfxxgk/zdlyxxgk/sthjbh/hjhcs 2022-05-31.
[75] 中央环保督察组向山东转办群众信访举报件及边督边改公开情况一览表(第六批). http://sthj. shandong. gov. cn/lyyb_2588/hygq/201708/t20170826_1444016. html 2017-08-26.
[76] 山东海江 ABS 装置近期主产 HJ15A/HJ15. http://www. sujin1688. com/Home/Market/detail/id/24202 2018-11-12.
[77] 3 月 1 日山东海江 ABS 塑料装置生产动态. https://www. hisu. org/article/detail/230585/ 2019-03-01.
[78] 漳州奇美 45 万吨 ABS 项目正式量产. https://www. sohu. com/a/489062142_121166055 2021-09-10.
[79] 漳州古雷 45 万吨/年 ABS 项目工程总承包合同签约京鼎工程. https://www. sohu. com/a/350237856_237486 2019-10-28.
[80] 小县城打造两千亿级产业集群. http://paper. dzwww. com/dzrb/content/20230413/Page08NU. htm 2023-04-13.
[81] 吉化揭阳 60 万吨/年 ABS 装置开车一次成功. https://www. sohu. com/a/645588762_121123922 2023-02-24.
[82] 黄金霞，金香梅，曲世宏. 2021 年 ABS 树脂生产与市场分析. 化学工业，2022，40(3)：36.
[83] Get the best portfolio of cost, color and performance with MAGNUM ABS resins. http://www. dow. com/PublishedLiterature/dh_0045/0901b80380045fac. pdf? filepath=plastics_eur/pdfs/noreg/301-03659. pdf&fromPage= GetDoc 2001-10-01.
[84] Priddy D. Styrene Polymers: in Encyclopedia of Polymer Science and Technology. New Jersey: John Wiley & Sons, Inc., 2001: 247-336.
[85] Maul J, Frushour B G, Kontoff J R, et al. Polystyrene and Styrene Copolymers: in Ulmann's Encyclopedia of Industrial Chemistry. Online: John Wiley & Sons, Inc., 2007: 1-49.
[86] Kulich D M, Gaggar S K, Lowry V, et al. Acrylonitrile-Butadiene-Styrene Polymers: in Encyclopedia of Polymer Science and Technology. Online: John Wiley & Sons, Inc., 2001: 174-202.
[87] Designing with Thermoplastics Brochure. http://www. dow. com 2001-03-16.
[88] Product Summary. http://www. spartech. com/plastics/Product_Summary_2003. pdf 2003-1-31.
[89] Resins and Compounds: in Modern Plastics Encyclopedia 1985-1986. New York: McGraw-Hill Inc., 1985: 448-449.
[90] Flodman R E. ABS: in Modern Plastics Encyclopedia 1977-1978. New York: McGraw-Hill Inc., 1977.
[91] Lantz J M. ABS: in Modern Plastics Encyclopedia 1984-1985. New York: McGraw-Hill Inc., 1984: 6-7.

[92] Hensley D S, Johnson C A. ABS: in Modern Plastics Encyclopedia 1985-1986. New York: McGraw-Hill Inc., 1985: 6-7.
[93] Whitlow M C. ABS: in Modern Plastics Encyclopedia 1988. New York: McGraw-Hill Inc., 1987: 79-81.
[94] Henton D E, O'brien T M. Particle Agglomeration in Rubber: US 4419496. 1983-12-06.
[95] 陈乐怡. 常见合成树脂的性能和应用手册. 北京：化学工业出版社，2002.
[96] Ceraso J. Henton Receives 2004 ACS Regional Industrial Innovation Award. The Midland Chemist, 2004, 41(5): 2.
[97] ABS Reference Sheet. http://www.ptsllc.com/Chinese/abs_reference.htm 2003-01-06.
[98] CYCOLAC™ Resin Product Line Guide. https://www.sabic.com/en/products/polymers/acrylonitrile-butadiene-styrene-abs/cycolac-resin 2016-10-20.
[99] INEOS Styrolution Styrenic Specialties. http://www.ineos-styrolution.com/Products.html 2016-08-04.
[100] 奇美 Polylac® ABS. http://www.chimeicorp.com/zh-cn/products/plastic-series/abs/ 2017-08-23.
[101] MAGNUM™ ABS Resins Brochure. https://p.widencdn.net/rjrpil/MAGNUM-ABS-Resins-Booklet-Chinese—English 2017-07-24.
[102] LG Chem ABS Total. https://www.lgchem.com/cn/abs/abs-acrylonitrile-styrene/product-detail-PDBDA000 2016-04-20.
[103] 樊建民，唐仕廉. 2万吨/年 ABS树脂装置的扩建改造. 兰化科技，1994，12(4)：241.
[104] 区英鸿. 塑料手册. 北京：兵器工业出版社，1991.
[105] 陈雳. 2008年家电用主要工程塑料ABS行情回顾与后市展望. 电器，2009,(1)：14.
[106] 徐发部，韩强. ABS树脂国内外市场状况及前景分析. 塑料工业，2006，34(B05)：13.
[107] 常敏. 近年全球ABS供需分析及预测. 世界石油工业，2022，29(5)：61.
[108] 常敏. 全球ABS供需分析与预测. 世界石油工业，2021，28(3)：30.
[109] 柴国梁. 国内外ABS市场分析(上). 上海化工，2006，31(10)：48.
[110] 庞晓华. 全球ABS市场前景看好. 国外塑料，2005，23(2)：45.
[111] 全球ABS供应趋紧. http://www.ccin.com.cn/detail/95aa5ee5aa7ee473e7003985b9307a96 2018-12-06.
[112] 马伯文，顾约伦. 我国ABS生产现状和市场机遇. 江苏化工，2002，30(3)：50.
[113] 孙乘风，王俭. ABS的国内外市场分析. 化工科技市场，2009，32(8)：1.
[114] 吴文新，王秀兰. ABS树脂生产现状及发展趋势. 辽宁化工，1997，26(2)：64.
[115] 蒋纪国，王奇，毛春屏. 我国ABS树脂生产现状及发展趋势. 石油化工技术与经济，2009，25(2)：1.
[116] 唐伟家. ABS树脂市场和加工应用. 塑料加工，1995，23(4)：43.
[117] 黄金霞，宋仁刚，朱海林，等. 2017年ABS树脂生产与市场分析. 化学工业，2018，36(4)：52.
[118] Dow Announces Sale of Styron Division to Bain Capital for $1.63 Billion. http://news.dow.com/dow_news/corporate/2010/20100302a.htm 2010-03-02.
[119] Annual Report 2018. https://www.sabic.com/en/newsandmedia/media-centre-publications 2019-04-11.
[120] Engineered thermoplastics product portfolio. https://www.aschulman.com/products/engineered-thermoplastics 2015-10-07.
[121] Annual Report 2018. https://www.lyondellbasell.com/en/investors/sec-filings/ 2019-04-09.
[122] 林志勇，张欣颖，付愉，等. ABS树脂国内市场回顾与展望. 弹性体，2007，17(2)：81.
[123] 王荣伟. ABS树脂专业委员会第七届技术交流会召开. 合成树脂及塑料，2010，27(1)：4.
[124] 廖志坚，章宁. 我国ABS生产企业的市场竞争力分析. 石油化工技术经济，1999，15(3)：11.
[125] 张小宏. 国内ABS树脂市场分析. 石油化工技术经济，1998，14(6)：24.
[126] 于春梅，马庆刚. 我国ABS树脂产业现状. 化学工业，2009，27(12)：35.
[127] 黄金霞，陆书来，张溯燕. ABS树脂国内外市场分析及预测. 弹性体，2010，20(4)：76.
[128] 黄金霞，郭中阳，田原，等. 2011ABS树脂生产与市场分析. 化工科技，2012，20(5)：77.
[129] 王立恒，游珊珊. 2014年ABS树脂生产与市场分析. 化学工业，2015，33(7)：31.
[130] 黄金霞，张信胜，高辉曦，等. 2016年ABS树脂生产与市场分析. 化学工业，2017，35(4)：45.
[131] 黄金霞，陆书来，曹立柱，等. ABS树脂生产与市场. 化学工业，2020，39(4)：58.

[132] 编辑部. 美国化工产品市场报告选登ABS树脂. 化工科技市场，2007，30(5)：47.

[133] MAGNUM™ ABS Resins Automotive. https://www.trinseo.com/Products/Plastics/Products/Acrylonitrile-Butadiene-Styrene/MAGNUM-ABS-Automotive 2019-01-10.

[134] Automotive Portfolio Flyer. http://www.ineos-styrolution.com/industry/automotive.html 2019-03-13.

[135] 杜春华，李延生，顾浩良，等. ABS树脂市场分析. 合成树脂及塑料，2001，18(5)：52.

[136] 吉林石化ABS质量攻关纪实. http://www.cnpc.com.cn/cnpc/cpzx/201408/4cb69c19a1024969b244d44925636a34.shtml 2014-08-12.

[137] 上海锦湖日丽塑料有限公司. http://www.kumhosunny.com/images/about/KUMHO-SUNNY%20Introduction_Chinese_version.pdf 2016-01-01.

[138] ABS树脂在汽车行业的应用案例. https://www.doc88.com/p-5045903060837.html 2013-03-02.

[139] 编辑部. 2016ABS创新应用国际研讨会闭幕. 工程塑料应用，2016，44(12)：109.

[140] 编辑部. 2017(第二届)ABS创新应用国际研讨会在沪成功举办. 上海塑料，2017，(4)：61.

第2章 ABS树脂及其主要单体的生产

2.1 引言

如前所述，丙烯腈、苯乙烯、丁二烯是合成ABS树脂的重要原料。它们的应用是逐步地被发现，是随其生产工艺的进步而逐步地被推广的[1]。另外，丙烯酸酯、顺丁烯二酸酐、*N*-苯基马来酰亚胺等也作为单体在ABS树脂合成中使用。

2.2 单体

2.2.1 丙烯腈

丙烯腈的用途很广，大多数国家有一半以上的丙烯腈用于制造腈纶纤维。另外还可用于合成丙烯腈-丁二烯-苯乙烯（ABS）/苯乙烯-丙烯腈（SAN）树脂、丁腈橡胶、己二腈/己二胺、丙烯腈阻隔性树脂、丙烯酰胺、腈弹性体和碳纤维等。

2.2.1.1 发展概况

1893年，法国化学家C. Moureu发现氰乙醇或丙烯酰胺在五氧化二磷作用下可脱水制得丙烯腈[1,2]。第二次世界大战期间，耐油丁腈橡胶的军用需求刺激了丙烯腈需求增长。20世纪40年代，丙烯腈生产工艺以环氧乙烷-氢氰酸两步法合成工艺为主。1952年后，出现乙炔-氢氰酸法合成丙烯腈工艺。1950年左右，DuPont公司推出以Orlon命名的腈纶。虽然丙烯氨氧化合成丙烯腈专利早在1949年就已被授权[3]，但正是腈纶需求增长刺激了丙烯腈合成新工艺的开发，直到1959年，非均相的气相丙烯-氨选择性氧化法制丙烯腈工艺才被Sohio和Distilers公司所发现[4]。1960年，Sohio公司（1989年被BP公司收购，2005年BP又将丙烯腈业务出售给了INEOS）低成本的丙烯氨氧化制造丙烯腈工艺工业推广之后，其他工艺基本被其取代。当今世界，95%以上丙烯腈生产企业采用该工艺。国内企业都使用该工艺。

国内丙烯腈试验研究始于20世纪60年代初[5-10]。1965年，上海高桥化工厂建成了“七塔流程”60吨/年丙烯腈固定床中试装置。1970年6月，以此中试为基础，该厂年产1000吨国内首套丙烯腈固定床生产装置建成投产。同年，辽宁抚顺化纤厂也建成1000吨/年工业装置。20世纪70年代初，上海石化股份有限公司和兰州石化公司分别采用引进技术，建成了5万吨/年和1万吨/年装置，据此奠定了国内的丙烯腈生产基础。

2.2.1.2 物理性质

丙烯腈（C_3H_3N，分子量 53.06）是含氰基和不饱和碳碳双键的分子。因氮杂原子存在，分子呈极性。价电子向电负性强的氮原子偏移。该分子的杂化共轭价键结构如下：

$$CH_2{=}CH{-}C{\equiv}N{:} \longleftrightarrow CH_2{=}CH{-}\overset{+}{C}{=}\underset{\cdot\cdot}{\overset{-}{N}}{:} \longleftrightarrow \overset{+}{C}H_2{=}CH{-}\underset{\cdot\cdot}{\overset{-}{N}}{:}$$

丙烯腈是无色透明液体，有毒。其物理性质列于表 2-1。

表 2-1 丙烯腈物理性质[4,11,12]

性质	数值
分子量	53.06
沸点/℃	
101.3 kPa	77.3
66.65 kPa	64.7
33.33 kPa	45.5
13.33 kPa	23.6
6.665 kPa	8.7
密度/（g/L）	
20℃	806.0
25℃	800.4
41℃	783.9
Q 值	0.48
e 值	1.23
偶极矩/C·m	
液态	1.171×10^{-29}
气态	1.294×10^{-29}
闪点（泰格开口杯法）/℃	−5
凝固点/℃	−83.55 ±0.05
燃点/℃	481.0
折射率	
n_D^{20}	1.3911～1.3914
n_D^{25}	1.3888
t 为 10～35 ℃	$n_D^t=1.4022-0.000539t$
黏度（25℃）/mPa·s	0.34

注：Q 值为共轭效应参数；e 值为极性效应参数。

2.2.1.3 化学性质

双键和吸电子氰基团的存在，使丙烯腈可参与许多加成反应和聚合反应。举例如下。

（1）氰基团的反应

① 水合和水解　在 85%浓硫酸中，氰基部分水解生成丙烯酰胺硫酸盐，再经中和，即可生成丙烯酰胺，这是工业生产丙烯酰胺的基本途径。在稀酸或碱水中，完成水解可生成丙烯酸。

② 醇解　硫酸催化下，与初级醇反应，可使丙烯腈转化为丙烯酸酯。在醇和无水卤化物存在下，可形成酰亚胺酯。

③ 与烯烃和醇的反应　在强酸条件下，与易形成碳正离子的烯烃、仲醇和叔醇发生里特反应，生成 *N* 取代丙烯酰胺。

④ 与醛和羟甲基化合物反应　硫酸催化下，甲醛和丙烯腈反应生成 1,3,5-三丙酰基六氯均三嗪或 *N*,*N*′-亚甲基双丙烯酰胺。同样，在硫酸存在下，与 *N*-羟甲基苯甲酰胺反应也可生产混合双酰胺。

（2）双键反应

① Diels-Alder 反应　丙烯腈通过与具有共轭碳碳双键的二烯化合物反应，形成环状化合物。

② 加氢反应　采用金属催化剂，可获得很高的丙腈收率；丙腈被进一步加氢，可生成丙胺。

③ 卤化反应　在低温下，卤化反应进行缓慢，可生成 2,3-二卤代丙腈。在吡啶存在下，加氯可定量生成 2,3-二氯丙腈。在高温下，无紫外光，可得到 2,2,3-三卤代丙腈;有紫外光情况下,可形成 2,2,3-和 2,3,3-异构体。自发的氯解和醇解可生成 2,3-二氯丙酸酯。

④ 加氢醛化　这是一个含氧合成过程。在辛酸钴催化下,丙烯腈与氢气、一氧化碳混合,生成 *β*-氰基丙醛。此化合物与 HCN 和氨反应,再水解,可按工业规模生产谷氨酸。

⑤ 加氢二聚　以化学方法或电化学方法,可以将丙烯腈还原二聚成己腈。

(3)双官能团反应

在盐酸催化下,丙烯腈水解生成 3-氯丙酸。在硫酸存在下,丙烯腈醇解和氯化可同时发生。氨和氢同时添加,可生成三甲基二胺和丙胺。

2.2.1.4　生产工艺

$$C_3H_6+NH_3+\frac{3}{2}O_2\xrightarrow{\text{催化剂}}C_3H_3N+3H_2O+\text{热量}$$

Sohio 气相法丙烯腈生产工艺工业化已有六十多年。该工艺使用流化床反应器，反应温度为 400～510℃，反应压力为 0.049～0.198MPa（表）[11]。图 2-1 和图 2-2 分别是流化床反应器结构简图和该工艺流程示意图。

装置实际运行过程中，空气从反应器下部经分布器进入，丙烯和氨从反应器中部预热管经分布器进入，三种气体与催化剂床层接触立即发生反应，三种气体的比例视催化剂的要求而定。反应热由设置在床内的 U 形冷却水管移出，产生的高压蒸汽可供该车间空气压缩机和冰机透平用。反应后的夹带催化剂气体经反应器上部旋风分离器作气固分离。

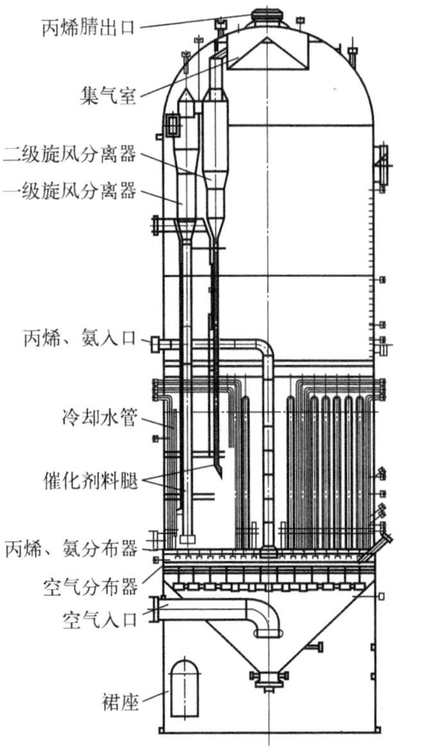

图 2-1 用于丙烯腈生产的流化床反应器简图[13]

分离出的气体经热交换器后进入氨中和塔（图上未列出）。中和塔分为两段，反应气体在下段用循环水喷淋冷却，多余釜液去污水燃烧炉烧掉，冷却后气体在上段经稀硫酸喷淋冷却去除未反应氨后去吸收塔。上段多余循环液为硫铵污水，去硫铵回收工段。反应气体在吸收塔用逆向喷淋的冷水吸收丙烯腈及副产物乙腈及氢氰酸等，不凝性气体从塔顶放空，吸收液送到丙烯腈回收塔。含丙烯腈、氢氰酸和水的物料从丙烯腈回收塔顶引出送到轻组分塔，氢氰酸和水在轻组分塔侧线引出，冷却后在油水分离器分层，水相循环回中和塔，油相返回轻组分塔。从丙烯腈回收塔上部抽出大部分循环水，经轻组分塔和产品塔再沸器回收热量后循环回吸收塔。釜液其余部分去四效蒸发器浓缩，蒸出水去污水处理系统，残液回中和塔釜。含有乙腈的水在丙烯腈回收塔侧线引出，去乙腈精制塔，由乙腈精制塔顶蒸出浓乙腈，釜液回丙烯腈回收塔。轻组分塔釜液主要是丙烯腈，其中有少量聚合物和重质有机物，此液送入丙烯腈产品塔，得成品丙烯腈，釜液回中和塔回收丙烯腈。

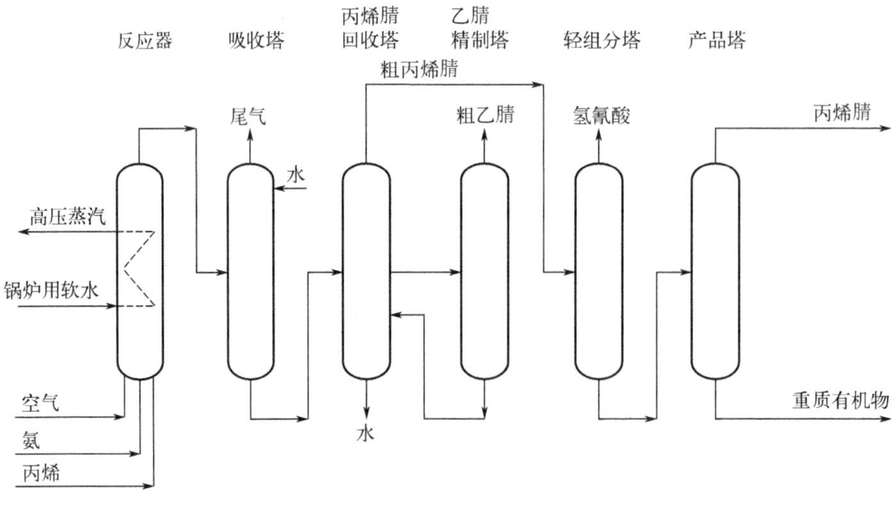

图 2-2 Sohio 丙烯氨氧化制丙烯腈工艺流程示意图

上述 Sohio 气相法丙烯腈生产工艺已相当成熟，催化剂开发仍是完善该工艺的核心。INEOS 公司 C-49MC 于 1993 年工业应用，丙烯腈收率为 79%～80%，长期占据很高的市场份额。其他牌号的催化剂有日东化学公司的 NS-733D、旭化成公司的 S-催化剂、Solutia 公司的 MAC-3[6,14]。

20 世纪 60 年代初，中国石化上海石油化工研究院开始丙烯腈催化剂的研究开发[6,7]，先后开发成功 12 代丙烯腈工业催化剂，如 MB-96、MB-98、SANC-05、SANC-06、SANC-08、SANC-11 等，且取代进口催化剂，应用于国内丙烯腈工厂。辽宁营口向阳催化剂有限公司也开发了工业用丙烯腈催化剂 XYA-5[15]。表 2-2 列出了各牌号丙烯腈催化剂性能。

表 2-2 各牌号丙烯腈催化剂性能对照[6,14,15]

催化剂	丙烯/（t/tAN）	氨/（t/tAN）	丙烯腈单收/%
C-41	1.20	0.55	70
C-49	1.12	0.53	75
C-49MC	1.04	0.50	78
MAC-3	1.05	0.48	78
S	1.05	0.46	78
MB-98	1.04	0.48	78
SANC-05	1.04	0.48	78
SANC-06	1.05	0.48	78
XYA-5	1.05	0.48	79

2.2.1.5 供需

2022 年世界丙烯腈产能为 853 万吨/年[16-18]，主要集中在美国、西欧、中国和日本。其中，旭化成是最大的生产商，INEOS 次之，中国石化和江苏斯尔邦石化有限公司分别列第三和第四，分别占世界产能的 13.4%、12.6%、10.0%和 9.1%。

2022 年，国内丙烯腈产能为 380.9 万吨/年，实际产量达 322.2 万吨，进口量 10.4 万吨，出口量 21.7 万吨。2014 年，中国石化和万达合资的科鲁尔化学有限公司 13 万吨/年丙烯腈装置投产，开启了国内民营企业介入丙烯腈生产的历史。随后，江苏斯尔邦石化有限公司、山东海江化工有限公司的丙烯腈装置也相继投产。2018 年，民企占国内丙烯腈市场份额达 20%[19]。

就消费结构而言，2011 年，世界丙烯腈消费中，41%用于腈纶生产，43%用于 ABS/SAN 生产，16%用于其他生产[20,21]。2018 年，国内丙烯腈消费中，腈纶、ABS/SAN 和丙烯酰胺生产用丙烯腈比率分别为 34.0%、36.7%和 21.1%，其余用于丁腈橡胶等产品生产。2022 年，国内丙烯腈消费中，腈纶、ABS/SAN 和丙烯酰胺生产用丙烯腈比率分别为 20%、41%和 20%，其余用于丁腈橡胶等产品生产。

2.2.2 苯乙烯

苯乙烯是芳基单体系列中最简单和最重要的成员。它可用于塑料生产，包括结晶型聚苯乙烯、橡胶改性抗冲聚苯乙烯、发泡 PS、ABS、SAN、丁苯胶乳、丁苯橡胶（SBR）和不饱和聚酯树脂。

2.2.2.1 发展概况

苯乙烯是 19 世纪首先从苏合香（天然香液）的蒸馏产物中分离获得的[22,23]。虽然人们知悉其能聚合，但因其聚合物脆和易开裂而多年未形成规模性应用。20 世纪 30 年代，德国 I. G. Farben 和美国 Dow 化学公司脱氢工艺的开发是迈向现代苯乙烯技术的第一步。第二次世界大战前，德国的几家工厂生产的苯乙烯主要作为合成橡胶原料。战后，苯乙烯的需求从合成橡胶转向 PS，且仍保持了增长态势[24]。

合成苯乙烯的工业方法主要有两种：乙苯催化脱氢法和苯乙烯/环氧丙烷联产法，两者都选用乙苯为原料[25]。乙苯催化脱氢法可分绝热床脱氢和等温床脱氢工艺，Lummus/UOP Classic SM^{TM}、Lummus/UOP Smart SM^{TM} 和 Fina/Badger 工艺属前者；BASF 工艺属后者。世界上超过 75%的苯乙烯工厂采用绝热床脱氢工艺[26]。20 世纪 60 年代，美国 Halcon 公司和英荷 Shell 公司分别开发成功苯乙烯/环氧丙烷联产法。1973 年第一套苯乙烯/环氧丙烷联产工业化装置在 Halcon 国际与 Enpetrol 公司的西班牙合资公司开车。如今，Shell 和 LyondellBasell 公司分别拥有联产法生产工艺。

随乙烯生产装置规模增大，其重要的副产品——裂解汽油（含苯乙烯）规模也随之增大。一套 80 万～110 万吨/年乙烯装置联产裂解汽油的规模约 50 万～70 万吨/年，其中，苯乙烯约 2 万～4 万吨/年。常规工艺中这部分苯乙烯随同裂解汽油中 C_6～C_8 组分被加氢为乙苯，分离后再脱氢制苯乙烯。不言而喻，这会增加能耗、物耗（氢耗、裂解汽油加氢催化剂消耗等），以及影响其他芳烃产品的纯度。早在 20 世纪 70 年代，日本 Toray 公司就开发了从裂解汽油中抽提苯乙烯技术。20 世纪 80 年代末，荷兰 DSM 公司从 Toray 公司购买该技术并申请了专利。1996 年，SABIC 欧洲石化分公司（荷兰格林）采用 DSM 公司 STAR-TEC 技术建设的 2.7 万吨/年抽提苯乙烯装置投运[27]。随后，美国 GTC 公司的 GT-Styrene 技术和中国石化的 STED 技术相继问世[28]，并在国内获得多次工业应用[29]。

国内从 20 世纪 50 年代中期开始生产苯乙烯，采用常压等温列管式反应器，但单列生产最大规模只有 8000 吨/年。因较高物耗和能耗致使产品无市场竞争力，这些生产装置先后停产。20 世纪 80 年代末期，中国石化燕山分公司和齐鲁分公司开始引进大型苯乙烯生产装置，当时规模为 6 万吨/年。此后引进装置规模不断扩大，大庆石化、广州石化、茂名石化、盘锦乙烯引进了几套 6 万～10 万吨/年规模的装置，扬子石化和德国 BASF 公司合资建设了 10 万吨/年苯乙烯装置。与此同时，中国石化上海石油化工研究院、华东理工大学、中国石化上海工程有限公司等单位也开始合作开发国产化苯乙烯生产技术[30]。以 20 世纪 90 年代初中国石化上海石油化工研究院 1000 吨/年负压绝热脱氢装置中试结果为依据，成功开发了 3 万～60 万吨/年不同规模的苯乙烯生产成套技术工艺包，并先后用于国内 20 多套苯乙烯装置的建设和改造，涉及企业包括中国石化、中国石油、中海油、兵器工业部及部分民营企业。其中，中海油宁波大榭岛 28 万吨/年苯乙烯装置于 2016 年 6 月中旬投运成功，标志着苯乙烯国产化技术工业应用规模从年产 6 万吨、10 万吨、15 万吨、20 万吨到 28 万吨的跨越[31]。该装置乙苯单耗为 1.058 吨/吨（苯乙烯），苯乙烯装置综合能耗为 262kg 标油/吨（苯乙烯），两者优于国内同类型装置[32]。

自 2011 年 6 月广东新华粤石化股份有限公司采用中国石化 STED 技术所建 3 万吨/年抽提苯乙烯装置投运以来[33,34]，另有七家石化企业采用该技术各自建成 2.7 万～4 万吨/年不等的抽提苯乙烯装置[35]。国内裂解汽油抽提苯乙烯总产能已超过 30 万吨/年。

2.2.2.2　物理性质

苯乙烯（C_8H_8，分子量 104.153）是一种带有甜甜气味的液体。其重要的物理性质列于表 2-3。苯乙烯与大部分有机溶剂相容。它本身又是合成橡胶、PS 和其他非交联高聚物的良溶剂。

表 2-3　苯乙烯物理性质[12,26,36]

性质	数值
分子量	104.153
沸点/ ℃	
101.3kPa	145.2
25.7kPa	100
12.2kPa	80
3.2kPa	50
0.6kPa	20
密度/（g/L）	
0℃	922.3
20℃	905.0
25℃	900.7
30℃	896.4
60℃	870.2
100℃	835.5
Q 值	1.0
e 值	−0.80
闪点（泰格闭口杯法）/ ℃	31.1
折射率	
n_D^{20}	1.54682
n_D^{25}	1.54395
黏度（20℃）/mPa · s	0.762

注：$n_D^t=1.55830-0.000574t$。

2.2.2.3　化学性质

苯乙烯最重要的化学反应是聚合成 PS。当然，还可与其他单体共聚。与丁二烯共聚生成 Buna S 合成橡胶（乳液苯乙烯-丁二烯橡胶，E-SBR）是苯乙烯工业发展的最初推动力。苯乙烯还有如下特征反应[26]。

苯乙烯在空气中的氧化反应很重要，可以将苯乙烯氧化成各种化合物，包括苯甲醛、甲醛和甲酸。苯乙烯的侧链双键可参与加成反应且苯环上基团可被取代。与冷的溴液反应，可生成 α,β-二溴乙基苯。该化合物易结晶，已被用来表征苯乙烯和定量测定其溶液浓度。消去一个溴化氢分子，可得 α-溴代苯乙烯。加热再脱溴化氢，可得苯乙炔。与氯加成，可得 α,β-二氯乙基苯。消去氯化氢，可得 α-氯代苯乙烯和 β-氯代苯乙烯。

卤代醇是重要中间体。它们与碱反应，可生成氧化苯乙烯。再水解，转化成苯基乙二醇。在碘、氧化汞和水存在下，苯乙烯转化成碘代醇。苯乙烯可与醋酸汞定量加成，然后，水合生成 1-苯基乙醇。后者是香料工业的重要中间体。

烷基锂可引发苯乙烯聚合。与烯烃可控聚合已产生大量新聚合物，可用作增塑剂、润滑剂和纺织助剂。

2.2.2.4 生产工艺

(1) Lummus/UOP Classic SM^{TM} 工艺

Lummus/UOP Classic SM^{TM} 工艺是传统 Lummus/Monsanto 工艺的进一步发展，由乙苯单元和乙苯脱氢单元组成[37]。

乙苯单元（又称 Lummus/UOP EBOne 工艺）中，苯和乙烯在分子筛催化下液相烷基化生成乙苯，采用 UOP 提供的 Y 分子筛、β 分子筛或 MCM 分子筛催化剂，$AlCl_3$ 催化剂已被淘汰。乙苯部分由两台串联反应器组成，每台反应器装有多段分子筛催化剂，绝热操作。

原料苯分别来自新鲜苯罐和循环苯。在进反应器前，混合原料苯先在换热器中预热到 198℃，后用蒸汽进一步加热到 225℃，最后从第一反应器的下部进入。

通过乙烯压缩机，原料乙烯被压缩至 3.5～4.0MPa（G），分多段进料与苯反应。反应温度 240～260℃，苯与乙烯的摩尔比是 3.5～5.0。较高的压力可保证反应在液相状态下进行，并可使催化剂的选择性进一步提高，乙苯的收率可达 99.7%，烷基化反应中二乙苯、三乙苯副产明显降低。反应温度降低后，循环苯不需要加热炉加热。反应进料（苯/乙烯）的摩尔比进一步降低，有利于节省能耗，降低反应器和分离系统设备尺寸。

乙苯脱氢单元主要设备有蒸汽过热炉、脱氢反应器、组合换热器。这套反应系统设计的重点是将反应器进口到尾气压缩机的压力降最小化。Lummus/UOP 脱氢单元示意图如图 2-3 所示。经过热炉加热后的主蒸汽进入二级脱氢反应器内置的换热器内，以加热反应混合物。冷却的蒸汽进入过热炉加热，再与乙苯/第一股蒸汽混合物混合进入一级脱氢反应器。大股过热蒸汽的温度可在 700～850℃ 调节，以控制反应混合物的进口温度。新鲜和循环的乙苯与蒸汽混合后进入脱氢单元，反应流出物经冷凝后分为尾气、工艺冷凝水和脱氢混合物。富含氢气的尾气经压缩后作为蒸汽过热炉的燃料气，工艺冷凝水脱除有机物后可用于循环工艺水或输出，含未转化乙苯、苯乙烯、苯和甲苯的脱氢混合物进入产物分离单元。

Lummus/UOP Classic SM^{TM} 工艺分离单元有四个蒸馏塔。在乙苯/苯乙烯分离塔中先将乙苯和轻组分与苯乙烯分离，该塔在真空下操作，采用高效填料降低蒸馏温度和抑制苯乙烯聚合。通常在塔的底部还应加入阻聚剂，以防止苯乙烯聚合。乙

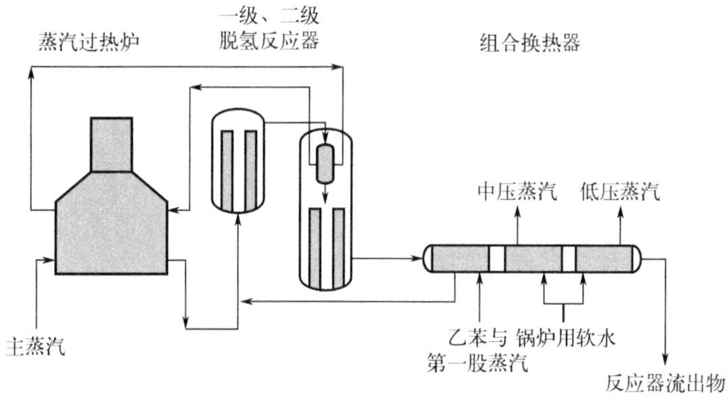

图 2-3　Lummus/UOP 脱氢单元示意图[38]

苯/苯乙烯分离塔塔顶的馏出物进入乙苯回收塔，分离出的乙苯循环回反应器，苯/甲苯进入苯/甲苯分离塔分出苯和甲苯。在乙苯/苯乙烯装置中，通常苯回到烷基化装置制乙苯。乙苯/苯乙烯分离塔分离出的粗苯乙烯进入苯乙烯提纯塔，以除去苯乙烯中的重组分杂质。该塔在真空下操作，再从塔顶加入叔丁基邻苯二酚（TBC），以防止苯乙烯聚合。

（2）Lummus/UOP Smart SM^{TM} 工艺

Lummus/UOP Smart SM^{TM} 工艺属于 Lummus/UOP Classic SM^{TM} 工艺的改进技术，该技术可用于新建装置，但目前广泛用于原有装置的扩能改造，在投资最小的情况下，使原有装置产能增加 40%～60%。

Lummus/UOP Smart SM^{TM} 工艺与 Lummus/UOP Classic SM^{TM} 工艺流程上基本相同，但反应器结构有较大的差别，主要是在传统脱氢反应器中增加了氢氧化反应过程。该工艺采用三段式反应器。一段脱氢反应器中乙苯和水蒸气在脱氢催化剂层进行脱氢反应，在出口物流中加入定量的空气或氧气与水蒸气一起进入两段反应器。两段反应器实际上为两层同心催化剂反应器。内圈为选择性氧化床层，外圈为脱氢催化床层。反应物中氢气通过贵金属催化剂选择氧化放出大量反应热以加热反应物，再进入外圈脱氢催化床层脱氢生成苯乙烯。两段反应器出口物流再进入三段反应器，完成脱氢反应。该工艺打破了传统脱氢反应中的热平衡，使反应平衡向苯乙烯移动，提高了乙苯的转化率。在脱氢反应条件为 620～645℃、压力 0.03～0.13MPa、蒸汽/乙苯质量比为（1～2）∶1 时，乙苯转化率为 85%，苯乙烯选择性为 92%～96%。氧化脱氢反应器的温升可通过调节加入的氧气量多少来控制，氧气与蒸汽应充分稀释，以确保反应混合物处于爆炸极限以外。

（3）Fina/Badger 工艺

Fina/Badger 工艺通常与 Mobil/Badger 工艺联合签发许可。ExxonMobil 和 Badger 公司联合开发的苯与乙烯液相烷基化/气相烷基转移工艺称为 EBMax^{TM}。该工艺由三部分组成，即烷基化、烷基转移和蒸馏。首先乙烯从催化剂床层上部注入反应保护反应器（RGB）和液相烷基化反应器，苯则预热后先进入 RGB，再流入烷基化反应器，与乙烯反应生成乙苯，同时副产少量多乙苯。烷基化反应流出物进入苯塔。在烷基转移系统中，来自多乙苯塔的多乙苯与苯反应生成乙苯，苯与多乙苯进料比较低（质量比低于

2∶1)，烷基转移反应在液相中进行，产物进入苯塔。蒸馏部分包括 4 个塔，可将未反应苯、多乙苯和重质组分从烷基化产物和烷基转移产物中移出，得到高纯度（超过 99.95%）的乙苯产品。

Fina/Badger 乙苯脱氢单元的主要设备有蒸汽过热炉、脱氢反应器、组合换热器，如图 2-4 所示。反应流出物回收的热量可用于产生高压蒸汽，这股蒸汽经再热后，用于加热进入二级反应器的反应物，然后，经再热的蒸汽与饱和蒸汽的乙苯混合，进入一级反应器。脱氢反应器设计的关键在于提供低压降和均匀的流向分布。反应流出物通过三级热交换器冷却，同时加热乙苯和一次蒸汽并产生高压蒸汽。

Fina/Badger 分离部分包括三个精馏塔，所有塔在真空下操作以降低温度及聚合物生成。在第一分离塔中先将苯/甲苯副产与未转化的乙苯和苯乙烯分离，随后乙苯回收塔将未反应的乙苯分离出来，循环回反应器。乙苯回收塔采用高效填料以降低塔的压降，使塔釜温度可维持在 100℃以下，这是苯乙烯分离装置的一个重要的设计改进，因为在 100℃以上时，苯乙烯聚合速率明显增加。乙苯回收塔塔底的苯乙烯进入苯乙烯精馏塔，再从塔顶加入叔丁基邻苯二酚（TBC），以防止苯乙烯聚合。除去重组分后，得到苯乙烯产品。

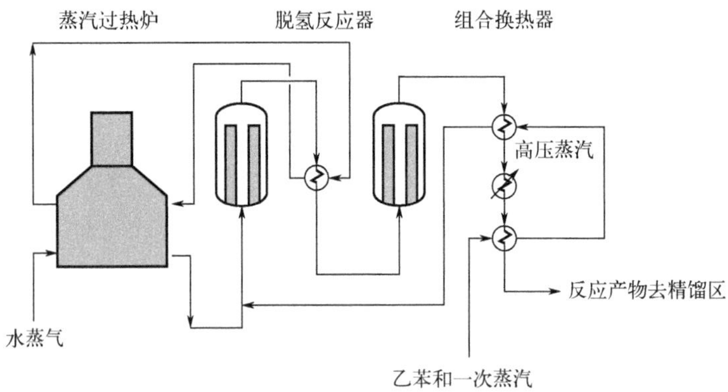

图 2-4　Fina/Badger 脱氢单元示意图

（4）苯乙烯/环氧丙烷联产工艺

如图 2-5 所示，苯乙烯/环氧丙烷联产工艺包括三个反应工序：乙苯氧化为过氧化乙苯；丙烯与过氧化乙苯反应生成 α-苯乙醇和环氧丙烷；α-苯乙醇脱水生成苯乙烯。

乙苯氧化步骤与早已开发并用于苯酚/丙酮生产的异丙苯氧化为过氧化二异丙苯工艺类似，空气通入反应液体中鼓泡，反应在温度由 130℃逐渐降低到 100℃的一系列反应器中进行。丙烯与过氧化乙苯液相反应在一系列带有中间冷却器的反应器中进行，温度为 100～130℃，催化剂为可溶性环烷酸钼。α-苯乙醇脱水反应则在 225℃和酸性催化剂存在下进行。

2.2.2.5　供需

2023 年，全球苯乙烯总产能达 4571.1 万吨/年。产能主要集中在东北亚、欧洲、北美、中东、东南亚五大地区，合计产能占比高达 98%。但是，自 2018 年开始全球苯

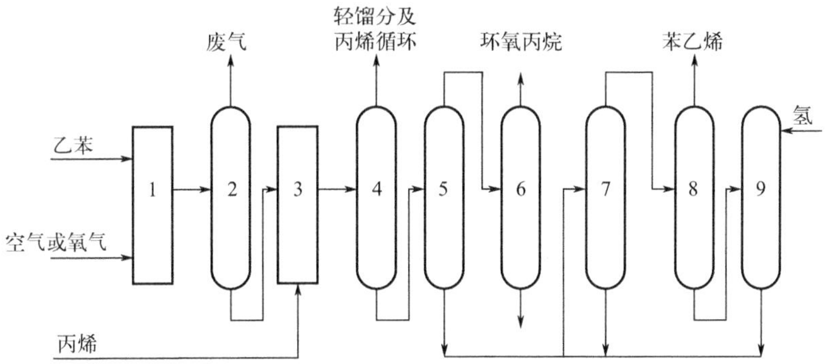

图 2-5　苯乙烯/环氧丙烷联产工艺流程图[38]
1—过氧化塔；2—提浓塔；3—环氧化塔；4，5—分离塔；6—环氧丙烷提浓塔；
7—甲基苄醇脱水塔；8—苯乙烯提浓塔；9—苯乙酮加氢器

乙烯市场就已供过于求[39]。2018 年，国内生产苯乙烯的主要企业有 44 家，52 条生产线，总产能为 921.7 万吨/年，总产量为 811.65 万吨[40]，消费量为 1075.2 万吨[41]。不言而喻，我国是苯乙烯生产和消费大国，且求大于供。到 2023 年，国内苯乙烯产能为 2129 万吨/年，总产量为 1551 万吨，消费量为 1600 万吨。

苯乙烯下游行业较多，2023 年国内苯乙烯主要需求仍集中在 EPS、PS 和 ABS 三大类产品中，需求共占比 71.43%。其中，PS 仍居于需求首位，占比达 24.76%；EPS 需求居第二位，占比达 23.59%；ABS 需求居第三位，占比达 23.08%。

2.2.3　丁二烯

丁二烯通常是指 1,3-丁二烯（BD），是最重要的不饱和 C_4 碳氢化合物[42]。它可用于合成橡胶、热塑性弹性体、合成树脂和其他有机化学品生产。

2.2.3.1　发展概况

1863 年 Caventou 首先从戊醇裂解中提取了丁二烯。1886 年 Armstrong 和 Miller 在裂解石油产品中发现了丁二烯。1895 年 Ciamician 和 Magnaghi 阐明了丁二烯的结构。丁二烯及其衍生物的引人注目始于 1910 年 Lebedew 的发现，即丁二烯可构成类似橡胶的聚合物。德国在第二次世界大战前、美国在第二次世界大战中就大规模生产丁二烯。战后，Ziegler 和 Natta 用有机金属催化剂进行聚合研究工作，推动了高质量的合成橡胶的诞生，从此奠定了丁二烯的工业用途[42]。

自 1928 年苏联采用 Lebedew 一步法（即乙醇脱氢得乙醛，然后缩合得丁二烯）生产丁二烯以来[42-44]，美国联合碳化物公司在研究和改进了催化剂后，采用改进的 Lebedew 二步法生产丁二烯。1943 年用该法所生产丁二烯占美国总产量 77%。后因乙醇价格高而弃用该法。之后，丁烯催化脱氢制丁二烯和丁烷催化脱氢制丁二烯工艺先后被用于生产丁二烯。20 世纪 60 年代，作为石脑油裂解制乙烯的副产，C_4 馏分为溶剂抽提法生产丁二烯提供了大量廉价原料，并成为丁二烯生产的主要方法[42,45]。表 2-4 列出了粗 C_4 馏分的典型组成[46]。

表 2-4　粗 C_4 馏分的典型组成

组分	含量（质量分数）/%
C_3 碳氢化合物	0.3
丁烷	6.5～3.4
1-丁烯	16.0～13.7
顺-2-丁烯	5.3～4.8
反-2-丁烯	6.6～5.8
异丁烯	27.4～22.2
1,3-丁二烯	37.0～47.5
炔烃	0.4～1.8
C_5 碳氢化合物	0.5

20 世纪 60 年代末，美国 Phillips 公司开发了丁烯氧化脱氢制丁二烯工艺，且在 1970 年实现工业化[47, 48]。该工艺主要特点是：正丁烯、水蒸气和空气在固定床反应器中进行反应，温度为 500～600℃，正丁烯转化率为 75%～80%，丁二烯选择性为 88%～92%。1976 年，该公司停用了该工艺[49]。

国内丁二烯生产工艺最早是从苏联引进的乙醇路线[50]。1969 年，自行建成千吨级丁烯氧化脱氢制丁二烯工艺装置。1971 年之后，随配套的 P-Mo-Bi 催化剂研制与工业化成功，先后建成了 6 千吨/年至 1.5 万吨/年规模不等的五套丁烯氧化脱氢制丁二烯装置[49]。1971 年，利用自行开发的溶剂抽提法技术还建成了乙腈（ACN）法装置。1976 年，用引进工艺建成二甲基甲酰胺（DMF）法装置。1994 年，用引进工艺建成 *N*-甲基吡咯烷酮（NMP）法装置。2017 年，国内建成了单线产能最大的丁烯氧化脱氢制丁二烯装置[51]。2018 年，国内 C_4 抽提装置产能占比为 92%，丁烯氧化脱氢装置产能占比为 8%[52]。后者产能占比的增加顺应了国内煤化工和甲醇工业发展带来的原料结构变化[53]。

2.2.3.2　物理性质

丁二烯（C_4H_6，分子量 54.09）是一种无色气体，且具有适度甜感的芳烃味道。丁二烯微溶于水和醇，易溶于苯、甲苯、乙醚、氯仿、四氯化碳、汽油、无水乙腈、二甲基甲酰胺、二甲基乙酰胺、*N*-甲基吡咯烷酮、糠醛、二甲基亚砜、*N*-甲基吗啉等有机溶剂[44]。其重要的物理性质列于表 2-5。

表 2-5　丁二烯物理性质[12,42-44]

性质	数值
分子量	54.09
沸点（101.3kPa）/℃	−4.413
凝固点（101.3kPa）/℃	−108.92
液态密度/（g/L）	
0℃	646

续表

性质	数值
25℃	616
50℃	582
气态相对密度（空气为 1）	1.87
蒸汽压/kPa	
−4.4℃	101.3
0℃	120.0
25℃	273.6
50℃	537.9
75℃	986.7
100℃	1733
液态黏度/mPa·s	
0℃	0.25
25℃	0.20
Q 值	1.70
e 值	−0.50

2.2.3.3　化学性质

丁二烯是最简单的共轭二烯，具有高的化学反应活性。它的 C—C 键键长为 0.148nm，介于双键键长 0.133nm 和单键键长 0.154nm 之间，因此具有某些双键特征[44]。它可发生氢取代反应、加成反应、聚合反应等[43]。举例如下。

（1）氢取代反应

氢取代反应可以是亲电取代、亲核取代、自由基取代和配位催化取代等。经氢取代反应，丁二烯可被磺化、硝化、磷化、氯化、芳基化和烷基化。

$$CH_2=CHCH=CH_2+HNO_3 \xrightarrow{-30℃} CH_2=CHCH=CHNO_2$$

$$CH_2=CHCH=CH_2+ND_3 \xrightarrow{KNH_2} CHD=CHCH=CH_2$$

$$CH_2=CHCH=CH_2+PdCl_2+Na_2HPO_4+HOAc \longrightarrow CH_2=CHCH=CHOAc$$

（2）加成反应

加成是丁二烯最重要的反应。加成反应可以是亲电加成、亲核加成、自由基加成、配位催化加成。

$$CH_2=CHCH=CH_2+HCl \xrightarrow{室温} \begin{cases} CH_3C(Cl)HCH=CH_2 \\ CH_3CH=CHCH_2Cl \end{cases}$$

$$CH_2=CHCH=CH_2+Cl_2 \xrightarrow{65\sim75℃} ClCH_2CH=CHCH_2Cl+CH_2=CHC(Cl)HCH_2Cl$$

$$CH_3C(CH_3)_2Cl+CH_2=CHCH=CH_2 \xrightarrow{BiCl_3+HCl} CH_3C(CH_3)_2CH_2CH=CHCH_2Cl$$

（3）聚合反应

丁二烯分子间 1,2-和 1,4-加成是其重要的聚合反应。以下所列是加成聚合形成的立构丁二烯聚合物。这些聚合物的结构特性与其催化系统有关。

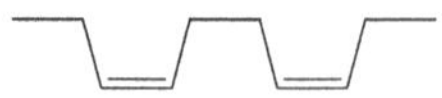

顺-1,4-加成

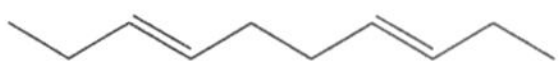

反-1,4-加成

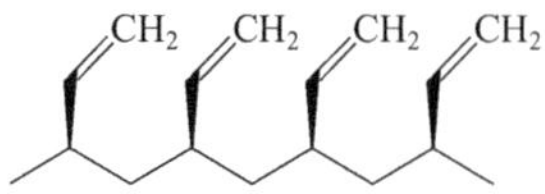

等规-1,2-加成

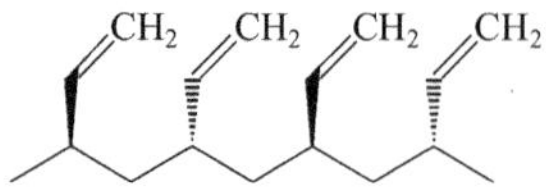

间规-1,2-加成

在 Ni、Co、Pd 或 Fe 存在下，丁二烯可形成线型二聚体或三聚体。丁二烯与羧酸进行调聚反应可生成 1-辛烯。丁二烯与水进行调聚反应可生成正辛醇[42,44]。

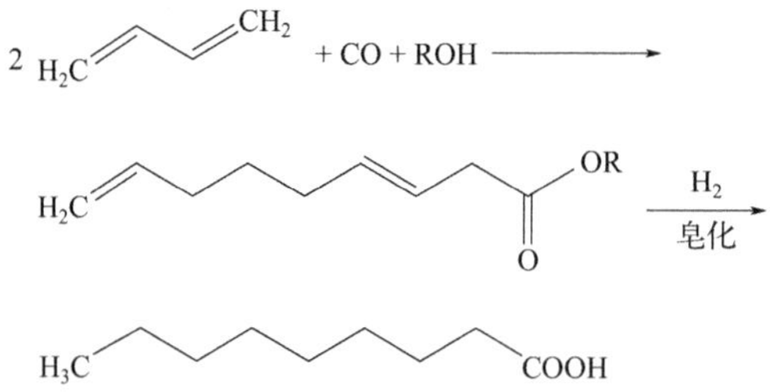

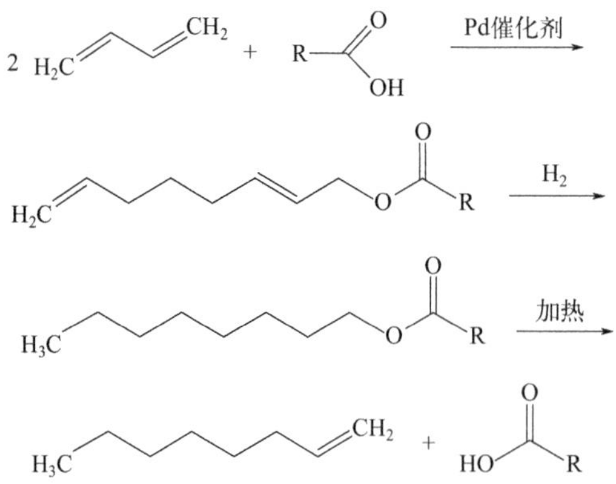

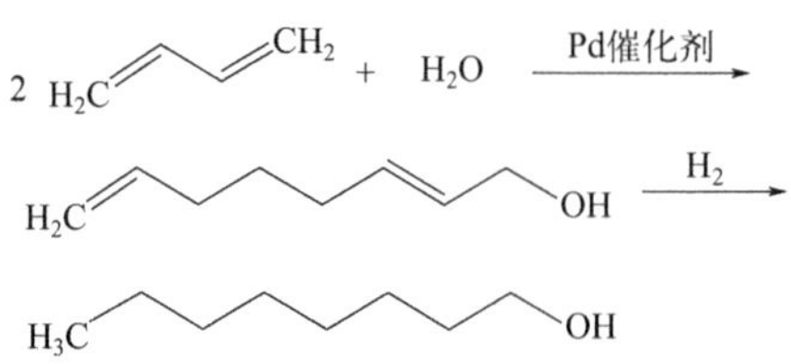

2.2.3.4 生产工艺

如前所述，第二次世界大战之后，丁二烯生产工艺主要是 C_4 馏分溶剂抽提法和催化脱氢法。催化脱氢法主要包括以丁烷为原料的 Houdry 法和 Phillips 法，以及以丁烯为原料的 Standard 法、Shell 法、Dow 法和 OXO-D^{TM} 法（氧化脱氢法）。因催化脱氢法的物耗能耗都高于溶剂抽提法，故自 1990 年美国关闭最后一套脱氢法装置以来，溶剂抽提法已成为最主要工艺[44]。

溶剂抽提法主要包括 DMF 法、ACN 法和 NMP 法。表 2-6 列出了 ACN、DMF 和 NMP 的物理性质。溶剂抽提法工艺都是一段抽提去掉难溶于溶剂的丁烯、丁烷，二段抽提将丁二烯、丙炔与 C_4 炔烃分开，精馏再将丁二烯与丙炔和高沸物分开。C_4 馏分的分离难易程度取决于各组分之间的相对挥发度 α，α 越大体系越容易分离。溶剂抽提是在 C_4 馏分中加入一种单一组分溶剂，借助与溶剂分子间的物理和化学作用，如氢键（极性溶剂与二烯烃和炔烃之间）或络合（腈类溶剂与不饱和烃之间）等，改变被分离物相对挥发度，从而达到分离目的。

表 2-6 ACN、DMF、NMP 的物理性质[44,54-57]

物理性质	ACN	DMF	NMP
分子量	41.05	73.09	99.13
相对密度（25℃）	0.79	0.9445	1.027
沸点/℃	81.8	152.8	205
熔点/℃	−45.72	−61	−24
黏度（60℃）/mPa·s	0.25	0.5	1.1
蒸汽压（25℃）/kPa	11.53（24℃）	0.492	0.046
闪点（闭杯）/℃	12.8	58	92.8
自燃点/℃	524	445	270
毒性（鼠经皮，LD_{50}）/（mg/kg）	2730	4000	5000～15000

表 2-7 C_4 馏分中各组分在溶剂中的相对挥发度（50℃）[42,44,55]

组分	无溶剂	溶剂浓度 70%					溶剂浓度 100%		
		ACN		DMF		NMP	ACN	DMF	NMP
		无水	含水	无水	含水	含水			
正丁烷	0.92	2.12	2.63	2.44	2.40	2.29	3.13	3.43	3.66
1-丁烯	1.06	1.72	1.78	1.82	1.80	1.80	1.92	2.17	2.38
反-2-丁烯	0.87	1.42	1.49	1.48	1.47	1.42	1.59	1.76	1.90
顺-2-丁烯	0.81	1.30	1.30	1.30	1.30	1.30	1.45	1.56	1.63
丙炔		1.16	1.12	0.970	1.03	1.13	1.00	0.72	0.806
1,3-丁二烯	1.0	1.00	1.00	1.00	1.00	1.00	1.00	1.00	1.00

续表

组分	无溶剂	溶剂浓度 70%					溶剂浓度 100%		
		ACN		DMF		NMP	ACN	DMF	NMP
		无水	含水	无水	含水	含水			
1,2-丁二烯		0.712	0.728	0.700	0.696	0.712	0.731	0.720	0.737
1-丁炔	0.69	0.508	0.476	0.473	0.475	0.489	0.481	0.424	0.418
乙烯基乙炔	0.73	0.430	0.403	0.335	0.330	0.325	0.389	0.229	0.208

如表 2-7 所示，溶剂中添加适量水，可显著提高其选择性。加水的另一好处是与水形成的共沸物沸点比纯溶剂低，如含水 16%的乙腈-水共沸物沸点为 76℃，比乙腈低。所以，可降低塔的操作温度，从而降低因丁二烯和炔烃高温自聚引起结焦堵塞设备和丁二烯自聚损失的可能性。通常，ACN 中加水 8%～12%为宜；NMP 中加水不超过 10%；DMF 因受热易水解，不宜加水。

（1）ACN 法

ACN 法由美国 Shell 公司于 1956 年实现工业化。经节能改进，意大利 Societa Italiana Resine（SIR）公司和日本 JSR 形成了具有各自特色的节能 ACN 法工艺。图 2-6 是日本 JSR 工艺流程图。该工艺以含水 10%的 ACN 为溶剂，将第一抽提塔 A、第一抽提塔 B、第二抽提塔、汽提塔、炔烃闪蒸塔的汽液互通连成一个整体，通过共用汽提塔的再沸器供热，大幅降低蒸汽消耗量。

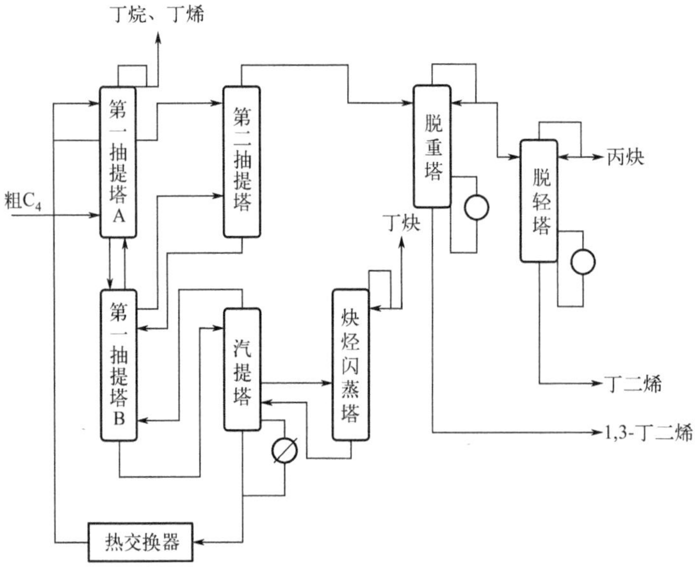

图 2-6　日本 JSR 节能型 ACN 法工艺流程示意图[44,54]

（2）DMF 法

DMF 法由日本 Zeon（瑞翁）公司于 1965 年实现工业化，又名 GPB 法。该工艺包括第一抽提蒸馏、第二抽提蒸馏、精馏和溶剂回收工序。图 2-7 为 DMF 法工艺流程示意图。

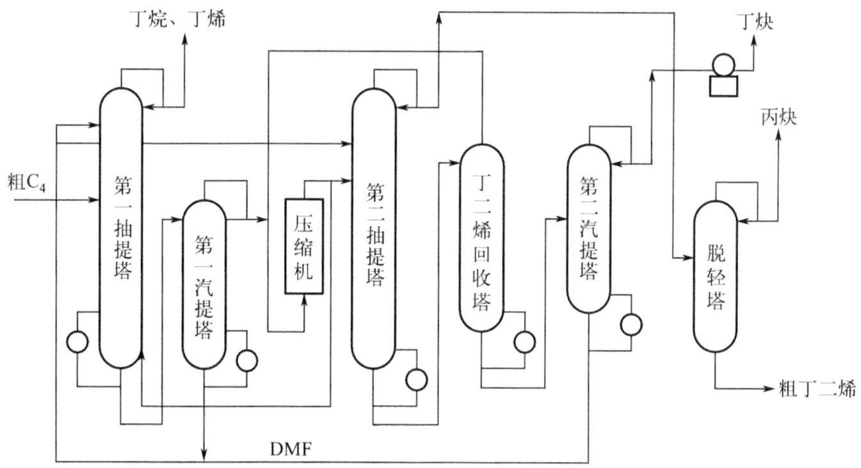

图 2-7　日本 Zeon 公司 DMF 法工艺流程示意图[44,54]

（3）NMP 法

NMP 法由德国 BASF 公司开发，1968 年实现工业化[58]。该工艺主要由抽提蒸馏、脱气和蒸馏及溶剂回收工序组成。图 2-8 是 NMP 法工艺流程示意图。

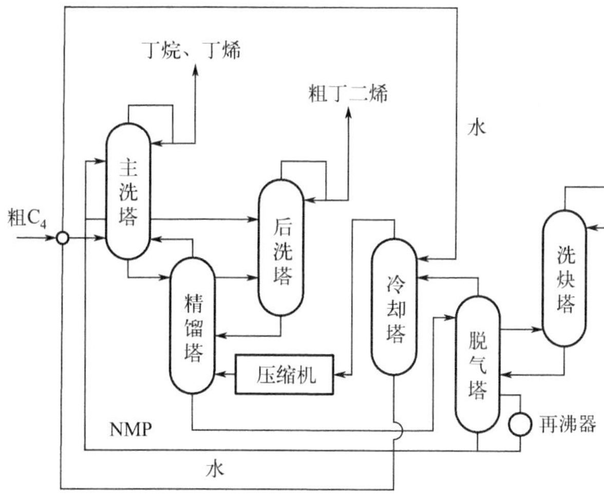

图 2-8　BASF 公司 NMP 抽提法工艺流程示意图[44,54]

（4）丁烯氧化脱氢制丁二烯工艺

图 2-9 是美国 TPC 集团增产丁二烯 OXO-D^{TM} 工艺流程示意图。正丁烯、空气及水蒸气的混合物在低压、500～600℃条件下，连续通过氧化脱氢催化剂床层反应。空气进料速率要达到和维持氧气/丁烯摩尔比为 0.55。水蒸气/丁烯比为 10，以达到吸收反应热、避免反应温升的目的。反应流出物冷却后，经吸收塔/解吸塔/汽提塔回收得 C_4 组分。汽提塔顶部蒸出的粗丁二烯组分送精制工段，经精制回收纯 1,3-丁二烯[59]。

2.2.3.5　供需

2023 年世界丁二烯产能约 1900 万吨/年，消费量为 1300 万吨。以占总消费量的份

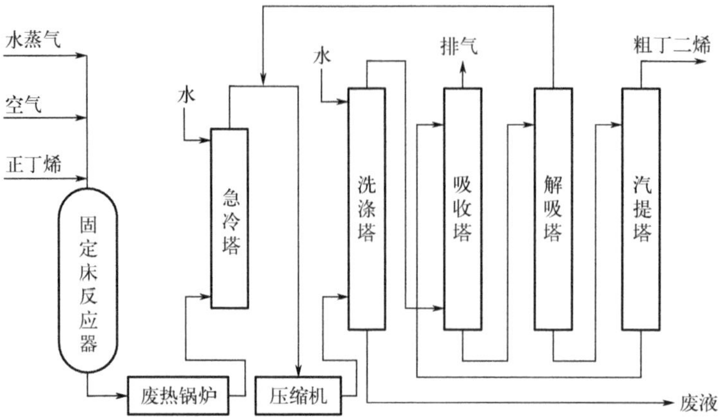

图 2-9 美国 TPC 集团增产丁二烯 OXO-D^{TM} 工艺流程示意图

额计，丁二烯的主要用途是丁苯聚合物、聚丁二烯橡胶、ABS 树脂、丁腈橡胶、氯丁橡胶等。

2023 年国内丁二烯产能约 650 万吨/年，消费量为 430.7 万吨，我国已经成为丁二烯生产和消费大国。国内丁二烯生产装置主要集中在中国石化和中国石油两大集团公司所属企业。中海壳牌石油化工有限公司、中国石化扬子石油化工有限公司和中沙（天津）石化有限公司分别是世界排名第一、二、三位的丁二烯生产企业。20 世纪 90 年代初，国内丁二烯几乎都用于合成橡胶的生产。2023 年，以占总消费量的份额计，国内丁二烯主要用途为丁苯橡胶、顺丁橡胶、ABS 树脂、SBS 橡胶、丁苯胶乳等[60-61]。

2.2.4 其他单体

虽然 ABS 拥有良好的力学性能和耐热性能，但还是不能满足一些特殊耐热和加工要求。因此，添加第三单体以生产满足特殊要求的专用料是 ABS 产品多样化的有效途径之一[62,63]。

2.2.4.1 丙烯酸酯

丙烯酸酯，如丙烯酸甲酯、丙烯酸丁酯、甲基丙烯酸酯、甲基丙烯酸甲酯等，常作为第三单体，参与苯乙烯和/或丙烯腈聚合，以生产透明 ABS[62] 或改善 ABS 加工流动性[64]。表 2-8 列出了部分丙烯酸酯类单体的物理性质。

表 2-8 部分丙烯酸酯和甲基丙烯酸酯的物理性质[12,36,65-70]

性质	丙烯酸酯	丙烯酸甲酯	丙烯酸丁酯	甲基丙烯酸酯	甲基丙烯酸甲酯
分子量	72.06	86.09	128.17	86.09	100.11
溶解度（23℃）/(g/100g 水）	互溶	5	0.2	互溶	1.5
相对密度（25℃）	1.045	0.9535	0.8998	1.015	0.9394
沸点（101.3kPa）/℃	141	79～81	144～149	159～163	100
闪点（开杯）/℃	50	10	39	67	9
聚合热/(kJ/mol)	77.4	78.7	77.4	56.5～66.1	57.5

续表

性质	丙烯酸酯	丙烯酸甲酯	丙烯酸丁酯	甲基丙烯酸酯	甲基丙烯酸甲酯
Q 值	1.15	0.45	0.38	2.34	0.78
e 值	0.77	0.64	0.85	0.65	0.40

2.2.4.2　顺丁烯二酸酐

顺丁烯二酸酐（简称顺酐），又名马来酸酐，是聚合物化学改性的重要单体，也是 ABS 专用料生产用的单体[62,71-73]。在本体法聚合工艺中，它参与苯乙烯和/或丙烯腈聚合后，可以提高 ABS 耐热性能，也可以增加 ABS 与玻纤共混时的界面黏结力及与极性聚合物（尤其是 PC、PA 等工程塑料）共混时的相容性[74-76]。其价格远比 *N*-苯基马来酰亚胺低。

反丁烯二丁酯（又称富马酸二丁酯，英文缩写 DBF）是反丁烯二酸与丁醇反应形成的化合物，可用于控制本体法聚合工艺中橡胶颗粒大小以改善 ABS 光泽度[77]。顺酐、富马酸二丁酯和 *N*-苯基马来酰亚胺的物理性质列于表 2-9 中。

表 2-9　顺酐、富马酸二丁酯和 *N*-苯基马来酰亚胺的物理性质[36,72,78,79]

性质	顺丁烯二酸酐	富马酸二丁酯	*N*-苯基马来酰亚胺
分子量	98.06	228.29	173.17
熔点/℃	52.85	−21～−12.5	86.0～90.0
沸点/℃	202	141（1.06kPa）	162（1.6kPa）
升华热/(kJ/mol)	71.5		
自燃点/℃	477		
溶解度（25℃）/(g/(100 溶剂)			
苯	50		易溶
甲苯	23.4		易溶
邻二甲苯	19.4		
氯仿	52.5		易溶
四氯化碳	0.6		
乙酸乙酯	112		易溶
丙酮	227		易溶
闪点（开杯）/℃	110	90	
Q 值	0.23	0.76	3.30
e 值	2.25	1.49	1.45

2.2.4.3　*N*-苯基马来酰亚胺

N-苯基马来酰亚胺（*N*-PMI）在医药、农药、涂料、染料等行业中被用作中间体，其外观为浅黄色片状晶体，部分物理性质如表 2-9 所示。

与顺酐分子中五元环相比，*N*-PMI 分子中 *N*-苯基稳定了马来酰亚胺五元环。另外，将其嵌入聚合物分子链中可增加链段内旋阻力，从而提高聚合物耐热性能。

20 世纪 80 年代初，*N*-PMI 就被用于 ABS 的耐热改性。一般而言，添加 1% 的 *N*-PMI 作为共聚单体可使 ABS 热变形温度（HDT）提高 2～3℃。添加 5%～10% 的 *N*-PMI，可得到热变形温度达 125～130℃ 的 ABS[73,80]。不仅如此，*N*-PMI 还可以提高 ABS 抗冲击性能、改进 ABS 加工成型性和与其他树脂的相容性。

2.3 聚合

ABS 树脂是橡胶增韧 SAN 而得到的共混物，制备过程需橡胶合成、橡胶接枝、SAN 合成和共混等步骤。橡胶合成一般采用乳液聚合和溶液聚合；SAN 合成一般采用乳液聚合、悬浮聚合和本体聚合。因此，ABS 树脂生产工艺可简单地分为乳液法聚合和本体法聚合工艺。前者往往细分为乳液-乳液法、乳液-悬浮法和乳液-本体法等，即以乳液聚合完成橡胶合成和橡胶接枝，以乳液、悬浮或本体聚合生产 SAN，而后用双螺杆挤出机共混、挤出、造粒，制得 ABS 成品；后者是采用本体法聚合连续完成橡胶溶解、橡胶接枝、SAN 合成及釜内共混，制得 ABS 成品。本体法聚合工艺所用橡胶一般为溶液聚合产品，或外购、或自产。因此，从经济性而言，连续本体聚合装置投资比乳液-本体掺混装置低；前者的总生产成本比后者高，原因是原料费用高，包括橡胶和其他第三单体（丙烯酸丁酯、顺酐、富马酸二丁酯和 *N*-PMI 等）[79,81]。

20 世纪 70 年代，国内分别在上海和兰州用自行开发的技术建起了千吨级 ABS 装置[82,83]。所开发的工艺有悬浮法、乳液-乳液 SAN 掺混法、乳液法。这两套装置为国家建设做出了重大贡献[84]。20 世纪 80 年代之后，国内陆续引进了万吨级 ABS 生产技术。表 2-10 列出了国内 ABS 树脂生产厂及其工艺。

表 2-10　国内 ABS 树脂生产厂及工艺

生产厂	工艺	技术来源
中国石油兰州石化	乳聚橡胶及接枝-悬浮 SAN 掺混法	日本 Zeon 和 Daicel 公司
	乳聚橡胶及接枝-本体 SAN 掺混法	
中国石油大庆石化	乳聚橡胶及接枝-本体 SAN 掺混法	韩国味元油化公司
中国石油吉林石化	乳聚橡胶及接枝-本体 SAN 掺混法	日本合成橡胶公司
盘锦双兴工程塑料有限公司	乳聚橡胶及接枝-悬浮 SAN 掺混法	韩国新湖油化公司
	连续本体法合成 ABS	原美国 Dow 化学公司
天津大沽化工有限公司	乳聚橡胶及接枝-本体 SAN 掺混法	原美国 GE
镇江奇美化工有限公司	乳聚橡胶及接枝-本体 SAN 掺混法	中国台湾奇美
新湖（常州）石化有限公司	乳聚橡胶及接枝-本体 SAN 掺混法	韩国新湖油化公司
中国石化上海高桥分公司	连续本体法合成 ABS	原美国 Dow 化学公司
宁波乐金甬兴化工有限公司	乳聚橡胶及接枝-本体 SAN 掺混法	原美国 GE
台湾化纤（宁波）有限公司	乳聚橡胶及接枝-本体 SAN 掺混法	日本合成橡胶公司

2.3.1　乳聚橡胶及接枝

一般而言，橡胶合成和接枝方式是区分乳液法和本体法 ABS 工艺的关键。如图 2-10 所示，乳液法 ABS 生产工艺是以丁二烯、苯乙烯、丙烯腈或其他单体为原料，从丁二烯乳聚开始，形成聚丁二烯胶乳（PBL）后，再以乳液法将苯乙烯、丙烯腈或第三单体接枝到橡胶颗粒上，形成 ABS 胶乳（ABSL）。ABSL 经凝聚、脱水、干燥后，形成 ABS 粉料，然后，与悬浮聚合所得 SAN 粒料共混、挤出、造粒，最终制得 ABS 成品。

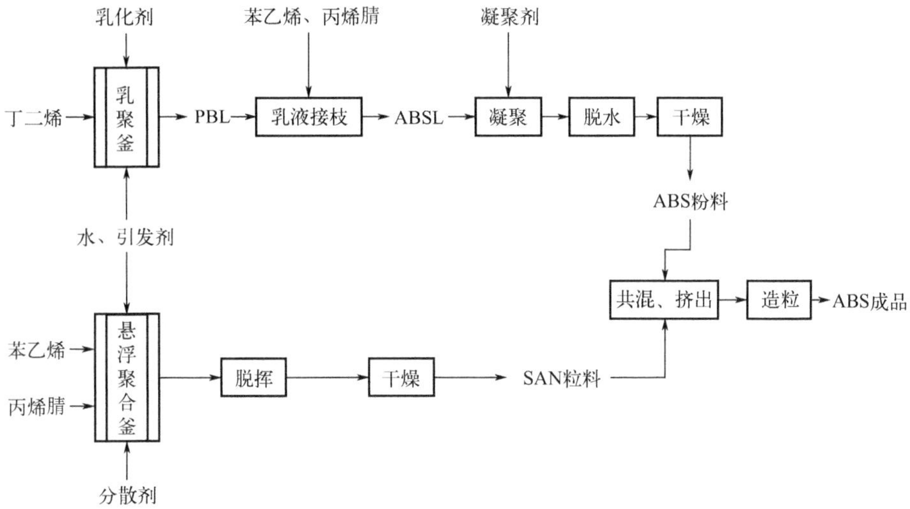

图 2-10　乳聚橡胶及接枝-悬浮 SAN 掺混法工艺流程示意图[84-86]

2.3.1.1　丁二烯的乳液聚合

(1) 工艺简述

如图 2-11 所示，丁二烯的乳液聚合基本步骤是[87]：由贮罐送来的新鲜丁二烯，先用 10%NaOH 溶液洗涤，除去丁二烯中的叔丁基邻苯二酚（TBC），再用水洗，除去 NaOH，然后，输送至聚合工序。在向聚合釜中加料前，用真空系统抽去其中空气，充入氮气。按配方，加入丁二烯、水和其他化学助剂，搅拌、升温下，形成乳液。釜内物料温升至 50℃上下时，加入引发剂，引发聚合。聚合反应热经聚合釜夹套内冷却水被带出。聚合温度维持在 50～90℃，聚合转化率 95%～98%，聚合反应时间 26～70h。终止聚合反应后，聚丁二烯胶乳被送至脱气槽，抽真空脱出未反应的丁二烯。经冷凝，回收丁二烯，供循环使用。脱气后的聚丁二烯胶乳，在掺混槽混合，调整 pH 值，总固含量控制在 50%～53%，然后，进行乳液接枝聚合。

(2) 乳聚 PB 的特点

丁二烯的乳液聚合是以自由基引发的聚合反应。乳聚 PB 作为典型橡胶应用是不如溶聚 PB 的。两者的差异源于自由基聚合过程中缺乏对聚合物玻璃化转变温度 T_g 的调控。自由基链增长的无选择性会导致乳聚 PB 分子链中同时有 1,4-和 1,2-加成的微观结构，即分子链节序列规整性差。丁二烯乳液聚合的另一特点是凝胶快速生成，即易发生交联[63]。如表 2-11 所示，虽然 1,4-加成的顺/反比例可由温度控制，但总乙烯基

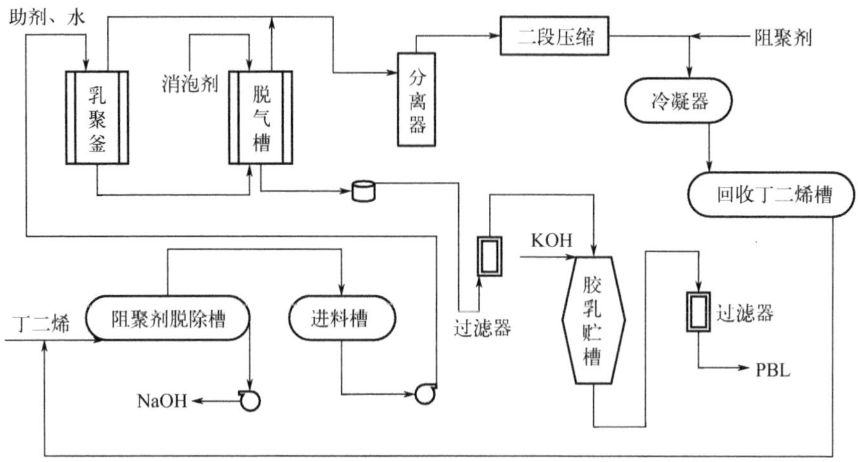

图 2-11　丁二烯乳液聚合工艺示意图[85,88-90]

（1,2-加成物的侧链）含量仍有15%～20%。大部分情况下，乳聚PB的 T_g 约为－80℃，比用Ziegler-Natta催化剂生产的高顺式聚丁二烯 T_g 高出整20℃[46,91,92]。但以上特点不妨碍乳聚PB作为苯乙烯系树脂增韧用橡胶，特别是增韧SAN树脂[93]。

表 2-11　聚合温度对乳聚PB微观结构影响[46]

聚合温度/℃	顺式-1,4-加成物/%	反式-1,4-加成物/%	1,2-加成物/%
－33	5.4	78.9	15.6
5	13.0	69.9	16.5
50	19.0	62.7	18.8
70	20.8	59.4	19.8

作为分散相，乳聚PB胶粒粒径对于优化ABS性能的重要性是不言而喻的[94]。20世纪60年代前后公开的专利就已表明，乳聚胶粒粒径会影响接枝效果，从而影响ABS抗冲击性能[95,96]。通常，乳聚PB胶粒粒径为0.07～0.15μm，与增韧SAN常用的胶粒粒径0.25～0.35μm有差距[79,84,97-99]。因此，如图2-12所示，有一步法和二步法胶粒粒径增长工艺可供选择[100,101]。

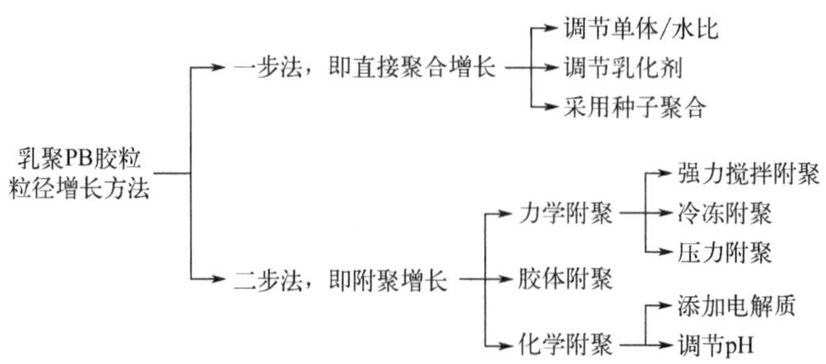

图 2-12　乳聚PB胶粒粒径增长方法[63,79]

（3）一步法

20世纪80年代前，一步法PBL粒径增长速度不足0.01μm/h，需40h以上才能使粒径达到 0.3μm[102]。20 世纪 90 年代，获得同样粒径的乳聚 PB 需时缩至 20 多小时。一步法胶粒粒径增长的方式主要是[79]：增加无机盐，或增大单体/水比[103]，或分批加乳化剂，或种子聚合[82]。表 2-12 列出了国内 20 世纪 80 年代引进的两套 ABS 树脂生产装置中采用的一步法 PBL 增长技术[83]，两种间歇法工艺所需聚合时间都达 70h 以上。日本 Zeon 公司 PBL 增长技术特点是采用了单体/水比调节法、阶梯升温和聚合末期连续补加乳化剂法一步合成大粒径胶乳，胶乳交联度达 70%，用转化率控制胶乳平均粒径约为 0.27μm，平均聚合时间达 72h[104]。

表 2-12　国内 20 世纪 80 年代引进的 PBL 增长技术情况[83,84,104]

厂家	中国石油兰化合成橡胶厂	中国石化上海高桥分公司
技术来源	日本 Zeon 公司	美国钢铁公司
粒径/μm	0.22～0.26	0.3
乳化剂	歧化松香酸钾皂	歧化松香酸钾皂
引发剂	过硫酸钾	过硫酸钾
聚合釜数量	2	
聚合釜体积/m^3	30～33	
聚合温度/℃	50～70	55
丁二烯转化率/%	95	96
聚合时间/h	72	75～80
生产能力/（吨/年）	2369	
运行状态	关停	关停

图 2-13 为丁二烯转化率与聚合时间的关系。该图进一步表明，丁二烯的间歇法乳聚符合一般的乳胶粒生成、增长、完成的乳液聚合原理[105]。聚合初期，聚合速率为 1.74%/h。20h 后，进入聚合中期，需升温维持聚合速率为 1.30%/h。47h 后，进入聚合末期，再次升温维持聚合速率为 0.86%/h[106]。

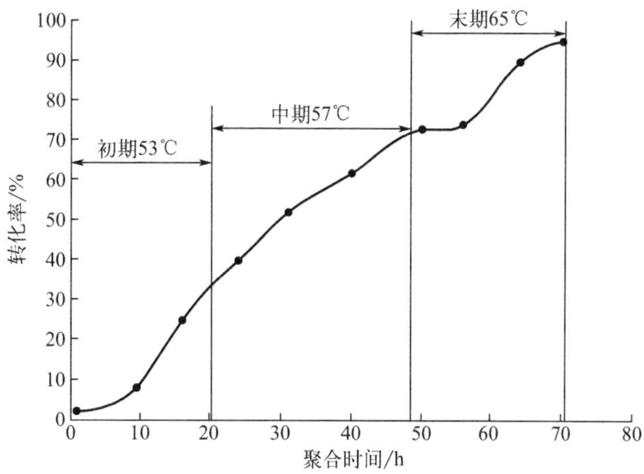

图 2-13　丁二烯转化率与聚合时间的关系[106]

20 世纪 90 年代，中国石油兰化合成橡胶厂对 ABS 生产装置进行了扩能改造，增加了两台 $36m^3$ 的 PBL 聚合釜，PBL 产能增至 6538 吨/年，ABS 树脂产能达 2 万吨/年[104]。2000 年，该厂又重新引进 Zeon 公司 PBL 新技术，增加了两台 $45m^3$ 的 PBL 聚合釜，PBL 聚合时间缩短至 33～35h[107,108]。表 2-13 为中国石油兰化合成橡胶厂新旧 PBL 技术参数对比，与旧技术对比，新技术的聚合温度、转化率都有提高。ABS 树脂产能达 5 万吨/年。

表 2-13　中国石油兰化合成橡胶厂新旧 PBL 技术参数对比[106,108]

工艺参数	初期		中期		末期	
	旧	新	旧	新	旧	新
聚合时段/h	0～20	0～15	20～53	15～28	53～76	28～35
聚合温度/℃	53	63	57	63～90	65	85
转化率/%	0～35	0～46	35～75	46～80	75～91	80～95
聚合体系黏度/(Pa · s)	0.04	0.003	0.003	0.104	0.018	0.018

表 2-14 为国内 20 世纪 90 年代部分引进乳聚 PB 技术的聚合条件。由表可知，国内 20 世纪 90 年代引进的技术中聚合时间就已大幅缩短。其中，韩国味元油化公司间歇法 PBL 技术特点是可生产各种粒径 PBL，包括大粒径丁苯胶乳[109]。而日本合成橡胶公司的并联间歇法 PBL 技术不适合生产大粒径丁苯胶乳[84,109]。

表 2-14　国内 20 世纪 90 年代部分引进乳聚 PB 技术的聚合条件[79,84,85,109]

项目	中国石油大庆石化公司化工三厂	中国石油吉林石化合成树脂厂
技术来源	韩国味元油化公司	日本合成橡胶公司
粒径/μm	0.26～0.35	0.3～0.35
乳化剂	油酸钾和歧化松香酸钾皂	油酸钾和歧化松香酸钾皂
引发剂	过硫酸钾	过硫酸钾
聚合釜数量	4	4
聚合釜体积/m^3	38	50
聚合温度/℃	50～70	50～90
丁二烯转化率/%	95～99.5	90
聚合时间/h	35～50	20～33
运行状态	仍在运行	仍在运行

（4）二步法

国内 20 世纪 70 年代建成的两套千吨级 ABS 树脂装置所采用的乳液聚合技术就是自行研发的附聚技术[83]。

中国石油兰化合成橡胶厂研发的 PBL 工艺是以合成脂肪酸钾皂为乳化剂，过氧化氢二异丙苯为引发剂，加入丁二烯或丁二烯与苯乙烯单体，5～20℃下引发聚合，制得粒径为 0.06～0.08μm 的 PBL 或丁苯胶乳；然后，输送至冷冻转鼓上冷冻附聚，再经溶化，得到 0.16～0.18μm 的 PBL 或丁苯胶乳，聚合时间为 11～16h[110]。

中国石化上海高桥分公司是以硬脂酸钾皂为乳化剂，过硫酸钾（KPS）为引发剂，加入丁二烯和苯乙烯，40℃下引发聚合，得到粒径为 0.05μm 的丁苯胶乳；再添加含醋酸酐的少量丙烯腈-苯乙烯混合液，继续聚合，制得粒径为 0.2～0.3μm 的丁苯胶乳。

2005 年，中国石油大庆石化公司化工三厂成功将 5 万吨/年 ABS 装置扩能至 10.5 万吨/年，采用了自行开发的小粒径 PBL 合成和化学附聚两步法粒径增长技术，缩短了 PBL 聚合时间，提高了原聚合釜的产能[111,112]。

2.3.1.2　PBL 接枝聚合

1959 年，美国 Borg-Warner 公司 Marbon 化学部的 W. C. Calvert 在其申请的与 ABS 树脂相关的专利中运用了橡胶接枝的概念[113,114]。早在 20 世纪 40 年代末，苯乙烯接枝丁苯胶的乳液接枝聚合技术已被用于工业规模的 HIPS 生产[73,115]。所以，接枝聚合手段被应用于改进树脂抗冲击性能不是新鲜事。

（1）工艺简述

图 2-14 为 PBL 接枝聚合工艺流程示意图。如图所示，将来自丁二烯乳聚工段的 PBL 加入接枝聚合釜（1～4 台釜组成）中，再加入苯乙烯、丙烯腈、乳化剂、氧化还原引发剂、分子量调节剂等。升温至 40～90℃，反应 6～14h。单体总转化率为 96%。然后，ABSL 经粗过滤器除去块状物后，输送至储槽，同时加入一定量的抗氧剂，用泵送入凝聚釜。凝聚系统由 3 台串联凝聚釜组成。其中，第一釜为凝析；第二釜为粒径调节；第三釜为固化。凝聚剂为稀硫酸，凝聚温度 90℃以上。析出的浆料经冷却后，输送至离心机或过滤器脱水、洗涤，得含水 10%～30%的 ABS 湿粉料，输送至气流干燥器，90～120℃下干燥至 ABS 粉料含水 5%～10%，再输送至卧式沸腾床干燥器，90℃下干燥至 ABS 粉料含水 0.5%～1%。最后，将 ABS 干粉输送至料仓备用[84,86]。

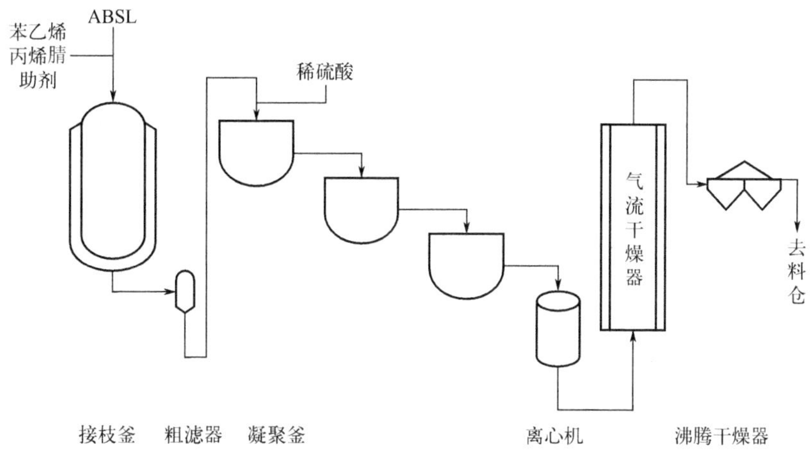

图 2-14　PBL 接枝聚合工艺流程示意图[79,86,88]

（2）PBL 接枝聚合的机理

苯乙烯和丙烯腈与丁二烯发生的接枝聚合是自由基聚合过程，如图 2-15 所示。PB 上能被引发而产生自由基的官能团有四种：1,4-聚丁二烯链上的顺式或反式双键、1,2-

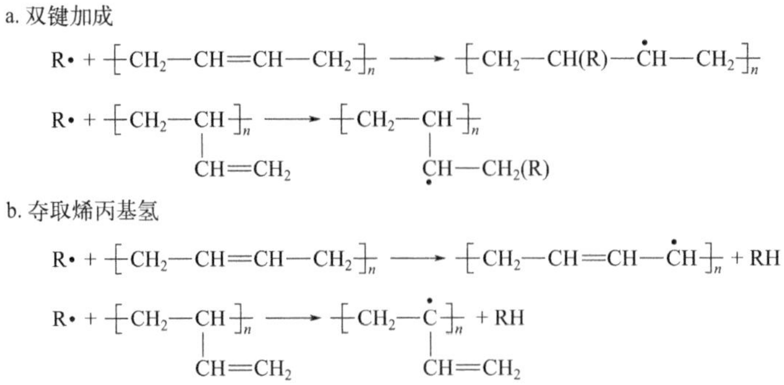

图 2-15　接枝聚合时聚丁二烯上自由基形成机理，R·为自由基[62,63]

聚丁二烯侧基——乙烯基双键、1,4-聚丁二烯顺式或反式烯丙基氢、1,2-聚丁二烯烯丙基氢。从机理上而言，只有两种机理控制 PB 上自由基形成：双键加成和夺取烯丙基氢。PB 上自由基形成后，可以与丙烯腈、苯乙烯反应，也可能引发 PB 分子间交联[62,63]。有研究表明[62]，烯丙基自由基因共振稳定性好，不是很活泼。相对而言，1,2-聚丁二烯烯丙基自由基比 1,4-聚丁二烯顺式或反式烯丙基自由基活泼，发生接枝聚合概率比较高。

因含氧自由基夺取 PB 上烯丙基氢速率较快，因此，其比碳自由基更易引发接枝聚合[63,79]。与之相反，2,2-偶氮二异丁腈（AIBN）产生的 $(CH_3)_2(CN)C\cdot$ 自由基具有共振稳定结构而不能从橡胶上夺取烯丙基氢，不能引发接枝聚合。以热引发接枝聚合时，接枝率随温度升高和橡胶上乙烯基官能团增加而增加[62]。因此，引发机理、引发方式、引发剂等影响接枝率和接枝 SAN 分子量等参数。

表 2-15 和图 2-16 表明[116]，本体 HIPS 合成中，随聚丁二烯中 1,2-加成物含量增加，总聚合速率（苯乙烯接枝和均聚速率之和）和接枝率均明显提高。而无论是游离的还是接枝的 PS 数均分子量（M_n）则随之同步下降。从反应活性而言，1,2-加成物的活性是反式-1,4-加成物的 2 倍，是顺式-1,4-加成物的 4 倍。

表 2-15　本体 HIPS 合成中聚丁二烯结构等因素对苯乙烯接枝和均聚的影响[116]

项目	聚丁二烯浓度 ↑	1,2-加成物含量 ↑	聚丁二烯分子量 ↑
总聚合速率	⇓	⇑	⇓
接枝率	⇑	⇑	⇑
游离 PS 的 M_n	→	⇓	⇓
接枝 PS 的 M_n	⇑	⇓	⇑
橡胶相体积分数	⇑	→	⇑

（3）接枝率分析

接枝率（GD）是衡量接枝聚合效果的参数之一。其定义是接枝 SAN 与橡胶质量之比[92]，定义式为[103]：

$$接枝率（GD）=\frac{A-B\times R}{B\times R}\times 100\%$$

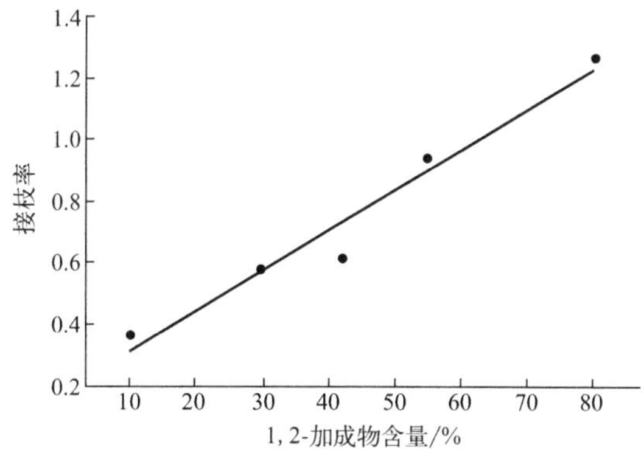

图 2-16　本体 HIPS 合成中 1,2-加成物含量与接枝率的关系[116]

式中　A ——接枝聚合后用丙酮溶解分离的不溶物量；

B ——称取的接枝聚合物量；

R ——接枝聚合物中橡胶百分含量。

表征接枝聚合效果的参数还有：接枝率、接枝橡胶收率和接枝密度等[117]，可分别表示为：

$$接枝率=\frac{接枝\ SAN}{总\ SAN}$$

$$接枝橡胶收率=\frac{接枝橡胶}{总橡胶}$$

$$接枝密度=\frac{平均接枝链数量}{一个橡胶分子}$$

接枝聚合所要达到的目的是将 SAN 接枝于橡胶颗粒表面，形成核壳结构，以利于橡胶颗粒稳定地分散于 SAN 基体树脂中[118]。接枝聚合时，橡胶颗粒会包埋 SAN，测得的接枝率会计入包埋的 SAN。尤其是本体接枝聚合时，包埋 SAN 量会多些。接枝率是重要的接枝聚合参数，一直被用来与其他工艺参数关联，也与最终 ABS 树脂性能关联[92,95,119]。

就 ABS 树脂的构效关系，美国 Borg-Warner 公司 Marbon 化学部 W. J. Frazer 归纳了橡胶相和接枝 SAN 相分子特征与接枝效果的关系，见图 2-17[95]。图 2-18 表明，受各种因素影响，接枝率（GD）达不到原料中共聚单体量与橡胶量之比，即“理想”值[92]。另外，SAN 的组成与苯乙烯/丙烯腈单体组成和竞聚率有关。为使接枝 SAN 组成稳定，接枝共聚时，苯乙烯/丙烯腈单体组成控制在恒比共聚点附近[63,92,100]。

单位重量橡胶含接枝链数量

1.凝胶或支化和交联份额	1.苯乙烯/丙烯腈比例
2.线型或轻度支化	2.分子量及其分布
3.单位重量橡胶交联度和类型	3.交替度
4.顺式-1, 4、反式-1, 4、乙烯基侧链、线型份额	4.支化度，交联和环化结构
5.线型部分的分子量及其分布	5.相同分子量群在1, 3, 4, 方面差异

图 2-17　橡胶和接枝 SAN 两相主要分子特征与接枝效果的关系[95]

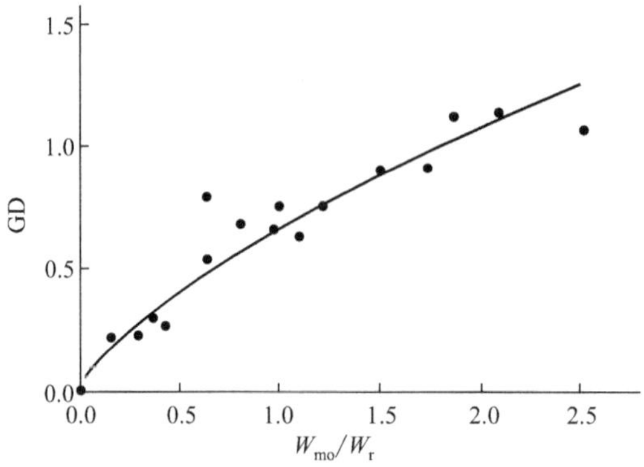

图 2-18　接枝率（GD）与原料中共聚单体量 W_{mo} 与橡胶量 W_r 之比的关系[92]

（4）国内部分装置概况

20 世纪 70 年代，中国石化上海高桥分公司千吨级 ABS 装置中配套的接枝工艺是：丁苯胶乳与苯乙烯/丙烯腈单体在 65～70℃ 温度下接枝聚合，再与乳液 SAN 混合，用 $MgSO_4$ 凝聚。洗涤、离心后，得含水 30% 的 ABS 粉料，然后，联合挤压机干燥、造粒。中国石油兰化合成橡胶厂的接枝工艺是：聚丁二烯胶乳（耐寒型 ABS 用）或丁苯胶乳（通用型 ABS 用）与苯乙烯/丙烯腈单体在 65～75℃ 温度下接枝聚合，用 H_2SO_4 凝聚。洗涤、离心后，得含水 25%～35% 的 ABS 粉料，然后，联合挤压机干燥、造粒。

由表 2-16 可知，两家企业引进技术有差异[83]。有研究表明[120]，当时中国石化上海高桥分公司引进的美国钢铁公司技术所产橡胶粒径分布宽，由此会引起不同橡胶粒子的接枝率差异。即使平均接枝率达到 40%，与中国石油兰化合成橡胶厂的产品接近，但高桥分公司当时的 ABS 产品性能与国内外同类产品相比有一定差距。其中，工艺和装备的原因也是不可忽视的[81,83,121]。

表 2-16　国内 20 世纪 80 年代引进的接枝技术[83,84,104]

项目	中国石油兰化合成橡胶厂	中国石化上海高桥分公司
技术来源	日本三菱人造丝公司	美国钢铁公司
乳化剂	歧化松香酸钾皂	歧化松香酸钾皂
引发剂	过氧化氢二异丙苯	过硫酸钾
聚合釜数量	1	
聚合釜体积/m^3	12	
聚合温度/℃	50～90	50
单体转化率/%	96	92
聚合时间/h	6	
凝聚温度/℃	90	
运行状态	关停	关停

表 2-17 为国内 20 世纪 90 年代引进的部分接枝技术。由表可知，20 世纪 90 年代引

进的接枝技术从规模上比 20 世纪 80 年代大。虽然引进技术来源不同，但它们的工艺条件基本相似。

表 2-17　国内 20 世纪 90 年代引进的部分接枝技术[84,85,109,111]

项目	中国石油大庆石化公司化工三厂	中国石油吉林石化合成树脂厂
技术来源	韩国味元油化公司	日本合成橡胶公司
聚合釜数量	4	3
聚合釜体积/m^3	40	44
聚合温度/℃	60～90	40～90
聚合时间/h	10～14	8～12
单体转化率/%	98	95～97
凝聚釜数量	3	3
凝聚釜体积/m^3	20	36
运行状态	仍在运行	仍在运行

2.3.2　SAN 悬浮法合成

虽然 PB 或 SBR 及其接枝聚合关乎 ABS 树脂的性能，但 SAN 是 ABS 树脂两相结构中的连续相。SAN 特性决定了增韧其所用的橡胶颗粒与增韧 PS 的不同[122]。SAN 性能受聚合工艺影响。与乳液法相比，悬浮法聚合工艺因流程、工序相对简单以及产品中残留杂质相对量少，被用于掺混法 ABS 用 SAN 生产[123,124]。

在绝大多数情况下，悬浮聚合的介质是水[125]。在机械搅拌下，添加了分散剂和自由基型引发剂的悬浮液中，非水溶性的单体乳化形成液滴。有别于乳液聚合的是悬浮聚合用的引发剂溶于单体液滴中，聚合反应在液滴中发生。当生成的聚合物溶于单体和最终形成无孔的球形珠子时，这类聚合称为悬浮珠子聚合；当生成的聚合物初级小颗粒沉淀析出，最终团聚成表面不规则、内有空隙和不透明的颗粒时，此类聚合称为悬浮粉末聚合。悬浮聚合物颗粒大小与起始的单体液滴差不多，直径在 0.001～0.5cm。悬浮聚合使用的分散剂有两类：一是大分子的保护胶；二是无机粉末乳化剂，都不溶于水。前者的使用量为水相的 0.1%～5%；后者为 0.1%～2%。它们的作用是促进初始单体乳化和稳定聚合物颗粒悬浮状态。引发剂的量为单体量的 0.1%～1%。为保证单体转化尽可能完全，引发体系采用不同半衰期的引发剂混合为佳。单体与水相的体积比为 (25∶75) ～ (50∶50)。一颗直径 0.01cm 的聚合物珠子内含 10^8 个增长着的聚合物自由基，因此，悬浮聚合动力学行为与本体聚合相似，悬浮聚合有时被看成是水冷本体聚合。

图 2-19 展示了间歇悬浮法 SAN 生产工艺的主要工序。工艺步骤[88] 如下：

① 配料　悬浮液配料槽中，加入一定量的软水，再加磷酸钙，搅拌混合，然后加入少量表面活性剂。引发剂配料槽中，加入叔十二烷基硫醇和苯乙烯，再加 AIBN 和少量表面活性剂，搅拌溶解。引发剂配料槽设冷却夹套，保持低温，以防自聚。

② 聚合　按规定顺序和比例，将单体、引发剂溶液、悬浮液、软水注入聚合釜。

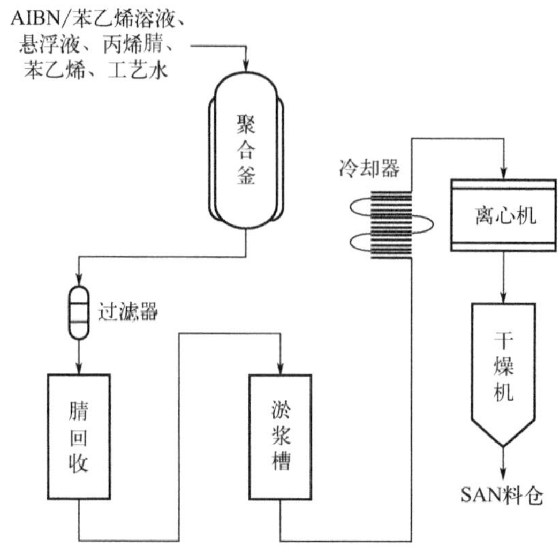

图 2-19 间歇悬浮法 SAN 生产工艺流程示意图[11,79]

搅拌状态下，苯乙烯和丙烯腈形成悬浮液滴，分散于水中。升温前，从釜中取悬浮液，静置 5～10min，观察有无分层。确认无分层后，聚合釜夹套通热水升温至一定温度（77～80℃）[79]。聚合过程中夹套通冷却水以移出聚合热。聚合转化率控制在 95%～97%。悬浮聚合中苯乙烯/丙烯腈单体比控制在恒比共聚点附近，以减少 SAN 共聚物组成漂移。但是，因丙烯腈比苯乙烯更易溶于水，随转化率增加，水相中丙烯腈会扩散进入聚合物颗粒，从而引起颗粒内单体比率变化，最终导致共聚物组成变化，所以，单体比率控制尤为重要[125]。

③ 丙烯腈回收　聚合终止后，反应浆料经过滤器进入腈回收槽。然后，加入一定量消泡剂，间歇地向回收槽中通入低压蒸汽（570kg/h），体系温度达 100℃。蒸发的水和丙烯腈经冷凝器后成液体，再经油水分离槽，丙烯腈返回丙烯腈储槽，水经丙烯腈含量分析后回收利用。去除丙烯腈的淤浆送淤浆槽。

④ 脱水、干燥　淤浆槽中的 SAN 浆料经冷却器后送入离心机，同时加入适量水，以控制浆料的固含量。离心脱水后含水量 5%～7%的 SAN 被送入干燥机，干燥至含水量 1%以下。干燥后的 SAN 被送入筛分机。筛分后，输送至 SAN 料仓，供掺混用。

中国石油兰化合成橡胶厂是国内较早开展悬浮法 SAN 工艺研究的单位之一[124]。20 世纪 80 年代，该厂引进了日本 Daicel 公司的悬浮法 SAN 技术，是与 ABS 树脂生产工艺配套的技术之一[84]。20 世纪 90 年代，经技术改造，原有的 $12m^3$ 聚合釜换成了 $30m^3$ 聚合釜，SAN 产能由 6500 吨/年增至 13000 吨/年[104]。

2.3.3 SAN 本体法合成

目前，本体法合成工艺已是 SAN 生产的主要工艺。连续本体工艺优点是：高时空产率和高品质产品（不存在乳化剂或分散剂残留问题）。本体法 SAN 因具优异的色彩和透明性而特别适用于高光学特性制品的制造[11]。

SAN 连续本体法工艺中有两种反应器类型可供选用：搅拌釜和平推流反应器。在搅拌釜内聚合反应时，反应体系的组成是均匀的，转化率是固定的，单体补加量和组成比率与出口共聚物的量和组成比率是相同的，所以，共聚物组成是固定的。平推流反应器有两种：螺杆反应器和塔式反应器。在平推流反应器中聚合反应时，除恒比共聚点外，转化率沿轴向而变，因而共聚物组成也变，为此，沿反应器需有补加单体的口子，以维持高转化率下 SAN 组成均匀。

1984 年中国石化上海高桥分公司从日本东洋工程-三井东压（TEC-MTC）公司引进了一套 5000 吨/年的连续本体法 SAN 生产装置[79,83]，于 1988 年 1 月投产。该装置的工艺流程如图 2-20 所示，是单釜连续工艺，适合多种产品生产[76,126]。聚合釜由外夹套、釜内螺带主搅拌器、透平叶轮助搅拌器、导流筒和列管冷凝器组成[127]。工艺步骤是按一定比例将原料苯乙烯、丙烯腈和回收液混合，再用计量泵从釜底送入聚合釜（2.02m^3）。从釜上部流出的物料送往落条式脱挥器，再经脱挥器底部齿轮泵挤推至静态混合器和模头，牵引成条、造粒后风送至料仓，最后包装成品。从脱挥器脱除的未反应单体和溶剂乙苯，经水冷、−12℃盐水冷凝和冷却，再经油水分离后，油相送往回收液储槽。整个工艺流程中乙苯用量为 7%～10%，进料温度为 3～5℃，聚合温度为 135～147℃，聚合压力是（0.45±0.05）MPa，聚合转化率为 50%～60%，脱挥温度在 220～250℃[79]。2006 年之后，该装置停产，最后被拆除。

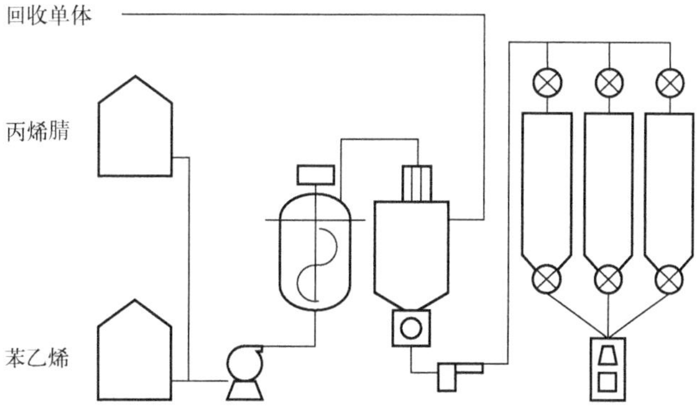

图 2-20　连续本体法 SAN 生产工艺流程示意图[79,83]

1988 年底，中国石油兰化合成橡胶厂也从日本东洋工程-三井东压（TEC-MTC）公司引进了一套 15000 吨/年的连续本体法 SAN 生产装置[83]，于 1991 年 10 月投产[128]。该装置聚合釜体积为 6.8m^3，带有体积为 1.7m^3 的外循环系统，所以，实际聚合系统体积为 8.5m^3。在 100%生产负荷下，聚合温度为 139℃。表 2-18 为 20 世纪 80 年代国内引进的 TEC-MTC 技术可生产的 SAN 品种。

表 2-18　20 世纪 80 年代国内引进 TEC-MTC 技术生产的 SAN 品种[83,129]

性能	ASTM	品种			
		标准流动型	高流动型	高耐热型	高耐化学型
拉伸强度/MPa	D-638	74	72	78	78
Izod 缺口冲击强度/（kg·cm/cm）	D-256	2.4	2.4	2.5	2.6
熔体流动速率（200℃，5kg）/（g/10min）	D-1238	1.4	2.2	1.4	3.3

续表

性能	ASTM	品种			
		标准流动型	高流动型	高耐热型	高耐化学型
熔体流动速率（200℃，10kg）/（g/10min）		15	24	15	35
丙烯腈含量（质量分数）/%	D-1013	23.5～25.5	23.5～25.5	27.0～29.0	29.0～32.5

20世纪90年代，中国石油大庆石化公司化工三厂和吉林石化合成树脂厂在引进的ABS生产技术中分别采用了美国Cosden和日本TEC-MTC的本体SAN生产工艺[84,85,130]。其中的TEC-MTC本体SAN生产工艺采用了两釜串联的聚合工艺，第一釜和第二釜体积分别为47m^{3}和60m^3。第一釜和第二釜转化率分别为60%和80%。Cosden的工艺与TEC-MTC的基本相似，其聚合釜体积为30m^3，聚合温度为125～175℃，聚合时间为2.5～5h，转化率为40%～60%。其脱挥系统由两个脱挥器构成，第一脱挥器先脱除一半未反应丙烯腈，第二脱挥器在220℃下脱除溶剂和全部未反应单体[88]，因此，所产SAN的丙烯腈残留最低。上述两工艺间的另一关键区别是Cosden工艺采用非满釜操作[109]，聚合釜装料系数约80%[88]。两种工艺的单耗对比如表2-19所示。

表2-19 SAN工艺单耗对比[130]

工艺	TEC-MTC	Cosden
苯乙烯/（kg/t）	752	760
丙烯腈/（kg/t）	250	270
溶剂/（kg/t）	0.3	
电/（kW·h/t）	170	123
冷却水/（t/t）	45（循环ΔT=10℃）	180
蒸汽/（t/t）	0.1	不用
N_2/（m^3/t）	1.2	5（间歇用）
燃料/（MJ/t）	1612	1570

2.3.4 连续本体法合成ABS

本体法合成ABS工艺起初是根据本体聚苯乙烯（PS）工艺改进而形成的[63,131]。20世纪20年代中期，采用本体法或溶液沉淀法，在天然橡胶存在下制备冲击改性PS技术雏形就已出现[132]。20世纪50年代，用合成橡胶制备高抗冲聚苯乙烯（HIPS）和ABS的接枝共聚技术开始出现，而且，悬浮法、乳液法、本体法聚合工艺都被用于HIPS或ABS合成[113,131,133-135]。值得一提的是，当年开展了大量ABS型聚合物试验甚至已在本体法HIPS工业装置上生产过ABS的Dow化学公司却失去了工业开发ABS树脂的领先地位[136]。究其原因，一方面是Dow输了一场告美国Monsanto公司ABS专利侵权的官司。美国加州洛杉矶法官认为，引起争议的焦点——搅拌的使用和作用是公知性的[24]，Dow化学公司J. L. Amos专利[131]无发明点。1974年，Amos撰文专门解释了混合与搅拌的区别[137]：搅拌一个体系可以无混合行为相随，如悬浮聚合；混合可以无搅拌相随，如分子扩散行为。他进一步地指出，混合时含两个基本过程：一是液体循环；二是剪切力作用下的分散。剪切搅拌的主要作用是为控制橡胶粒径而促成体系相反转和控制沟流现象。另一方面，1952 年，有关苯乙烯技术已无秘密可言；到了 1960 年，Dow 的 HIPS 技术也不是秘密了。当然，这些技术失密可能源于一系列与第二次世界大战相关的事件[24]。总之，技术失密对一家公司而言是令人惋惜的，但对技术的多样性发展是有利的。如今有多家公司拥有各自的本体法 ABS 工艺[87,138]。与 SAN 连续本体法工艺一样，采用搅拌釜还是平推流反应器以及是否满釜运行是区分不同本体法 ABS 工艺的关键。国内先后引进了 TEC-MTC 的全混合型搅拌釜和 Dow 的平推流反应器多釜串联工艺。

2.3.4.1　基本原理

本体 ABS 工艺是橡胶先溶解在苯乙烯和丙烯腈混合液中，而后在热引发或自由基引发剂引发下，两单体发生共聚。随着 SAN 形成，SAN 相与橡胶相之比随之增加。当比值达到 1 时，相反转开始，橡胶相转而分散于连续相 SAN 中。相反转过程在苯乙烯和丙烯腈总转化率为 12%～15%时完成，并与起始溶液中橡胶浓度相关。橡胶颗粒的大小受搅拌强度、两相黏度比值和两相界面张力影响。采用的橡胶一般为溶液聚合聚丁二烯橡胶（或含苯乙烯的共聚物）。PB 的玻璃化转变温度≤－80℃，1,4-构型占比约 40%时对 ABS 产品低温抗冲有利。为控制体系黏度，本体 ABS 的橡胶含量一般为 15%，最高为 20%。其基体树脂 SAN（连续相）的分子量一般为 50000～150000，橡胶相（分散相）会有明显包埋 SAN 现象。

2.3.4.2　TEC-MTC 连续本体法 ABS 工艺

1986 年底，中国石油吉林石化有机合成厂与日本 TEC-MTC 签约，引进了一套 1 万吨/年连续本体法 ABS 装置[83]。该装置于 1989 年 12 月 26 日投产[121]，可方便地切换生产 HIPS、GPPS、SAN。如图 2-21 所示，该装置采用的是四釜串联工艺。大致的工艺步骤是[83,87,139,140]：PB 橡胶先被切成 2mm ×3mm ×3mm 的块状物，放入橡胶溶解槽中，再向该槽中添加定量的乙苯、苯乙烯、丙烯腈，50℃下搅拌溶解，制成橡胶原料液（间歇，12h 一批），用泵向第一反应釜输送原料液和引发剂；第一釜的反应温度为 90～100℃，转化率约 20%，控制搅拌，促成相反转，橡胶粒径为 1～3μm；第二釜的温度为 115℃，搅拌速率为 20～70r/min，转化率约 47%；第三釜的温度为 125℃，搅拌速率为 35r/min，转化率约 55%；第四釜的温度为 130℃，搅拌速率为 25 r/min，转化率约 65%；而后，聚合液被送入预热器，加热至 210～240℃，再送入落条式脱挥槽，在 50～60mmHg 真空度下脱除未反应单体；熔融聚合物经挤条、冷却、切粒制得 ABS 产品。

与上述装置配套引进的 ABS 牌号有 8 种。表 2-20 列出了该厂生产的其中 6 个牌号性能以及 MTC 原产牌号性能。显然，从拉伸强度、缺口冲击强度和耐热性而言，该厂引进生产的 ABS 树脂产品不如 MTC 原产的。因此，历时不到两年，1991 年初，该装置已转产 HIPS[141]。事实表明，当时该装置所需 4 种原料和 7 种助剂中有 2 种原料和 3 种助剂需进口，由此引发产品品种单一、性能偏低。所以，引进本体法 ABS 工艺技术

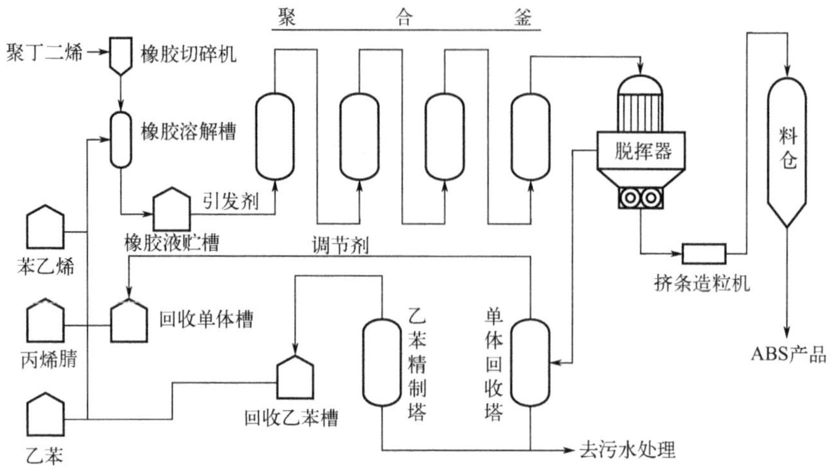

图 2-21 TEC-MTC 连续本体法 ABS 工艺示意图[83]

时，原料来源，特别是 PB 来源，可能会成为制约装置经济效益的关键因素[81,142]。

表 2-20 中国石油吉化有机合成厂引进的部分 ABS 牌号[140]

性能	ASTM	品种①					
		高刚高热	高刚标准	标准	高热低光	高冲	挤出
拉伸强度/MPa	D-638	54 (60)	51 (58)	45 (50)	40 (43)	46 (50)	41 (45)
Izod 缺口冲击强度/(kg·cm/cm)	D-256	6 (8)	6 (12)	10 (13)	9 (12)	12 (18)	10 (13)
熔体流动速率 (200℃, 5kg) / (g/10min)	D-1238	1.7 (1.8)	2.6 (2.7)	1.8 (1.8)	1.25 (1.3)	1.25 (1.3)	0.45 (0.8)
维卡软化温度/℃	D-1525	99 (110)	92 (105)	92 (105)	99 (110)	92 (105)	100 (111)

① 表中括弧内的数据表示 MTC 原产牌号性能。

2.3.4.3 Dow 连续本体法 ABS 工艺

2007 年，中国石化上海高桥分公司引进 Dow 化学公司连续本体法工艺建成的 20 万吨/年 ABS 生产装置投运[143]。该装置由三条 7.5 万吨/年生产线组成。7.5 万吨/年连续本体法工艺是 Dow 化学公司 2002 年末在荷兰实现工业化的[144,145]。相隔 1 年多[146]，Dow 就在我国许可了该技术。这与此前 Dow 不许可该技术的一贯做法大不相同[147]。值得关注的是，2008 年 6 月 Dow 又将此工艺许可给了辽宁华锦化工公司[148]。而 2006 年之前，Dow 在美国本土原有四个本体法 ABS 生产基地中有一个已被关闭。2007 年 12 月，Dow 宣布 2008 年 2 月 1 日起另外两个基地停止生产非车用 ABS，并退出美洲所有非车用 ABS 和 SAN 销售市场，两地的装置转产聚苯乙烯，并入 Dow 和 Chevron Phillips Chemical 合资的企业。密歇根州米德兰市的生产基地仍被保留，产品由 Dow Automotive 部营销。2010 年 3 月，Dow 宣布了出售包括 PS、SAN 和 ABS 的苯乙烯相关业务决定，标志其退出经营了七十多年的苯乙烯系聚合物产品领域[149-151]。

(1) Dow 本体法 ABS 工艺的沿革

在 20 世纪 50 年代公开的专利中，Dow 就已提出适用于本体法 PS、HIPS 和 ABS 生产的平推流连续本体聚合工艺。该工艺特别强调防聚合体系中沟流产生而采取柔和且无湍流横向搅动、以求上下不互混的分层聚合方式的重要性[152]。同期，Dow 还公开了首次使用溶聚丁二烯橡胶制备 HIPS 的工艺[131]。针对 HIPS 和 ABS 合成，Dow 提出了相反转技术[131]，即让橡胶-单体溶液，在相反转点前，搅拌下反应；在相反转点后，不搅拌下继续反应。当时，使用的橡胶为丁苯胶，其中含丁二烯 76.5%、苯乙烯 23.5%，门尼黏度 [ML (1+4) 100℃] 60～70；反应液中橡胶含量为 5%；热引发聚合，反应温度为 90～150℃。对 HIPS、ABS 合成，相反转点分别控制在固含量 23.6%、29.4%。其他实例中相反转点一般控制在固含量 40%以下。总之，相反转点与橡胶品种及其牌号和用量、反应体系稀释剂的使用与否、反应体系组成比例、温度、搅拌转速等有关。相反转点前的搅拌与否会影响最终聚合物在溶剂（二乙基苯、甲苯或丙酮）中的溶解性。这种溶解性指标可用来衡量橡胶的分散状况。

在 20 世纪 60 年代公开的专利[153] 中，Dow 较为详细地介绍了连续本体法橡胶接枝共聚三釜工艺。工序分五步：① 橡胶溶解；② 接枝预聚，固含量 7%～15%，聚合温度 85～130℃，搅拌速率 67r/min；③ 接枝聚合，固含量 35%～50%，聚合温度 85～130℃，搅拌速率 10r/min；④ 分层聚合，温度 125～185℃，分层器转速 2～3r/min；⑤ 交联、脱挥，温度 220～285℃。在实例中，Dow 使用了立构聚丁二烯橡胶，门尼黏度 [ML (1+4) 100℃] 为 35，其中，1,2 加成物为 7.5%，1,4 加成物为 90%。后者的立构组成为 35%顺式，65%反式。Dow 还列出了凝胶含量、溶胀指数及其测试方法，用以考察分析橡胶接枝状况。一般而言，溶胀指数控制在 4～20（甲苯），凝胶含量控制在所用橡胶重量的 3.5～6.5 倍，不超过共聚物重量的 70%。共聚物中，橡胶颗粒尺寸控制在 2～25μm。专利中的实例表明，交联停留时间成倍增加时，将导致凝胶含量略降，溶胀指数下降，共聚物断裂延伸率急剧下降，抗冲击强度下降，拉伸强度略升；接枝预聚时，搅拌转速成倍降低，将导致凝胶含量上升，溶胀指数略升，共聚物断裂延伸率略升，抗冲击强度不变，拉伸强度下降，熔融黏度上升明显；共聚溶液中添加白色矿物油时，共聚物抗冲击强度上升，维卡软化温度下降。总之，经调变以上提及的工艺参数，共聚物力学和热性能可调节，拉伸强度在 13.79～30.33MPa，抗冲击强度为 53.34～77.34J/m，维卡软化温度为 190～220℃。

20 世纪 70 年代，在原有的三釜工艺基础上，Dow 提出了稳定、调控橡胶粒径的工艺方法，即第一釜增加外循环[154,155]。结果表明，橡胶粒径可在 0.8～13μm 调变。工艺条件是：第一釜，进/出温度 115℃/130℃，搅拌速率 130r/min；第二釜，进/出温度 130℃/140℃，搅拌速率 70r/min；第三釜，进/出温度 140℃/170℃，搅拌速率 10r/min。橡胶为丁苯嵌段胶（30%苯乙烯、70%丁二烯）。丙烯腈分别在第一、第二釜加入。第一釜出口固含量为 23%～24%，橡胶粒径为 1.0～2.5μm。Dow 认为，当固含量和/或循环物料数量增加，橡胶粒径及其分布都会增加。低固含量和高循环速率有助于反应器循环段的热传递，从而提高反应器聚合速率。同时，又指出本体法形成的橡胶粒子中包埋了离散的聚合物。

受橡胶-单体溶液黏度以及聚合物熔体黏度限制，以上提及的本体工艺中使用的橡胶溶液浓度一般不超过 5%～6%。到 20 世纪 80 年代，Dow 公开的专利中提高了橡胶用量[156]，该专利提及的仍是三釜连续工艺。ABS 小试制备条件为：第一釜，进/出温度 85℃/135℃，搅拌速率 200r/min，进料中 60%苯乙烯、20%丙烯腈、10%乙苯、10%丁苯胶（组成为 30%苯乙烯、70%丁二烯），出口固含量为 35%；第二釜，进/出温度 130℃/140℃，搅拌速率 150r/min，进料中 3%苯乙烯、1%丙烯腈、6%乙苯、5%丁苯胶，出口固含量为 55%；第三釜，进/出温度 140℃/170℃，搅拌速率 5r/min。ABS 拉伸强度为 34.27MPa，抗冲击强度为 261.3J/m。实例表明，第二釜不加橡胶、或第一釜一次性加至额定量、或在第二釜高的固含量（加料点）下即相反转后加入橡胶都不能使 ABS 材料达到良好的力学性能。

Dow 不仅提高了用胶量，还在另一同期公开专利[157] 中使用了引发剂，且采用了四釜连续 ABS 本体工艺。但流程的布置有两种方式：第一种是在第二釜和第三釜构建了循环回路，第二种是第二和第三釜间没有循环回路。还有两个共同特点，一是第三釜进出料为下进上出方式，这与 20 世纪 50 年代 Dow 的一种三釜流程布置相仿[152]；二是第三釜底部有一新鲜原料加料口，这与 20 世纪 70 年代 Dow 的一种 ABS 三釜流程相仿[154]。按第一种流程布置，该专利的实例给出的工艺条件是：第一釜，进/中/出温度 85℃/104℃/100℃，聚合物固含量（不计橡胶）为 5%；第二釜，出口温度 126℃，固含量为 42%；第三釜，出口温度 139℃，固含量为 49%；第四釜，固含量为 66%。第一釜进料液的组成是：50.0%苯乙烯、21.1%丙烯腈、14.5%乙苯、1.0%矿物油、10.0%丁苯胶（Solprene 308）、其他 3.4%。第三釜进料液的组成是：18.4%苯乙烯、7.6%丙烯腈、69.5%乙苯、1.5%抗氧剂（Irganox 1076）、3.0 %链转移剂（α-甲基苯乙烯二聚体）。引发剂对比试验表明，使用过氧化戊酸叔丁酯和过氧化辛酸叔丁酯引发剂所得 ABS 缺口冲击强度比过氧化十二烷酰高，达到 170.7～224J/m。另外，按第二种流程布置，给出的工艺条件是：第一釜，进/中/出温度 79℃/104℃/100℃，聚合物固含量（不计橡胶）为 5%；第二釜，进/出温度 118℃/123℃，固含量为 33%；第三釜，进/出温度 133℃/140℃；第四釜，进/出温度 131℃/157℃，固含量为 62%。第一釜进料液的组成是：53.8%苯乙烯、21.0%丙烯腈、16.0%乙苯、0.15%α-甲基苯乙烯二聚体、9.0%Solprene 308。第三釜进料液的组成是：20.0%苯乙烯、7.4%丙烯腈、66.6%乙苯、3.0%Irganox 1076、3.0 %α-甲基苯乙烯二聚体。引发剂对比试验表明，使用过氧化辛酸叔丁酯引发剂所得 ABS 缺口冲击强度比使用过氧化十二烷酰高，达到 192J/m。实例结果表明，使用分解温度（以 10h 半衰期计）低的引发剂能得到力学性能好的材料，且可减少引发剂的用量。

为改善传热，Dow 在 1983 年公开的专利[158] 中提到了用水作为传热介质。三釜工艺条件是：第一釜，进/中/出温度 105℃/107℃/107℃，中部有一、二段脱挥器循环回收液进料口，出口固含量 27%；第二釜，进/中/出温度 115℃/120℃/125℃，下进上出进料方式，出口固含量 43%；第三釜，进/中/出温度 130℃/140℃/150℃；第一段脱挥器温度 170℃；第二段脱挥器温度 237℃。第一釜进料液的组成是：49%苯乙烯、18%丙烯腈、18.0%乙苯、其他 15%。循环回收液组成是：66%乙苯、10%丙烯腈、24%苯乙烯。循环回收液占进料 5.35%。结果表明，添加水后，ABS 的拉伸强度、拉断伸长率、缺口冲击强度明显提高。

随着对双峰分布橡胶增韧聚合物脆性断裂机理认识及应用的深入，Dow 在 20 世纪 90 年代初公开了采用两种粒径橡胶合成 HIPS 和 ABS 工艺（图 2-22 所示）。据专利[159] 介绍，工艺流程中添加了一个并联预聚釜（图 2-22 中 E 釜）。A 釜和 E 釜中形成的预聚体所含橡胶粒子平均粒径分别为 0.05～1.5μm 和 0.065～1.95μm。B 釜的进料组成要求为来自 A 釜和 E 釜的橡胶粒子分别占 50%～95%和 5%～50%。A 釜体积比 E 釜大，两者的结构等其他特性类似。在涉及 ABS 的实例中，所使用的橡胶为 Bayer France 产 BUNA HX 529C，含 54%反式、35%顺式，门尼黏度 55（100℃），5%溶液黏度 165mPa·s。合成 ABS 的 A 釜和 E 釜基本配方为：5%橡胶、15%乙苯、14.2%丙烯腈、65.585%苯乙烯、0.2%抗氧剂、0.015%DTBPCH；A 釜和 E 釜基本工艺条件分别为：进料速率 750g/h 和 250g/h、进/出温度 104℃/115℃ 和 106℃/113℃、固含量 30%和 32%。B/C 两釜基本工艺条件为：进/出温度 126℃/155℃、最终固含量 68%。最终 ABS 中的橡胶含量为 7.4%，ABS 的缺口冲击强度为 87J/m。另外两个实例表明，提高乙苯用量（20%），降低苯乙烯和丙烯腈用量，并在 E 釜中添加 0.015%链转移剂，ABS 的缺口冲击强度可达 128J/m。然而，E 釜中链转移剂添加至 5%时，ABS 的缺口冲击强度降为 109J/m。总之，E 釜中添加链转移剂能使该釜内橡胶平均粒径增大，可调节材料力学性能。该专利未报道聚合釜、脱挥器大小和脱挥温度，所以，反应停留时间无法估算。

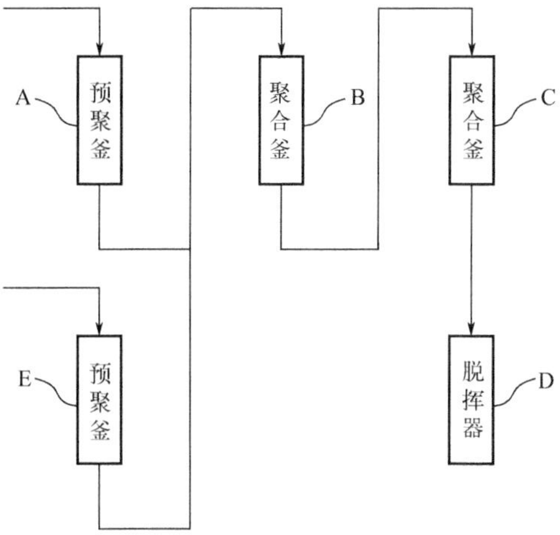

图 2-22　Dow 双峰分布橡胶增韧 HIPS 和 ABS 工艺流程示意图[159]

2002 年，针对双峰分布橡胶增韧 ABS 的合成并结合早先的三釜本体工艺流程[152，160]，Dow 提出了第二釜加入一部分与第一釜相同配方的原料，快速相反转以形成较大粒径、低包埋量橡胶颗粒的本体 ABS 工艺[161]。显然，这就无须与第一釜并联一个釜了。在该工艺专利中，Dow 推荐使用 Bayer 的 BUNA HX565 低顺星形、支化顺丁胶。同时指出，20℃下，黏度为 20～120mPa·s 的 5%橡胶苯乙烯溶液或门尼黏度［ML(1+4)100℃］为 30～80mPa·s 的低顺星形、支化顺丁胶都可以被采用。双峰分布橡胶颗粒中小粒径为 0.1～1μm、大粒径为 0.8～10μm。对于高光泽产品，小颗粒占总数的 80%～98%为宜；对于高抗冲产品，小颗粒占总数 65%～75%为宜。

从Dow不同时期公开的专利中不难发现，Dow沿用较为典型的三釜串联工艺条件布置，釜内温度呈梯度分布是其特点之一（如图2-23所示）[162]；同时，还沿用了早期提出的本体聚合的一些基本思路、概念和实施手段，如相反转、多釜串联平推流工艺、两级脱挥技术、反应器内无垂直混合的搅拌技术、橡胶颗粒大小及分布和包埋量概念等。不仅如此，Dow在美国本土的ABS装置建设及其生产在1966年之前就开始了[24, 163]，且建有总规模不亚于本体法工艺的乳液法工艺装置。这表明，无论是生产还是研究[164, 165]，Dow未局限于本体法ABS，掺混加工生产ABS及其合金也是其采用的主要工艺。Dow化学公司早期在美国本土的ABS装置分布可参考相关文献[85,121,145,166-168]。

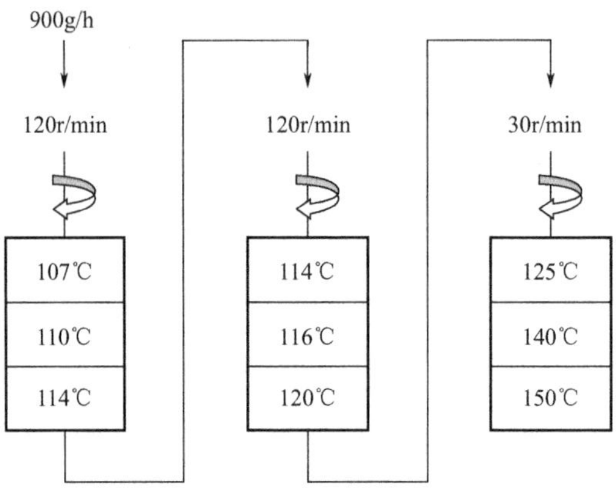

图2-23　Dow实验室规模（2.4L）三釜串联工艺条件示意图[162]

（2）Dow7.5万吨/年本体法ABS工艺

如图2-24所示[169]，Dow化学公司的本体法ABS工艺流程与TEC-MTC的基本相似。两者区别在于：Dow工艺中每釜进料均是上进下出，采用了Dow特有的平推流反应器和分别用于脱除未反应丙烯腈和苯乙烯的两级脱挥系统[152,170]。另外，Dow单线装置加热和撤热设计独特而使其生产能力比TEC-MTC单线装置大[87,171]。后者采用的是结构复杂的全混型螺带导流筒搅拌系统、釜内温度无梯度和内冷管加外夹套冷却方式，因而工程放大和撤热受限，装置能力也受限[127,172]。两者共同点是一步连续工艺，运行周期长，产品杂质少，切换品种慢，灵活度有限。

（3）引进的Dow本体法ABS产品用途

Dow的MAGNUM牌号ABS树脂多达70种以上[169]。Dow按亚太、欧洲-中东-非洲、拉美-西班牙-葡萄牙、北美划分市场，针对各地区推介的牌号是不一样的，也即牌号的用途与当地的消费结构相关联。另外，在欧洲销售的牌号所用数字系统中，从左至右分别是第一位无意义，第二位表示抗冲击性能（越大越韧），第三位表示熔体流动速率（越大越易流动），第四位表示软化耐热（越大越耐热）。表2-21中所列是其9个牌号的用途及地域分布。其中，大部分是中国石化上海高桥分公司能生产和销售的牌号。

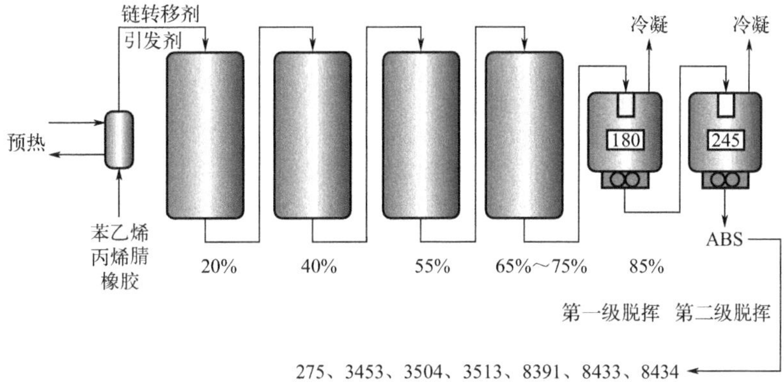

图 2-24 Dow 化学公司本体法 ABS 工艺流程示意图[169]

（注：275、3453、3504、3513、8391、8433 和 8434 代表中国石化上海高桥分公司能够生产和销售的牌号）

表 2-21 Dow 化学公司的 MAGNUM 牌号 ABS 产品在亚太、欧洲、非洲、中东及北美市场的用途

牌号	家电		机动车			耐用消费品		电子电器	建筑材料	管材管件	
	大	小	内饰	轻型	重型	家用	娱乐	照明	土工膜	冷热水	不耐压
275	●△	△				△	△				
3303											
3404	□●△	□△				□	□		□	□	□
3453	●	□	●□	●□	●	□	●□		□	□	□
3504		△							●□	□	□
3513	●	□	●□	●□	●	□	●□		□		
8391	□	□				□	□	□△			
8433											
8434	●□	□	●□	□●	●	□●△	●□				

注：●代表亚太市场；□代表欧洲、非洲及中东市场；△代表北美市场。

表 2-21 表明，在亚太市场，MAGNUM 3453、3513、8434 用途较广，用途集中在小家电、机动车、耐用消费品、建材方面；在欧洲、非洲和中东市场，MAGNUM 3404、3453、3513、8391、8434 用途较广，用途集中在小家电、机动车、耐用消费品、电子电器、建材、管件管材方面；在北美市场，仅 MAGNUM 275 用途较广，用途集中在大小家电、耐用消费品方面。另外，没有发现 MAGNUM 3303、8433 在 3 个市场中的踪迹，也没有发现所列牌号在拉美-西班牙-葡萄牙市场的踪迹。总之，按上述 3 个市场的用途统计，MAGNUM 8434、3513、3453、3404 最为通用，MAGNUM 8391、3504、275 次之。当然，国内 ABS 树脂应用市场、消费结构会与上述 3 个市场不同。在安排各牌号的产量时，对其用途、性价比、国内消费结构和经济效益等因素应予以充分的考虑和平衡。

以上列举的仅是 Dow 所生产牌号中的一小部分。汽车、医疗器械、电子和高档休闲用品（如游艇、雪地车等）等领域用特殊、专用 ABS 牌号的命名，Dow 公司用一些专有词（如 Automotive）或符号加以区分。有些专用牌号的生产可能以本体工艺所产 ABS 为基础原料，添加其他辅料进行共混加工制成专用料[165]。

2.3.4.4 本体法 ABS 工艺专用橡胶

对生产厂而言，本体法 ABS 工艺流程省去了橡胶合成步骤，无疑对环保和建厂投资降低是有积极意义的。但实际生产中，橡胶作为关键原材料，若不能自给或无签约专供商供给，则其品种、价格和供应量就会不稳定，影响本体法 ABS 产品生产成本和经营[81,141]。因此，橡胶的专用性显而易见。

虽然本体法 HIPS 和本体法 ABS 合成都使用溶液法合成橡胶（溶聚橡胶），但可供本体法 ABS 合成用的溶聚橡胶品种较少。从表 2-22 可见，日本旭化成化学公司可用于 HIPS 生产的顺丁和丁苯胶品种比用于本体法 ABS 的多。其中，Asadene 35AE 和 55AE 的顺式-1,4、反式-1,4 和 1,2-加成物（乙烯基）含量各占 35%、52%和 13%；Asaprene 700A、720AX 和 730AX 的顺式-1,4、反式-1,4 和 1,2-加成物含量各占 33%、49%和 18%；Asaprene 610A、625A、630A 和 670A 的顺式-1,4、反式-1,4 和 1,2-加成物含量各占 36%、50%和 14%[173,174]。Dow 和 TEC-MTC 的本体法 ABS 工艺中都使用溶液黏度低的星形 Asaprene 700A 和 720AX，或 Firestone 的 Diene 55、Bayer 的 Buna CB HX565、Dynasol 的 Solprene 1322，或顺丁胶与丁苯胶混合使用等[175-177]。

表 2-22 日本旭化成化学公司可用于 HIPS 和 ABS 生产的部分顺丁和丁苯胶牌号[178]

胶种	牌号	苯乙烯含量/%	溶液黏度①/mPa·s	门尼黏度[ML (1+4) 100℃]	应用
顺丁	Asadene 35AE	0	85	33	HIPS
	Asadene 55AE	0	170	55	HIPS
	Asaprene 700A	0	44	37	高光泽 HIPS
	Asaprene 720AX	0	25	40	高光泽 HIPS、高光泽 ABS
	Asaprene 730AX	0	35	47	高光泽 HIPS
丁苯	Asaprene 600AS	25	10	—	透明 HIPS
	Asaprene 610A	15	10	—	本体 ABS
	Asaprene 625A	35	22	—	透明 HIPS、本体 ABS
	Asaprene 630A	22	33	—	透明（高光泽）HIPS
	Asaprene 640A	37	12	—	透明 HIPS
	Asaprene 670A	39	34	—	透明 HIPS、超高光泽 HIPS

① 5%苯乙烯溶液。

中国石化上海高桥分公司引进日本旭化成技术，建成 10 万吨/年连续溶聚橡胶装置，主要生产溶聚丁苯胶（SSBR）（6 万吨/年）和锂系低顺聚丁二烯橡胶（LCBR）两大系列产品[179]。表 2-23 为中国石化上海高桥分公司本体法 ABS 生产所用的溶聚橡胶。由表可知[180]，中国石化上海高桥分公司生产 ABS 使用的橡胶中有两种是进口的，溶液黏度都较低。为增加选胶灵活性，该公司进行了不同品种橡胶替代试验。结果显示，用 20%的 35AE 或 720AX 替代 55AE 生产 ABS 3504 牌号树脂时，抗冲击性能略降；

平均橡胶粒径由 1.29μm 变成 1.19μm 或 1.18μm；720AX 替代后熔融流动性有所增加。用 100%的 35AE 替代 55AE 生产 ABS 275 牌号树脂时，产品的熔融流动有所增加，平均橡胶粒径由 1.9μm 变成 1.3μm，残单有所增加。用 10%的 T2000 或 T2003 替代 1322 生产 ABS 8391 牌号树脂时，产品的力学和热性能、加工流动性能基本没变，平均橡胶粒径为 0.68～0.71μm。总之，用低溶液黏度橡胶部分或全部替代 55AE 会使树脂中平均橡胶粒径减小，对生产设备不产生不良影响。

表 2-23　中国石化上海高桥分公司本体法 ABS 生产所用溶聚橡胶

胶种	牌号	苯乙烯含量/%		溶液黏度/mPa·s	门尼黏度[ML(1+4)100℃]	聚丁二烯中各结构单元含量/%			备注
		非嵌段	嵌段			顺式-1,4	反式-1,4	1,2-	
顺丁	35AE	0		85	33	31.9	57.5	10.6	自产
	55AE	0		170	55	32.6	57.1	10.3	自产，275，3504
	720AX	0		25	40	30.5	56.2	13.3	进口
丁苯	1322	8.6	22.6	25	—	22.8	39.6	6.4	进口，8391
	T2000	23	2.6	—	41.0～49.0	19.1	47.8	7.5	自产
	T2003	10.7	15.6	—	29.0～37.0	23.0	43.0	7.7	自产

图 2-25 是日本三菱国际公司用 Asaprene 系列橡胶在 1.5L 玻璃釜中进行的本体法 ABS 合成实验结果[174]。显然，橡胶溶液黏度低，则最终本体法 ABS 中的橡胶颗粒粒径就小。所以，星形橡胶有利于分散，部分 SSBR 黏度更低，更易分散形成小粒径胶粒。

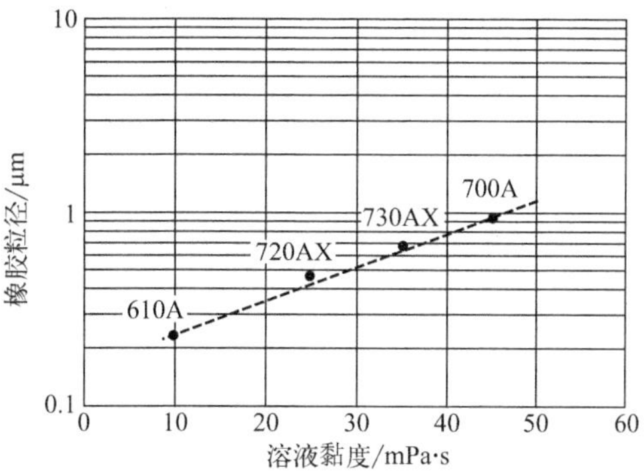

图 2-25　溶液黏度与橡胶粒径的关系[174]

图 2-26 进一步表明，聚合工艺影响聚丁二烯分子结构、分子量及其分布，分子量分布从窄到宽排序依次为间歇阴离子法星形聚合物（Asaprene 730A）、连续阴离子法线型聚合物（Asadene 55AE）和配位聚合物（高顺 PB）。因此，聚丁二烯的特性与聚合工艺有关。

表 2-24 表明，不同碱金属引发剂会产生不同的聚丁二烯微观结构。在碱金属引发剂中，锂系催化剂引发聚合的顺式-1,4 加成物和反式-1,4 加成物含量最高，1,2-加成物含量最低。由表 2-25 可见，在锂系催化剂引发聚合中，Lewis 碱影响 1,2-加成物的生

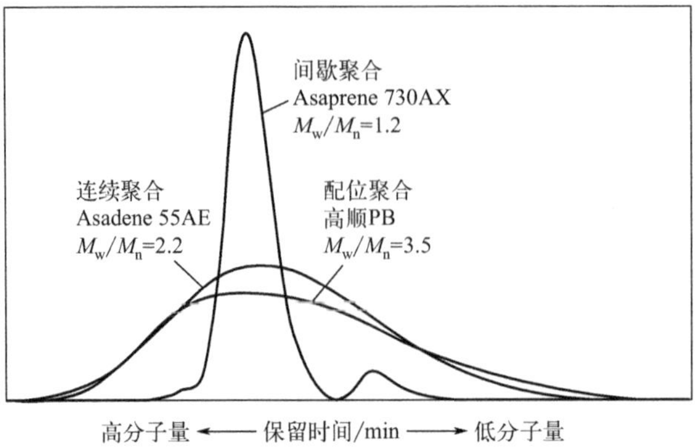

图 2-26 间歇法、连续法和配位法聚丁二烯凝胶渗透色谱（GPC）对比[174]

成。在同一种 Lewis 碱用量不变的情况下，温度越高，促成的 1,2-加成物越少；温度不变情况下，同一种 Lewis 碱用量越多，促成的 1,2-加成物越多。在同一温度下，醚类化合物中氧原子个数多的，其用量少，促成的 1,2-加成物多；胺类化合物中氮原子个数多的，其用量少，促成的 1,2-加成物多。

表 2-24 碱金属引发剂合成聚丁二烯的微观结构[46]

催化剂或方法	顺式-1,4 加成物/%	反式-1,4 加成物/%	1,2-加成物/%
锂系	35	52	13
钠系	10	25	65
钾系	15	40	45
铷系	7	31	62
铯系	6	35	59
乳液法	18	64	18

表 2-25 温度和 Lewis 碱对聚丁二烯中乙烯基含量的影响（己烷为溶剂）[181]

碱	[碱]/[Li]	1,2-加成物/%			
		5℃	30℃	50℃	70℃
三乙胺	30	—	21	18	14
	270	—	37	33	25
二乙醚	12	—	22	16	14
	180	—	38	29	27
四氢呋喃	5	—	44	25	20
	85	—	73	49	46
二甘醇二甲醚	0.1	—	51	24	14
二甘醇二甲醚	0.8	—	78	64	40

续表

碱	[碱]/[Li]	1,2-加成物/%			
		5℃	30℃	50℃	70℃
N,N,N',N'-四甲基乙二胺	0.6	—	73	47	30
	0.4	78	—	—	—
	6.7	85	—	—	—
	1.14	—	76	61	46
二哌啶基乙烷	0.5	91	50	44	21
	1	99.99	99	68	31

聚丁二烯中顺式-1,4-加成物和 1,2-加成物含量不仅会影响其接枝和交联反应，而且也会影响聚丁二烯的物理特性。图 2-27 表明，1,2-加成物越多，聚丁二烯的 T_g 越高，两者几乎成线性关系。由图 2-28 可见，丁苯胶中苯乙烯含量相同，乙烯基含量越高，T_g 越高；乙烯基含量相同，苯乙烯含量越高，T_g 越高。因此，控制 1,2-加成物的生成量是决定橡胶 T_g 的关键。当然，聚丁二烯分子量及其分布也会影响 T_g。总之，橡胶 T_g 影响 HIPS、ABS 的抗冲击性能。

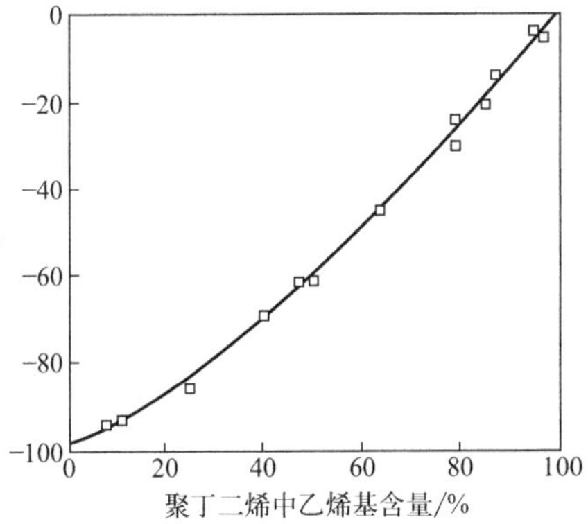

图 2-27　聚丁二烯玻璃化转变温度与乙烯基含量关系[46,181]

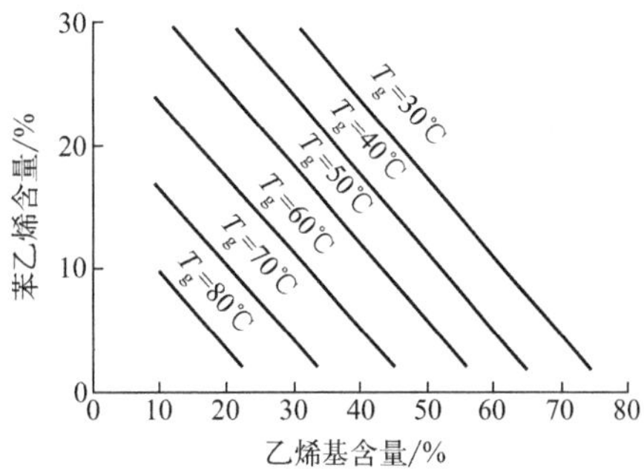

图 2-28　丁苯胶中苯乙烯含量和乙烯基含量关系[101]

2.3.5　ABS 生产工艺的经济性比较

2.3.5.1　工艺的经济性比较

从 ABS 生产商来看，连续本体法工艺受到欢迎的原因是变橡胶生产为橡胶采购或自给或签约专供，环保有利、装置的建设成本降低。连续本体法和乳液-本体掺混法工艺经济性比较显示，虽然总固定资本投资上，前者比后者低；但是，生产成本中可变成本方面，前者比后者高，最终导致产品估价也是前者比后者高[79,81,182]。不仅如此，前者的产品多样性和装置切换灵活性还受到限制。因此，国外的本体法 ABS 生产商为控制成本促营销，或从单线装置规模上加以控制，如 TEC-MTC 公司；或从橡胶自给和专供、以共混促产品多样性上加以控制，如 Dow 化学公司；或从产品专用化方面加以控制，如 Nippon A&L 公司[183]。

2.3.5.2 国内 ABS 装置的建设投资简况

国内 ABS 生产装置及其产能建设从小到大经历了六十多年的发展。前二十年是自主研发和自建装置期，20 世纪 80 年代至 90 年代是技术引进及消化期。进入 21 世纪后，国内进入产能迅速扩张期。表 2-26 表明，早期引进技术所建装置的初期投资比较高。其中，中国石油吉化合成树脂厂 2003 年扩能所需投资不详，2012 年、2013 年分两次各扩能 20 万吨的投资分别为 16.7 亿元和 17.9 亿元。天津大沽化工有限公司 40 万吨/年 ABS 装置的总投资是 28 亿元人民币。中国石油兰化合成橡胶厂对引进技术消化及提高做出了贡献，2009 年，该厂已将 3 万吨/年乳液-本体掺混法工艺装置关闭[184]，2013 年退出 ABS 领域。

表 2-26　国内 ABS 生产装置及其建设投资[143,185-196]

生产厂	工艺	规模/（万吨/年）
中国石油兰化合成橡胶厂	乳液-悬浮掺混法 乳液-本体掺混法	1（1984）→2（1993）→5（1998）→2（2009）→0（2013）
中国石油大庆石化公司化工三厂	乳液-本体掺混法	5（1997）→10（2006）
中国石油吉林石化合成树脂厂	乳液-本体掺混法	10（1997）→15.8（2002）→18（2003）→38（2012）→58（2013）
盘锦双兴工程塑料有限公司	乳液-悬浮掺混法 连续本体法	5（1998）→0（2009）→14（2011）
天津大沽化工有限公司	乳液-本体掺混法	20（2010）→40（2011）
镇江奇美化工有限公司	乳液-本体掺混法	12.5（2000）→25（2001）→80（2008）
新湖（常州）石化有限公司	乳液-本体掺混法	10（2003）→0（2013）
中国石化上海高桥分公司	连续本体法合成	20（2007）
宁波乐金甬兴化工有限公司	乳液-本体掺混法	5（1998）→30（2002）→45（2006）→75（2015）
台湾化纤（宁波）有限公司	乳液-本体掺混法	15（2004）
乐金化学（惠州）化工有限公司	乳液-本体掺混法	15（2014）→45（2022）
山东海江化工有限公司	乳液-本体掺混法	20（2018）
广西长科新材料有限公司	连续本体法	10（2019）

注："→"表示该厂生产能力的变化，括号内数字代表年份。

2.4 助剂

添加助剂是改进塑料性能的重要手段之一。聚合物助剂分为三类：

① 在加工或使用中起抗降解和老化作用的助剂。降解通常涉及大分子链断裂，可产生于能量加载（如剪切力、热、紫外光）或化学进攻（如氧化、水解）过程中，这类助剂称为抗氧剂、光稳定剂或热稳定剂。

② 有助于或控制加工的助剂，如润滑剂、脱模剂或吹塑剂。

③ 赋予聚合物新的、期望品质的助剂，如阻燃、透明、颜色、改进或提高的力学及电学性能、尺寸稳定性和降解性。这类助剂有阻燃剂、填充剂、染料、着色剂、抗静电剂、成核剂、抛光剂、抗冲改性剂和增塑剂等[197]。

助剂添加量变动范围较大，从一些稳定剂添加量仅百万分之几到一些阻燃剂或填充剂添加量 50%以上。虽然助剂可在聚合之前加入单体之中，但通常是在聚合之后立即加入，与颗粒状聚合物共混和共挤出。有些助剂是在聚合物颗粒模塑、成膜或成纤时才被加入。

2.4.1　抗氧剂

抗氧剂的作用是防止或延缓聚合物的自动氧化，将与氧化相关的对聚合物的破坏减至最小（如脱色、光泽度降低、开裂、脆化）。它们主要起稳定聚合物物理性能的作用，稳定方式有三种：预稳定、加工中稳定、长期稳定。抗氧剂需符合若干要求：

① 它们必须在加工温度下是受热稳定的和非挥发的；

② 它们必须溶解在聚合物中且在工作温度下不发生粉化；

③ 它们必须无色，它们的氧化产物必须近似无色；

④ 任何酸性水解产物必须不腐蚀机械设备；

⑤ 它们必须抗萃取；

⑥ 它们必须无臭无味；

⑦ 它们必须不产生毒害问题（许多作为间接食品助剂的抗氧剂必须获批准）。

按其作用方式，抗氧剂可分为两类：

① 主抗氧剂：受阻酚、二芳基仲胺、受阻胺（HALS）；

② 辅助抗氧剂：亚磷酸酯、有机硫化物（硫醚）和金属离子钝化剂。主抗氧剂用于预稳定和长期稳定。辅助抗氧剂与主抗氧剂结合使用，促进加工时稳定和苛刻热环境下的长期稳定。在这类体系（如酚和亚磷酸酯或酚和硫醚）中，常会出现协同效应。可是，相互抵消的作用也会发生，如硫醚和受阻胺。

2.4.1.1　主抗氧剂

工业上受阻酚大部分源自 2,6-二叔丁基酚［见图 2-29（a），$n=1$，R＝H］的衍生；偶尔也源自 2-叔丁基-6-甲基酚、2-叔丁基-5-甲基酚或其他受阻酚的衍生[198]。这类产品中最简单和最悠久的是 2,6-二叔丁基-4-甲基酚（BHT）［见图 2-29（a），$n=1$，R＝CH_4］。n 从 1 到 4 变动和改换取代基 R 可以获得一系列高分子量和低挥发的受阻酚。

多酚抗氧剂 1010｛化学名为四［β-(3,5-二叔丁基-4-羟基苯基）丙酸］季戊四醇酯｝和 1076［化学名为 β-(3,5-二叔丁基-4-羟基苯基）丙酸十八碳醇酯］因分子量高、与聚合物相容性好，已成为酚类抗氧剂市场的主导产品[199]。

工业品二芳基仲胺主要源自二苯胺或对苯二胺的衍生。4-异丙氨基二苯胺［图 2-29（b）］是这类抗氧剂中的典型代表。二芳基仲胺是稳定弹性体的首选抗氧剂，但大部分会带色或形成深色氧化物。因此，它们的用途一般仅限于填充炭黑的硫化弹性体。

HALS 是受阻胺光稳定剂缩写。早期，它被用来作为抗热氧化降解试剂[198]。

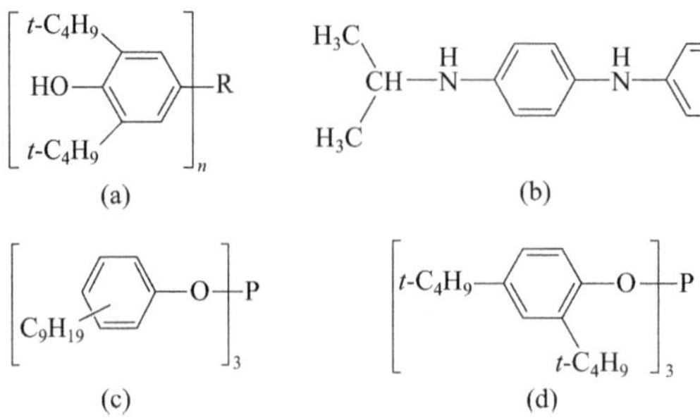

图 2-29　不同抗氧剂的结构简图[197]

2.4.1.2　辅助抗氧剂

最简单的工业亚磷酸酯抗氧剂是三（壬基苯基）亚磷酸酯（TNPP）[图 2-29（c）]和三（2,4-二叔丁基）亚磷酸酯［图 2-29（d）］。

有机硫化物较早地被用作有机材料稳定剂。二烷基二硫代氨基甲酸金属盐、二烷基二硫代磷酸锌和硫代二丙酸酯已成为重要的工业抗氧剂，用于稳定润滑油、弹性体和塑料等。主要产品有硫代二丙酸（十二醇）酯（DLTP 或 DLTDP）、硫代二丙酸（十四醇）酯（DMTP 或 DMTDP）和硫代二丙酸二（十八醇）酯（DSTP 或 DSTDP）。

金属离子钝化剂主要是为延长通信电缆中与铜导线接触的聚烯烃寿命而开发的。这是因为单用酚类抗氧剂不能发挥其长期稳定性。铜是聚烯烃氧化过程中的氧化强化剂。主要金属离子钝化剂有 Irganox MD-1024、Eastman 阻聚剂 OABH 和 Naugard XL-1。

表 2-27 列出了国内生产抗氧剂的主要企业。

表 2-27　国内生产抗氧剂的主要企业

企业	主要产品
巴斯夫高桥特性化学品（上海）有限公司	Irganox 1010、1076 Irgafos 168，PEPQ Irganox B215、B225、B561
金海雅宝精细化工有限公司（上海、宁波）	1010、1076、168、626、硫酯类等
松原百孚化工（唐山）有限公司	DSTDP、DLTDP、DTDTP、DMTDP 等
辽宁营口风光新材料股份有限公司	1010、1076、168、626
天津力生化工有限公司	1010、1076、168、3114、1098、DSTDP、DLTDP、DTDTP、DMTDP 等
天津市晨光化工有限公司	1010、1076、168、B215、B225 等
山东临沂三丰化工有限公司	1010、1076、168、DSTDP、DLTDP 等
北京极易化工有限公司	1010、1076、626、168 等
青岛丰华灏龙化工助剂有限公司	1010、1076、168、626 等
北京三安化化工产品有限公司	1010、168、DLTP
北京加成助剂研究所	DSTP、1215 等

2.4.1.3　抗氧剂的作用机理

抗氧剂可以按自由基捕集型（链阻断）或过氧化物分解型来分类[198]。自由基捕集型抗氧剂（TH）能捕集自动氧化过程中产生的氧自由基（ROO·）：

$$ROO\cdot + TH \rightarrow ROOH + T\cdot$$

自由基捕集型抗氧剂，尤其是受阻酚和二苯基仲胺，与过氧和烷氧自由基反应是近乎专一的。它的明显缺陷是通常不捕集碳自由基。

过氧化物分解型抗氧剂是将过氧化氢化合物和过氧化物还原成无害化合物，通常为醇或醚。三价磷化合物和含硫协同剂是两类主要的过氧化物分解型抗氧剂。

2.4.1.4　抗氧剂的测试方法

有两种最重要的抗氧剂测试方法：多次挤出测试和烘箱测试[197]。

多次挤出测试是为检测聚合物熔融态下的降解情况（即加工时的稳定性）。在规定的温度下，抗氧剂与聚合物共混挤出造粒；然后，重复挤出、造粒 10 次，且每次都测试、比较黄色指数、熔融黏度或溶液黏度。

烘箱测试主要研究固体聚合物的降解情况（即测试长期稳定性）。放有聚合物测试板的旋转盘置于专门的带空气循环的炉中，温度控制在 100～150℃，在不同时间，分别取样品，测试其外观（颜色变深、光泽度和透明度降低）、力学性能（变脆、拉伸强度、抗冲强度），进行光谱分析（红外光谱中羧基波数）。

其他测试方法还有：热重分析；扭矩测试；透明度测试；在高温下氧吸收诱导期测定（OIT 测试）。表 2-28 列出了针对部分聚合物抗氧性能的测试方法。

表 2-28　部分聚合物的抗氧性能测试方法[198]

聚合物	性能	测试方法
ABS	颜色	多次挤出测试
	颜色	烘箱老化测试
	抗冲强度	烘箱老化测试
聚碳酸酯	颜色	烘箱老化测试
	抗冲强度	烘箱老化测试
HIPS	颜色	多次挤出测试
	颜色	烘箱老化测试
	抗冲强度	烘箱老化测试
聚丁二烯	门尼黏度	烘箱老化测试
	凝胶含量	烘箱老化测试

2.4.2　光稳定剂

聚合物性能会受环境影响而改变，阳光中的紫外线具有足够的能量使化学键断裂。分子中断裂部分迅速与大气中氧分子反应，从而加速分子降解。许多聚合物在短时的户外应用后会发黄、表面开裂、变脆、光泽度降低或粉化，甚至分解。使用光稳定剂可最大限度防止聚合物光降解。

紫外辐射可分为 UV-A（$\lambda=320\sim400$nm）、UV-B（$\lambda=280\sim320$nm）和 UV-C（$\lambda<280$nm）。UV-A 和 UV-B 是随阳光辐射到地球表面的紫外光，UV-B 是聚合物光降解的罪魁祸首。

聚合物抗光降解的方式有两种：将光稳定剂嵌入聚合物链中；涂覆光稳定材料，这种材料大部分具有不透过紫外光能力。

光稳定剂必须具有光吸收能力大；必须耐水、耐水解、耐热；必须在紫外辐射下稳定。另外，它能溶于聚合物，加工条件下稳定，与其他助剂相容，无色。

光稳定剂按作用方式分为三类：

① UV 吸收剂：2-羟基苯甲酮、2-羟基苯基苯并三唑、草酰苯胺、2-羟基苯基三嗪、肉桂酸、水杨酸盐和甲脒；

② 能量猝灭剂：镍络合物；

③ 自由基清除剂：受阻胺（HALS）和 4-羟基苯基安息香酸盐（HB）。

光稳定剂的性能测试是将其与聚合物共混，制成板状、膜状、纤维或涂膜状样品，然后，置于湿气或无湿气的环境中接受紫外辐射，以确定共混物的耐候性和耐光性。

2.4.3 抗静电剂

聚合物表面因摩擦会带静电，这会导致几个不利的结果：

① 因吸附灰尘而污染表面（家具、包装器材、瓶等都会有此问题）；

② 塑料复合地板上会产生电击；

③ 加工膜、纤维、泡沫和粉料时会有黏附问题；

④ 产生火花和粉尘爆炸。

大部分塑料表面电阻是 $10^{14}\sim10^{16}\Omega$，如果其表面涂有一层类似水膜的抗静电剂，则能降至 $10^{8}\sim10^{10}\Omega$。某些应用领域，如在爆炸危险区域或电磁屏蔽区，要求低表面电阻或低体积电阻率；使用导电助剂可以获得 $10^{1}\sim10^{-2}\Omega\cdot cm$ 的体积电阻率。

表面活性抗静电剂可形成一导电表面层，最为简单的是水膜，可让电荷快速消散或防止电荷积累。有些情况下，使用其他助剂可赋予聚合物体积电导率，这类助剂称为导电助剂。

表面活性抗静电剂可以用溶液喷涂方法进行涂覆（外用抗静电剂，非永久性的）或混入聚合物（内用抗静电剂），用量一般为 0.1%～2.5%，聚氯乙烯（PVC）中可达 5%～7%。这类抗静电剂有阳离子型、阴离子型、非离子型或有机金属型。阳离子抗静电剂有季铵盐、锍盐、鏻盐、氯化物、硝酸盐、磷酸氢盐，以及带长链烷基的 4-甲苯磺酸盐。阴离子抗静电剂有烷基磺酸钠、磷酸烷基酯和二硫代氨基甲酸烷基酯。非离子抗静电剂有乙氧基（或丙氧基）脂肪醇、脂肪胺、脂肪酰胺；脂肪酸聚乙二醇酯和烷基酚；山梨醇酯。有机金属型抗静电剂有钛酸酯和锆酸酯，它们热稳定性高、具有低迁移性，不受湿气影响。

导电助剂可以降低聚合物电阻率：当它们的浓度达一定值（渗透点），电导率突然上升。它们的用量为 5%～10%，偶尔会达 20%。这类助剂有炭黑、金属粉末或纤维（如 Al 或 Cu）、涂银硅酸盐、涂镍碳纤维或玻璃纤维，或高共轭有机聚合物（多炔、多吡咯、多噻吩和多苯胺)。

聚苯乙烯系树脂的共同点是具有较高的玻璃化转变温度，不利抗静电剂分子在其体系中的分散、迁移。用于该类树脂的内用抗静电剂应有表面活性高、热稳定性好、不影响透明性等特点。基本符合这些要求的抗静电剂有脂肪胺/环氧乙烷加成物、烷基磺酸盐、季铵盐。表 2-29 列出了聚苯乙烯和 ABS 中添加季铵盐后的抗静电效果[200]。

表 2-29　季铵盐在聚苯乙烯和 ABS 中的抗静电效果

树脂	季铵盐添加量(质量分数)/%	表面电阻/Ω	静电场	
			电压/kV	半衰期/s
聚苯乙烯	0	7×10^{15}	36	∞
	2	2.9×10^{11}	8	0.1
ABS	0	$>10^{15}$	23	∞
	1	—	20	16
	2	7.9×10^{11}	21	4.5

检验抗静电剂性能的方法主要有表面电阻率或体积电阻率测量法，也可用摩擦生电性能和静电半衰期进行表征[197]。

相对于棉花、羊毛和玻璃纸，合成材料的静电半衰期都比较高。表 2-30 列出了适用于 ABS 和其他树脂的主要抗静电剂品种和牌号[200]。

表 2-30　主要抗静电剂在 ABS 及其他树脂中适用性

类型	品名（公司）	用法	用量/%	ABS	PS	PC	PA
季铵盐	Cyastat 609（Cytec）	外用	1.0～10.0	√	√	√	√
		内用	0.5～2.0	√			
	Cyastat SN（Cytec）	外用	1.0～10.0	√	√	√	√
		内用	1.0～2.0	√			
	Antistatic KN（3V Inc.）	外用	1.0～10.0	√	√	√	√
		内用	1.0～3.0	√	√		
	Cyastat SP（Cytec）	外用	1.0～10.0	√	√	√	√
	Cyastat LS（Cytec）	内用	0.5～2.0	√	√		
	Atmer 1004（ICI）	外用	1.0～5.0	√	√	√	√
	Atmer 1005（ICI）	外用	0.5～2.0	√	√	√	√
	Markstat AL-22（Witco）	外用	0.5～2.0	√	√	√	√
烷基磺酸盐	Hostastat HS-1（Clariant）	两用	0.1～3.0	√	√		
	Atmer 190（ICI）	两用	0.3～3.0	√	√		
	Emusifier k30（Bayer）	内用	0.3～2.0	√	√		
脂肪胺/环氧乙烷加成物	Hostastat FA-34（Clariant）	内用	0.1～0.5	√	√		
	Atmer 163（ICI）	内用	0.5～5.0	√	√		
	Armostat 410（Akzo Nobel）	内用	0.05～0.5	√	√		
	Kemamine AS650（Witco）	内用	0.1～0.5	√	√		
	Chemstat 122（Chemax）	内用	0.1～3.0	√	√		
烷醇酰胺	Dehydat 51（Henkel）	内用	0.05～2.0	√	√		√

注：√ 表示适用。

2.4.4 阻燃剂

阻燃剂的种类有无机物、含卤有机物、有机磷化合物和其他有机物。也可按添加型和反应型，对它们作进一步区分。反应型阻燃剂是以共聚、交联或接枝方式进入聚合物链分子结构。

无机阻燃剂有氢氧化铝、氢氧化镁。它们的颗粒大小为 1～30μm，添加量为 40%～60%。锑系阻燃剂是最重要的无机阻燃剂，有三氧化二锑、五氧化二锑和锑酸钠。硼酸锌是一种多功能阻燃剂，具有成炭、抑烟和防止熔融滴落等功能。红磷和聚磷酸铵是磷系阻燃剂中具有独特性能的两种阻燃剂。为减少吸水吸湿，其产品有包覆型和微胶囊型两种。

含卤有机阻燃剂中，除溴系阻燃剂外，就是氯系阻燃剂。会有腐蚀性气体产生（HBr，HCl），从而产生二次损害。溴化芳烃是这类阻燃剂中最重要的。溴系阻燃剂的缺点是降低聚合物的抗紫外光稳定性，燃烧时生成较多的烟、腐蚀性气体和有毒气体。氯化石蜡和氯化环烷烃是氯系阻燃剂中的最常用阻燃剂。表 2-31 说明，含磷化合物和含溴化合物协同使用阻燃效果最好；添加氧化锑可以减少氯化物的使用量。

表 2-31 不同聚合物达到最佳阻燃效率所使用的阻燃剂量[201] 单位：%（质量分数）

聚合物	P	Cl	Br	P+Cl	P+Br	Sb_2O_3+Cl	Sb_2O_3+Br
聚烯烃	5	40	20	2.5+9	0.5+7	5+8	3+6
聚苯乙烯		10～15	4～5	0.5+5	0.2+3	7+8	7+8
ABS		23	3			5+7	

注：表中 P、Cl、Br 代表磷系、氯系、溴系阻燃剂。

2.4.5 润滑剂

润滑剂是用来改善聚合物摩擦和黏附性能的助剂。按功能，可将其分为内润滑剂、外润滑剂、脱模剂和爽滑剂。

内润滑剂用于聚合物熔融（塑化）和熔体传输时降低聚合物颗粒与小分子物间的摩擦力。因此，它可降低塑化的能量消耗、降低熔融黏度、改善流动性能、增加加工设备运转效率、使加工在和缓条件下进行[197]。

外润滑剂用于降低加工机械的热金属表面（挤出机螺杆）与聚合物熔体间的摩擦和黏附。它可改善流动、降低磨损，也可改善聚合物制品表面的光泽度、平整度、规整度。

脱模剂用于防止模塑的聚合物制品黏附于金属冷辊和模具中。爽滑剂可改善聚合物制品表面（轴承和齿轮）的摩擦性能和防止堆放的薄膜间黏附。

按化合物类别，润滑剂可分为烃类、脂肪酸类、脂肪酸皂类、脂肪酰胺类、脂肪酸酯类、高级脂肪醇类、聚硅氧烷类、氟聚合物类和复合润滑剂[200]。

与改善 PVC 树脂加工润滑行为相似，单硬脂酸甘油酯和酰胺蜡（如 N，N'-亚乙基双硬脂酰胺，EBS）可改善 ABS 树脂的内润滑性，且在改善熔体流动性的同时，明显地降低制品的维卡软化温度。对 ABS 树脂而言，硬脂酸及其金属皂类润滑剂的内外润滑性居中，氧化聚乙烯蜡、季戊四醇脂肪酸酯和褐煤蜡酸酯类润滑剂的外润滑性突出，脱模效果突出，对热变形温度稍有影响。ABS 树脂加工中酰胺蜡（尤其是 EBS）和硬脂酸金属皂（尤其是硬脂酸锌）类润滑剂的使用量最大。表 2-32 列出了聚合物及其适用的润滑剂。值得注意的是，用于苯乙烯类树脂的添加型抗静电剂（如乙氧基化的脂肪胺、脂肪酸多元醇酯和烷基磺酸盐等）结构中的长碳链烷基润滑作用明显，设计配方时需考虑其双重作用。

表 2-32 聚合物及其适用的润滑剂[200]

聚合物	润滑剂
ABS 树脂	硬脂酸镁（单独使用或与单硬脂酸甘油酯并用） 亚乙基双硬脂酰胺 高熔点蜡、聚乙烯蜡
聚氯乙烯	液体石蜡、固体石蜡、高熔点石蜡、聚乙烯蜡 亚乙基双硬脂酰胺 硬脂酸丁酯、单硬脂酸甘油酯 金属皂，如硬脂酸铅等 硬脂酸 硬脂醇
聚苯乙烯	硬脂酸锌 亚乙基双硬脂酰胺 高熔点石蜡、硬脂酸丁酯
聚乙烯和聚丙烯	亚乙基双硬脂酰胺 硬脂酸钙、硬脂酸锌 聚乙烯蜡、高熔点石蜡、微晶石蜡 脂肪酸
橡胶	液体石蜡、固体石蜡、微晶石蜡、聚乙烯蜡 硬脂酸丁酯、单硬脂酸甘油酯 硬脂酸锌等金属皂 硬脂酸 甘油

2.4.6 着色剂

一般而言，对 ABS 树脂用着色剂的要求是耐热和耐候性好，且遮盖力强。常用的有钛白、镉系颜料、铁红、群青等无机颜料，以及炭黑、酞菁系和喹吖啶酮系有机颜料。着色剂的添加量为 3%～5%。表 2-33 列出了主要着色剂在 ABS、PS、PC、PA 中的适用性[202]。

表 2-33 主要着色剂在 ABS 及其他树脂中适用性[202]

品名	ABS	PS	PC	PA
钛白	○	○	○	○
锌白	○	○		×
炭黑	○	○	△	○

续表

品名	ABS	PS	PC	PA
苯胺黑	○	○	△	○
铬黄	×	○	×	×
镉黄	○	○	△	○
铁黄	×	×	×	×
联苯胺黄	△	○	×	×
异吲哚啉酮黄	○	○	○	○
联苯胺橙	△	○	×	×
还原艳橙 GR	○	○	○	×
镉红	○	○	○	○
铁红	○	○	○	○
喹吖啶酮红	○	○	○	○
群青	○	○	○	○
钴蓝	○	○	○	○
酞菁绿	○	○	○	○

注：○表示适用，△表示可用，×表示不可用。

ABS 树脂着色可采用干混法和色母料法，助染剂多用酒精、松节油、邻苯二甲酸二辛酯、白油等。着色剂的分散、表面性质等因素对 ABS 树脂力学性能有较明显的影响。

另外，世界范围内对食品包装、玩具及绘图仪器等应用领域所用着色剂要求必须无毒，因此，镉、铅、硒等重金属着色剂的使用受限制。表 2-34 列出了部分着色剂的毒性。LD_{50} 定义为引起动物半数死亡的单一剂量，单位是 mg/kg 或 g/kg，其值越小，表示毒物的毒性越强；反之，其值越大，毒物的毒性越弱。T 定义为被试动物 90 天内每千克体重每天所能承受的最大口服剂量（mg）。当 $T=1000$ 时，该物质被认为无毒性。

表 2-34　部分着色剂的毒性[200]

名称	主要成分	LD_{50}	毒性系数 T
炭黑（槽法）	C	440 mg/kg	1000
钛白	TiO_2		1000
镉黄	$CdS \cdot ZnS$	5～50mg/kg	2
镉红	$CdSe \cdot CdS$	2425mg/kg	2
铁蓝	$FeNH_4Fe(CN)_6$ 或 $FeNH_4Fe(CN)_6 \cdot FeKFe(CN)_6$	0.5～5g/kg 以上	
群青	$Na_{6-8}AlSi_6O_{24}S_{2-4}$	5g/kg	1000
酞菁蓝		0.05～15g/kg	100
酞菁绿		0.05～15g/kg	100
铬黄	$PbCrO_4$	50～500mg/kg	2

参考文献

[1] 上海市石油化学研究所，上海高桥化工厂．丙烯氨氧化合成丙烯腈．北京：燃料化学工业出版社，1972.

[2] 李青山，沈新元，孟庆财，等．腈纶生产工学．北京：中国纺织出版社，2000.

[3] Cosby J N. Process for Making Aliphatic Nitriles: US, 2481826. 1949-09-13.

[4] Brazdil J F. Acrylonitrile in Kirk-Othmer Encyclopedia of Chemical Technology. Online: John Wiley & Sons, Inc., 2001: 397-414.

[5] 黄毅超．我国丙烯腈生产现状和发展方向．辽宁化工，1990(5)：13.

[6] 吴粮华．丙烯腈生产技术进展．化工进展，2007，26(10)：1369.

[7] 关兴亚．中国丙烯腈生产技术国产化发展过程．合成纤维工业，1992，15(1)：43.

[8] 白尔铮．关兴亚传．北京：中国石化出版社，2017.

[9] 关兴亚，金启玲．丙烯氨氧化法制丙烯腈的进展．化学世界，1965(9)：385.

[10] 巫万居．丙烯氨化氧化制丙烯腈．化学世界，1962(2)：67.

[11] Wu M M. Acrylonitrile and Acrylonitrile Polymers in Encyclopedia of Polymer Science and Technology. Online: John Wiley & Sons Inc., 2001: 124-174.

[12] Leiza J R, Asua J M. Copolymers in Kirk-Othmer Encyclopedia of Chemical Technology. Online: John Wiley & Sons, Inc., 2002: 607-669.

[13] 栗根喜．丙烯腈反应器的国产化．压力容器，2005，22(12)：36.

[14] 赵燕，马艳萍．丙烯腈生产技术进展及发展态势分析．甘肃化工，2005(3)：12.

[15] 王崇明，李贵贤，李吉春，等．XYA-5 型丙烯腈催化剂的工业应用．石化技术与应用，2009，27(5)：441.

[16] 黄金霞，朱海林，陆书来．2018 年丙烯腈生产与市场分析及技术进展．化学工业，2019，37(3)：24.

[17] 陈科宇，杨哲，李代红，等．国内外丙烯腈市场及发展前景分析．广州化工，2022，50(21)：17.

[18] 丙烯腈市场应用及全球生产企业及产能情况．https://baijiahao.baidu.com/s?id=1766197178229947010&wfr=spider&for=pc 2023-05-18.

[19] 剖析我国丙烯腈行业现状．http://www.polymer.cn/polymernews/2019-8-2/_20190802103409524.htm 2019-08-02.

[20] 田原，郭中阳，陆书来．丙烯腈生产、市场与技术进展．化工科技，2012，20(6)：63.

[21] 黄金霞，陆书来，纪立春．2013 年丙烯腈生产与市场分析．化学工业，2014，32(4)：36.

[22] Chen S S. Styrene in Kirk-Othmer Encyclopedia of Chemical Technology. Online: John Wiley & Sons Inc., 2006: 1-35.

[23] Ward A L, Roberts W J. 苯乙烯．北京：科学出版社，1958.

[24] Boyer R F. Anecdotal History of Styrene and Polystyrene. J. Macromol. Sci-Chem, 1981, A15(7): 1411.

[25] 戴厚良．芳烃技术．北京：中国石化出版社，2014.

[26] James D H, Castor W M. Styrene in Ulmann's Encyclopedia of Industrial Chemistry. Online: John Wiley & Sons, Inc., 2000: 1-17.

[27] 沈家龙．苯乙烯抽提回收技术发展及应用．现代化工，2010，30(11)：37.

[28] 曾远森．裂解汽油苯乙烯抽提技术的应用．广东化工，2013，40(15)：108.

[29] 程传峰，赵晓华．国内苯乙烯抽提装置工艺技术对比．化工管理，2018(16)：193.

[30] 顾松园．苯乙烯生产技术进展．化学世界，2006，47(10)：622.

[31] 魏永忠．中海油宁波大榭岛 2.8×10^5t/a 苯乙烯项目开车一次成功．化工与医药工程，2016，37(4)：16.

[32] 陈亮，郭巧霞．280kt/a 苯乙烯装置运行分析及优化．化工设计通讯，2019，45(6)：53.

[33] 刘阳，田龙胜，邓冠亮．乙烯副产裂解汽油抽提苯乙烯工艺开发及应用．广东化工，2016，43(13)：54.

[34] 刘阳，田龙胜，邓冠亮．乙烯裂解汽油抽提苯乙烯工艺技术研究．广东化工，2016，43(11)：90.

[35] 杨仁建，薛范．苯乙烯抽提装置仪表选型及安全保护设计．石油化工安全环保技术，2019，35(3)：44.

[36] 张志东，张骆梵．树脂合成操作 750 例．北京：中国建材工业出版社，2003.

[37] 王玉庆．乙苯/苯乙烯的技术现状及发展．石油化工，2001，30(6)：479.

[38] 饶兴鹤. 苯乙烯生产现状及工艺技术进展. 化工生产与技术，2002，9(5)：32.

[39] 全球苯乙烯行业发展概述. http://www. qhrb. com. cn/2019/0904/261946. shtml 2019-09-04.

[40] 全球苯乙烯产业链发展现状分析. http://www. qhdb. com. cn/Newspaper/PageNavigate. aspx? nid=2637&pid=46 2019-09-17.

[41] 苯乙烯期货即将来临. http://www. sohu. com/a/338763753_99902541 2019-09-04.

[42] Grub J, Löser E. Butadiene in Ullmann's Encyclopedia of Industrial Chemistry. Online: John Wiley & Sons, Inc. ,2000:1-17.

[43] Bailey W J. 丁二烯. 北京：石油化学工业出版社，1976.

[44] 魏文德. 有机化工原料大全. 北京：化学工业出版社，1999.

[45] 谢艳丽. 国内丁二烯供需现状及未来预测. 当代石油化工，2008，16(7)：33.

[46] Kerns M, Henning S, Rachita M. Butadiene polymers in Encyclopedia of Polymer Science and Technology. Online: John Wiley & Sons, Inc. ,2002:317-356.

[47] 李亲华. 我国丁烯氧化脱氢制丁二烯技术进展. 石油化工，1990，19(3)：183.

[48] Clay H A. Oxidative Dehydrogenation Process: US 3674887. 1972-07-04.

[49] 耿旺，杨耀. 脱氢法制丁二烯技术现状及展望. 精细石油化工，2013，30(3)：70.

[50] 李玉芳，伍小明. 国内外丁二烯生产技术及市场分析(下). 上海化工，2005，30(4)：40.

[51] 中国石化工程建设有限公司. 国内单线能力最大丁烯氧化脱氢装置开车成功. 乙烯工业，2017，29(4)：38.

[52] 2018 年中国丁二烯市场现状及 2019 年展望分析. https://www. sohu. com/a/339735307_775892 2019-09-09.

[53] 中国丁二烯市场发展概况及未来发展趋势. http://www. sci99. com/sdprice/30323372. html 2018-12-24.

[54] 张爱民. 丁二烯抽提技术的比较和分析. 石油化工，2006，35(10)：907.

[55] (内部资料). 丁二烯抽提技术调研(续一). 国内外石油化工快报，2006，36(1)：1.

[56] 梁鹏云，项静辉，隋元春，等. 丁二烯抽提技术工艺路线的对比选择. 炼油与化工，2008，19(1)：25.

[57] 张爱民. 丁二烯生产技术现状及发展方向. 石化技术，2002，9(2)：105.

[58] 崔小明. 丁二烯生产技术及市场分析. 化工设计，2005，15(3)：20.

[59] Butadiene Product Stewardship Manual. http://www. doc88. com/p-7758905291230. html 2010-04-02.

[60] 中国石油和化学工业联合会，山东隆众信息技术有限公司. 中国石化市场预警报告(2023). 北京：化学工业出版社，2023.

[61] 中国石油和化学工业联合会，山东隆众信息技术有限公司. 中国石化市场预警报告(2024). 北京：化学工业出版社，2024.

[62] Maul J, Frushour B G, Kontoff J R. et al. Polystyrene and Styrene Copolymers in Ulmann's Encyclopedia of Industrial Chemistry. Online: John Wiley & Sons, Inc. ,2007:1-49.

[63] Kulich D M, Gaggar S K, Lowry V. et al. Acrylonitrile-Butadiene-Styrene Polymers in Encyclopedia of Polymer Science and Technology. Online: John Wiley & Sons, Inc. ,2001:174-202.

[64] Nuffel C T E V. Styrenic Polymer Resins Having Improved Flow Characteristics: US 4782127. 1988-11-01.

[65] Wilczynski R, Juliette J J. Methacrylic Acid and Derivatives in Kirk-Othmer Encyclopedia of Chemical Technology. Online: John Wiley & Sons, Inc. ,2003:227-270.

[66] Bauer W. in Acrylic acid and derivatives, Vol. 1 John Wiley & Sons, Inc. , Online, 2003, pp. 342-369.

[67] Slone R V. Acrylic Ester Polymers in Kirk-Othmer Encyclopedia of Chemical Technology. Online: John Wiley & Sons, Inc.,2003:369-397.

[68] Slone R V. Methacrylic Ester Polymers in Kirk-Othmer Encyclopedia of Chemical Technology. Online: John Wiley & Sons, Inc. ,2003:271-298.

[69] (日)大森英三. 丙烯酸酯及其聚合物-I. 北京：化学工业出版社，1987.

[70] Swift G. Acrylic(and methacrylic) Acid Polymers in Encyclopedia of Polymer Science and Technology. Online: John Wiley & Sons, Inc.,2002:79-96.

[71] Henton D E, Mang M N. Rubber Modified Blend of Nylon and Styrene/Acrylonitrile/Maleic Anhydride Terpolymer: US 5089557. 1992-02-18.

[72] Trivedi B C, Culbertson B M. Maleic Anhydride. New York: Plenum Press, 1982.

[73] Scheirs J, Priddy D. Modern Styrenic Polymers: Polystyrene and Styrenic Copolymers. England: John Wiley and Sons Ltd., 2003.

[74] 王荣伟，王玮，石正金，等. 一种国产新型反应性增容剂在PA6与ABS合金中的应用. 高分子材料科学与工程，2005，21(2)：264.

[75] 王荣伟，石正金. 苯乙烯-丙烯腈-顺丁烯二酸酐三元共聚物的应用. 合成树脂及塑料，2004，21(1)：73.

[76] 石正金，王荣伟，王巍，等. 单釜连续本体法生产苯乙烯-丙烯腈-顺酐三元共聚物. 石油化工，2005，34(3)：265.

[77] Wu W C, Aliberti V A. High gloss ABS Made by Continuous Process: US 5166261. 1992-11-24.

[78] Felthouse T R, Burnett J C, Horrell B, et al. Maleic Anhydride, Maleic Acid, and Fumaric Acid in Kirk-Othmer Encyclopedia of Chemical Technology. Online: John Wiley & Sons, Inc., 2001: 1-49.

[79] 杜强国，张传贤，何慧. 塑料工业手册—苯乙烯系树脂. 北京：化学工业出版社，2004.

[80] 李云. N-苯基马来酰亚胺的开发. 兰化科技，1987，5(2)：114.

[81] 马伯文，顾约伦. 发展民族的ABS工业 争夺迅速扩大的国内市场. 高桥石化，2002，17(1)：1.

[82] 张传贤. 我国ABS树脂科研、生产现状及对今后技术开发的建议. 兰化科技，1986，4(4)：243.

[83] 吴本仁. ABS树脂. 合成树脂及塑料，1989（增刊）：52.

[84] 张传贤. 中国ABS树脂四十年. 第二届中国国际工程塑料展览会暨研讨会. 北京，2001.

[85] 张殿奎. ABS国内外生产技术及发展. 吉化科技，1995(4)：11.

[86] 程曾越. 通用树脂实用技术手册. 北京：中国石化出版社，1999.

[87] 胡景沧. ABS树脂生产工艺技术. 石油化工设计，1996，13(3)：1.

[88] 胡景沧. ABS树脂生产工艺技术(续). 石油化工设计，1996，13(4)：10.

[89] 黄伯琴. 合成树脂. 北京：中国石化出版社，2005.

[90] 黄立本. ABS树脂及其应用. 北京：化学工业出版社，2001.

[91] Mark J E. Polymer Data Handbook. New York: Oxford University Press, Inc., 1999.

[92] Ricco T, Pavan A, Danusso F. Dynamic Transition of Grafted Polybutadiene in ABS Resins. Polymer, 1975, 16: 685.

[93] 火金三. EBR胶乳凝胶的控制及其对ABS树脂冲击性能的影响. 塑料工业，2002，30(4)：39.

[94] Basdekis C H. ABS Plastics. New York: Reinhold Publishing Corporation, 1964.

[95] Frazer W J. Structure-to-Properties Relationships of ABS Polymers. Chemistry and Industry, 1966, 33: 1399.

[96] Baer M. Graft Copolymers and Polymer Blends Containing Same: US 3073798. 1963-01-15.

[97] 杨英，杨其，兰其盈，等. 用附聚法制备大粒径聚丁二烯胶乳. 石化技术与应用，2008，26(5)：425.

[98] 林庆菊，吴国旭，邹永春，等. 附聚法聚丁二烯胶乳的合成研究. 弹性体，2004，14(6)：38.

[99] 潘广勤. 胶乳附聚法放大聚丁二烯胶乳粒径的进展. 兰化科技，1995，13(3)：185.

[100] Kulich D M, Gaggar S K, Lowry V, et al. Acrylonitrile-Butadiene-Styrene(ABS) Polymers in Kirk-Othmer Encyclopedia of Chemical Technology. Online: John Wiley & Sons, Inc., 2003: 414-438.

[101] Threadingham D, Obrecht W, Lambert J P, et al. Rubber, 3. Synthetic in Ulmann's Encyclopedia of Industrial Chemistry pp. 1-146, 2004, Wiley-VCH Verlag GmbH & Co. KGaA: Weinheim.

[102] 张榴成. 胶乳附聚工艺的进展. 弹性体，1992，2(2)：48.

[103] Kawashima K, Morikawa T, Aoyama T, et al. Thermoplastic Resin Composition: US 5008331. 1991-04-16.

[104] 樊建民，唐仕廉. 2万吨/年ABS树脂装置的扩建改造. 兰化科技，1994，12(4)：241.

[105] 胡金生，曹同玉，刘庆普. 乳液聚合. 北京：化学工业出版社，1987.

[106] 蔡辉. 乳液聚合生产聚丁二烯胶乳聚合过程的研究. 合成橡胶工业，1995，18(3)：144.

[107] 孙延军，王俊. 影响EBR聚合及其产品质量的因素. 合成橡胶工业，2001，24(5)：265.

[108] 樊建民，葛蜀山，李克汉. 5万t/aABS装置EBR单元聚合釜的改造. 石化技术与应用，2003，21(2)：129.

[109] 王军，周木根. 浅析引进味元油化ABS装置的技术特点. 金山油化纤，1995，(4)：56.

[110] 张传贤. ABS接枝橡胶胶乳的制备. 高分子材料科学与工程，1987，(4)：73.

[111] 周建. 大庆 50kt/aABS 装置扩能至 105kt/a 的改造. 炼油与化工，2007，18(3)：32.

[112] 王艳. 大庆 100kt/aABS 改造项目财务评价. 炼油与化工，2005，16(1)：12.

[113] Calvert W C. Polymerization of Acrylonitrile-alpha Methyl Styrene Mixtures onto Polybutadiene and Products Produced thereby：US 2908661. 1959-10-13.

[114] Pavelich W A. A Path to ABS Thermoplasticsin High Performance Polymers：Their Origin and Development，New York：Elsevier Science Publishing，1986.

[115] Angier D J，Fettes E M. Role of Elastomers in Impact-Resistant Polystyrene. Rubber Chem. Technol.，1965，(38)：1164.

[116] 吴培熙，张留城. 聚合物共混改性. 北京：中国轻工业出版社，1996.

[117] Bouquet G. Rubber Particle Formation in Mass ABS in Modern Styrenic Polymers：Polystyrene and Styrenic Copolymers，John Wiley and Sons Ltd.：West Sussex，England，2003，Vol. pp. 305-320.

[118] Moore J D. Acrylonitrile-Butadiene-Styrene(ABS)- a Review. Composite，1973，4(3)：118.

[119] Huguet M G，Paxton T R. ABS Polymer as a Colloidal Dispersion. Polymer Preprints，1970，11(2)：548.

[120] 杜强国，胡七一，明伟华，等. ABS 聚合配方和工艺优化. 高桥石化，1994，9(4)：23.

[121] 陶水元. 国内外 ABS 树脂产需现状. 金山油化纤，1995(3)：43.

[122] 王荣伟，白瑜. ABS 的组成与性能研究进展(I). 合成树脂及塑料，2009，26(6)：66.

[123] 方元，安晓峰. 苯乙烯-丙烯腈悬浮共聚动力学研究. 兰化科技，1993，13(4)：238.

[124] 张传贤. 兰州石化公司 ABS 树脂研究开发历程. 石化技术与应用，2003，21(1)：29.

[125] Hamielec A E，Tobita H. Polymerization Processes in Ulmann's Encyclopedia of Industrial Chemistry. Online：John Wiley & Sons，Inc.2000：1-133.

[126] 石正金，王荣伟，陈智强，等. 建立及验证 SMA 合成工艺参数关系式. 石油化工，2002，31(10)：837.

[127] 石可风. 苯乙烯系树脂连续本体聚合某些工程问题的探讨. 合成树脂及塑料，1990，7(1)：56.

[128] 张守汉. SAN 装置生产工艺及产品质量的改进. 兰化科技，1994，12(4)：235.

[129] 李克汉. SAN 树脂简介. 兰化科技，1992，10(4)：297.

[130] 吴本仁. 我国苯乙烯系树脂发展评述. 石油化工技术经济，1996，12(3)：42.

[131] Amos J L，Mccurdy J L，Mcintire O R. Method of Making Linear Interpolymers of Monovinyl Aromatic Compounds and a Natural or Synthetic Rubber：US 2694692. 1954-11-16.

[132] Ostromislensky I. Process for Manufacturing Plastic Compositions and Products Obtained Thereby：US 1613673. 1927-01-11.

[133] Stein A，Walter R L. Suspension Process for the Polymerization of Vinylidene Aromatic Hydrocarbons：US 2862906. 1958-12-02.

[134] Stein A，Walter R L. Suspension Process for the Polymerization of Vinylidene Aromatic Hydrocarbons Having Rubbery Conjugated 1，3-Diene Polymers Dissolved Therein：US 2862907. 1958-12-02.

[135] Haward R N，Elly J. Suspension Polymerization Process：US 2668806. 1954-02-09.

[136] Scheirs J. Historical Overview of Styrenic Polymers in Modern Styrenic Polymers：Polystyrene and Styrenic Copolymers. Online：John Wiley and Sons Ltd.，2003：3-24.

[137] Amos J L. The SPE International Award Address-1973 the Development of Impact Polystyrene-a review. Polymer Engineering and Science，1974，14(1)：1.

[138] 任美红，梁滔，蒋华，等. 连续本体法 ABS 树脂聚合技术研究. 石油化工应用，2007，27(2)：8.

[139] 张传贤. 东洋工程公司介绍连续本体法 ABS 树脂工艺. 石油化工快报-合成树脂及塑料，1986(9)：3.

[140] 吴键夫. ABS 树脂合成工艺的发展. 兰化科技，1992，10(2)：111.

[141] 杨德富. 连续本体法 ABS 树脂的性能与加工应用. 合成树脂及塑料，1991，8(2)：10.

[142] 于春梅，马庆刚. 我国 ABS 树脂产业现状. 化学工业，2009，27(12)：35.

[143] 编辑部. 高桥石化 20 万吨 ABS 新装置产出合格产品. 上海化工，2007，32(2)：8.

[144] 马伯文，顾约伦. 我国 ABS 生产现状和市场机遇. 江苏化工，2002，30(3)：50.

[145] Alperowicz N. Dow Builds ABS Plant at Terneuzen. Chemical Week，2000，162(33)：17.

[146] 钱伯章. 我国ABS树脂生产和市场面对发展新形势、新格局. 化工新型材料，2004，32(7)：6.

[147] 秦卫平. ABS树脂生产工艺路线探讨. 石油化工设计，1995，12(1)：9.

[148] 钱伯章. 辽宁华锦化工公司引进陶氏化学ABS技术. 橡胶技术与装备，2008，34(8)：26.

[149] Dow plans to sell PS，ABS，SAN and Polycarbonate Business. http://plasticsnews.com/headlines2.html? id=16364 2009-07-31.

[150] Dow Selling Styron to Bain Capital for $1.63 billion. http://plasticsnews.com/headlines2.html? id=17987&channel=130 2010-03-02.

[151] Dow Announces Sale of Styron Division to Bain Capital for $1.63 Billion. http://news.dow.com/dow_news/corporate/2010/20100302a.htm 2010-03-02.

[152] Mcdonald D L，Couiter K E，Mccurdy J L. Process of Mass Polymerization in Vertical Unmixed Strata：US 2727884. 1955-12-20.

[153] Ruffing N R，Kozakiewicz B A，Cave B B，et al. Process for Making Graft Copolymers of Vinyl Aromatic Compounds and Stereospecific Rubbers：US 3243481. 1966-05-29.

[154] Finch C R，Kuntzsch J E. Process for the Production of Alkenyl Aromatic Polymers Containing a Reinforcing Polymer Therein：US 3660535. 1972-05-02.

[155] Bubeck R A，Arends C B. Impact Styrene Polymer：US 4521569. 1985-06-04.

[156] Mott C L，Kozakiewicz B A. Impact Polymer Process：US 4221883. 1980-09-09.

[157] Bredeweg C J. Process for the Polymerization of Acrylonitrile-Butadiene-Styrene Resins：US 4239863. 1980-12-16.

[158] Sun Y C. Method for the Preparation of Alkenyl Aromatic Monomer Nitrile Copolymer Reinforced with Rubbery Copolymer：US 4387179. 1983-07-07.

[159] Aerts L M，Nuffel C T E V，Alle N. Process for the Preparation of Rubber-Reinforced Monovinylidene Aromatic Polymers：US 5240993. 1993-08-31.

[160] Damen，Julien Helene Joseph，Marie. Rubber Reinforced Polymers of Monovinylidene Aromatic Compounds and a Method for Their Preparation：EP0096447. 1983-12-21.

[161] Demirors M，Schrader D，Black S M. High Gloss High Impact Monovinylidene Aromatic Polymers：US 6441090. 2002-04-27.

[162] Bouquet G，Vanspeybroek R S. Particle Size and Morphology Control in Rubber Modified Monovinylidene Aromatic Poymers：US2006/0058465. 2006-03-16.

[163] Arends C B. Polymer Toughening. New York：Marcel Dekker，Inc.，1996.

[164] Henton D E，O'brien T M. Particle Agglomeration in Rubber：US4419496. 1983-12-06.

[165] Ceraso J. Henton Receives 2004 ACS Regional Industrial Innovation Award. The Midland Chemist，2004，41(5)：2.

[166] ABS Global Capacity. http://www.itpweb.com 2006-09-25.

[167] 崔小明. ABS树脂的生产现状及国内外市场分析. 塑料技术，2003(3)：7.

[168] 吴文新，王秀兰. ABS树脂生产现状及发展趋势. 辽宁化工，1997，26(2)：64.

[169] 王荣伟. Dow化学公司本体法工艺及部分ABS产品. 合成树脂及塑料，2009，26(1)：68.

[170] Amos J L，Miller C T. Two-Stage Devolatilization Process for Making Alkenyl-Aromatic Hydrocarbon-Acrylonitrile Copolymers：US 2941985. 1960-06-21.

[171] 周保国. 浅析本体法ABS装置中的导生油系统. 合成技术及应用，2006，21(4)：55.

[172] 中川俊见. ABS树脂新生产方法的开发与工业化. 石油化工译丛，1990(4)：44.

[173] 王德充. 国外低顺式聚丁二烯的生产和技术开发状况. 合成橡胶工业，1994，17(1)：52.

[174] Asaprene Series Rubber. www.micchem.com/products/Asaprene.pdf 2002-03-14.

[175] Vanspeybroeck R S，Galobardes M R，Maes D，et al. Rubber Modified Monovinylidene Aromatic Polymer Compositions：US 6211298. 2001-04-03.

[176] Matsubara T，Ito N，Ichikawa K，et al. Continuous Process for Producing Rubber Modified High-Impact Res-

ins：US4587294. 1986-05-06.

[177] Vanspeybroeck R S, Galobardes M R, Ceraso J M, et al. High Gloss Rubber Modified Monovinylidene Aromatic Polymerization Process：US 2006/0122331A1. 2006-06-08.

[178] Catalog for Asadene Tufdene Asaprene. http://www. akelastomer. com/ 2008-11-01.

[179] 于洋，孙立平，王启飞，等. 溶聚丁苯橡胶(SSBR)国内产销状况及建议. 中外能源，2010，15(6)：77.

[180] 沈俊，汤志强，张源. 橡胶结构对 ABS 性能的影响. 高桥石化，2010，25(5)：9.

[181] Quirk R P. Anionic Polymerization in Encyclopedia of Polymer Science and Technology. Online：John Wiley & Sons, Inc., 2002：111-164.

[182] 关肇基. 国外 ABS 生产技术进展. 合成树脂及塑料，1997，14(3)：60.

[183] ABS Standard and Additive. http://www. n-al. co. jp/ing/products_abs/santac. html 2008-09-26.

[184] 王荣伟. ABS 树脂专业委员会第七届技术交流会召开. 合成树脂及塑料，2010，27(1)：4.

[185] 张小宏. 国内 ABS 树脂市场分析. 石油化工技术经济，1998，14(6)：24.

[186] 李付兴，关国民，郭玲. 10×10^4 t/aABS 装置改造工程后评价. 炼油与化工，2010，21(2)：24.

[187] 李玉芳，伍小明. ABS 树脂的生产技术及国内外市场分析. 化工科技市场，2006，29(7)：1.

[188] 李公生，张志，赵凯，等. ABS 装置挤出机系统切粒机连锁改造. 化工科技，2006，14(3)：36.

[189] 李克汉，张传贤. 国内 ABS 树脂发展概况. 塑料工业，1998，26(5)：1.

[190] 中海石油炼化有限责任公司和 LG 化学 30 万吨/年 ABS 项目(一期)竣工环境保护验收公示. http://zwgk. gd. gov. cn/006940060/201511/t20151125_629468. html 2015-11-24.

[191] 王立恒，游珊珊. 2014 年 ABS 树脂生产与市场分析. 化学工业，2015，33(7)：31.

[192] 中国石油吉林石化公司 40 万吨/年 ABS 项目. http://www. shjnet. cn/zhutpd/gnzt/xysbd/sbdtp/201211/t20121102_115927. html? zh_oetje 2012-11-02.

[193] 陆书来. 科技创新支撑 ABS 树脂产业高质量发展实践与思考. 石油科技论坛，2019，38(4)：18.

[194] 编辑部. 台湾化学纤维公司在宁波兴建 ABS 大装置. 中国塑料信息，2002(71)：40.

[195] 钟华. 中韩合建 10 万 t/a ABS 项目在常州投产. 化工新型材料，2003，31(4)：45.

[196] 编辑部. 宁波乐金甬兴化工有限公司. 宁波节能，2015(6)：21.

[197] Wolf R, Kaul B L. Plastics, Additives in Ullmann's Encyclopedia of Industrial Chemistry. Online：John Wiley & Sons, Inc., 2000：1-51.

[198] Klemchuk P P. Antioxidants in Ulmann's Encyclopedia of Industrial Chemistry. Online：John Wiley & Sons, Inc., 2005：1-22.

[199] 陈威，邬茂，金炼铁. 抗氧剂及其发展趋势. 化工技术与发展，2008，37(12)：22.

[200] 山西省化工研究所. 塑料橡胶加工助剂. 北京：化学工业出版社，2002.

[201] Stepek J, Daoust H. Additives for Plastics. New York：Springer-Verlag New York Inc., 1983.

[202] 丁学杰，万岩雄. 塑料助剂生产技术与应用. 广东：广东科技出版社，1996.

第3章 ABS树脂的组成与特性

3.1 引言

1953年，美国Borg-Warner公司在经过了1万次以上实验室试验后，决定将ABS树脂工业化。1954年，该公司生产出可供销售的ABS树脂时[1]，又经历了5万次以上的实验室到生产现场循环往复试验。1957年，该公司的W. C. Calvert在申请的专利[2]中首先提出了接枝橡胶的概念，而那时与其申请首篇有关乳液法ABS工艺专利[3]时隔了四年。1966年，该公司Marbon化学部的Frazer曾将ABS树脂定义为[4]：ABS树脂是将弹性体相分散于刚性SAN相中而获得的树脂，或是一种三元共聚物。弹性体相可以是二烯烃聚合物，或是二烯烃与苯乙烯或丙烯腈共聚物，或是接枝苯乙烯/丙烯腈的弹性体。他特别指出，接枝苯乙烯/丙烯腈的弹性体生产工艺当时已普遍用于控制两相互容性或相容性。如表3-1所示，Frazer归纳了ABS树脂组成与性能关系，表中A代表丙烯腈，B代表含丁二烯的橡胶，S代表苯乙烯。

表3-1 ABS树脂的组成与性能关系[4]

项目	B/SA	S/BA	A/BS	B/S（A不变）	B/A（S不变）	S/A（B不变）
	↑	↑	↑	↑	↑	↑
冲击强度	⇑	⇓	⇓	⇑	⇑	⇓
伸长率	⇑	⇓	⇓	⇑	⇑	⇓
拉伸强度	⇓	⇑	⇑	⇓	⇓	⇓
弯曲强度	⇓	⇑	⇑	⇓	⇓	⇓
弯曲模量	⇓	⇑	⇑	⇓	⇓	⇓
挠曲疲劳	⇑	⇓	⇓	⇑	⇑	⇓
硬度	⇓	⇑	⇑	⇓	⇓	⇓
热变形温度	⇓	→	⇑	⇓	⇓	⇓
蠕变	⇑	⇓	⇓	⇑	⇑	⇑
耐化学性	⇓	⇓	⇑	⇓	⇓	⇓
密度	⇓	⇑	⇑	⇓	⇓	⇓
耐磨性	⇓	⇑	⇑	⇓	⇓	⇓
尺寸稳定性	⇑	⇓	⇓	⇑	⇑	⇓
流动性	⇓	⇑	→	⇓	⇓	⇑

当时，除了对组成与性能进行了大量研究外，对橡胶颗粒大小、接枝率与抗冲击强度的关系也有了明确的共识。图3-1表明[4, 5]，平均橡胶颗粒较小时，ABS树脂的最佳

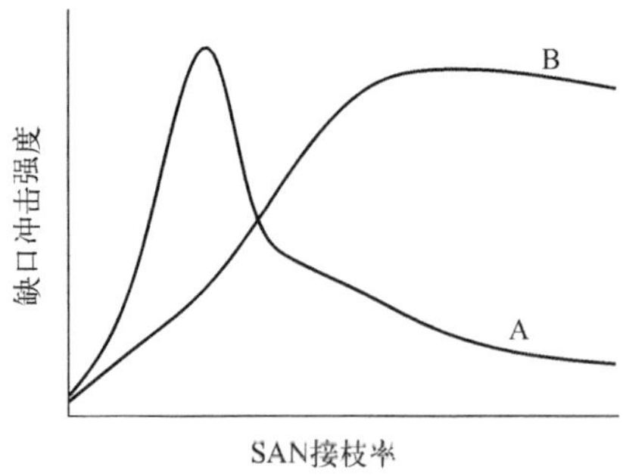

图 3-1　SAN 接枝率与缺口冲击强度关系示意图[4,5]
A 为小粒径橡胶颗粒；B 为大粒径橡胶颗粒

抗冲击强度出现在 SAN 接枝率较低时；而颗粒较大时，则出现在 SAN 接枝率较高时。另外，对橡胶的交联度研究表明，长程柔性交联有利于橡胶颗粒性能的发挥，橡胶顺/反式构型制约接枝反应中单体转化率。

同期，美国 Dow 化学公司对苯乙烯系树脂本体法工艺也有了较深认识[6]。有关研究人员分别用光学显微镜、扫描电镜和透射电镜，甚至采用四氧化锇染色技术，观察了本体法 HIPS 的形貌结构，确定了此法生产的 HIPS 是两相结构[7]。

最为遗憾的是，Dow 化学公司的产品经理认为其 HIPS 产品低价和易加工成型性会将 ABS 树脂逐出市场，要求研究小组放弃 ABS 研究工作；特别是，命令 Amos 领导下的 PS 产品研究室不要浪费时间用 Amos 等发明的工艺生产 ABS 树脂[8]。然而，Amos 和他的研究小组还是悄悄地进行了连续本体中试装置剪切搅拌试验，获得的 ABS 产品性能远比悬浮法优异。之后，该公司在 HIPS 工业装置上生产低丙烯腈含量的 ABS 产品，并称该产品为“the poor man’s ABS”。不可否认的是，Dow 化学公司在本体法工艺开发中提出的相反转技术和分层聚合技术以及对基体树脂 SAN 和橡胶颗粒的研究为确立其在 ABS 树脂生产领域和销售市场的地位是极为有益的。图 3-2 表明，本体法 HIPS 和 ABS 树脂的各项性能与其组成及形态相关[6,9]。

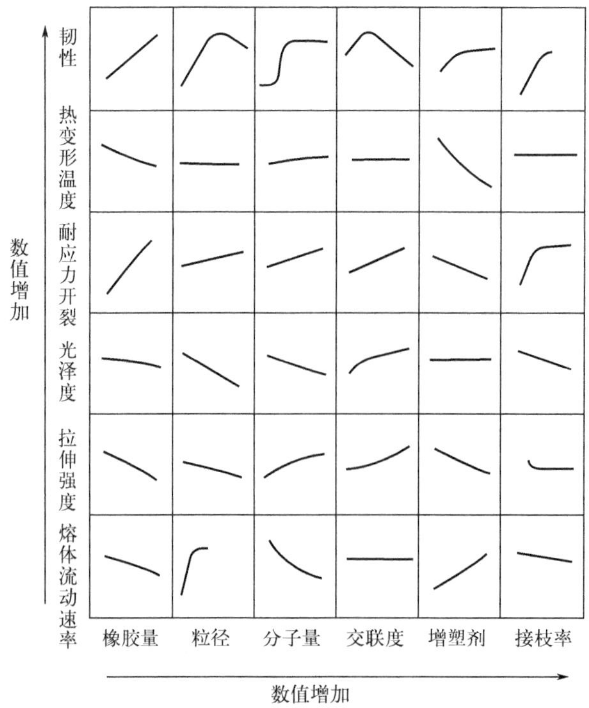

图 3-2　工业本体工艺生产的 HIPS 和 ABS 的性能关系示意图[6,9]

显然，ABS 树脂性能可用很多指标来评价，这些指标可能会受工艺、测试条件等因素的影响。另外，ABS 树脂不仅可直接被注塑、挤塑、压延做成制品，而且可以与其他品种树脂共混制成共混物或合金。

3.2　SAN 的组成与特性

3.2.1　苯乙烯与丙烯腈共聚特点

ABS 树脂是由连续相（也称基体树脂）苯乙烯-丙烯腈共聚物（SAN）和分散相聚丁二烯橡胶颗粒和/或丁苯橡胶颗粒组成的组合物。特别是，与 HIPS 相比，丙烯腈（AN）的加入不仅使 ABS 树脂合成工艺复杂性增加，也使 SAN 基体树脂和接枝在橡胶颗粒上 SAN 的组成和性能随之而变（恒比共聚点除外），从而影响了 ABS 树脂的性能。

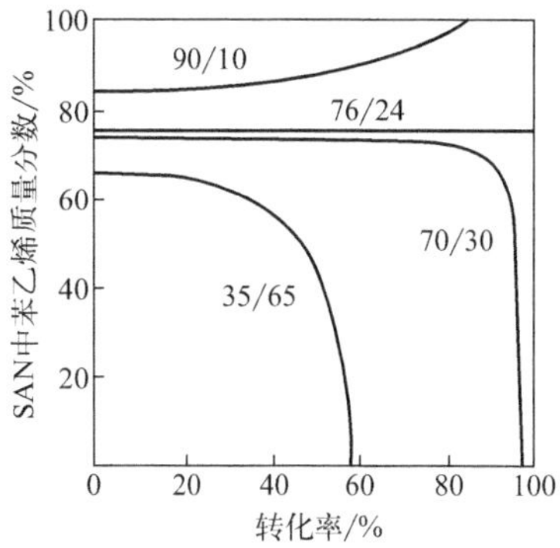

图 3-3　SAN 中苯乙烯质量分数随转化率变化图，图中数字代表原料中苯乙烯/丙烯腈质量之比[10]

SAN 是苯乙烯系中产量最大的共聚物。如图 3-3 所示[10]，在该体系中，苯乙烯（St）竞聚率 $r_1=0.40$，AN 竞聚率 $r_2=0.04$，这种竞聚率组合使得 SAN 的组成随聚合进程而变化，最终导致产品透明度差。针对这类共聚物的合成，通常采用返混型反应器[11]。另外，还有一个特点是反应液中 St 与 AN 质量比为 76∶24 时，共聚物中两者比值也是如此，即 St 与 AN 聚合有恒比共聚点。所以，采用平推流反应器和轴向分段反应器生产聚合物时，运行操作通常在恒比共聚点附近。

3.2.2　AN 含量差值对 SAN 同种共混物相容性的影响

1965 年，Dow 化学公司的 Molau 对 AN 含量不同的 SAN 间相互作用进行了研究[12]，采用了一系列 AN 含量（质量分数）为 4.6%～38.9%、重均分子量为 140000～170000、数均分子量为 80000～110000 的 SAN，组成一系列 AN 含量（质量分数）差值为 1.5%～19.4%的二元（1∶1）混合物，配成 20%、40%的丁酮溶液，观察是否有分层现象发生。100%混合物制备采用热辊混炼方法，再用电镜观察分层现象。研究发现，在 20%丁酮溶液中，临界 AN 含量差值为 10%～13%；在 40%丁酮溶液中，临界 AN 含量差值为 8%～9.3%；100%混合物中，临界 AN 含量差值为 3.5%～4.5%。在临界 AN 含量差值之上，出现分层；在此值之下，不分层，即相容。这一结果表明，临界 AN 含量差值随混合物总浓度增加而减小；此值与共聚物的绝对组成无关。他进一步认为，临界 AN 含量差值可以作为共聚反应控制指标，借此预测非均相体系是否形成。总之，他的这一研究结果在单体比例不同的 SAN 共混物研究中被引用至今。

3.2.3 分子量对SAN间相容性的影响

SAN同种共混物相容性不仅与AN含量差有关，也与其分子量有关。B. J. Schmitt[13]用光学透明度方法，将不同AN含量的SAN与含19%AN的SAN共混，观测其相容性随分子量变化情况。图3-4表明，两者分子量同步降低，能使两者相容的AN含量差值变大；反之，将趋于零。图中的相容性边界线可用式（3-1）计算：

$$B=B_{S/AN}(\phi'_{AN}-\phi''_{AN})^2=\frac{2\rho RT}{M} \tag{3-1}$$

式中，B表示二元相互作用能；$B_{S/AN}=7.0\text{cal/cm}^3$；$\phi'_{AN}$、$\phi''_{AN}$分别表示AN在两者中所占体积分数；$\rho$为共聚物密度；$R$为气体常数；$T$为温度；$M$为共聚物分子量。显然，用上式进行的预测与实验结果吻合。这一研究结果是对Molau研究的很好补充。

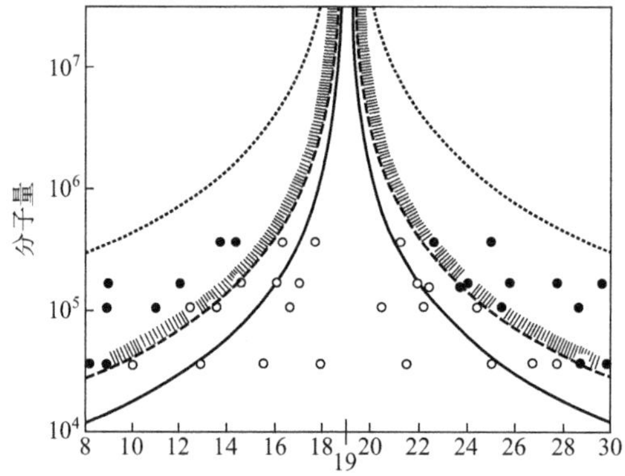

图3-4 含19%AN的SAN与不同AN含量SAN共混后相容性随分子量的变化[13]

○—相容；●—不相容

3.2.4 AN含量对SAN基本物性的影响

SAN中AN含量不仅影响相容性，且影响其他物性。表3-2是从文献上归纳的玻璃化温度（T_g）等数据。随AN含量升高，T_g基本也会上升。由于各文献中未指出是用何种仪器或方法测得T_g，且共聚物分子量及其分布也影响T_g，所以，部分AN含量接近的样品T_g数据有较大差异。密度数据似乎既受AN含量影响，又受分子量及其分布影响。

表3-2 SAN的组成与物性[14-19]

聚合物	丙烯腈含量/%	数均分子量（M_n）	重均分子量（M_w）	M_w/M_n	T_g/℃	密度/（g/cm³）
PS	0	132000	300000		102	
PS	0		350000		103	
PS			260000			1.052
SAN2	2		204000		103	
SAN5	5.7		212000		107	

续表

聚合物	丙烯腈含量/%	数均分子量（M_n）	重均分子量（M_w）	M_w/M_n	T_g/℃	密度/（g/cm³）
SAN6.3	6.3	121000	343000		103	
SAN9	9.5				102	
SAN11	11.5				104	
SAN13	11.9	175000			100	
SAN13	13.5		149000		109	
SAN14.7	14.7	83000	182000		105	
SAN15	14.9		128000	2.2		1.070
SAN17	15.2	183000			108	
SAN20	19.5		89000	1.7		1.073
SAN20	20	88000	178000		107	
SA22	22		200000		106	
SAN24	21.8	154000			113	
SAN25	25	77000	152000		107	
SAN230	26		135000	1.8	104	
SAN27	26.5		87000	2.2		1.077
SAN30	27.5	71000			110	
SAN28	28		152000		105	
SAN30	28.7		80000	2.2		1.079
SAN240	29		152000	1.8	104	
SAN30	30	81000	168000		109	
SAN34	31.3	138000			112	
SAN32	32		78000		109	
SAN33	32.3		63000	2.1		1.081
RZ035	33		100000	2.1	104	
SAN33	33	68000	146000			
SAN34	34	73000	145000		110	
SAN34	34		106000		108	
SAN37	34.0	400000			113	
SAN40	38.7		58000	1.9		1.084
SAN40	40	61000	122000		110	
SAN46	42.8	142000			113	
SAN58	58				116	
SAN67	64.5	200000			115	
SAN68	68				112	

表 3-3 进一步地表明[20,21]，在一定分子量及其分布下，SAN 的拉伸强度、热变形温度和溶液黏度随丙烯腈含量上升而明显增加；拉断伸长率随之上升而略有增加。

表 3-3 SAN 的组成与性能[20,21]

丙烯腈含量/%	拉伸强度/MPa	拉断伸长率/%	溶液黏度①/(mPa·s)	热变形温度/℃	缺口冲击强度/(J/m)
5.5	42.27	1.6	11.1	72	26.6
9.8	54.61	2.1	10.7	82	26.0
14.0	57.37	2.2	13.0	84	27.1
21.0	63.68	2.5	16.5	88	27.1
27.0	72.47	3.2	25.7	88	27.1

① 10%SAN/丁酮溶液。

3.2.5 AN 含量对 SAN 平面应变断裂韧性的影响

在苯乙烯聚合体系中添加 AN 共聚单体既能提高 SAN 耐化学性，又能提高其抗应力开裂性能。Kim 等[14] 从 SAN 固有可塑性角度，研究了平面应变断裂韧性（K_{IC}）与 AN 含量的关系。K_{IC} 是在断裂力学基础上建立起来的表征实际含裂纹构件抵抗裂纹失稳扩展能力的韧性性能指标，是材料的固有性能。图 3-5 为 AN 含量对 SAN 的 K_{IC} 的影响。由图可知，K_{IC} 明显地随 AN 含量增加而增加。分别对苯乙烯-丙烯酸共聚物、苯乙烯-顺丁二酸酐共聚物进行研究表明，随丙烯酸或顺丁二酸酐含量增加，共聚物 K_{IC} 降低。由此，他们认为开发比 PS 耐热的抗冲苯乙烯系聚合物困难的原因在于它们的固有可塑性相当低。换句话说，基体聚合物的固有可塑性限制了橡胶改性聚合物的可增韧水平。

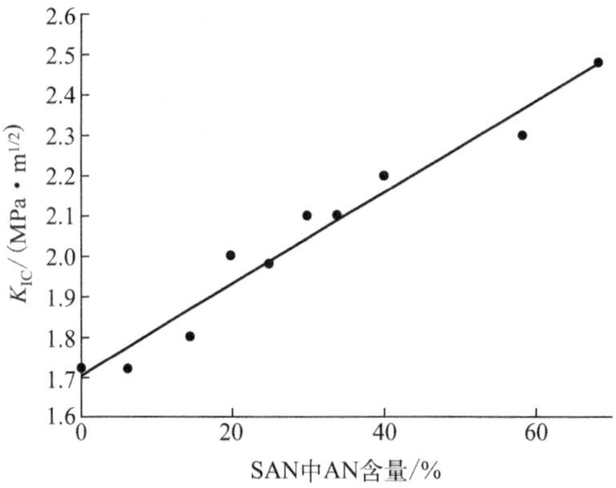

图 3-5 AN 含量对 SAN 的 K_{IC} 影响[14]

表 3-4 列出了部分材料的 K_{IC} 值。其中，有机聚合物中 ABS 树脂的 K_{IC} 值最大。但与钢材相比，有机聚合物的 K_{IC} 值很小。

表 3-4 各种材料的平面应变断裂韧性值（K_{IC}）

材料	HDPE	LDPE	PP	PS	PET	PA66	ABS	PC	环氧树脂	压力容器用钢	高强度钢
K_{IC}/(MPa·m$^{1/2}$)	2	1	3	2	0.5	3	4	1.0～2.6	0.3～0.5	170	50～154

总之，AN 含量差值和分子量既影响 SAN 间的共混相容性，又影响 SAN 本身的韧性。这些特性决定了用橡胶增韧 SAN 后的 ABS 产品的多样性。

3.2.6 AN 含量对 SAN 树脂力学行为的影响

虽然 HIPS 的韧性比 PS 高，但 HIPS 的拉伸屈服强度和疲劳性能却比 PS 低。提高其屈服和断裂应力的方法之一就是苯乙烯与 AN 共聚制成 SAN。图 3-6 为 PS 和不同 AN 含量 SAN 样品的应力-应变曲线。由图可知[22]，虽然 PS 和三种 SAN 样品都表现出脆性行为，但 AN 的加入使 SAN 的拉伸屈服强度比 PS 有了十分可观的提高。如图 3-7 所示[23]，AN 含量在 0～20%，无论有无橡胶，SAN 或其共混物的拉伸强度都随 AN 含量增加几乎呈线性增加[24]，然而，在高 AN 含量时，这种线性关系不再延续。

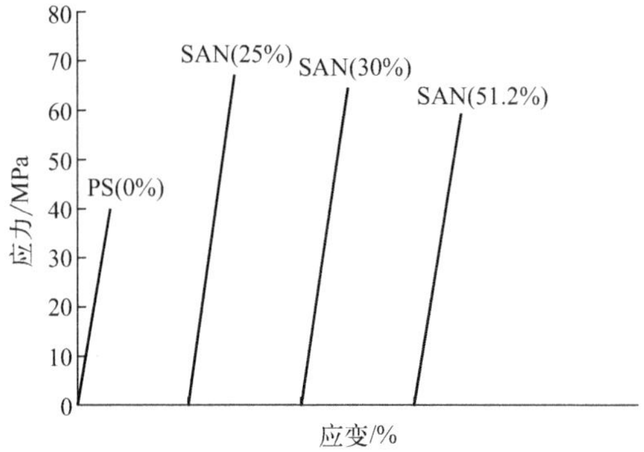

图 3-6　PS 和不同 AN 含量 SAN 样品的应力-应变曲线[22]

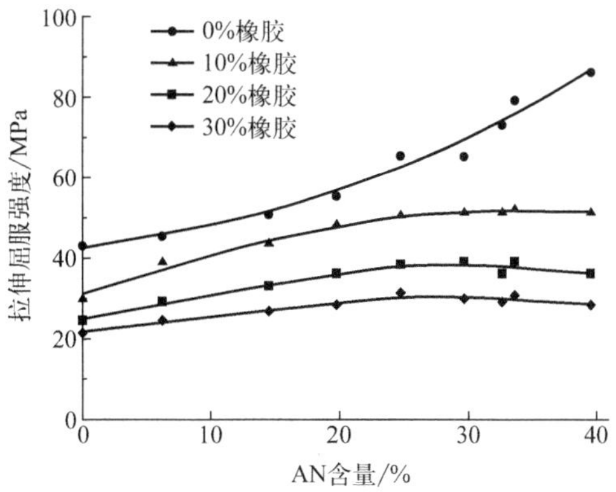

图 3-7　不同含量橡胶增韧的 SAN 中 AN 含量与拉伸屈服强度关系[23]

图 3-8 说明，随 AN 含量增加，增强银纹应力 σ_c 变化呈线性增长；诱发银纹应力 σ_{ci} 稍稍偏离线性增长关系，且各样品测试数据较为离散；与银纹应力变化不同的是，拉伸断裂应力 σ_T 在 AN 含量为 25%～30%时出现最大值。这些结果表明，与 PS 相比，SAN 具有较高的抗蠕变条件下银纹化性能和更好的抗环境银纹化性能。

如图 3-9 所示，室温下储能模量和玻璃化转变温度测试表明，两者都随 AN 含量增加而增加。在 AN 含量从 0 升至 51.2%时，储能模量 E'增加 20%，玻璃化转变温度 T_g 增加值约为 6℃。

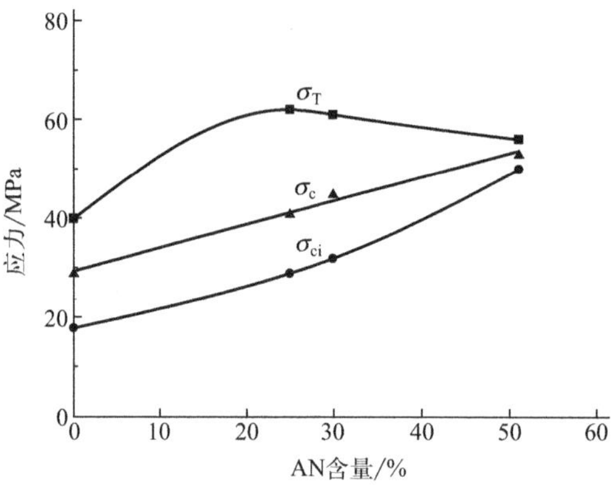

图 3-8　AN 含量与诱发银纹应力 σ_{ci}、增强银纹应力 σ_c、拉伸断裂应力 σ_T 的关系[22]

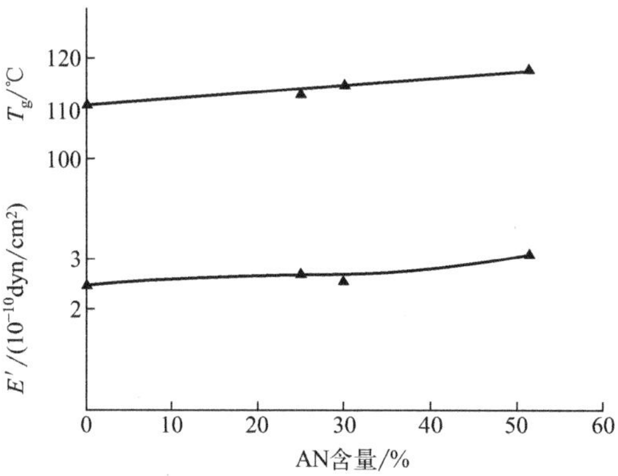

图 3-9　AN 含量与储能模量 E'、玻璃化转变温度 T_g 的关系[22]

3.3　两相的组成与特性对 ABS 树脂性能的影响

1947 年，Dobry 和 Boyer-Kawenoki 就指出，化学结构不同的聚合物一般不相容[25]。当时，用美国橡胶公司 ABS 所做制件的表面发生起皱、不平整的橘皮效应，且在 0℃附近时受冲击易开裂[26]。从其所使用的 SAN 和 NBR 而言，两者的相容性很差。乳液法 SAN 接枝橡胶被用于 ABS 的制备后，改善了橡胶颗粒与 SAN 基体树脂的界面张力。

3.3.1　橡胶含量对增韧不同 AN 含量 SAN 的影响

乳液法接枝 SAN 橡胶与各种工艺生产的 SAN 基体树脂共混是最为普遍的 ABS 生产工艺。橡胶增韧 SAN 的关键之一是橡胶颗粒接枝 SAN 与 SAN 基体树脂的黏结力。借鉴 Molau 的研究方法和结果，Kim 等[23] 对此进行了研究，选用了日本 Sumitomo Naugatuck 公司生产的乳液法接枝 SAN 高胶粉 BL-65，橡胶含量为 50%，SAN 接枝率为 0.4，游离 SAN 含量为 30%，M_n 为 44000，M_w 为 167000，AN 含量为 22.5%，并假设接枝 SAN 与游离 SAN 物性相同；还选用了 AN 含量为 0～40%的 9 个 SAN 基体树脂样品，M_n 在 61000～132000，M_w 在 122000～300000。图 3-10 显示，PS 缺口冲击强度基本不随橡胶含量增加而变化。SAN20、SAN34 和 SAN40 缺口冲击强度都明显地随橡胶含量增加而增加。尤其是，SAN34 的增幅最大，在橡胶含量达 30%左右时不再增加。

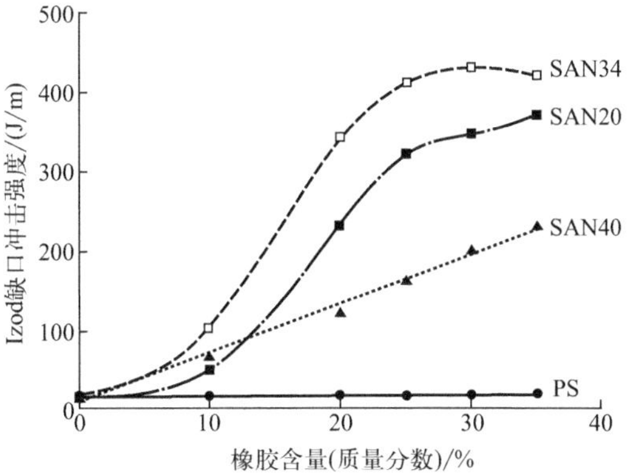

图 3-10　共混物缺口冲击强度与橡胶含量关系[23]

图 3-11 进一步说明了 SAN 基体树脂中 AN 含量在 30%～34%时，共混物缺口冲击强度出现最大值。显然，SAN34 基体树脂与 BL-65 中 SAN 的 AN 含量差大于 11%。依 Molau 的研究结论预计，该共混物属不互容体系，此差值在 5%以上，有相分离倾向。一般而言，这会有损与界面黏结力密切相关的力学性能。然而，事实却相反，该共混物不仅缺口冲击强度最大，拉伸强度、断裂应变都达最大。

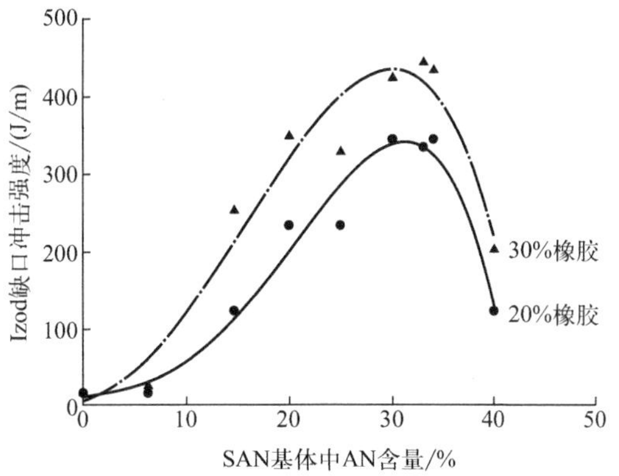

图 3-11　共混物缺口冲击强度与 SAN 基体树脂中 AN 含量关系[23]

为此，Kim 等认为，上述现象可用 3 个因素解释：橡胶与基体树脂黏结力、橡胶颗粒分散状态、基体树脂固有可塑性（即平面应变断裂韧性 K_{IC}）。于是，进行了搭接剪切强度测试，他们观察到，SAN 基体树脂中 AN 含量在 20%～40%时，BL-65 共混体系的剪切强度基本不变。Kim 等推论，AN 含量差值超出 Molau 预期的 5%时，两相虽不相容，但横贯两相界面仍存在可观的链段相互渗透作用，由此产生了可观的界面黏结力。另外，扫描电子显微镜照片显示，BL-65 在 SAN20 基体树脂中分散均匀；在 SAN34 中有团聚现象。一方面，SAN34 基体树脂 K_{IC} 较高；另一方面，橡胶颗粒团聚可能有利于诱发银纹、控制其增长和终止[27]。

3.3.2 不同 AN 含量 SAN 接枝橡胶对增韧 SAN 的影响

为了进一步考察上述 3 个因素，Kim 等[28] 选用了一系列 SAN 接枝高胶粉，SAN 接枝物中 AN 含量为 14.2%～37.5%，高胶粉中橡胶含量为 48.7%～65.0%，接枝率为 0.323～0.493，与之共混的 SAN 基体树脂与上述相同，共混物中橡胶含量为 30%。结果显示，采用不同的 SAN 接枝高胶粉制得的共混物拉伸屈服应力、缺口冲击强度和断裂应变随基体树脂中 AN 含量变化都会出现极大值。与各极值对应的共混物组成基本一致。表 3-5 列示了共混物断裂应变与组成的对应关系。显然，各组共混物断裂应变极大时，SAN 基体树脂中 AN 含量高于 SAN 接枝物中 AN 含量。实验还表明，随 SAN 基体树脂中 AN 含量增加，共混物缺口冲击强度极值是增加的（如图 3-12 所示）。

表 3-5　橡胶含量 30% 时共混物断裂应变与 SAN 基体树脂中 AN 含量的关系[28]　　单位：%

SAN 基体中 AN 含量	SAN-*g*-14.2①	SAN-*g*-16.9	SAN-*g*-19.1	SAN-*g*-22.0
14.7	5.1	—	—	—
20	9.8	5.2	6.1	6.3
25	3.9	8.7	8.1	5.3
30	4.0	4.8	10.8	5.6
34	3.1	4.4	7.8	9.6
40	2.3	2.9	5.8	8.9

① 数字代表 SAN 接枝物中 AN 的质量分数。

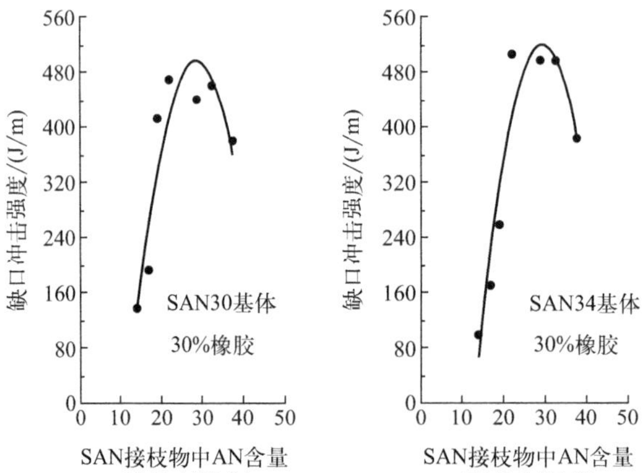

图 3-12　共混物缺口冲击强度与 SAN 接枝物中 AN 含量关系[28]

3.3.3 SAN 基体树脂对 SAN 接枝橡胶 T_g 的影响

如表 3-6 所示，在对 SAN 接枝橡胶作动态力学测试时，Kim 等发现 SAN-*g*-27.2 橡胶玻璃化转变温度（T_g）最高、损耗角正切峰值（$(\tan\delta)_{max}$）最大。这一结果与其接枝率最低、橡胶含量最高有关[29]。

表 3-6　SAN 接枝橡胶的物性及动态力学性能数据[28]

高胶粉	橡胶含量（质量分数）/%	接枝率	$(\tan\delta)_{max}$	T_g/℃
SAN-*g*-14.2①	49.1	0.323	0.189	−74
SAN-*g*-16.9	49.1	0.351	0.191	−75
SAN-*g*-19.1	49.0	0.391	0.188	−75
SAN-*g*-22.0	48.8	0.434	0.180	−75
SAN-*g*-27.2	65.0	0.318	0.282	−71
SAN-*g*-28.8	48.8	0.458	0.174	−75
SAN-*g*-31.4	54.1	0.412	0.207	−73
SAN-*g*-32.4	48.7	0.493	0.171	−75
SAN-*g*-37.5	49.0	0.475	0.164	−75

① 名称后的数字代表 SAN 接枝物中 AN 质量分数。

表 3-7　共混物中橡胶相 T_g[28]　　单位：℃

基体树脂	SAN-*g*-14.2①	SAN-*g*-16.9	SAN-*g*-19.1	SAN-*g*-22.0
SAN20①	−78	−78	−78	−78
SAN25	−76	−76	−77	−77
SAN30	−76	−76	−76	−77
SAN34	−75	−75	−76	−76
SAN40	−75	−74	−75	−76

① 名称后的数字代表 AN 质量分数。

表 3-7 进一步说明，接枝率、橡胶含量相近时，SAN 基体树脂与接枝物的 AN 含量差值影响共混物中橡胶相 T_g。与其他 SAN 基体树脂相比，SAN20 与各 SAN 接枝橡胶的 AN 含量差值最小，即两相界面偶合作用（界面黏结力）最强，橡胶相内三维张力最大，共混物中橡胶相 T_g 下降也最大。另外，随 SAN 基体树脂中 AN 含量升高，橡胶相 T_g 下降幅度变小。

Kim 等报告的以上实验中，SAN 接枝橡胶所用的胶种是一样的，所以，颗粒大小基本一致。他们对橡胶颗粒大小、橡胶用量多少、接枝率高低对共混物性能的影响未予以研究。

3.3.4　接枝率对 SAN 接枝橡胶 T_g 的影响

Ricco 等[29] 采用聚顺丁二烯（PB）乳胶，以恒比共聚点组成为配比，合成了接枝率不同的接枝橡胶，然后，用恒比共聚点组成的 SAN，与各接枝橡胶共混，形成 PB 含量为 32.5%（质量分数）的共混物。动态力学测试结果见图 3-13。在 SAN 接枝物与基体树脂中 AN 含量无差异时，接枝率增加，两相界面黏结力增强，橡胶可活动部分减少，又因两相膨胀系数不同，在橡胶相内引起三维张力升高，从而使 $(\tan\delta)_{max}$ 和 T_g 都降低。所以，AN 含量、接枝率影响 ABS 的界面黏结力。

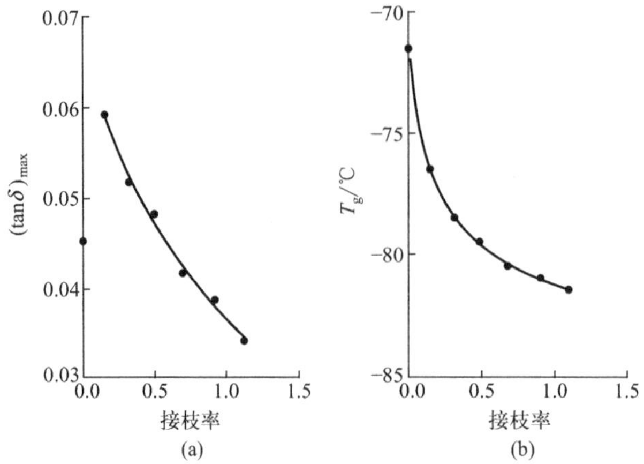

图 3-13　橡胶相损耗角正切峰值（$\tan\delta$）$_{max}$（a）、玻璃化转变温度 T_g（b）与接枝率的关系[29]

3.3.5　接枝率对 ABS 黏弹行为的影响

日本 Mitsubishi-Monsanto 化学公司的 Y. Aoki[30] 曾对熔融态 ABS 黏弹行为做过多年研究。他将 ABS 按不同的动态力学行为分为两类：一类是在低频区，储能剪切模量（G'）不随频率而变，出现准平衡模量 G_e，即所谓的第二平缓区；另一类则在低频区，G'随频率降低而变小。前者多见于橡胶颗粒在基体树脂中成群结队的体系，即三维网络结构；后者则见于橡胶颗粒在基体树脂中分散均匀、无聚集的体系。SAN 接枝物与基体树脂中 AN 含量差值小时，橡胶颗粒分散均匀、无聚集，无 G_e 出现；两者差值大、不匹配时，G_e 出现。他使用数均粒径为 0.170μm 的一系列接枝率不同的乳胶粒进行研究，发现在接枝率约为 0.45 时，G'和损耗剪切模量（G''）出现极小值。图 3-14 给出了 G'与接枝率的关系。他还发现，两相中的 AN 含量差值在 1.5%之内时，G'和 G''也会有极小值。所以，ABS 黏弹行为与 AN 含量、接枝率有关。

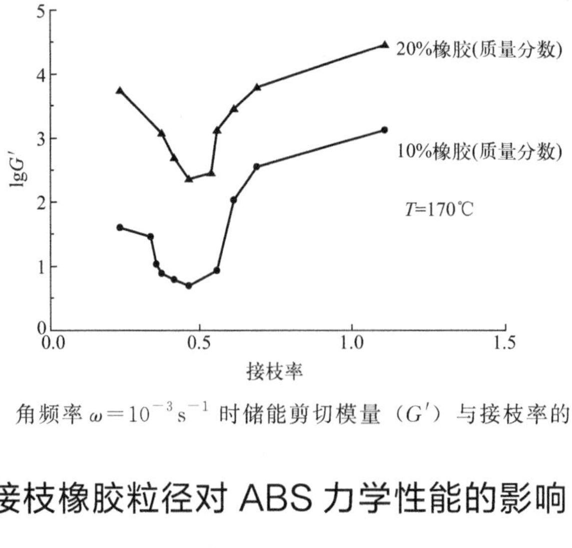

图 3-14　角频率 $\omega=10^{-3}s^{-1}$ 时储能剪切模量（G'）与接枝率的关系[30]

3.3.6　SAN 接枝橡胶粒径对 ABS 力学性能的影响

美国 Monsanto 公司公开的专利[31] 中，Aubrey 介绍了将 SAN 接枝丁腈乳胶粒

（SAN-*g*-NBR）（粒径为 0.14μm）与一系列粒径不同、SAN 接枝的 PB 胶粒（SAN-*g*-PB）（0.5～0.95μm）进行共混。结果表明，共混物冲击强度随 SAN-*g*-PB 粒径增大线性上升，SAN-*g*-PB 粒径随其所占份额上升而减小。专利指出 SAN-*g*-PB 用量要小于两者总量的 35%，SAN-*g*-PB 粒径要大于 0.5μm。光泽度测定表明，SAN-*g*-NBR 和 SAN-*g*-PB 总用量固定时，光泽度随 SAN-*g*-PB 用量增加而降低。冲击强度测试表明，保持共混物冲击强度不变时，两者总用量先随 SAN-*g*-PB 用量增加而减少，而后不变。该专利还提出了将少量粒径 0.05μm 的 SBR 胶乳与大量粒径 0.13μm 的 NBR 共凝絮产物、粒径 0.9μm 的 SAN-*g*-PB 和 SAN 基体树脂共混，所得共混物冲击强度为 357J/m，光泽度为 84%。另外，Aubrey 在同期公开的另一专利[32] 中介绍了接枝率高低搭配对共混物力学性能的影响。其中，低接枝率的 SAN-*g*-NBR 粒径为 0.09μm，单位面积橡胶颗粒 SAN 接枝率为（0.7～5.0）$\times 10^{-7}$g/cm^2；高接枝率的 SAN-*g*-NBR 粒径为 0.14μm，单位面积橡胶颗粒 SAN 接枝率为（8.4～21.0）$\times 10^{-7}$g/cm^2。特别要指出的是 Aubrey 采用扫描电镜测量、数均统计方法表示粒径，采用本体-悬浮法制得大粒径 SAN-*g*-PB 颗粒，且建议橡胶粒径不要超过 0.6μm。

Monsanto 公司 Grancio 在随后发表的文章[33] 中，报道了橡胶粒径对 ABS 拉伸性能的影响。他使用了 0.10μm、0.30μm 和 0.56μm（分别记为小、中、大）三种粒径的橡胶，虽未标明胶种，但从文中提及实验结果以及与 Aubrey 专利中部分内容的一致性看，应该是 SAN 接枝 NBR。实验结果表明，用大、小粒径胶粒制得的共混物有拉伸屈服现象出现。然而，单用小粒径胶粒的共混物无后屈服延伸出现。在对单用小粒径胶粒的共混物进行室温滚压（冷拉）降厚度后，共混物有后屈服延伸出现，断裂伸长率急剧上升，屈服应力下降至与采用 25%大粒径和 75%小粒径胶粒制得的共混物相当。其他各种比例的大小、中小胶粒组合制得的共混物在冷拉后，屈服应力、断裂应力都上升。所以，他认为，添加大粒径胶粒可改变单用小粒径胶粒共混物的拉伸性能；冷拉能使该共混物沿拉伸方向延续银纹机理，终止裂纹形成；在充分冷拉形成的取向条件下，拉伸形变机制可从局部银纹变为均一的非银纹机制。通过热拉伸和冷拉伸的实验对比，Grancio 等[34] 发现 ABS 屈服应力、断裂应力随热拉伸温度增加而上升。透射电镜照片显示热拉伸后的橡胶颗粒形状规整，而冷拉伸后的橡胶颗粒变形大、表面粗糙。他们认为热拉伸样品没有形成局部应力集中，因此，应力-应变曲线有明显的屈服点特征。

3.3.7　不同粒径 SAN 接枝橡胶组合对 ABS 中橡胶相 T_g 的影响

德国 Bayer 公司的 L. Morbitzer 等[35] 通过研究不同粒径和接枝率的 PB 乳胶粒子和含 25%AN 的 SAN 共混体系，考察了 ABS 的力学行为。动态力学测试表明，小粒径、高接枝率胶粒（SPHG）体系中 PB 损耗模量峰值、T_g 随胶粒含量增加（12.5%→30%）呈上升趋势。研究将低胶含量下的低 T_g 现象归因于胶粒周围基体树脂模量的递增和两相热膨胀差异导致的热应力。大粒径、高接枝率胶粒（LPHG）试验结果与 SPHG 的相似。但是，在胶含量为 12.5%时，LPHG 共混物中 PB 损耗模量-温度图出现两个临近的 T_g，其中一个 T_g 与无接枝 PB 相近。他们认为此现象是接枝率分布引起的，即存在低接枝率胶粒，且在低胶含量时，其周边热应力超过了界面黏结力。大粒径、低接枝率胶粒（LPLG）试验结果表明，胶含量为 12.5%时，共混物中 PB 的 T_g

与无接枝PB相近，比胶含量为30%时的高。这说明确实发生了界面黏结破坏。将不同比例SPHG/LPLG组合与SAN共混构成含胶量12.5%的共混物，测试表明PB损耗模量-温度图出现两个临近的T_g，分别归属于SPHG和LPLG，且两个PB损耗模量峰值与SPHG/LPLG比例相关。这一现象表明，界面黏结破坏与橡胶总量有关，与低接枝率胶含量无关。另外，对小粒径不同接枝率胶粒（SPDG）进行的系列实验显示，接枝率升高，橡胶相T_g下降（如图3-15所示）。用1∶1的SPHG/LPLG组合与SAN共混构成不同胶含量的共混物，缺口冲击强度测试表明，单用SPHG的共混物冲击强度最低，SPHG/LPLG共混物冲击强度略高于单用LPLG的共混物，但在胶含量10%以上时，后两者都大幅度高于单用SPHG的共混物。随温度下降，LPLG共混物缺口冲击强度急剧下降，与SPHG共混物相近。SPHG/LPLG共混物低温（<0℃）缺口冲击强度最优，是SPHG、LPLG共混物的4～5倍。因此，他们认为，大粒径组分具有较低的诱发银纹应力；小粒径组分起增强剂作用，阻挡、改变银纹增长路径。

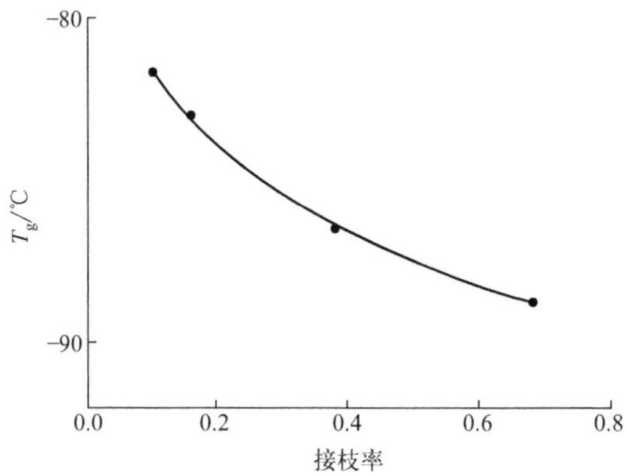

图3-15 橡胶总量17.5%时橡胶相T_g与接枝率的关系[35]

3.3.8 两种以上橡胶颗粒协同增韧效应

虽然Aubrey和Morbitzer的研究都涉及了双峰分布（即大小粒径或高低接枝率）胶粒对SAN增韧的协同作用，由于实验采用的双峰分布胶粒由乳液法或本体-悬浮法制得（胶种为NBR和PB），且粒径都小于1.0μm，导致不同胶粒差异有限。这种体系仅在低温条件下表现出明显的协同增韧效果，常温协同效果并不显著。因此，协同效应与基体树脂、胶粒特性关系仍不清晰。

Fowler等[36]采用丙烯酸酯-丁二烯-苯乙烯（MBS）共聚物（Acryloid KM-680，含胶80%，粒径0.18μm）和苯乙烯-丁二烯-苯乙烯（SBS）三嵌段共聚物（Kraton 1101，胶含量69%～71%），与含25%AN的SAN25共混。缺口冲击强度测试表明，SBS不能单独增韧SAN25，MBS稍好些。SBS与SAN25的黏结力差；MBS与SAN黏结力虽好，但粒径太小。另外，在总胶量为30%、40%、50%时，MBS和SBS协同作用显著，共混物抗冲击强度上升幅度明显，并有极大值出现，极大值位置随总胶量上升而向SBS/MBS比增加的方向移动。透射电镜照片显示，SBS分散后的尺寸在1～5μm，形态不规整。在随后的研究[37]中，进一步表明，单用50%SBS增韧SAN时，银纹化机制贡献约 40％的形变，其余为剪切屈服贡献；随 MBS 逐步替代 SBS，剪切屈服作用显著。研究表明，SBS 作为应力集中区诱发银纹时，与基体树脂的黏结力无关；而小粒径的 MBS 颗粒不仅能诱发剪切带形成，还能有效终止银纹扩展。

基于此经验，他们对 Dow 化学公司本体法 ABS、HIPS 也进行了协同效应研究[38-40]。如图 3-16 所示，将本体法 ABS500（含 13.5％PB，SAN 中含 23％AN，Izod 缺口冲击强度为 128J/m）与 MMA-*g*-1（含 78.0％PB 和 15.2％MMA 接枝层，平均粒径 0.119μm）共混，随 MMA-*g*-1 量增加至共混物中总橡胶含量达 23％时，共混物的 Izod 缺口冲击强度可达 684J/m；而且，－17.8℃低温下的 Izod 缺口冲击强度从 80J/m 上升至 438J/m[40]。

将本体法 ABS-X-1（含 8％PB，平均粒径 2.2μm）和 ABS-X-2（含 12％PB，平均粒径 0.85μm），分别与 MMA-*g*-3（含 75％PB 和 12％MMA 接枝层，平均粒径 0.119μm）共混，随 MMA-*g*-3 量增加至共混物中总橡胶含量达 13.5％时，共混物的 Izod 缺口冲击强度分别可达 342J/m 和 187J/m。显然，用小粒径的 MMA-*g*-3 增韧含大橡胶粒径的 ABS-X-1，效果更明显。

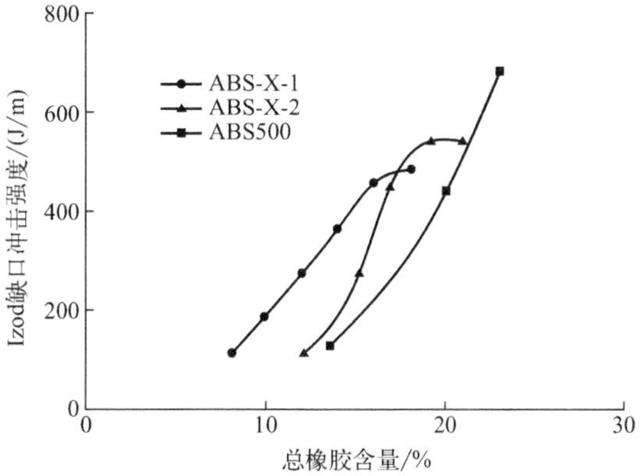

图 3-16　添加接枝 MMA 的橡胶颗粒对本体法 ABS Izod 缺口冲击强度的影响[38]

为证明小粒径橡胶颗粒的接枝层与基体树脂的黏结力的重要性，将本体法 ABS500 与 MMA/S-*g*（含 77.7％～82.7％PB 和约 20％MMA/S 接枝层，平均粒径 0.119μm）共混。图 3-17 表明，总橡胶含量为 23％时，随 MMA/S-*g* 中苯乙烯含量增加，共混物的低温和常温 Izod 缺口冲击强度明显下降[38]。

除了研究小粒径橡胶颗粒接枝层与基体树脂的黏结力之外，采用本体法 ABS500 与 MMA-*g*-4（橡胶相由 90％丁二烯、7％苯乙烯、3％丙烯腈组成，接枝层含游离 PMMA 和 17.3％～22.3％接枝 PMMA，平均粒径 0.181μm）共混，进一步研究了接枝层橡胶颗粒质量分数与缺口冲击强度关系。结果表明，随接枝层 PMMA 含量从 15.5％增至 50％（如图 3-18 所示），Izod 缺口冲击强度基本保持不变；大于 50％时，共混物冲击强度迅速下降。因此，过度增厚接枝层对协同增韧是有害的[38]。

另外，研究还表明，用大小胶粒共同增韧其他苯乙烯系聚合物［例如，苯乙烯-丙烯酸共聚物（SAA）、PS 和苯乙烯-马来酸酐共聚物（SMA）］时都有协同增韧效应[38，41]。表 3-8 表明，协同增韧效应与苯乙烯系聚合物的特性有关。增韧 SAN、SAA

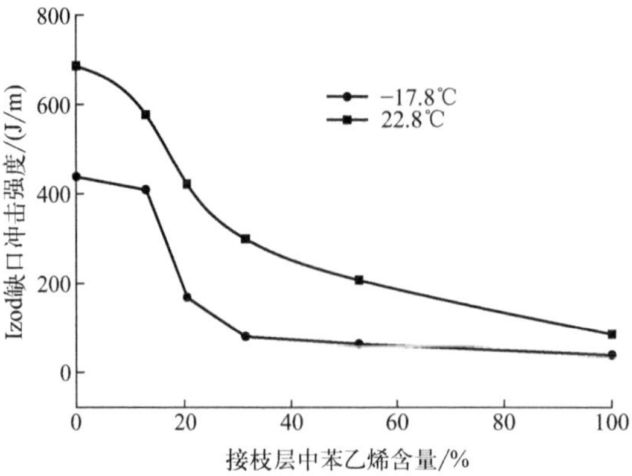

图 3-17　MMA/S-g 橡胶颗粒的接枝层中苯乙烯含量对 ABS500 冲击强度的影响（总橡胶含量 23%）

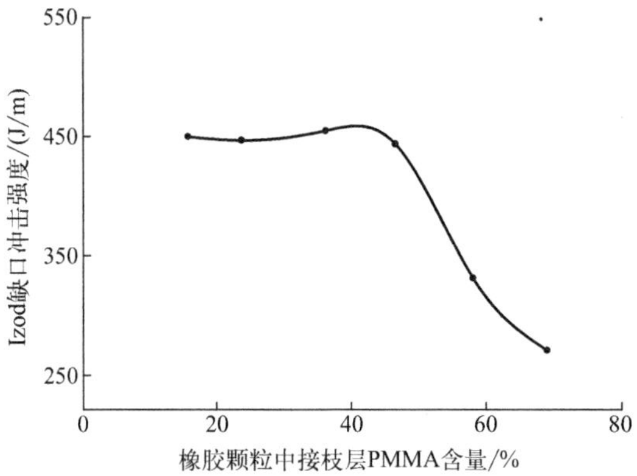

图 3-18　MMA-g-4 橡胶颗粒中接枝层 PMMA 含量对 ABS500 冲击强度的影响（总橡胶含量 20%）

和 SMA 时，小粒径胶粒接枝层必须与其具有较好的相容性；增韧 PS 时，大粒径胶粒接枝层必须与其具有较好的相容性。由此可见，添加 AN 或 AA 或 MA 作为共聚单体，改变了原有 PS 与小胶粒极性接枝层不相容的特性，且形成的共聚物基体本身力学特性也随之改变。

表 3-8　小粒径 MMA-g 胶粒增韧含大粒径胶粒的脆性基体聚合物的效果

大粒径胶粒来源	基体树脂	胶粒接枝层与基体树脂相容性		改进抗冲击性能的有效性
		大粒径	小粒径	
ABS-mass	SAN	是	是	优
SBS	SAN	不	是	良
HIPS	PS	是	不	良
SBS	PS	是	不	优
SBS	SAA	不	是	良
S-g	SAA	不	是	良
SBS	SMA	不	是	良

鉴于增韧 SAN 有明显的协同效应，Wu[42] 推测链缠结密度接近 0.09mmol/cm^3 的聚合物会有类似的协同效应。虽然 PS、PMMA 确有此种效应，但远比 SAN 的弱。Kim 等[14] 在比较了 SAN、SAN/PMMA、SMA 后，也得出了 SAN 体系协同效应强的结论，并认为这是 SAN 的 K_{IC} 大的缘故。

综上所述，制备工艺影响 SAN 组成和接枝于橡胶颗粒上的 SAN 组成，从而影响 SAN 性能。而 SAN 性能又决定了增韧 SAN 的最宜胶粒粒径及分布，同时也影响 ABS 形变行为中银纹化和屈服并存现象。大小胶粒协同效应使增韧 SAN 的途径得以拓宽。本体法 ABS 的光泽度、抗冲击强度和加工性能可运用这些特性加以平衡、调节。

3.4 聚合物共混和增韧理论

聚合物的混合物开发应用史已有 170 多年，合成材料商品化生产也有 150 多年历史[43]。聚合物共混是以物理或化学的方法，通过调节参与共混的两种或两种以上聚合物组分比例，制成综合性能优于单一组分的高分子材料。聚合物共混理论和方法经过多年发展之后，现已逐渐成为开发高性价比新塑料品种的重要研究方向。主要研究内容有：高性能树脂开发；多相混合物开发；反应性加工研究；共混材料形貌调控；塑料回收再利用技术。

ABS 树脂可以直接作为塑料制件的原料，也可以与其他聚合物或工程塑料共混后使用。无论以何种方式使用 ABS 树脂，都会涉及聚合物相容性或增韧机理问题。

3.4.1 相容性原理

Utracki[44] 曾将聚合物的混合物分成两类："不相容"的聚合物体系（即聚合物合金）和相容的聚合物体系（即聚合物共混物）。聚合物混合物的性能很大程度上取决于各组分的分散程度、相界面黏结力、各相形态特征等。相容性和分子互容是聚合物组分的两个重要特性。聚合物共混热力学原理是预测、描述和判别聚合物混合时相变行为和相容性的最基本原理。当单分散的均聚物 A 和 B 混合时，单位体积 Gibbs 自由能可表示为：

$$\Delta G_{\text{mix}}=B\phi_{\text{A}}\phi_{\text{B}}+RT\left[\frac{\rho_{\text{A}}\phi_{\text{A}}\ln\phi_{\text{A}}}{M_{\text{A}}}+\frac{\rho_{\text{B}}\phi_{\text{B}}\ln\phi_{\text{B}}}{M_{\text{B}}}\right] \tag{3-2}$$

式中，B 为二元体系相互作用能密度（或称相互作用能参数）；R 为气体常数；T 为热力学温度；ρ、ϕ、M 分别为聚合物组分的密度、体积分数和分子量。式（3-2）是 Hildebrand-Scatchard-van Laar 型混合热（右边第一项）和 Flory-Huggins 混合熵的结合。如果聚合物混合体系是互容的，那么 $\Delta G_{\text{mix}}<0$，$\partial^2(\Delta G_{\text{mix}})/\partial\phi_i^2>0$。对于具有亚稳态的聚合物混合体系，$(\Delta G_{\text{mix}})_T$ 与组成的关系曲线出现两个转折点，即 $\partial^2(\Delta G_{\text{mix}})/\partial\phi_i^2=0$，假设 B 与组成无关，则有

$$\partial^2(\Delta G_{\text{mix}})/\partial\phi_i^2=RT\left[\frac{\rho_{\text{A}}}{\phi_{\text{A}}M_{\text{A}}}+\frac{\rho_{\text{B}}}{\phi_{\text{B}}M_{B}}\right]-2B=0 \tag{3-3}$$

式（3-3）表明混合熵总是有助于两相混合，但随分子链的增长这一贡献自然消失，对于最常见的聚合物，几乎可以忽略混合熵。因此，互容性与相互作用能参数 B 密切

相关；放热作用有利于互容，而吸热作用导致不容。对式（3-3）再作一次微分，并使其为零，则得到临界值 $B_{critical}$：

$$B_{critical}=\frac{RT}{2}\left[\sqrt{\frac{\rho_A}{(\overline{M}_w)_A}}+\sqrt{\frac{\rho_B}{(\overline{M}_w)_B}}\right]^2 \tag{3-4}$$

式中，$\overline{M}_w$ 为重均分子量。对于互容体系，B 必定小于 $B_{critical}$。

Paul 等[45] 将聚合物的二元共混体系分为均聚物-均聚物、均聚物-共聚物、共聚物-共聚物，并根据上述二元共混模型，给出了聚合物共混相互作用能参数通用计算公式：

$$B=\sum_{i>j}^{Inter}B_{ij}\phi_i\phi_j-\sum_{i>j}^{Intra}B_{ij}\phi_i\phi_j \tag{3-5}$$

式中，i、j 分别表示聚合物 A 和 B 中的重复单元类别数，Inter 代表聚合物 A 和 B 分子间作用；Intra 代表聚合物 A 和 B 分子内作用；ϕ_i、ϕ_j 代表单体 i 和 j 接触频率。

（1）均聚物-均聚物

$$B=B_{12}$$

（2）均聚物-共聚物

有相同的重复单元

$$B=B_{12}\phi_2-B_{12}\phi_1\phi_2=B_{12}\phi_2^{\ 2} \tag{3-6}$$

无相同的重复单元

$$B=B_{13}\phi_1+B_{23}\phi_2-B_{12}\phi_1\phi_2=\phi_2^{\ 2}B_{12}+\phi_2(B_{23}-B_{12}-B_{13})+B_{13} \tag{3-7}$$

（3）共聚物-共聚物

有相同的重复单元

$$B=B_{12}(\phi_2^{\ 2}-\phi_2\phi_3)+B_{13}(\phi_3^{\ 2}-\phi_2\phi_3)+B_{23}\phi_2\phi_3 \tag{3-8}$$

无相同的重复单元

$$B=B_{13}\phi_1\phi_3+B_{14}\phi_1\phi_4+B_{23}\phi_2\phi_3+B_{24}\phi_2\phi_4-B_{12}\phi_1\phi_2-B_{34}\phi_3\phi_4 \tag{3-9}$$

相同的重复单元和配比不同

$$B=B_{12}(\phi'_2-\phi''_2)^2=2\rho RT/M \tag{3-10}$$

式（3-10）中 ϕ'_2、ϕ''_2 表示相同组分、配比不同的两种共聚物中第二组分所占体积分数。

图 3-19 是依据式（3-8）预测的共聚物-共聚物二元共混作用模型。虽然聚合物混合相变行为主要由分子作用决定，但分子量、共聚物组成、共混比例、温度和压力等因素对其也有影响。表 3-9 给出了 SAN 与部分共聚物混合的互容性类别[45]。

表 3-9　SAN 与部分共聚物混合的互容性类别[45]

互容性类别	共混体系
B	苯乙烯-丙烯腈共聚物/甲基丙烯酸甲酯-甲基丙烯酸叔丁酯共聚物
C	苯乙烯-丙烯腈共聚物/苯乙烯-依康酸酐共聚物
D	α-甲基苯乙烯-丙烯腈共聚物/苯乙烯-丙烯腈共聚物和苯乙烯-顺丁烯二酸酐共聚物
E	苯乙烯-顺丁烯二酸酐共聚物/甲基丙烯酸甲酯-丙烯酸乙酯共聚物

续表

互容性类别	共混体系
F	苯乙烯-丙烯腈共聚物/四甲基双酚 A-双酚 A 共聚碳酸酯
G	苯乙烯-丙烯腈共聚物/甲基丙烯酸甲酯-甲基丙烯酸苯酯共聚物
G	苯乙烯-丙烯腈共聚物和苯乙烯-顺丁烯二酸酐共聚物/甲基丙烯酸甲酯-*N*-三溴苯基马来酰亚胺共聚物
H	苯乙烯-丙烯腈共聚物/甲基丙烯酸甲酯-甲基丙烯酸环己酯共聚物
H	苯乙烯-丙烯腈共聚物/甲基丙烯酸甲酯-*N*-苯基马来酰亚胺共聚物
J	苯乙烯-顺丁烯二酸酐共聚物/α-甲基苯乙烯-丙烯腈共聚物
J	苯乙烯-丙烯腈共聚物/苯乙烯-顺丁烯二酸酐共聚物
L	苯乙烯-丙烯腈共聚物/苯乙烯-*N*-苯基衣康酰亚胺共聚物和丙烯腈-*N*-苯基衣康酰亚胺共聚物

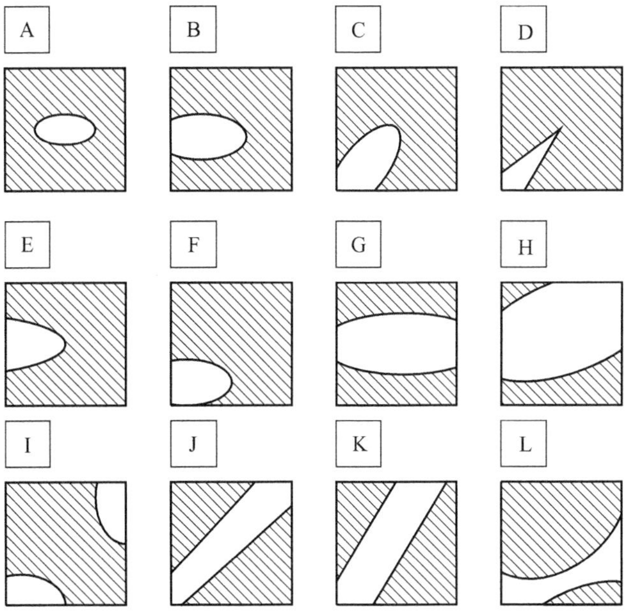

图 3-19　共聚物-共聚物二元共混作用模型（每个图表示共聚物组成对组成的关系图，阴影部分为不相容区，空白部分为相容区）

聚合物的混合状态可以用很多方法判别。目测透明度是比较实用的评判方法，但当两聚合物的折射率十分相近时就不适用了。一般而言，折射率相差 0.01 以上才可以用光学法评判，显微镜和光散射技术可提供定量分析结果。玻璃化转变温度也是判断相容性的重要手段。

B_{ij} 不仅能借助上述分析手段获得，也可以用溶度参数进行计算，即

$$B_{ij}=C_{ii}-2C_{ij}+C_{jj} \tag{3-11}$$

C_{ii} 和 C_{jj} 是均聚物的内聚能密度，C_{ij} 是 i 和 j 交叉作用能。溶度参数可表示为

$$\delta_i=\sqrt{C_{ii}} \tag{3-12}$$

$$C_{ij}=\sqrt{C_{ii}C_{jj}} \quad (3\text{-}13)$$

所以

$$B_{ij}=(\delta_i-\delta_j)^2 \quad (3\text{-}14)$$

因式（3-13）的缘故，所以，用式（3-14）计算相互作用能参数 B_{ij} 时最大的限制是不能预测放热相互作用。而前述的二元作用模型没有这样的问题。因此，式（3-14）仅能用于吸热型二元相互作用能参数的粗略估算。表 3-10 列出了有关二元体系的相互作用能参数[45]。

表 3-10　二元体系相互作用能参数[45]

体系	B_{ij}/（cal/cm^3）	温度/℃
苯乙烯-丙烯腈	6.80	170
	7.02	120
	8.14	30
	6.74	25
苯乙烯-顺丁烯二酸酐	10.7	170
	10.6	180
苯乙烯-甲基丙烯酸甲酯	0.26	202
	0.22	170
	0.23	120
	0.18	30
苯乙烯-聚碳酸酯	0.37	180
	0.49	140
	0.43	50
苯乙烯-聚苯醚	−0.52	140
苯乙烯-四甲基双酚 A 聚碳酸酯	−0.14	180
	0.19	30
苯乙烯-氯乙烯	0.27	100
丙烯腈-顺丁烯二酸酐	−0.31	170
	−0.38	30
丙烯腈-丙烯酸正丁酯	6.63	120
丙烯腈-丙烯酸叔丁酯	6.42	130
丙烯腈-丙烯酸乙酯	5.01	120
丙烯腈-甲基丙烯酸苯酯	4.47	130
丙烯腈-氯乙烯	4.24	130

3.4.2 增韧机理

虽然用天然橡胶改性 PS 的本体和溶液沉淀技术雏形于 1925 年就已出现[46]，但较为令人信服的、定性的橡胶增韧作用理论解释却出现在 20 世纪 50 年代至 60 年代间。之前，橡胶以力学阻尼方式吸收冲击能的观点较为人们所接受。该观点的缺陷在于不能解释应力发白和应变大的形变。

1956 年，Merz 等针对 HIPS（用丁苯胶制备）被拉伸时横截面基本无收缩和密度下降 8%的情况，注意到了材料内部产生空穴现象，认为拉伸时材料出现应力发白现象是材料内部产生的空穴对光的散射所引起的。另外，他们提出了应变时材料内部产生许多很细微裂纹的概念，以及第一种增韧理论（微裂纹理论），即部分橡胶颗粒横跨裂纹之上，阻止了裂纹迅速发展；形变过程中，橡胶颗粒消耗了能量，从而提高了材料的韧性。据此，假设橡胶颗粒处于裂纹增长方向的正面，那么，被吸收的冲击能等于基体树脂断裂能和橡胶颗粒破碎所需做功的总和。但是，Newman 等[47] 估算后认为，橡胶颗粒在拉伸中吸收的能量很少，约占总吸收能的 1/10。显然，基体树脂的作用在微裂纹理论中未被充分重视。该理论不足之处还在于不能解释增韧 PVC 的断裂行为。

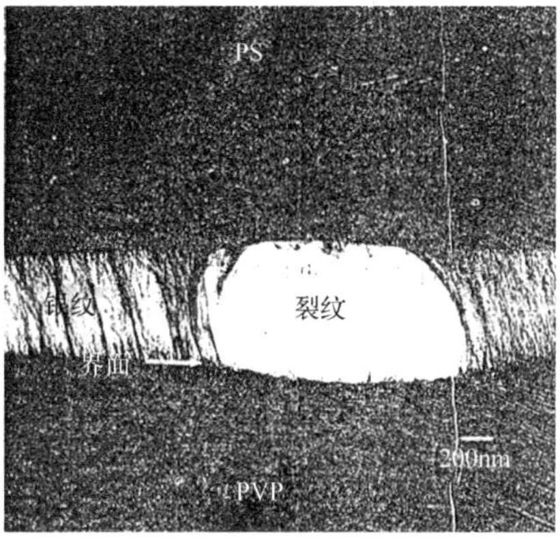

图 3-20　PVP/PS 合金的裂纹、银纹、界面透射电镜照片[50]

早在 1949 年 Sauer 等就对银纹和裂纹进行了研究，提出了银纹在整个样品截面的扩展使 PS 能够承受一定负荷的观点。X 射线衍射结果使他们得出了银纹由取向聚合物和散布其间的空穴组成的结论。1961 年，根据去除负荷后样品银纹衍射特征未变现象，Bessonov 等得出了相同结论。1960 年，Schmitt 等将橡胶颗粒视作应力集中点，认为这些点会产生银纹，银纹增长需消耗较多能量，同时，银纹应力场相互干扰而减弱了银纹增长的前沿应力，从而导致银纹终止。由此他还认为，应力发白是银纹引起的而不是裂纹所致。1962 年，Spurr 等[48] 用光学显微镜和电镜观察到了银纹中含有取向的聚合物，提出了银纹诱发、增长、终止的演化机理，并指出通过加热或溶剂熏蒸方式可以消除银纹。同年，Kambour[49] 进一步指出，玻璃态聚合物形变过程中，银纹化先于断裂而发生。他也观测到了银纹愈合现象，实验计算得出 PC 的银纹中含有 50%～60%聚合物。图 3-20 是聚（2-乙烯吡啶）（PVP）/PS 合金的裂纹、银纹、界面透射电镜照片。

银纹是材料受力后发生非均匀塑性形变的一种产物。银纹具有以下特点[51]：

（1）长×宽可达 100μm×10μm；

（2）长轴与应力方向垂直；

（3）既不是裂纹，也不是空穴。内部含无定形、取向的微纤，直径为 5～50nm[52, 53]，两端与基体相连，微纤与应力平行，与银纹长轴垂直；

（4）通过加热或溶剂熏蒸方式可以消除银纹。

由于基体、微纤、空气折射率不同以及银纹本身的尺寸大于可见光的波长（0.4～1.1μm），因而，银纹能产生光散射，并导致应力发白现象[51]。

在对微裂纹理论和银纹理解的基础上，Bucknall 和 Smith 于 1965 年提出了多重银纹化理论[54]。多重银纹化理论进一步地阐明，橡胶颗粒既引发银纹又控制银纹的增长。

如图 3-21 所示，在应力作用下，银纹于最大主应力点上产生，主应力点集中于橡胶颗粒的赤道区域；银纹沿最大主应力平面增长。当银纹尖端的应力降低至银纹增长所需的临界水平以下或遇一个大的橡胶颗粒和其他障碍物时，银纹增长终止。

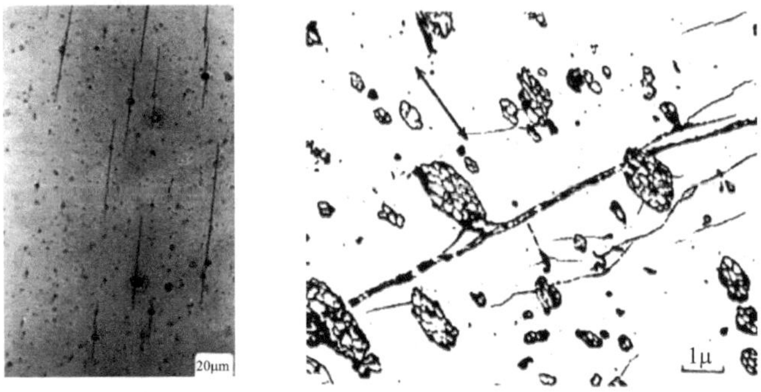

(a) 光学显微镜照片[55]　(b) 电镜照片，图中箭头代表外加应力方向[56]

图 3-21　HIPS 中银纹照片

多重银纹化理论能成功地解释 PS 和 HIPS 的抗冲和拉伸性能[57]，包括应力发白、密度下降和无侧面收缩的伸长。橡胶含量和颗粒尺寸、界面黏结力和温度等因素对材料性能的影响也可借该理论来说明。但是，它不能解释 ABS 和增韧 PVC 拉伸屈服后出现的细颈现象，也不能解释 PVC 为基体的材料中细颈化伸长后无应力发白现象。

Newman 等[47] 在研究 ABS 和 PVC 拉伸形变时，提出了屈服膨胀理论。他们认为，在橡胶颗粒周围的基体树脂相中存在流体静拉伸应力，其使基体树脂相的自由体积增大，从而降低了它的玻璃化转变温度，使它能发生塑性流动。形成这种应力的原因有：一是热收缩差，橡胶热膨胀系数比基体树脂大，材料成型后由高温冷却至室温时，橡胶颗粒收缩比基体树脂大，故形成应力；二是力学效应，橡胶泊松比大，横向收缩大；基体树脂泊松比较小，横向收缩较小，故可形成这种应力。

根据屈服膨胀理论（剪切屈服理论），Bragaw 推导出计算流体静拉伸应力的公式。依据 ABS 和 SAN 的屈服强度等参数，他计算发现通过该理论得到的体积膨胀只相当于升温 12℃所产生的体积膨胀。而在室温下，要使玻璃化转变温度约为 90℃的 SAN 出现屈服，那么该理论所预计的体积膨胀太小了。再者，如用刚性颗粒或空气泡替代橡胶颗粒，则该理论预计的结果是橡胶颗粒增韧效果不及前两者。显然，这与事实不符。另外，该理论不能解释橡胶颗粒增韧基体树脂时出现的应力发白、密度变化、无明显细颈化伸长等现象。

剪切屈服-银纹化理论（剪切带-银纹化理论）是以多重银纹化理论和剪切屈服理论为基础而形成的。在材料形变过程中，银纹化和剪切屈服是并存的两种能量耗散方式。材料和条件不同，两种方式的贡献不同。HIPS 在常温下受力形变以银纹化耗散能量为主，剪切屈服的贡献较少；在高温下，也能出现细颈化现象。ABS 在常温下受力形变时银纹化和剪切屈服同时出现，所以，既出现应力发白又细颈化。

剪切屈服-银纹化理论不仅考虑了材料形变时的两种能量耗散途径，而且，如图 3-22 所示，银纹还具有相互终止、诱发和终止剪切带功能，剪切带具有终止银纹的功能。所以，该理论既考虑了橡胶颗粒的作用，又注意到了基体树脂的影响。

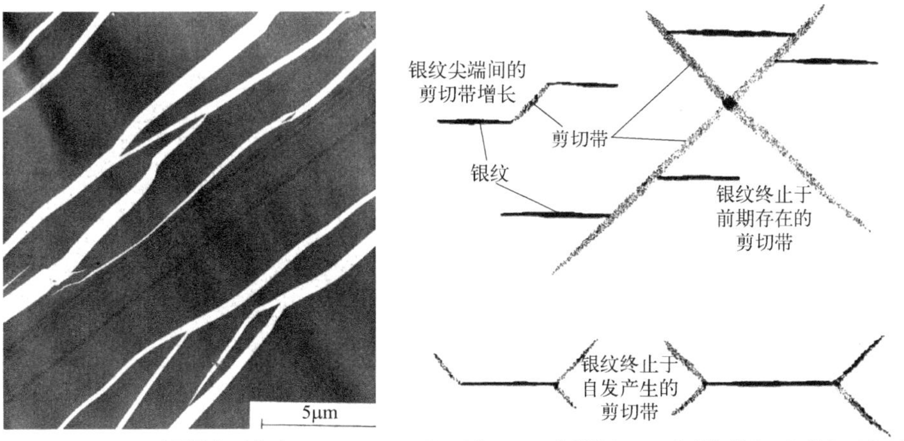

(a) PPO中银纹相互终止　(b) PC和PMMA中银纹(crazes)和剪切带(bands)的相互作用

图 3-22　银纹的相互终止、诱发和终止剪切带功能[58]

正如 Wu[59] 指出的，聚合物及其共混物的脆性-塑性（银纹-屈服）行为与外在和内在的因素有关。外在因素有速率、温度、应力状态、缺口和样品几何形状。内在因素包括相形态和链结构。Wellinghoff 和 Baer[60] 依据玻璃态聚合物变形时的能量耗散机制，将玻璃态聚合物分为两类：一类为乙烯基聚合物，倾向于银纹化；另一类为主链含芳基聚合物，倾向于屈服。Wu[42] 撇开聚合物链的具体构成，直接将聚合物分为：脆性和准塑性。使用“准”字是为了强调材料的银纹/屈服（脆性/塑性）行为与非本征的变量（如材料的测试条件）有关。脆性聚合物以银纹化为其损伤方式，其裂纹引发能量低（即无缺口韧度低），裂纹增长能量也低（即缺口韧度低）。准塑性聚合物以屈服为其破损方式，其裂纹引发能量高（即无缺口韧度高）而裂缝增长能量低（即缺口韧度低）。兼有银纹和屈服特征的聚合物损伤方式介于上述两者之间。增韧上述两类聚合物的目的就是依各自特有的损伤方式，用橡胶分散相促进能量耗散，提高材料的韧性。银纹和屈服是橡胶增韧玻璃态聚合物（基体树脂）的两个关键要素[61]。

为揭示相形态、链结构与增韧的关系，Wu 定义了两个微观结构参数作为基体树脂的本征变量，一个是链缠结密度 ν_e；另一个是链特征比 C_∞[59]。表达式分别为：

$$\nu_e = \rho_a / M_e \tag{3-15}$$

$$C_\infty = \lim_{n_v \to \infty} [\langle R_0^2 \rangle / n_v \langle l_0^2 \rangle] \tag{3-16}$$

两者的关系式为：

$$\nu_e = \rho_a / (3 M_v C_\infty^{\ 2}) \tag{3-17}$$

式中，ρ_a 是无定形聚合物密度；M_e 是分子链上两邻近缠结点间的分子量；$\langle R_0^{\ 2} \rangle$ 是无扰链均方末端距；$\langle l_0^{\ 2} \rangle$是统计链节均方长度；$n_v$ 是一个分子链上的统计链节数；M_v 是统计链段的分子量。

图 3-23 显示，纯基体树脂的银纹应力 $\lg\sigma_z$ 与 $\lg\nu_e$ 成正比。图 3-24 显示，纯基体树脂的归一化屈服应力 $\{\sigma_y\} = \sigma_y / [\delta^2 (T_g - T)]$，其与 C_∞ 成正比。σ_y 是屈服应力，δ^2 是内聚能密度，T_g 是聚合物玻璃化转变温度，T 是测试温度。显然，σ_z 与温度相关性低而忽略了温度对其影响；$\{\sigma_y\}$ 与温度密切相关。

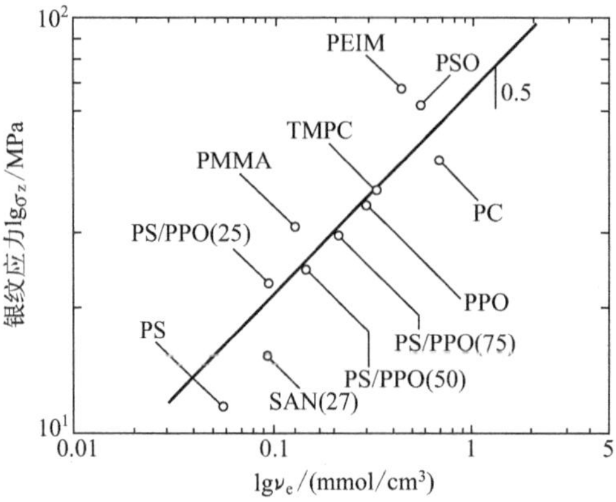

图 3-23　基体树脂的 σ_z 与 ν_e 关系

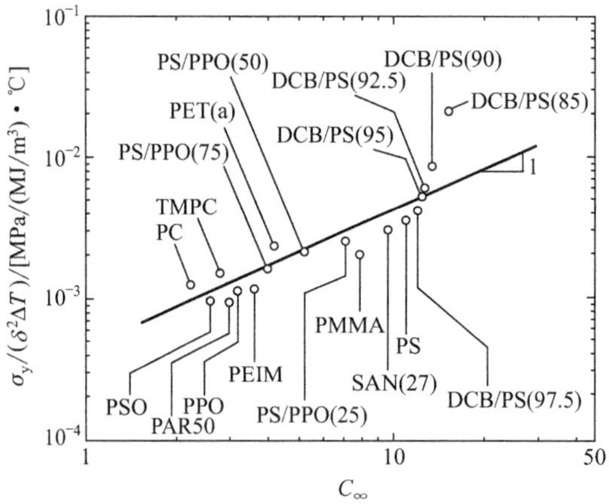

图 3-24　基体树脂的 σ_y/［$\delta^2\Delta T$］与 C_∞ 关系

基于上述关系，Wu 给出了控制银纹-屈服行为的分子判据：

$$\sigma_z/\{\sigma_y\}\propto\nu_e^{1/2}/C_\infty \tag{3-18}$$

根据 ν_e 与 C_∞ 的关系，重新整理式（3-18）为：

$$\sigma_z/\{\sigma_y\}\propto(3M_v/\rho_a)^{1/2}\nu_e \tag{3-19}$$

$$\sigma_z/\{\sigma_y\}\propto[\rho_a/(3M_v)]^{1/2}C_\infty^{-2} \tag{3-20}$$

式（3-19）和式（3-20）中，对许多聚合物而言，$(3M_v/\rho_a)^{1/2}$ 是常数。因此，$\sigma_z/\{\sigma_y\}$ 可以表示成与 ν_e 或 C_∞ 有关。上式表明，银纹与屈服机理间的竞争决定了聚合物的脆性-塑性行为。当银纹应力低于屈服应力，聚合物倾向于银纹化；当屈服应力低于银纹应力，聚合物倾向于屈服。当聚合物有低 ν_e 和大 C_∞ 值时，$\sigma_z/\{\sigma_y\}$ 比值低，因而聚合物倾向于银纹化；反之，当聚合物有大 ν_e 和低 C_∞ 值时，$\sigma_z/\{\sigma_y\}$ 比值高，聚合物则倾向于屈服。

表 3-11 列出了一些聚合物的 C_∞ 和 ν_e。表中脆性和准塑性聚合物间用一虚线分开了。在脆性区间，以 ν_e 值增加方式排序；在准塑性区间，以 C_∞ 值递减方式排序。聚合物的本征塑性随 C_∞ 降低而增加。对无规行走链而言，$C_\infty=1$；对四面体价键构成的

自由旋转链，$C_\infty=2$。

表 3-11　一些无定形聚合物的链参数[42,59]

聚合物	$\rho_a/(g/cm^3)$	M_e	C_∞	$\nu_e/(mmol/cm^3)$
PnHMA	1.00	34000	11.2	0.0294
PtBMA	1.02	28100	12.0	0.0363
PEBMA	1.04	22100	9.1	0.0471
PS	1.05	18700	10.8	0.0561
PαMS	1.07	12800	10.1	0.0836
PnBMA	1.05	12200	8.0	0.0860
SAN25	1.08	11600	10.6	0.0931
PVAc	1.19	11400	9.4	0.104
PMA	1.11	9070	8.3	0.122
PMMA	1.17	9200	8.2	0.127
PEMA	1.12	8550	7.7	0.131
PVC	1.40	5560	7.6	0.252
POM	1.25	2540	7.5	0.492
POE	1.12	2200	6.9	0.509
PE	0.85	1390	6.8	0.613
FEP	2.00	6220	6.3	0.321
N6	1.08	2480	6.2	0.435
N66	1.07	1990	6.1	0.537
PVF2	1.74	2400	5.9	0.725
APA	1.26	2040	5.4	0.617
PET	1.33	1630	4.2	0.815
PHO	1.18	1900	3.7	0.621
PEIM	1.27	2900	3.6	0.436
PAI	1.21	2480	3.4	0.491
PPO	1.07	3620	3.2	0.295
PAR50	1.21	1920	3.1	0.630
TMPC	1.20	3620	2.8	0.331
PC	1.20	1790	2.4	0.672
PSO	1.24	2260	2.2	0.548

根据以上分析，Wu 认为，基体聚合物（基体树脂）的链参数既控制聚合物/橡胶共混物的本征韧性，又决定了橡胶颗粒的适宜形态。为此，Wu 借 ν_e 和 C_∞ 的不同组合，将聚合物共混物分为三类。

① 脆性基体树脂构成的共混物：$\nu_e<0.15\ mmol/cm^3$，$C_\infty>7.5$。典型的聚合物有 PS、SAN25 和 PMMA。从本征脆性而言，PS 最大，SAN25 次之，PMMA 最小。三种纯聚合物的形变都受银纹化开裂机理控制。然而，共混物中，分散的橡胶颗粒能促

进和/或改变基体树脂的开裂机理。分散的橡胶颗粒在PS中诱发多重银纹，在SAN中同时诱发银纹和屈服，在PMMA中却由银纹化开裂变成剪切屈服开裂。添加同体积的橡胶颗粒，增韧SAN的冲击强度最高。因此，$\nu_e \leqq 0.1\ \text{mmol/cm}^3$ 的脆性聚合物可以制成超韧共混物。

图3-25是Keskkula等[27]用MBS增韧SAN的实验结果，Wu根据该结果确定了 ν_e 与SAN组成的关系式：

$$\lg\nu_e = w_S \lg(0.056) + w_{AN}\lg(0.37) \tag{3-21}$$

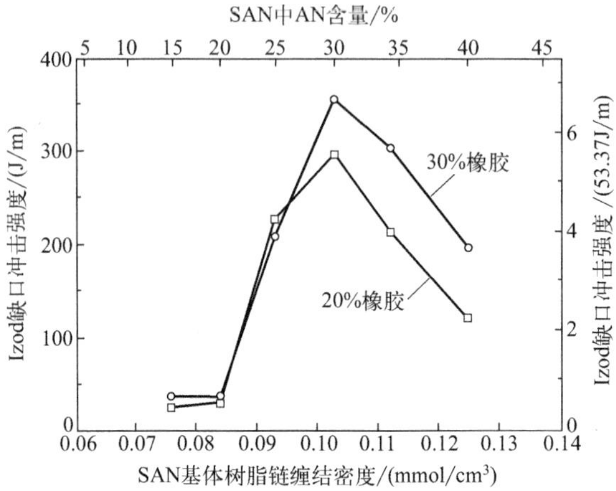

图3-25 韧性与SAN的 ν_e 和AN含量的关系

图3-26表明小颗粒的橡胶分散相能有效引发屈服；大颗粒有利于引发银纹。针对此三种聚合物共混，Wu用数学方法将最佳橡胶粒径（d_0）与 ν_e 进行了关联，表达式为：

$$\lg d_0 = 1.19 - 14.1\nu_e \tag{3-22}$$

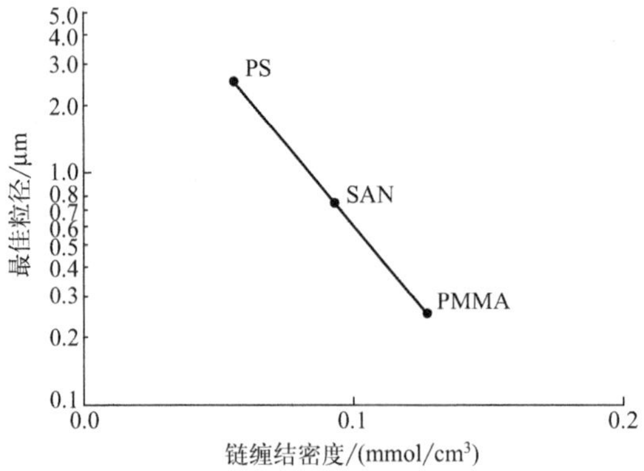

图3-26 基体树脂链缠结密度与橡胶最佳粒径的关系[62]

② 准塑性基体树脂构成的共混物：$\nu_e > 0.15\ \text{mmol/cm}^3$，$C_\infty < 7.5$。典型的聚合物有N66、PET和PC。从本征塑性而言，PC最大，PET次之，N66最小。所有准塑性纯聚合物及其共混物的形变都受屈服开裂机理控制。

在增韧聚酰胺研究过程中，Wu发现临界橡胶颗粒大小（d_c）随橡胶含量而变，进一步地研究还发现，临界基体树脂韧带厚度 τ_c 与橡胶体积分数无关，但与应力状态、速率、温度有关。由此，他给出了 d_c 和 τ_c 的关系式：

$$d_c=\tau_c/[\pi/(6\phi_r)^{1/3}-1] \tag{3-23}$$

式中，ϕ_r 是橡胶体积分数；τ_c 为临界基体树脂韧带厚度，μm。图 3-27 表明，τ_c 与基体树脂的本征塑性参数 C_∞ 相关，以最小二乘法线性回归得如下表达式：

$$\lg\tau_c=0.74-0.22C_\infty \tag{3-24}$$

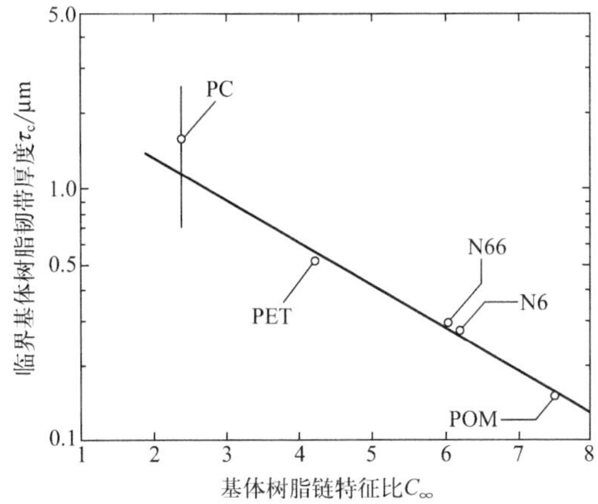

图 3-27　准塑性基体树脂脆-韧转变点的 τ_c 与 C_∞ 的关系

针对上述准塑性基体树脂存在临界基体树脂韧带厚度 τ_c 的现象，Wu 借逾渗理论（即形态连通度概念）成功地解释了脆-韧转变。逾渗理论的要点是：当系统的成分或某种意义上的密度变化达到一临界值（称为逾渗阈值）时，系统的相互关联性会出现陡然的变化，且满足一定的标度或相似关系[63]。增韧机理与橡胶颗粒的空穴化有关，这种空穴化可以释放膨胀应力，因而使得薄基体树脂韧带（$\tau<\tau_c$）易于发生局部屈服。当薄基体韧带相互连通而形成弥散网络时，屈服过程易于扩展且可弥散于整个变形区域。当这种现象发生时，共混物将呈韧性。Wu 用“应力体积”逾渗模型对聚酰胺/橡胶共混物脆-韧转变进行了计算处理，证明了该系统符合两个标度关系：应力体积的阈值是常数；在临近脆-韧转变点，材料韧性服从近阈值临界标度关系。Wu 进一步地指出，其逾渗模型很好地预期了增韧准塑性基体树脂时用单分散橡胶颗粒比多分散的有效；不对称（大长宽比）橡胶颗粒，如棒状、带状、小板状、蛛丝状和网状，比球状更有效；形成孤立的橡胶颗粒集群絮结物是有害的，但部分呈相互连通的网状絮结物是有益的，因为其降低了阈值。

针对 Wu 提出的临界基体树脂韧带厚度概念，Bucknall 等进行了深入讨论，并在聚酰胺/橡胶体系研究中提出了新的见解，建立了与橡胶颗粒大小有关的模型，指出了 Wu 提出的模型在某些情况下不完全适用。因该模型未考虑橡胶含量变化、温度、应变速率等因素[64]。

③ 介于脆性和准塑性间基体树脂构成的共混物：$\nu_e\cong0.15\ \mathrm{mmol/cm^3}$，$C_\infty\cong7.5$。当增韧所用的橡胶相形成互穿网络或使用核壳结构橡胶颗粒时，这类共混物具有超韧性。这种互穿的橡胶网络引入了一种除基体树脂银纹化和屈服之外的“橡胶带”能量耗

散机制。表 3-12 是根据 ν_e 递增和 C_∞ 递减排列的聚合物及其共混物脆-韧转变特性表。脆性基体树脂的 $\nu_e \leqq 0.1\ \mathrm{mmol/cm^3}$、准塑性基体树脂的 $\tau < \tau_c$ 和中间型基体树脂满足上述条件时，它们的共混物都具有超韧特性[59]。

表 3-12　聚合物及其共混物脆-韧转变特性[59]

聚合物	ν_e /（$\mathrm{mmol/cm^3}$）	C_∞	聚合物类型	纯聚合物形变机理	橡胶形貌参数
PS	0.06	10.8	↑脆性↓	银纹	↑橡胶最佳粒径 d_0↓
SAN30	0.10	9.3	↑中间型↓	↑	
PMMA	0.13	8.2			
PVC	0.25	7.6	↑		↑
N66	0.54	6.1			
PET	0.82	4.2	准塑性		脆-韧转变 d_c 和 τ_c
PC	0.67	2.0			
极限塑性			↓	↓屈服	↓

3.5　分析和表征

分析和表征技术对聚合物或塑料制品质量控制和性能研究至关重要。表 3-13 列出了 ABS 树脂生产厂常用分析、表征仪器[65]。表 3-14 列出了聚合物性能测试标准[66]。聚合物的分析与表征包括物理性能、流变性能、力学性能、光学性能、燃烧性能、电性能、热性能、环境适应性能等。

表 3-13　ABS 树脂生产厂常用分析、表征仪器

仪器	型号	制造商
核磁共振仪	AVANXCE DRX 400Hz	瑞士 Bruker 公司
凝胶渗透色谱仪	LC-10A	日本岛津公司
红外光谱仪	Spectrum 100 FT-IR	PerkinElmer
气相色谱仪	GC 6890	美国安捷伦公司
粒度分析仪	Multisizer 3	美国 Beckman Coulter 公司
热变形试验机	GT-HV2000-G6	高铁检测仪器有限公司
熔融指数测试仪	GT-7100-MIB	高铁检测仪器有限公司
电子万能试验机	Zwick 2010	德国 Zwick-Roell 集团
摆锤冲击试验机	IT 503	美国 Tinius Olsen 公司
门尼黏度测试仪	SMV-300	日本岛津公司

表 3-14　聚合物性能测试标准

性能	主要项目	ASTM	ISO
物理性能	密度	D792，D1505	1183
	吸水率	D570	62
流变性能	熔体流动速率	D1238	1133
	毛细管流变	D3835	11443
	毛细管流变-螺杆	D5422	
	溶液黏度	D2857	1628 1-5
力学性能	拉伸	D638	527 1-4
	压缩	D695	604
	弯曲	D790	178
	简支梁冲击	D6110	179
	Izod 缺口冲击	D256	180
热性能	热变形温度	D648	75 1-2
	306	维卡软化温度	D1525
	DSC	D5417	11357 1-3
	动态力学分析	D5279，D4065，D5023，D5418，D5024，D5026，D4440，D4092	6721 1-10
光学性能	浊度	D1003	14782
	透明度	D1003	13648 1-2
	色度	D2244，D6290，D7729	
电性能	介电强度	D149	IEC 243-1
	介电常数	D150	IEC 250
	体积/表面电阻	D257	IEC 93
燃烧性能	可燃性	D635，D560，D3801，D3814，D1929，E176，UL94	871，1210
	极限氧指数	D2863	4589
环境适应性能	耐化学性能	D543	175，4600，6252，4599
	热老化性能	D5510	2578
	耐候性能	D1435，D4364，G26，D5071，D4674，G152，G153，D6360	4607，877，4665，4892，11507，4892
	生物降解	D5209，D5210，D5247，D5271，D5272，D5338，D5509，D5511，D5512，D5525，D5526，D5988，D6003	14851，14852，14853，14855，15985

3.5.1　红外分析

傅里叶红外光谱是确定聚合物组成的最为普通、有用的分析方法之一。它还常被用来做杂质鉴定、化学组成表征和各向异性表征。红外光谱波谱区通常为 2～50μm，7～15μm 能用于区分异构体。聚丁二烯中的 1,4-顺式结构可用红外和 Raman（拉曼）光谱确定，965cm^{-1} 对应的是1,4-反式结构，740cm^{-1} 是高顺聚丁二烯中的1,4-顺式结构，725cm^{-1} 是低顺聚丁二烯中的1,4-顺式结构，911cm^{-1} 是聚丁二烯中的1,2-结构[67]。与其他分析手段相结合，红外分析可以测出ABS树脂中的橡胶含量等信息。另外，2238cm^{-1} 的氰基（—CN）振动可以用来测定聚合物中丙烯腈含量[68,69]。

拉曼光谱是对红外光谱的补充。当分析对象是填充聚合物或复合物且其含有氧化硅、黏土和其他类似的无机填料，以及聚合物片段，尤其是热固性聚合物或无需样品制备的橡胶产品时，拉曼光谱更有用。就C═C键强度和含硫聚合物中硫醇测定而言，拉曼光谱优于红外光谱。

3.5.2 元素分析

元素分析是化合物组成分析的重要手段。测定出ABS树脂中接枝橡胶颗粒上的丙烯腈含量和基体树脂SAN中丙烯腈含量对研究其橡胶相组成、关联组成与性能参数、优化工艺等具有指导意义。

测定聚合物中丙烯腈含量 w_{AN} 的方法有红外光谱法[68]、裂解气相色谱法[70]、凯氏定氮法[71]和元素分析仪法[72,73]。从分析精密度和准确度而言，凯氏定氮法和元素分析仪法有优势；而从分析快捷性和全面性而言，元素分析仪法有优势[74]。

结合必要的分离手段，采用元素分析仪法，可测定ABS原样、接枝SAN和基体树脂中的氮含量，然后，分析计算SAN表观接枝率、橡胶含量、接枝SAN橡胶含量等参数[75]。

元素分析仪法基本原理是，经过预处理和分离，一个ABS样品被分成三个待测样：干燥后的ABS原样、接枝SAN橡胶、基体树脂，并可计算出接枝SAN橡胶的质量分数 w_{GR} 和基体树脂的质量分数 $w_{基}=1-w_{GR}$。

然后，分别用元素分析仪测定三个待测样中的 w_{AN}。为计算方便起见，将ABS中的AN质量分数表示为 $w_{AN\text{-}ABS}$，接枝SAN橡胶中的AN质量分数表示为 $w_{AN\text{-}GR}$，基体树脂中的AN质量分数表示为 $w_{AN\text{-}基}$。根据元素分析仪测得的基体树脂中氮含量 $w_{N\text{-}基}$、ABS中氮含量 $w_{N\text{-}ABS}$、接枝SAN橡胶中氮含量 $w_{N\text{-}GR}$，计算出对应的 $w_{AN\text{-}基}$、$w_{AN\text{-}ABS}$、$w_{AN\text{-}GR}$。据此，再计算出接枝SAN橡胶中SAN含量 $w'_{SAN\text{-}GR}$、接枝SAN橡胶的质量分数计算值 w'_{GR}、ABS中橡胶用量 w'_{R}、ABS中的氮含量计算值 $w'_{N\text{-}ABS}$ 和橡胶的SAN表观接枝率 g'_{SAN}（每克橡胶接枝SAN的量）。具体计算式如下：

$$w'_{SAN\text{-}GR}=\frac{w_{AN\text{-}GR}}{w_{AN\text{-}基}}=\frac{w_{N\text{-}GR}}{w_{N\text{-}基}} \tag{3-25}$$

$$w'_{R}=1-\frac{w_{AN\text{-}ABS}}{w_{AN\text{-}基}}=1-\frac{w_{N\text{-}ABS}}{w_{N\text{-}基}} \tag{3-26}$$

$$w'_{GR}=(1-\frac{w_{AN\text{-}ABS}}{w_{AN\text{-}基}})/(1-\frac{w_{AN\text{-}GR}}{w_{AN\text{-}基}})=(1-\frac{w_{N\text{-}ABS}}{w_{N\text{-}基}})/(1-\frac{w_{N\text{-}GR}}{w_{N\text{-}基}})=\frac{w_{N\text{-}基}-w_{N\text{-}ABS}}{w_{N\text{-}基}-w_{N\text{-}GR}} \tag{3-27}$$

$$w'_{N\text{-}ABS}=w_{GR}w_{N\text{-}GR}+w_{基}\,w_{N\text{-}基}=w_{GR}w_{N\text{-}GR}+(1-w_{GR})w_{N\text{-}基} \tag{3-28}$$

$$g'_{SAN}=\frac{w_{SAN\text{-}GR}}{1-w_{SAN\text{-}GR}}=\frac{w_{N\text{-}GR}/w_{N\text{-}基}}{1-w_{N\text{-}GR}/w_{N\text{-}基}}=\frac{w_{N\text{-}GR}}{w_{N\text{-}基}-w_{N\text{-}GR}} \tag{3-29}$$

运用上述方法，测出的橡胶含量 w'_R 高于红外光谱分析结果，可能是因为 ABS 树脂生产工艺使用了丁苯橡胶。

3.5.3 力学性能分析

力学性能测试是采用标准方法（如 ISO、ASTM、GB 或其它国家标准组织的方法）对一定形状固体聚合物进行的测试。被测试样品制作可以是注塑成型、压延成型、挤塑板或模压板铣削成型。为有效比较材料性能，样品制备要在类似或相同条件下进行。

3.5.4 热性能分析

热分析技术是测试材料物理性能与温度关系的技术。表 3-15 列出了最常用的热分析技术。

表 3-15 通用热分析技术[66]

技术	缩写	所测性能（从属变量）
热重分析	TG	质量 m
微分热重分析	DTG	$\mathrm{d}m/\mathrm{d}t$
差热分析	DTA	$\mathrm{d}T/\mathrm{d}t$
示差扫描量热分析	DSC	$\mathrm{d}H/\mathrm{d}t$
热机械分析	TMA	L，$\mathrm{d}L/\mathrm{d}T$
热膨胀分析	TDA	V，$\mathrm{d}V/\mathrm{d}T$
动态力学分析	DMA	$G^*(\omega)$

用 TG 失重曲线或将其与 FTIR 或与裂解-GC-MS 技术一起使用，既可确定聚合物类型，又可识别和定量分析添加剂，如炭填料、矿物填料、增塑剂、抗氧剂、稳定剂、UV 吸收剂、成核剂和润滑剂。

DSC 分析可用于确定聚合物熔点、玻璃化转变温度和结晶相结晶度等。TMA 分析是测量恒定加热速率下聚合物部件尺寸变化的方法，也可测量一级转变(T_m）和次级转变(T_g)，以及材料的线性热膨胀系数。DMA 是在施加周期应力条件下测量与材料黏弹性相关的应变，其分析结果与温度、湿度、振动频率、动态或静态应变幅度等参数有关。这种方法可探测 α-转变（一级或玻璃化转变）、β-转变（侧链运动）和γ-转变（主链链节曲柄旋转或单键扭曲运动），其灵敏度高，可用于黏弹系统时温等效的研究。

3.5.5 光学性能分析

透明度、光泽、颜色、折射率和光反射是衡量塑料外观质量的关键参数。在工程应用中，这些光学参数常被用于评估材料在外力作用下性能变化。

最广泛使用的塑料颜色测试方法是基于 CIE（国标照明委员会）标准体系建立的三色值方法。根据光亮度和色调描述色彩的通用色彩标度是 L-a-b 三色体系。L 值量度范围是纯白为 100，纯黑为 0；a 值量度范围是红色为正，绿色为负；b 值量度范围是黄色为正，蓝色为负。ASTM D1729 规定了视觉评估颜色的步骤和观测条件等。ASTM D2244 描述了仪器评估颜色的技术。

3.5.6 形态分析

聚合物及其共混物形态分析对研究形态与性能关系有着重要的作用。尤其是它对共混物——橡胶增韧塑料机理研究至关重要。直接观察共混物形态的方法主要有两种：一是光学显微镜；二是电子显微镜。

光学显微镜的特点是简便易行。相差显微镜和偏光显微镜常用来观察有折射率差异的两相结构和结晶聚合物。它们的样品制备方法有切片法、热压压片法、溶液浇注制薄膜法。

电子显微镜分辨率远高于光学显微镜，可分为扫描电镜（SEM）和透射电镜（TEM）。常用的制样方法有染色法、刻蚀法、低温脆断法等。

表 3-16 比较了上述三种显微技术的特点。虽然光学显微镜仅用于较大尺度形态结构的分析，但是其在橡胶增韧塑料的机理研究中却发挥过重要的作用[48]。

表 3-16 各显微分析法的技术特点[76]

技术特点	光学显微镜	SEM	TEM
放大倍数	1～500	$10\sim10^5$	$10^2\sim5\times10^6$
分辨率/nm	500～1000	5～10	0.1～0.2
维数	2～3	3	2
景深/μm	约 1	10～100	约 1
观察尺度范围/μm	$10^3\sim10^5$	$1\sim10^4$	0.1～100
样品	固体或液体	固体	固体

参考文献

[1] Pavelich W A. A Path to ABS Thermoplastics// High Performance Polymers: Their Origin and Development. New York: Elsevier Science Publishing Co., Inc., 1986.

[2] Calvert W C. Polymerization of Acrylonitrile-Alpha Methyl Styrene Mixtures onto Polybutadiene and Products Produced Thereby: US 2908661. 1959-10-13.

[3] Calvert W C. Polymerization of Acrylonitrile-Styrene Mixtures in the Presence of Polybutadiene: US 3238275. 1966-03-01.

[4] Frazer W J. Structure-to-Properties Relationships of ABS Polymers. Chemistry and Industry, 1966, 33: 1399.

[5] Baer M. Graft Copolymers and Polymer Blends Containing Same: US 3073798. 1963-01-15.

[6] Arends C B. Polymer Toughening. New York: Marcel Dekker, Inc., 1996.

[7] Amos J L. The SPE International Award Address-1973 the Development of Impact Polystyrene-a Review. Polymer Engineering and Science, 1974, 14(1): 1.

[8] Boyer R F. Anecdotal History of Styrene and Polystyrene. J. Macromol. Sci-Chem, 1981, A15(7): 1411.

[9] Maul J, Frushour B G, Kontoff J R. Polystyrene and Styrene Copolymers// Ulmann's Encyclopedia of Industrial Chemistry. Online: John Wiley & Sons, Inc., 2007: 1-49.

[10] Basdekis C H. ABS Plastics. New York: Reinhold Publishing Corporation, 1964.

[11] Meister B J, Cummings C J. Commercial Processes for the Manufacture of Polystyrene//Modern Styrenic Polymers: Polystyrene and Styrenic Copolymers. England: John Wiley and Sons Ltd. ,2003:45-72.

[12] Molau G E. Heterogeneous Polymer Systems. Ⅲ. Phase Separation in Styrene-Acrylonitrile Copolymers. Polymer Letters, 1965, 3: 1007.

[13] Schmitt B J. Untersuchungen zur Thermodynamik und Konformation von Makromolekulen in Polymermischungen in der Nahe von Entmischungspunkten Durch Neutronenbeugung. Makromol. Chem. , 1980, 181: 1655.

[14] Kim H, Keskkula H, Paul D R. The Role of Inherent Ductility in Rubber Toughening of Brittle Polymers. Polymer, 1991, 32(13): 2372.

[15] Min K E, Paul D R. Blends of Poly(vinyl methyl ether) with Styrenic Copolymers. J. Polym. Sci. : Part B: Polym. Phys. , 1988, 26(11): 2257.

[16] Cowie J M G, Ferguson R, Mcewen I J. Miscibility in Terpolymer-Copolymer Blends. Polymer, 1994, 35(7): 1473.

[17] Aoki Y. Miscibility of Poly(Acrylonitrile-*co*-Styrene) with Poly[Styrene-*co*-(Maleic Anhydride)]and Poly[Styrene-co-(N-Phenylmaleimide)]. Macromolecules, 1988, 21(5): 1277.

[18] Cowie J M G, Elexpuru E M, Mcewen I J. Observation of Restricted Miscibility in Binary Blends of Poly(Styrene-stat-Acrylonitrile) and Poly(a-Methyl Styrene-Stat-Acrylonitrile). Polymer, 1992, 33(9): 1993.

[19] Tacx J C J F, Roolant H, Francken R T G. Phase Behaviour of Ternary System Styrene-Maleic Anhydride (SMA) and Two Styrene-Acrylonitrile(SAN) Copolymers Having Different Compositions. Polymer, 2002, 43(3): 737.

[20] Mark J E. Polymer Data Handbook. New York: Oxford University Press, Inc. ,1999.

[21] Wu M M. Acrylonitrile and Acrylonitrile Polymers// Encyclopedia of Polymer Science and Technology. Online: John Wiley & Sons,2001.

[22] Kausch H H. Crazing in Polymers. Berlin: Springer-Verlag,1983.

[23] Kim H, Keskkula H, Paul D R. Toughening of SAN Copolymers by an SAN Emulsion Grafted Rubber. Polymer, 1990, 31(5): 869.

[24] Fletcher K, Haward R N, Mann J. Rubber Reinforced Polystyrene and Copolymers. Chemistry and Industry, 1965, 45(6): 1854.

[25] Dobry A, Boyer-Kawenoki F. Phase Separation in Polymer Solution. J. Polymer Sci. , 1947, 2: 90.

[26] Daly L E. Blends of Butadiene-Acrylonitrile Rubbery Copolymers Having a Toluene-Insoluble "B" Gel Content of from 30 to 50% and Hard Resinous Styrene-Acrylonitrile Copolymers: US 2550139. 1951-04-24.

[27] Keskkula H, Kim H, Paul D R. Impact Modification of Styrene-Acrylonitrile Copolymers by Methyl Methacrylate Grafted Rubbers. Polymer Engineering and Science, 1990, 30(21): 1373.

[28] Kim H, Keskkula H, Paul D R. Effect of Acrylonitrile Content on the Toughness of ABS Materials. Polymer, 1991, 32(8): 1447.

[29] Ricco T, Pavan A, Danusso F. Dynamic Transition of Grafted Polybutadiene in ABS Resins. Polymer, 1975, 16: 685.

[30] Aoki Y. Dynamic Viscoelastic Properties of ABS Polymers in the Molten State. 5. Effect of Grafting Degree. Macromolecules, 1987, 20(9): 2208.

[31] Aubrey N E. ABS Graft Polyblends Containing Two Graft Polymers Having Different Particles Sizes: US 3509237. 1970-04-28.

[32] Aubrey N E, Hadley S, Jastrzebski M B. ABS Graft Polyblends Containing Two Graft Polymers with Different Degree of Grafting: US, 3509238. 1970-04-28.

[33] Grancio M R. Cold Rolled ABS. Part 1: The Effect of Rubber Particle Size on the Tensile Properties of ABS Before and after Cold Rolling. Polymer Engineering and Science, 1972, 12(3): 213.

[34] Grancio M R, Bibeau A A, Claver G C. Cold Rolled ABS. Part 2: Rubber Morphology and Tensile Properties of Hot Stretched and Cold Rolled ABS. Polymer Engineering and Science, 1972, 12(6): 450.

[35] Morbitzer L, Kranz D, Humme G. Structure and Properties of ABS Polymers. X. Influence of Particle Size and Graft Structure on Loss Modulus Temperature Dependence and Deformation Behavior. Journal of Applied Polymer Science, 1976, 20: 2691.

[36] Fowler M E, Keskkula H, Paul D R. Synergistic Toughening in Rubber Modified Blends. Polymer, 1987, 28: 1703.

[37] Fowler M E, Keskkula H, Paul D R. Mechanical Behavior of Dual-Rubber-Modified SAN. Journal of Applied Polymer Science, 1988, 35: 1563.

[38] Keskkula H, Paul D R, Mccreedy K M. Methyl Methacrylate Grafted Rubbers as Impact Modifiers for Styrenic Polymers. Polymer, 1987, 28, 2063.

[39] Keskkula H, Maass D A, Mccreedy K M. Acrylate-Grafted Elastomers as Polymer Modifiers: US 4366289. 1982-12-28.

[40] Keskkula H, Maass D A, Mccreedy K M. Blends of Grafted Acrylate Polymers and Mass-Made ABS-Type Resins: US, 4460744. 1984-07-17.

[41] Wang R, Wang W. Synergistic Effect of Dual Rubber System in Toughening Styrene Maleic Anhydride Copolymers. Journal of Applied Polymer Science, 2003, 90(6): 2260.

[42] Wu S. Chain Structure, Phase Morphology, and Toughness Relationships in Polymers and Blends. Polymer Engineering and Science, 1990, 30(13): 753.

[43] Utracki L A. History of Commercial Polymer Alloys and Blends(from a Perspective of the Patent Literature). Polymer Engineering and Science, 1995, 35(1): 2.

[44] Utracki L A. Polymer Alloys and Blends. New York: Hanser,1989.

[45] Paul D R, Bucknall C B. Polymer Blends Volume Ⅰ: Formulation. New York: John Wiley&Sons,2000.

[46] Ostromislensky I. Process for Manufacturing Plastic Compositions and Products Obtained Thereby: US 1613673. 1927-01-11.

[47] Newman S, Strella S. Stress-Strain Behavior of Rubber-Reinforced Glassy Polymers. J. Appl. Polym. Sci., 1965, 9: 2297.

[48] Spurr O K, Niegisch W D. Stress Crazing of Some Amorphous Thermoplastics. J. Appl. Polym. Sci., 1962, 6(23): 585.

[49] Kambour R P. Optical Properties and Structure of Crazes in Transparent Glassy Polymers. Nature, 1962, 195: 1299.

[50] Washiyama J, Kramer E J, Hui C Y. Fracture Mechanism of Polymer Interface Reinforced with Block Copolymers: Transition from Chain Pullout to Crazing. Macromolecules, 1993, 26(11).

[51] Elias H G. An Introduction to Polymer Science. Weinheim: VCH Verlagsgesellschaft mbH,1997.

[52] Kramer E J. Craze Fibril Formation and Breakdown. Polymer Engineering and Science, 1984, 24(10): 761.

[53] 吴培熙，张留城. 聚合物共混改性原理及工艺. 北京：化学工业出版社，1984.

[54] Bucknalll C B, Smith R R. Stress-Whitening in High-Impact Polystyrenes. Polymer, 1965, 6: 437.

[55] Donald A M, Kramer E J. Craze Initiation and Growth in High-Impact Polystyrene. J. Appl. Polym. Sci., 1982, 27: 3729.

[56] Matsuo M. Fine Structure and Fracture Processes in Plastic/Rubber Two-Phase Polymer Systems. Ⅱ. Observation of Crazing Behaviors Under the Electron Microscope. Polymer Engineering and Science, 1969, 9(3): 206.

[57] 孙载坚. 塑料增韧. 北京：化学工业出版社，1982.

[58] Kambour R P. A Review of Crazing and Fracture in Thermoplastics. J. Polymer Sci.: Macromolecular Reviews, 1973, 7: 1.

[59] Wu S. Control of Intrinsic Brittleness and Toughness of Polymers and Blends by Chemical Structure: a Review. Polymer International, 1992, 29(3): 229.

[60] Wellinghoff S T, Baer E. Microstructure and its Relationship to Deformation Processes in Amorphous Polymer Glasses. J. Appl. Polym. Sci., 1978, 22.

[61] Kramer E J. In Polymer Compatibility and Incompatibility: Principles and Practice. New York: MMI Press, Harwood Acad. Publ. ,1982.

[62] Dharmarajan N, Datta S. Toughening Styrene Maleic Anhydride Copolymers with Functionalized Ethylene Propylene Rubbers. Polymer, 1992, 33(18).

[63] 王国全. 聚合物共混改性原理与应用. 北京：中国轻工业出版社，2007.

[64] Bucknall C B, Paul D R. Notched Impact Behavior of Polymer Blends: Part 1: New Model for Particle Size Dependence. Polymer, 2009, 50: 5539.

[65] 沈俊，汤志强，张源. 橡胶结构对 ABS 性能的影响. 高桥石化，2010，25(5)：9.

[66] Furches B J. Plastics Testing: in Kirk-Othmer Encyclopedia of Chemical Technology. Online: John Wiley & Sons, Inc. ,2004:1-36.

[67] Kerns M, Henning S, Rachita M. Butadiene Polymers: in Encyclopedia of Polymer Science and Technology. Online: John Wiley & Sons, Inc. ,2002:317-356.

[68] 陈国良. 丙烯腈改性聚丙烯中丙烯腈含量的测定. 现代仪器，2006,(2)：55.

[69] 林英武，汪勇先. 氰基红外光谱的计算机模拟. 计算机与应用化学，2007，24(2)：182.

[70] 杨修堃，贝娅蕴，丁红. 裂解色谱法定量测定丙烯腈—丁二烯—苯乙烯三元共聚物组成. 高分子材料，1989，(2)：9.

[71] 谭曜，王群威. 应用全自动定氮仪测定 ABS 树脂氮含量. 检验检疫学刊，2009，19(2)：39.

[72] 刘杰，王平华. PAN 基 ACF 的结构表征——XPS 与元素分析. 新型炭材料，1999，14(1)：48.

[73] 张晨，杜中杰，励杭泉. 丙烯腈/丙烯酸丁酯浓乳液快速聚合的竞聚率. 高分子材料科学与工程，2004，20(2)：97.

[74] 江伟，李心清，蒋倩，等. 凯氏蒸馏法和元素分析仪法测定沉积物中全氮含量的异同及其意义. 地球化学，2006，35(3)：319.

[75] 王坚，白瑜，王荣伟，等. 元素分析仪法测定本体法 ABS 的组成. 合成树脂及塑料，2010，27(4)：50.

[76] 吴培熙，张留城. 聚合物共混改性. 北京：中国轻工业出版社，1996.

第 4 章 相容剂在 ABS 改性中的应用

4.1 引言

改善聚合物间的相容性是实现聚合物改性的重要手段，主要有三种方式：利用聚合物链上官能团间的相互作用、添加相容剂和构建互穿聚合物网络。

相容剂的主要作用有：降低两种聚合物之间的界面张力；增加界面层的厚度；减小分散相粒径并稳定分散相和连续相结构，从而提高混合物的力学性能。因此，如何选择相容剂是制备高附加值聚合物混合物的关键。

相容剂一般为有机高分子类，有两种类型：一种是分子链上无反应基团的非反应型相容剂，其分子链中有两种结构单元，分别与两种聚合物相容，以增强聚合物界面黏结力；另一种是分子链上有反应性基团的反应型相容剂，其分子链中至少有两种结构单元，其中一个结构单元含反应基团，能与含反应基团的聚合物反应而生成化学键，另一个结构单元则与参与共混的聚合物相容，通过化学和物理的协同作用强化聚合物界面的结合力。

4.2 非反应型相容剂的应用

非反应型相容剂主要是靠分子间力或者氢键与共混组分作用，提高组分间的相容性。这类相容剂以嵌段和接枝共聚物为主，在多数情况下遵循“相似相容”原理。而对于一些彼此不相容的均聚物，在制成相应的无规共聚物后，在一定共聚组成范围内这些共聚物可以相容。它们的作用模型如图 4-1 所示。

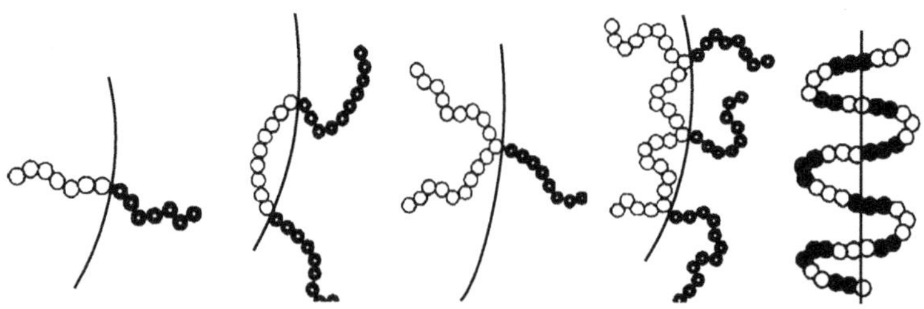

图 4-1　非反应型相容剂的作用模型

从组成来看，分为三种：AB 型相容剂是由单体 A、B 经接枝或共聚而成，A（B）链段与 A（B）单体聚合物具有良好的相容性。AC（ABC）型相容剂是由单体 A、C（A、B、C）经接枝或共聚而成，适用于 A 和 B 单体聚合物组成的混合体系，链段 C 可与 B 相容。CD 型属于新型相容剂，链段 C、D 可分别与 A 和 B 单体聚合物相容，适用于 A 和 B 单体不易共聚的场合。一些非反应型相容剂应用实例见表 4-1。

表 4-1　一些非反应型相容剂应用实例

相容剂种类	共混体系	相容剂
A/B/A-B 嵌段型	PS/PE（或 PP）	HPB-*b*-PS；HPB-*b*-PI-*b*-PS；SBS；SEBS
	PS/PA6	PS-*b*-PA6
	PS/PBT（或 PPO）	PS-*b*-PET；PS-*b*-PBT
A/B/A-C 嵌段型	ABS/PE	HPB-*b*-PMMA
	SAN/SBS	PS-*b*-PMMA ；PB-*b*-PMMA
	PS/PVC	PCL-*b*-PS；PMMA-*b*-PS
	SBS/PVC	PS-*b*-PMMA
	PS/PET	PS-*b*-PCL
	PS/PC	PS-*b*-PCL
	SAN/SBR	BR-*b*-PMMA
	SEBS/PVC	HPB-*b*-PMMA
A/B/C-D 嵌段型	SAN/PPO	PS-*b*-PMMA
A/B/A-B 接枝型	PS/PBT	PBT-*g*-PS
	PS/PA6	PS-*g*-PA6
	PS/PE	PS-*g*-PE

4.2.1　嵌段型相容剂

嵌段型相容剂分子结构中一般都有与共混物组分相同的结构单元，因而在界面处分别进入两相中，起到“固定作用”，其增容作用可以被形象地描述为“加强杆作用”。当三嵌段共聚物作为相容剂加入均聚物共混体系中时，其分子链两端的嵌段与中间的嵌段会分别处于界面两侧各自相应的均聚物相中，形成一种所谓“发夹”的增容作用（见图 4-1）。李光宪[1] 等对嵌段增容聚合物共混体系的作用机理进行了详细和形象的阐述，认为共聚物增容作用与下列条件相关：① 链段结构相同；② 溶度参数之差小于 0.1 $(cal/cm^3)^{1/2}$；③ 极性相近原则；④ 具有能够相互作用的官能团；⑤ 表面张力要小；⑥ 黏度相近。一种性能良好的相容剂，必须同时与参与共混的两种聚合物相容，才能起到增容作用。当加入一定量的嵌段共聚物时，就可明显改善共混体系的形态和结构，从而提高其物理机械性能，使之成为具有较高实用价值的聚合物合金材料。

Tasdemir 等[2] 采用扫描电镜研究了苯乙烯-丁二烯-苯乙烯嵌段共聚物（SBS）增容 PC/ABS 共混体系样品的断面形态，如图 4-2 所示，随着 SBS 的加入，分散相尺寸明显减小，界面形态得到了改善。

随着界面形态的改善，PC/ABS 合金的断裂伸长率以及 Izod 缺口冲击强度明显增加（见表 4-2 中的力学性能结果）。但拉伸强度、屈服应力、弹性模量有所降低，这是由于 SBS 的弹性性质降低了合金刚性。

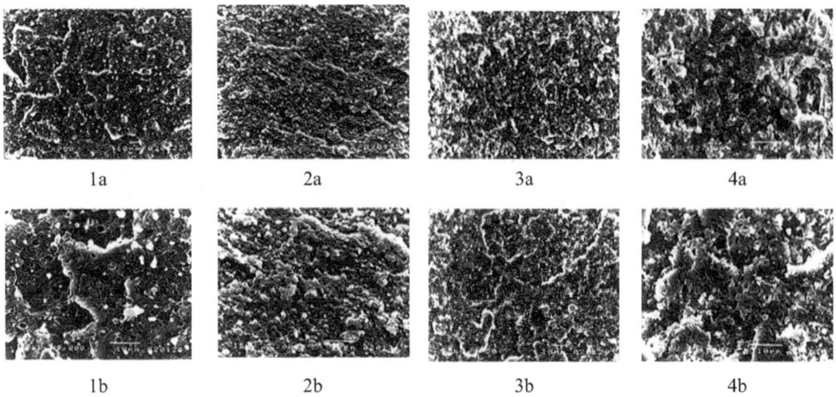

图 4-2 PC/ABS/SBS 合金断面形貌

a：750 倍；b：2000 倍

表 4-2 不同 SBS 含量的 PC/ABS/SBS 合金力学性能

力学性能	1#	2#	3#	4#
弹性模量/MPa	756.78	762.20	670.56	631.55
屈服应力/MPa	54.33	46.68	44.20	41.40
拉伸强度/MPa	66.31	54.98	53.17	50.00
断裂伸长率/%	40.32	40.49	46.92	52.28
邵氏硬度	74.81	74.00	72.33	68.50
Izod 缺口冲击强度/（kJ/m^2）	11.50	13.05	15.80	18.23

注：1#～4# 组分中，SBS 含量依次为 0、1%、5%、10%。

上海交通大学发表的专利中指出[3]：采用了不含双键的氢化丁二烯和苯乙烯嵌段共聚物或氢化异戊二烯和苯乙烯双嵌段共聚物来改善体系的相容性。制备的改性 PC/SAN 合金具有良好的力学性能、加工性能以及耐候性。与普通 PC/ABS 合金相比，其缺口冲击强度和断裂伸长率分别提高 50%（接近 1000 J/m）和 300%（达到 120%左右）。

嵌段型相容剂的分子量对共混体系的界面张力会产生有益的影响。加入少量相容剂后，共混体系界面张力显著降低；继续增加相容剂用量，共混体系界面张力进入平稳区。在平稳区，当相容剂含量不变时，随着相容剂分子量的增加，共混体系界面张力降低，但是界面张力的降低不是随着其分子量呈单调变化的，而是会出现一个最大值。Vilgis 等[4] 用临界胶束浓度（CMC）的概念对此进行了解释，当相容剂用量超过 CMC 时，其倾向于在均聚物本体中集结形成胶束，而不是继续分散于相界面上，反而不利于其相容性。

Thomas 等[5] 借助 PS-*b*-PMMA 双嵌段共聚物增容 PS/PMMA 体系，研究了聚合物增容体系在相界面的形态。图 4-3（a）表示相容剂嵌段部分充分延伸至聚合物组分中；图 4-3（b）表示相容剂几乎停留在相界面，致使相界面厚度增加；而实际情况与图 4-3（c）中情形较为相似。

实验结果证实，类似体系中，当嵌段型相容剂的分子量超过 15000 时，其分子链因相互缠绕而难以充分浸入均聚物中。可以预见，相界面厚度的增加，将必然导致界面张

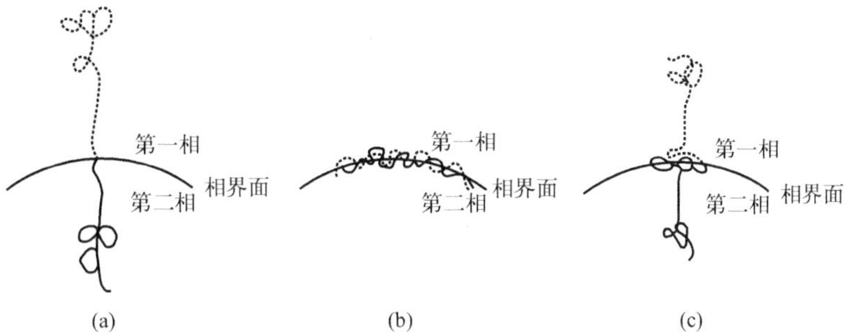

图 4-3 嵌段型相容剂在相界面形态分布的物理模型

力的减小，进而提升不同组分间的相容性。李春刚等[6,7]从相态结构和动力学行为方面对 PS-*b*-PMMA 增容 PVC/SBS 共混体系的增容效果进行了系统研究。也认为，当 PS-*b*-PMMA 中聚苯乙烯嵌段的分子量相当时，聚甲基丙烯酸甲酯嵌段的分子量较小的相容剂，具有更高的增容效率。对于多嵌段共聚物，当嵌段共聚物中的嵌段分子量低于缠结分子量时有增容作用，高于缠结分子量时嵌段共聚物将不能移动到界面，起不到增容作用，所以二嵌段、三嵌段共聚物增容效果好。而在组成和总分子量相同的情况下，三嵌段共聚物的 CMC 比二嵌段共聚物的高，也就是说，三嵌段共聚物不易形成胶束。从这个意义上讲，三嵌段共聚物的增容作用比二嵌段共聚物强[8]。

界面张力的降低不但与相容剂的分子结构有关，而且与相容剂的浓度密切相关。李春刚等[6,7]借助扫描电镜讨论了相容剂的含量对 PVC/SBS 共混体系相态结构的影响。结果显示，随着共混体系中相容剂含量的增加，共混体系冲击断面的形态由典型的脆性断裂特征逐渐转变为典型的韧性断裂特征。不含相容剂的共混体系，冲击断面平滑。橡胶粒子脱出后留下的孔洞规则而且表面光滑，粒径在 3～5μm，呈明显的脆性断裂特征；共混体系中加入 1%的 PS-*b*-PMMA 作为增容剂，冲击断面即出现应力白化现象；当相容剂的含量增加到 2%时，共混体系冲击断面上应力白化带的厚度显著增加，基体和分散相在外力作用下因相互撕扯造成原纤化，橡胶粒子的尺寸减小到 1～2μm，相界变得模糊不清，呈现典型的韧性断裂特征；继续增大相容剂的用量，共混体系冲击断面的形貌不再有大的变化。可见，随着相容剂含量的增加，共混体系冲击断面上应力白化带从无到有，说明随着相容剂含量的增加，一方面使分散相获得了更微细、更均匀的分散；另一方面，应力在连续相和分散相之间得到了有效的传递，这两方面因素共同作用的结果是应力场得到有效的重叠，基体形变范围扩大，从而吸收大量的冲击能量。本质上是积聚在相界面上的相容剂分子的增加，导致 PVC 和 SBS 界面张力降低。一旦相界面上的相容剂分子达到饱和，继续增加增容剂的用量，多余的增容剂分子将相互聚集形成胶束，界面作用不再增加。

4.2.2 接枝型相容剂

与嵌段型相容剂类似，在聚合物共混体系中，加入适当、适量的接枝型相容剂，可有效地改善两组分之间的相容性，降低界面张力，增强界面黏结力，从而提高共混材料的物理及力学性能。如在 PC/ABS 体系中，采用 PC-*g*-AS 为相容剂可大幅度提高共混体系的冲击强度和耐热性能。

虽然理论上讲，接枝型相容剂的增容效果不如嵌段型相容剂，但是，其合成相对容易。因此，接枝型相容剂应用更为方便，其作用模型可见图 4-1。关于接枝型相容剂的作用机理，研究者们[9-11]在具有简单分子链结构的梳型共聚物的基础上，进行了系统研究。他们认为，接枝型相容剂分子基本都分布于相界面上，通过将各自的主链和支链扩展到对应的均聚物相中而达到增容效果。如果保持 A-*g*-B 共聚物的分子量、组成及其在共混体系中的含量一定，支链越多，A-*g*-B 共聚物的增容效果越差，因为短的支链难以向其相应的均聚物相中贯穿。对此，Israels 等[12]用临界成膜浓度（CMeC）的概念进行了解释：如果接枝共聚物中支链过多，那么当它在共混体系中的含量超过 CMeC 时，则倾向于在均聚物本体相中形成“隔膜”，而不利于体系性能的进一步提高。

刘波等[13]用 SEM 研究了 PS/PA6 共混体系在不同相容剂含量下的形态结构的变化。如图 4-4 所示，加入相容剂 PS-*g*-PA6 可有效地减小分散相 PA6 的粒径。没加入相容剂的 PS/PA6 共混体系，分散相的粒径大约为 4.9μm；而加入 0.5%PS-*g*-PA6 后，共混体系的分散相粒径可减小至 1.8μm；当 PS-*g*-PA6 的用量达到 3.0%时，分散相 PA6 的粒径减小至 0.5μm；继续增加 PS-*g*-PA6 的用量，分散相的粒径将不再变化。对于 PS/PA6（90/10）共混体系，只需要加入 1.5%的 PS-*g*-PA6，分散相粒径从没有添加相容剂的 2.5μm 减小至 0.3μm。对于 PS/PA6（70/30）共混体系，加入 4.5%的 PS-*g*-PA6，分散相粒径即可从没有添加相容剂的 5.4μm 减小至 1.23μm。可见无论母体 PS 和分散相 PA6 的比例如何，只需少量的 PS-*g*-PA6 就可大幅减小分散相 PA6 的粒径。

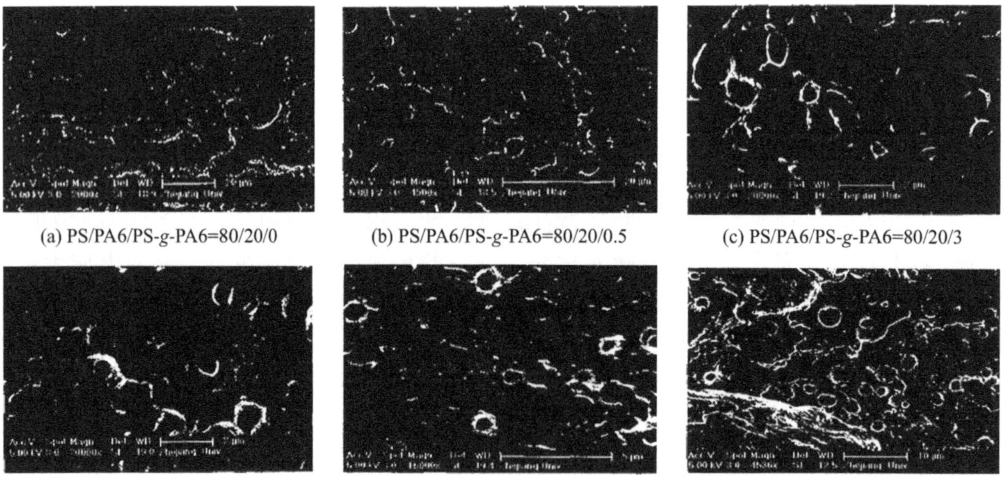

(a) PS/PA6/PS-*g*-PA6=80/20/0

(b) PS/PA6/PS-*g*-PA6=80/20/0.5

(c) PS/PA6/PS-*g*-PA6=80/20/3

(d) PS/PA6/PS-*g*-PA6=80/20/6

(e)PS/PA6/PS-*g*-PA6=90/10/1.5

(f) PS/PA6/PS-*g*-PA6=70/30/4.5

图 4-4　PS/PA6/PS-*g*-PA6 共混体系断面形貌图

由图 4-5 可见[14]，在 PBT/PS（70/30）体系中，添加 10 份 PBT-*g*-PS 相容剂，与未添加相容剂的相比，断裂伸长率、冲击强度等都得到了明显提高。但是当进一步增加相容剂含量时，体系性能反而下降。

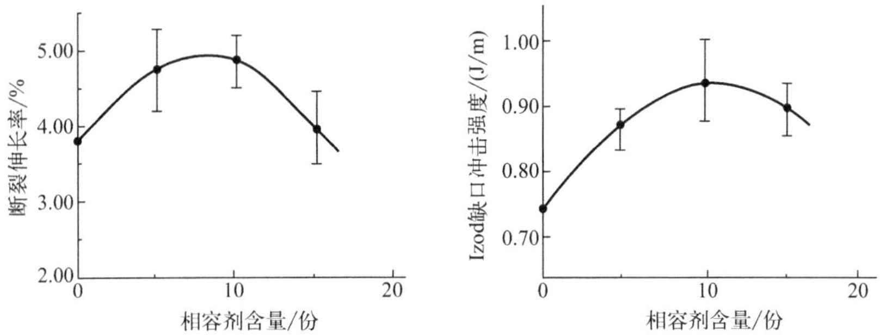

图 4-5　PBT/PS（70/30）/PBT-*g*-PS 体系的力学性能

4.2.3　无规共聚型相容剂

与嵌段型和接枝型相容剂相比，无规共聚型相容剂的制备成本较低，且其不易在不相容共混体系中形成胶束，其分子链可在共混体系界面上多次来回穿越（见图 4-1），将两相交织在一起，使体系中的 A/A-*co*-B 和 B/A-*co*-B 界面变宽，从而改善界面状况。

郑昌仁等[15] 研究发现，与嵌段型相容剂类似，无规共聚型相容剂的增容效果与其含量也并非线性关系。对于丙烯酸酯类共聚物 ACR 增容 HPVC/ABS 的共混体系，随着 ACR 用量的增加，ABS/HPVC 合金的冲击强度、拉伸强度、伸长率均先上升，后下降，最后趋于平缓（见表 4-3）。综合表现加入 2 份 ACR 时力学性能最为优异。

表 4-3　ACR 用量对 HPVC/ABS 性能的影响

ACR 含量/份	0	1	2	3	4	5	6
冲击强度/（kJ/m^2）	11.7	11.8	12.2	11.0	10.1	9.7	9.7
弯曲强度/MPa	39.1	40.9	42.0	38.0	37.8	37.9	38.0
断裂伸长率/%	19	26	23	21	20	18	18
硬度/（kg/mm^2）	9.85	11.00	11.63	11.32	11.87	12.03	10.54

注：1kg/mm^2＝9.8MPa。

张国颖等[16] 综述了关于这类相容剂的苯乙烯-甲基丙烯酸甲酯无规共聚物 P（S_f-MMA_{1-f}）对聚苯乙烯-聚甲基丙烯酸甲酯（PS/PMMA）体系的增容、增强作用，发现共聚物增容效果受其结构的影响较为明显。由这些研究成果可知[17-19]，苯乙烯含量约 70% 时，即 $f = 0.68$ 的苯乙烯-甲基丙烯酸甲酯无规共聚物 P（S_f-MMA_{1-f}）能明显增强 PS/PMMA 共混体系的界面，使共混材料的断裂强度大幅度提高（图 4-6）。进一步的研究发现，在由 P（$S_{0.68}$-$MMA_{0.32}$）无规共聚物改性的 PS/PMMA 共混体系中，相界面在 PS 相一侧和 PMMA 相一侧有同等程度，即对称的加宽。据此，Brown 等[18] 认为，当在 A/B 均聚物共混体系中加入 P（A_f-B_{1-f}）无规共聚物时，共混体系的界面会变宽（即使该无规共聚物与两相应的均聚物都不相容），而只有当 A 相一侧和 B 相一侧的界面加宽程度相同时，共混材料的断裂强度才能达到一最大值。对于 PS/PMMA 体系，$f=0.68$ 的无规共聚物可以使体系两相侧的界面同等程度地加宽；而对于 PS/PVC 共混体系，使体系两相侧的界面同等程度加宽的无规共聚物的组成约为 $f=0.5$。

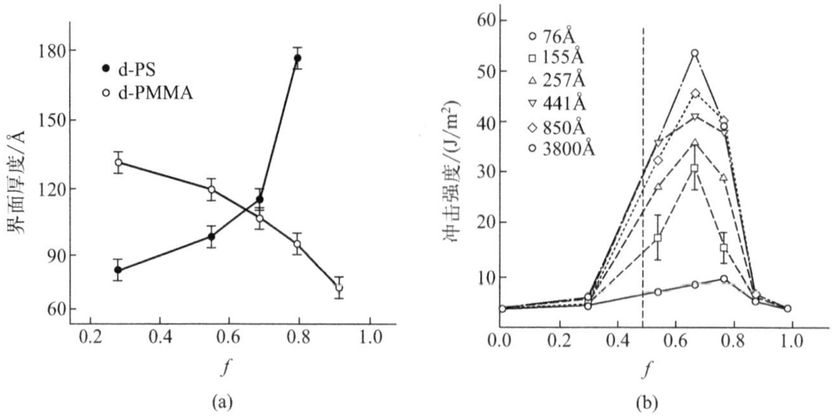

图 4-6 （a）PS/PMMA 相界面厚度随 P（S_f-MMA_{1-f}）中苯乙烯含量的变化；（b）不同相界面厚度及苯乙烯含量的冲击强度的变化

关于这类体系的相容机理，Brinke[17]、Kambour 等[20] 用“分子内链段排斥相互作用”的概念首先对均聚物/共聚物的共混体系进行了解释，认为导致共混物相容的驱动力是共聚物分子链中不同种链段之间的相互排斥作用。如由苯乙烯-丙烯腈共聚物（SAN）和甲基丙烯酸甲酯（PMMA）所组成的共混体系，虽然 PS、SAN、PMMA 均聚物是彼此不相容的，但是当 SAN 中 AN 的含量为 9%～39%时，可以得到相容的 SAN/PMMA 共混物。对于含无规共聚物的三元共混体系，也可进行类似的热力学处理。

张海燕等[21] 在 ABS/PVC/VC-*co*-BA 体系的研究中讨论了共聚物的分子量对聚合物共混体系力学性能的影响。由表 4-4 可见，随着 VC-*co*-BA 相对黏度提高，共混物的冲击强度相应提高。这是因为共聚物分子链可在不相容共混体系界面上多次穿越，将两相交织在一起形成均匀连续相，进而作为共混物的基体相主导其应变行为。聚合物受外力作用，可能产生剪切屈服或银纹化。聚合物的分子量较大时，易于缠结，形成稳定的屈服区，通过耗散外力能量提升材料抗断裂的能力。

表 4-4 VC-*co*-BA 相对黏度对于共混体系性能的影响

项目	1	2	3	4	5	6
相对黏度 η_r	1.34	1.38	1.42	1.54	1.74	1.81
冲击强度/（kJ/m^2）	8.40	11.7	12.8	14.9	18.2	20.1
熔体流动速率/（g/10min）	1.80	1.92	1.95	2.01	2.10	2.14

4.3 反应型相容剂的应用

反应型相容剂的增容原理与非反应型相容剂有显著区别（见表 4-5），这类相容剂与共混的聚合物之间形成了新的化学键，属于一种强迫性增容。反应型相容剂一方面可与其中一种组分相容，另一方面又可以在挤出的过程中与另一种树脂所带有的反应性基团反应。它们特别适合于那些相容性很差且带有易反应官能团的聚合物之间共混的增容。相对于非反应型相容剂，反应型相容剂具有更高的增容效率，合成工艺更利于控制。从国内外公司推出的相容剂品种以及各种可见的研究报道来看，在工程塑料合金中所使用的相容剂大部分是反应型。

表 4-5　反应型、非反应型相容剂的优缺点对比

项目	反应型	非反应型
优点	◆用量少，效果明显 ◆相容性极差的聚合物体系，有可能微观分散	◆混炼、成型条件容易 ◆无副作用
缺点	◆价格稍高 ◆副反应引起的物性降低的可能性大 ◆必须控制混炼、成型条件	◆添加量大 ◆成本高

随着对相容剂的研究与开发的不断进行，反应型相容剂的品种已相当繁多。按照相容剂所带有的反应性基团的种类分，主要有酸酐型、羧酸型、环氧型、噁唑啉型、酰亚胺型以及异氰酸酯型等（见表 4-6）。

表 4-6　不同种类的反应型相容剂及其反应过程

反应类型	反应基团	共反应基团	反应过程
酰胺化	羧酸类	胺类	$P_A-COOH+P_B-NHR \longrightarrow P_A-CO-NR-P_B+H_2O$
酰亚胺化	马来酸酐类	胺类	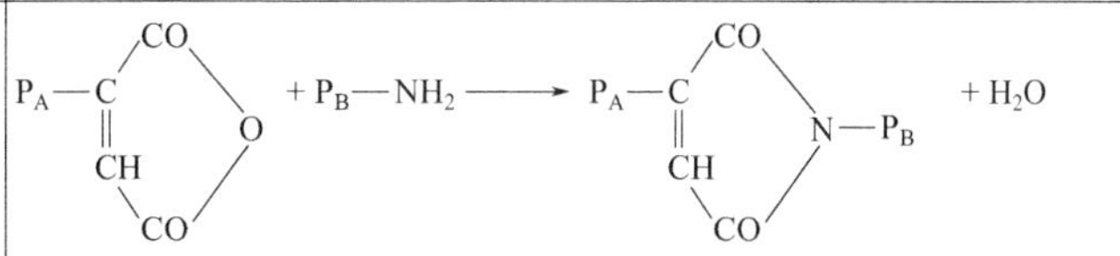
酯化反应	羧酸和酸酐类	羟基	$P_A-COOH+P_B-OH \longrightarrow P_A-C(=O)-O-P_B+H_2O$
成脲反应	碳化二亚胺	羧酸	$P_A-N=C=NR+P_B-COOH \longrightarrow R-NH-C(=O)-N(P_A)-C(=O)-P_B$
聚氨酯反应	异氰酸酯	羟基	$P_A-N=C=O+P_B-OH \longrightarrow P_A-NH-CO-O-P_B$
取代反应	胺类	羟基/卤化物	$P_A-NH_2+P_B-X$（X=OH，Br）$\longrightarrow P_A-NH-P_B+HX$
氨解反应	酯类	胺类	$P_A-COOR+P_B-NH_2 \longrightarrow P_A-CO-NH-P_B+R-OH$
酯交换反应	酯类	酯类	$P_A-COO-P_A+P_B-COO-P_B \longrightarrow P_A-COO-P_B$
醇解反应转移	酯类	羟基苯酚	$P_A-COOR+P_B-OH \longrightarrow P_A-COO-P_B+R-OH$
酰胺酯交换	酰胺	酯类	$P_A-CO-NH-P_A+P_B-COO-P_B \longrightarrow P_A-CO-NH-P_B+P_B-COO-P_A$

续表

反应类型	反应基团	共反应基团	反应过程
开环反应	环氧	羟基	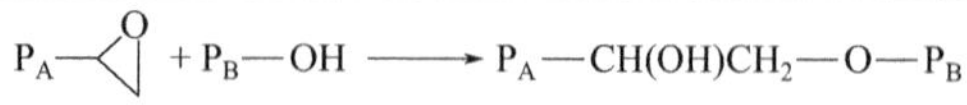
		胺类	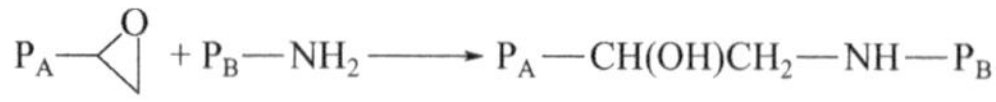
		羧酸类	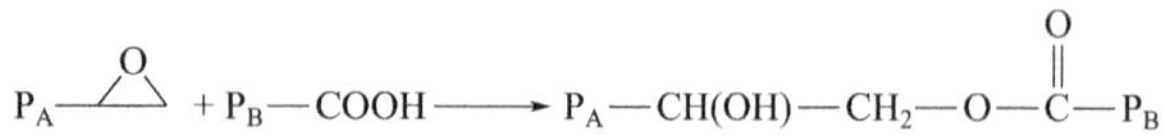
	噁唑啉	羧酸类	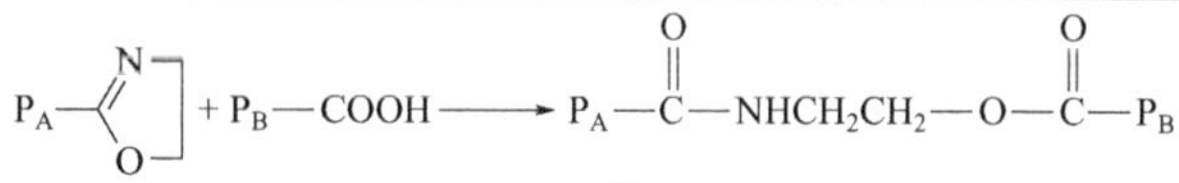
		酚类	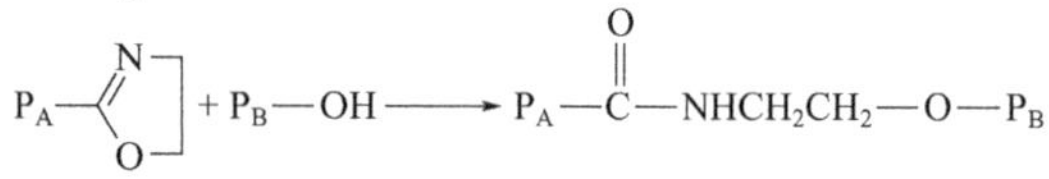

4.3.1 酸酐型相容剂

反应型相容剂中引入的酸酐基团主要是指马来酸酐（MAH 或 MA）。马来酸酐与其他聚合物或者单体通过共聚即得马来酸酐型相容剂。20 世纪 80 年代以来兴起的“原位（in situ）”共混物相容剂，大多数采用马来酸酐。表 4-7 中是一些常见的马来酸酐功能化相容剂在聚合物合金中的应用。可见酸酐型相容剂主要用于含有氨基或酯基官能团的聚合物，通过酰亚胺化或酯交换反应，达到增容的效果。表 4-8 中是国内外公司推出的酸酐型相容剂产品。表 4-9 为部分公司同类相容剂产品的性能对比。

表 4-7 常见马来酸酐功能化相容剂在 ABS 合金中的应用

聚合物基体	反应基团	共混体系	性能改善
St	共聚 MAH	PA6/ABS	冲击性、结晶性、形貌
		PA6/SAN	冲击性
		PA6/PS	模量、形貌
		PA6/SMAH	热变形温度
		LCP/ABS	弯曲强度、模量
		PET/ABS	弯曲强度、热变形温度
St＋AN	共聚 MAH	PA/ABS	冲击性
ABS	接枝 MAH	PA6/ABS	力学性能、加工性、结晶性、耐热性
		PC/ABS	冲击性
St＋AN	共聚 MAH	PA6/ABS	冲击性、低温韧性、形貌
		PC/ABS	力学性能
EPDM	接枝 MAH	PA6/ABS	冲击性、耐热性、吸水率
SEBS	接枝 MAH	PA/SEBS	冲击性
SB	共聚 MAH	PTT/ABS	流变性
POE	接枝 MAH	PA6/ABS	冲击性

续表

聚合物基体	反应基团	共混体系	性能改善
PE	接枝 MAH	PC/ABS	耐应力开裂
EVA	接枝 MAH	PC/ABS	冲击性

表 4-8　一些市售的酸酐型相容剂

商品名	组成结构
Kraton G1901X	SEBS-*g*-MAH
Royaltuf	EPDM-*g*-MAH
Dylark	St-*co*-MAH
Lotader 4700	Et- MAH-丙烯酸树脂
XP5272	苯乙烯-马来酸酐-丁二烯共聚
Cadon	无规共聚 St-*co*-MAH
Scripspet	高分子量交替共聚 St-*co*-MAH
SMA	低分子量交替共聚 St-*co*-MAH
Stapron S 系列	无规共聚 St-*co*-MAH
	St-*co*-MAH
Polybond 3000 系列	马来酸酐接枝聚烯烃
Bynel	马来酸酐改性聚烯烃
Fusabond	马来酸酐改性聚烯烃
Superex	St-*co*-MAH
Dielark	St-*co*-MAH
Modiper-A	反应性聚烯烃接枝马来酸酐
ボソケィソ	Et- MAH-丙烯酸树脂
Admer	马来酸酐接枝聚烯烃
Taftec M	SEBS-*g*-MAH
870M、875M、890M、G2416	St-*co*-MAH
Sunny-Bond	聚烯烃接枝马来酸酐
Sunny-Tough	弹性体接枝马来酸酐
Sunny-Miscib	苯乙烯-丁二烯-马来酸酐共聚物
SWJ	ABS 接枝马来酸酐
Bonp	SEBS-*g*-MAH ABS-*g*-MAH 聚烯烃接枝马来酸酐
Impact	弹性体接枝马来酸酐
JCT	聚烯烃接枝马来酸酐 弹性体接枝马来酸酐
MEVA-800 JX-6	聚烯烃接枝马来酸酐

续表

商品名	组成结构
PG	聚烯烃接枝马来酸酐 弹性体接枝马来酸酐
CG-600/700	聚烯烃接枝马来酸酐

表 4-9 部分公司同类相容剂产品性能比较

Ⅰ. EVA-*g*-MAH

项目	上海日之升	上海久聚	南京聚星	宁波能之光	河北天旗	DuPont
	MV0106	**JCT-1C**	**MEVA-800**	**Bonp-MC328**	**PG40**	**Fusabond MC250D**
外观	淡黄色、半透明颗粒	本色	微黄色	白色或淡黄色颗粒	白色或淡黄色颗粒	
熔体流动速率（190℃，2.16kg）/（g/10min）	1.5	2.0	0.8～5.0	1.5～2.5	12～15	1.5
密度/（g/cm^3）	0.947		0.95			0.96
熔点/℃	69		71			71
接枝率/%	0.5～1.2	1.0	0.8～1.2	0.8～1.0	0.8～1.2	非常高
拉伸强度/MPa	9.8			≥15		
断裂伸长率/%	>800			≥700		

Ⅱ. LLDPE-*g*-MAH

项目	上海日之升	南京聚星	沈阳科通	DuPont
	CMG9904	**JX-6**	**KT-12B**	**Fusabond MB-226DE**
外观	淡黄色颗粒	淡黄色颗粒	白色或淡黄色颗粒	
熔体流动速率（190℃，2.16kg）/（g/10min）	0.8	0.5～2.0	0.45	1.5
密度/（g/cm^3）	0.934			0.93
熔点/℃	126	120		122
接枝率/%	0.9	0.5～1.0	1.0	高
拉伸强度/MPa	13			
断裂伸长率/%	945.2			

续表

Ⅲ. POE-*g*-MAH

项目	上海日之升	上海久聚	宁波能之光	河北天旗	沈阳四维	DuPont
	CMG9805	JCT-2C	Imact-N410	PG50	SWJ-3A	Fusabond MN-493D
外观	淡黄色颗粒	本色	白色半透明	白色或淡黄色颗粒	白色颗粒	
熔体流动速率(190℃，2.16kg)/(g/10min)	2.5 (190℃，5kg)	1	0.5～3.0	1.0～2.5	≥0.6	1.6
密度/(g/cm^3)	0.866				0.88	0.87
熔点/℃	170					48
接枝率/%	0.8	1.0	0.8～1.2	0.8～1.2	3.0～4.0	中等
拉伸强度/MPa	5.4					
断裂伸长率/%	>900					

反应型相容剂，一般是在溶液、本体或熔融状态下，加入含有反应性官能团的单体(如 MAH、AA 和 GMA 等)，在热引发或引发剂作用下，和聚合物或其他单体发生接枝反应或共聚制备而得。MAH 被广泛应用于反应型相容剂的制备，原因在于其很容易被接枝到熔融态聚合物上，且不发生自聚反应，与其他单体很容易发生共聚反应。

无规苯乙烯-马来酸酐共聚物的研究在国外起步较早。如表 4-8 中，原美国 ARCO 化学公司开发的 Dylark 树脂，其 MAH 的含量为 5%～20%。而 Dow 化学公司推出的 XP5272 系列、日本积水公司生产的 Dielark 系列、美国 Monsanto 公司的 Cadon 系列产品以及日本三菱孟山都公司的 Superex 系列产品也都是这类无规共聚物。另外，国外还有许多生产商，如美国 GE 公司、德国 BASF 公司等也在积极从事无规 SMA 共聚物类产品的开发和研究。

在国内，成都科技大学和上海交通大学率先展开了 SMA 的合成研究，中国石化上海石油化工研究院同期也展开了低分子量 SMA 的研制。大量研究人员都先后分别对溶液沉淀法、本体法和本体-悬浮法合成 SMA 进行了相关研究，讨论了搅拌速率、反应温度、单体添加量以及引发剂等工艺条件对聚合反应的影响。溶液沉淀法的缺点是，形成的 SMA 共聚物是交替型且水溶性的，不太适合用作聚合物共混用相容剂。本体法工艺，虽共聚物中 MAH 含量受其在苯乙烯中的溶解度影响，但能形成无规 SMA，共聚反应转化率控制在 40%～60%。

近年来，越来越多地研究者采用双螺杆挤出机研究了 ABS 树脂熔融接枝马来酸酐。反应挤出是制备反应型相容剂的另一种有效方法，是 20 世纪 80 年代才发展起来的一种加工手段。反应挤出加工技术也越来越多地应用于聚合反应、缩聚反应、接枝共聚反应以及聚合物合金制备方面，特别是在聚合物改性及聚合物合金制备方面，反应挤出已成为主要的加工手段。反应挤出是以挤出机作连续反应器，进行单体的聚合或使聚合物与添加材料之间发生一定的化学反应，达到聚合物改性或使不相容共混物体系增容的目的。反应挤出技术是把聚合物的合成、聚合物的化学反应和聚合物的挤出加工有机结合成一个整体的连续工艺过程。它具有如下特点：① 工艺简单、设备投资相对较少，成本低；② 可连续化且小批量生产；③ 能直接利用现有塑料加工的混炼和挤出成型设备，适用的黏度范围广、生产效率高，且可在同一挤出机上实现多种操作目标。王益龙等[22] 比较了溶液接枝、密炼机接枝、普通挤出机接枝和反应式挤出机接枝等四种不同的生产方法后认为，反应式挤出机具有以下两个优点，一是增加了熔体的停留时间；二是在抽真空阶段可将未反应的单体 MAH 和挥发组分除去，从而得到较纯净的产品。

戚嵘嵘等[23] 通过红外光谱分析（见图 4-7）证明了熔融状态下 ABS 树脂接枝 MAH 的反应是成功的。运用 ABS 树脂接枝 MAH 的相分离方法和红外光谱分析手段证实了 MAH 的接枝主要发生在丁二烯部分；确定了随着 MAH 用量的增加，接枝率增加；随着引发剂用量的增加，接枝率呈现先增加而后下降的趋势；同时他们自制的引发剂具有更高的反应效率；升高温度或提高螺杆转速都对反应有利。张云灿等研究了附加超声波的熔融挤出方法，聚合物在超声波的强烈机械振动下，发生大分子链断裂，形成自由基，从而与 MAH 发生反应，生成接枝物，此法在保证接枝率的同时可以有效避免交联等副反应的发生。

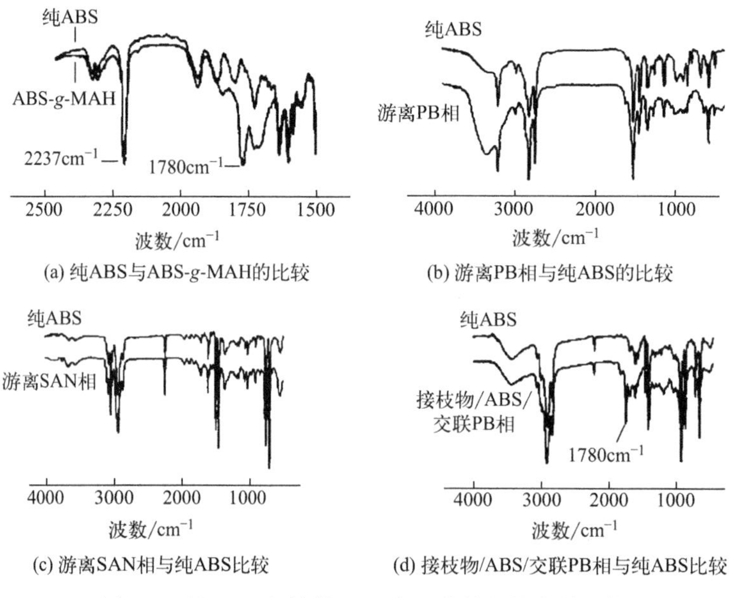

(a) 纯ABS与ABS-g-MAH的比较 (b) 游离PB相与纯ABS的比较

(c) 游离SAN相与纯ABS比较 (d) 接枝物/ABS/交联PB相与纯ABS比较

图 4-7 纯 ABS 与接枝 ABS 各组分的红外光谱比较

因 MAH 易接枝的特点，使其成为官能化单体中应用最广的一种。酸酐基团与氨基或酯基官能团反应活性较高，因而常用于如 PA/ABS、PC/ABS 等聚合物共混体系的增容。三菱瓦斯化学公司已工业化的 PA/PC、PBT/PC 合金就是采用 MAH 改性的 SEBS 为相容剂，与未改性的 SEBS 相比，PA/PC、PBT/PC 相容性大幅度提高，PC 粒径减小，冲击强度和断裂伸长率大大提高。

PA/ABS 合金综合了 ABS 的刚性、韧性和 PA 的耐化学性和耐热性，因而其应用范围大为扩张。如原美国 Borg-Warner 公司研究开发的 Elemid® 系列合金，是具有最高冲击强度的材料之一，由于能够耐“在线喷涂温度”而成功地应用于汽车外板。但是，PA6 的溶度参数为 26.0 $(J/cm^3)^{1/2}$，PA66 为 27.8 $(J/cm^3)^{1/2}$，与 ABS [δ＝19.6～20.5 $(J/cm^3)^{1/2}$] 相差较大，即与 ABS 的相容性差，实际应用中分层严重，无法使用。

为了改善 PA/ABS 的相容性，酸酐型或丙烯酸型相容剂是常用的相容剂。PA 与酸酐型相容剂的化学反应可见图 4-8。

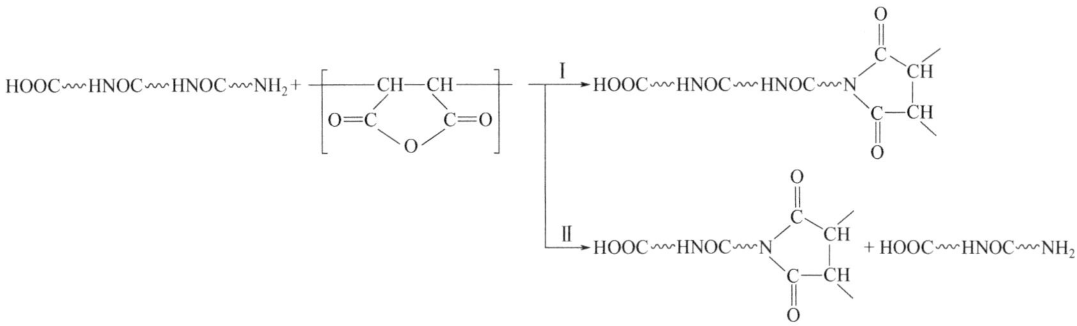

图 4-8　PA 与酸酐型相容剂的化学反应路线

Keskkula 等[24] 对其反应机理进行了研究，认为共混系统内的主要反应为相容剂中酸酐官能团与 PA 的端氨基作用，该反应速度非常快且生成酰亚胺；还有一种反应可能为相容剂上的酸酐与 PA 的酰胺基团发生置换反应，并生成酰亚胺和较短分子链 PA。Marchal 等[25] 在其研究中指出，酸酐官能团与端氨基反应的速率要比其与酰氨基反应速率快得多，反应动力学数据也倾向于支持这一观点。此外，酸酐官能团还有可能与酰氨基形成氢键。

Chiu 等[26] 讨论了酸酐型相容剂对 ABS 分散相粒径大小的影响，认为随相容剂用量的增加，分散相粒子尺寸变小、数量增加。这与 Duvall 的结论一致，但 Duvall 认为影响分散相 ABS 粒子尺寸的是马来酸酐的含量，而不是相容剂的含量[27]。Majumdar 等[28] 利用 TEM 及其不同的染色技术，对不同 SMA 含量时 PA6/ABS＝60/40 的相区尺寸、形状和相界面进行了系统研究，直观揭示了相容剂 SMA 对分散相的影响（见图 4-9）。图 4-9（a）为 OsO_4 对丁二烯橡胶相着色的图片，它们在一定程度上可以反映出 ABS 相在 PA 相中的分散情况。在不含 SMA 的共混体系中，ABS 在 PA 相中发生聚集，呈近似连续相；当体系中加入 2％的 SMA 后，ABS 相的分散情况得到明显改善；随着 SMA 含量的增加 ABS 相的分散可进一步改善。图 4-9（b）是采用 OsO_4 和 RuO_4 共同着色的图片，由图 4-9（b）-a 清晰可见球形的 PB 橡胶颗粒（OsO_4 着色）分散于浅色的 SAN 相（RuO_4 着色）中，虽然加入 2％的 SMA 后，ABS 相的分散情况得到明显改善，但是 ABS 分散相中仍聚集大量的 PB 橡胶颗粒；随着 SMA 含量的增加，PB 胶束得到了进一步分散。图 4-9（c）是采用磷钨酸（PTA）对 PA 相着色，不同的方法都显示，加入 2％的 SMA 后 ABS 的相区尺寸可由 4～5μm 基本减小到 1μm 以下，随着 SMA 含量增加到 10％，可进一步减小到 0.5μm 左右。此外，酸酐型相容剂的加入使得 PA6 分子链规整度下降并可能造成其结晶度下降，体系无定形成分增多，分子链排列趋于松散，孔隙率增大，从而大大改善了共混体系的形变能力，使共混物冲击强度呈上升趋势。

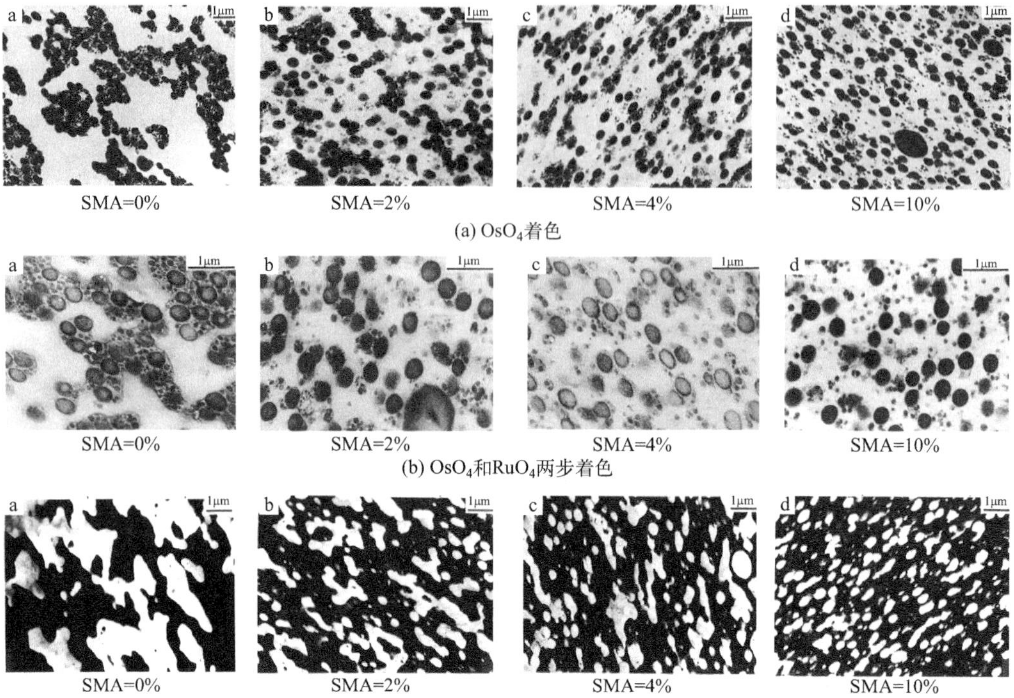

SMA=0%　SMA=2%　SMA=4%　SMA=10%

(a) OsO_4着色

SMA=0%　SMA=2%　SMA=4%　SMA=10%

(b) OsO_4和RuO_4两步着色

SMA=0%　SMA=2%　SMA=4%　SMA=10%

(c) 磷钨酸(PTA)着色

图 4-9　不同 SMA 含量对 PA6/ABS=60/40 共混物界面形态的影响（MAH 含量 25%）

张凯舟等[29] 利用扫描电镜对常温冲击试样断口的分析也证实 PA6/ABS 合金中随着 SMA 含量的增加，试样断面由呈岩石层状的脆性断裂形貌，转变为完全应力发白的韧性断裂形貌（见图 4-10）。

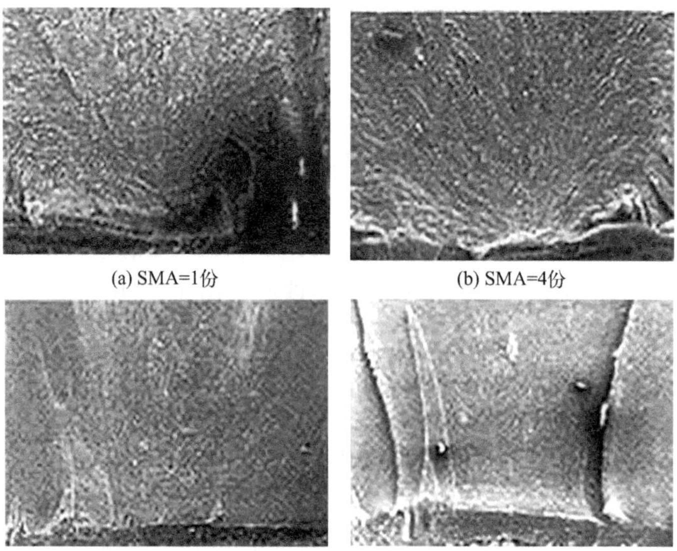

(a) SMA=1份　(b) SMA=4份

(c) SMA=7份　(d) SMA=10份

图 4-10　不同 SMA 含量 PA6/ABS=50/50 合金常温冲击试样断口 SEM 照片（MAH 含量 21%）

加入太多的 SMA，反而使冲击性能下降，拉伸应变减小（见图 4-11)。我们知道橡胶粒子增韧体系中，存在一个上限尺寸，分散相尺寸的减小，有利于提高合金的冲击强度，但是并不是分散相尺寸越小越好，有研究指出同时也存在一个下限尺寸（约 0.2μm)[28,30]。虽然在 Majumdar 等[28] 的工作中，随着 SMA 含量增加到 10%，橡胶相尺寸减小到约 0.5μm，仍高于下限尺寸（约 0.2μm)，但由于加入的 SMA 以及 SAN 相本身的脆性，致使下限尺寸发生偏移，因而加入太多的 SMA 反而导致 PA6/ABS 合金的冲击性能下降。

一般而言，酸酐型相容剂的存在易使共混组分产生一些不需要的交联和链降解，使反应不易控制。但王荣伟等[31] 在研究中发现，PA6 端氨基与 SAM（苯乙烯-丙烯腈-马来酸酐共聚物）中酸酐间的化学反应会使共混体系稳定，这是因为 SAM 与 ABS 中 SAN 间相容性好，有利于 ABS 分散和相界面稳定。

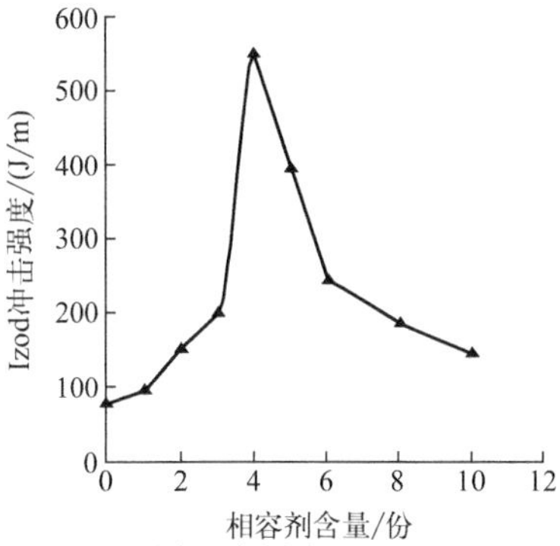

图 4-11　不同相容剂含量对 PA6/ABS=60/40 的冲击性能的影响[28]

酸酐型相容剂在 PC/ABS 合金中也有广泛应用。已有研究显示 PC 的溶度参数为 24.7 $(J/cm^3)^{1/2}$，而 ABS 中塑料相 SAN 的溶度参数依据丙烯腈的含量的不同，大致在 19.0～20.1 $(J/cm^3)^{1/2}$ 变化，橡胶相 PB 的溶度参数是 17.3 $(J/cm^3)^{1/2}$。PC 与 SAN 相之间部分相容，但 PB 相与 PC 之间的相容性较差。虽然 PC 与 ABS 中 SAN 的相互作用使其不需要添加相容剂就能形成有用的共混物产品，但 PC 和 ABS 的相容相处于亚稳态，在熔融成型过程中受高剪切力的作用，其形态发生变化，表现为分散相畸聚集、变粗，从而使合金性能发生变化。因此，对 PC/ABS 实施增容技术，可以稳定其形态结构，进一步提高和稳定合金性能，同时也是制备高性能 PC/ABS 合金的关键技术。酸酐型相容剂能在 PC 和 ABS 两相间形成共价键，可有效提高两相微观界面上的结合。

适用于 ABS 与 PC 掺混的相容剂有 PVC、聚砜、聚烯烃、丙烯酸酯-甲基丙烯酸酯共聚物、LLDPE、SMA（苯乙烯-马来酸酐共聚物)、环氧乙烷-环氧丙烷嵌段共聚物等。SMA 被认为是 PC/ABS 合金的有效增容剂，用其增容的 PC/ABS 合金，缺口冲击强度可提高 2 倍以上，断裂伸长率增加 3 倍以上。Parsons[32] 提出 St-AN-MAH 三聚物作为 PC/ABS 合金的相容剂，发现不仅有高的热分解温度，而且提高了冲击强度和模量。表 4-10 中是不同类型的酸酐型相容剂以及不同相容剂含量对 PC/ABS (80/20) 体系性能的影响。从表中可以看出，随着相容剂用量的增加，冲击强度迅速增加，而拉伸强度也稍有加强。结果表明，酸酐型相容剂有效改善了 PC 与 ABS 之间的相容性，这是由于 PC 中的酯基与酸酐官能团结构相似，极性相近。酸酐官能团能与 PC 的端羟基或端羧基反应生成 PC-*g*-MAH 接枝物，形成一种类似于互穿网络结构的物理或化学或两者兼而有之的交联区域，从而大大提高了冲击强度。因此，酸酐型相容剂在 PC 与 ABS 之间起到了偶联剂的作用，促进了 PC 与 ABS 之间分子链的扩散。Zhang 等[33] 通过扫描电镜研究了 ABS-*g*-MAH 相容剂对 ABS 相的分散作用，从图 4-12 可见 ABS-*g*-MAH 相容剂使 PC 和 ABS 很好地形成均匀、细化的海-岛结构。但当其用量超过一定量时（见表 4-11），相容剂除了存在于相界面处，尚可能有一部分形成第三相，在共混物中形成“胶束”，未能更好地发挥增容作用，此外，马来酸酐型相容剂的存在也易使共混组分产生一些不需要的交联和链降解。因此，过多地加入反而会产生相反的效果。

表 4-10　不同相容剂及含量对 PC/ABS（80/20）体系性能的影响

相容剂含量/份	SMA		ABS-*g*-MAH		LLDPE-*g*-MAH	
	缺口冲击强度/（kJ/m^2）	拉伸强度/MPa	缺口冲击强度/（kJ/m^2）	拉伸强度/MPa	缺口冲击强度/（kJ/m^2）	拉伸强度/MPa
0	23.4	59.7	23.4	59.7	23.4	59.7
2	60.6	61.8	43.6	60.6	50.6	61.5
3	70.5	61.7	56.6	61.2	61.8	61.9
4	69.1	62.4	71.0	62.7	72.7	63.8
5	68.3	62.5	77.8	62.1	72.3	63.5
7	63.7	60.4	69.3	64.7	70.1	62.4

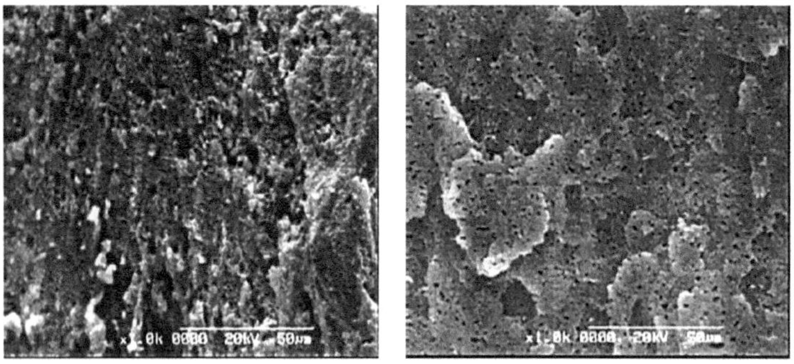

(a) PC/ABS/ABS-*g*-MAH=70/30/0　　(b) PC/ABS/ABS-*g*-MAH=60/30/10

图 4-12　PC/ABS 合金断面形貌（1000 倍）（MAH 接枝率为 1.74%）

表 4-11　PC、ABS 及其共混体系的力学性能

种类	屈服应力/MPa	弯曲模量/MPa	断裂伸长率/%	冲击强度/（J/m）
PC	65.44±0.06	1078±17	180±9.9	953.3±53
ABS	46.59±0.29	1127±22	15.82±3.0	130.9±35
PC/ABS=70/30	54.43±2.22	1151±11	19.22±3.2	580.0±33
PC/ABS（M）=70/30	56.59±0.06	1129±18	90.70±13	772.0±48
PC/ABS（M）/环氧=70/30/0.5	57.90±1.23	1141±25	151.6±19	797.5±52
PC/ABS（M）/环氧=70/30/1	57.75±0.14	1145±22	131.5±19	800.5±51
PC/ABS（M）/环氧=70/30/2	59.48±2.23	1155±13	157.5±41	816.0±54

注：ABS（M）=95%ABS+5% MAH-*g*-PP。

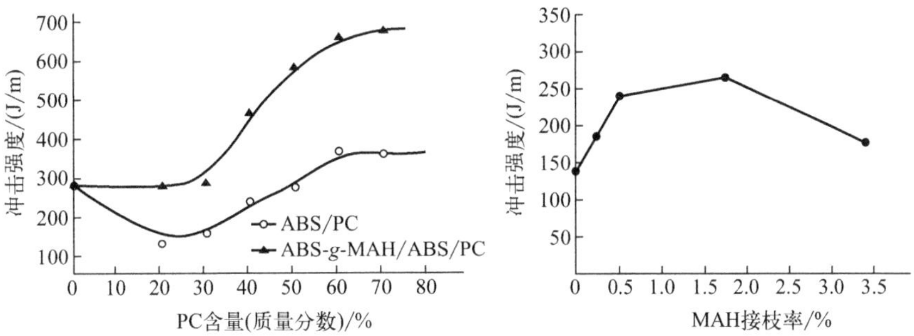

(a) 添加相容剂前后不同PC含量情况下 PC/ABS体系的冲击性能

(b) 不同接枝率的相容剂对PC/ABS 体系冲击性能的影响

图 4-13 PC/ABS 体系冲击性能与相容剂含量、相容剂接枝率、PC 含量的关系

图 4-13 所示为不同 PC 含量（a）及不同接枝率（b）对 PC/ABS 体系冲击性能的影响。PC 含量在 0～80%范围内时，添加了酸酐型相容剂的 PC/ABS 合金的冲击性能要明显高于不含相容剂的共混体系，并随着 PC 含量以及 ABS-*g*-MAH 中 MAH 接枝率的提高而增加。但当 MAH 的接枝率高于 1.74%时，冲击强度开始缓慢下降。这是由于酸酐官能团与 PC 的端羟基或端羧基的反应效率有限，过高的 MAH 接枝率反而增加了体系的脆性。

为提高增容效率，越来越多的学者将注意力集中到了多官能团协同增容。双相容剂增容 PC/ABS 共混体系的性能较相应的单一增容剂有所提高。PP-*g*-MAH 与固态双酚 A 型环氧树脂联用，可更好地改善 PC/ABS 合金的相容性，使合金的屈服强度、拉伸模量、断裂伸长率和冲击强度进一步提高。Tjong 等[34] 将 MAH-*g*-PP 和一种环氧树脂（NPES-909）联用，研究了其对 PC/ABS（70/30）共混体系的增容效果。含有 NPES-909 增容剂的体系的屈服强度、拉伸模量和冲击强度都优于未增容体系和单一增容剂（MAH-*g*-PP）的增容体系。T_g 测定结果表明，随 NPES-909 含量的增加，ABS 和 PC 的 T_g 相互靠近的程度增加，两组分玻璃化转变温度之差（ΔT_g）从未增容时的 19.7℃变为 12.7℃（含 2%NPES-909），而 0.5 份环氧树脂与 PP-*g*-MAH 并用，PC/ABS 合金的断裂伸长率从 90.7%提高到 151.6%（见表 4-11）。这说明联用增容剂的使用大大改善了 PC、ABS 的相容性。但由于环氧树脂是脆性聚合物，因此，其含量应小心控制。环氧树脂含量太高，会导致合金的冲击强度降低，一般环氧树脂的含量不超过 2 份。而 PP-*g*-MAH 和环氧树脂复合相容剂也较适合于增容低 ABS 配比的 PC/ABS 合金，当 ABS 含量小于或等于 30%时，其增容作用明显，但当 ABS 含量大于或等于 40%时，失去增容作用，合金的冲击强度下降。Paul[35]、Elmaghor[36] 等讨论了酸酐型相容剂在回收 PET、PC 与 ABS 共混体系中的应用。由表 4-12～表 4-14 中数据可见，酸酐型相容剂有效地提高了回收 PET/ABS、回收 PC/ABS-*g*-MAH 共混体系的力学性能。

表 4-12　ABS/回收 PET 共混体系组成

样品	共混体系组分/%		相容剂 SMA 含量/份
	ABS	回收 PET	
Ⅰ	100	0	0
Ⅱ	95	5	0
Ⅲ	95	5	1
Ⅳ	90	10	0
Ⅴ	90	10	1

表 4-13　不同组成的 ABS/回收 PET 共混体系力学性能

样品	拉伸强度/MPa	断裂伸长率/%	弯曲强度/MPa	弯曲模量/MPa	Izod 冲击强度/(J/m)	热变形温度/℃
Ⅰ	36.12	54.59	58.30	2236	30.60	92
Ⅱ	42.6	14.46	57.03	2243	16.83	94
Ⅲ	45.44	15.39	56.75	2252	25.09	94
Ⅳ	42.75	11.60	56.12	2240	12.24	97
Ⅴ	46.41	13.47	52.08	2280	16.83	97

表 4-14　回收 PC/ABS-*g*-MAH 共混物的冲击性能

样品	体系组分(回收 PC/ABS-*g*-MAH)	缺口冲击强度/(kJ/m^2)
1	100/0	15.8
2	100/25	28.6
3	100/50	43.0
4	100/75	46.3
5	100/100	40.6

4.3.2　环氧型相容剂

环氧型相容剂通常由环氧树脂或具有环氧基的化合物与其他聚合物或共聚单体接枝共聚或无规共聚而成。由于具有很高的反应活性，可广泛地应用于高分子材料的合成和改性。市售相容剂产品中日本东亚合成化学公司的 Reseda GP300 就是环氧树脂改性 PS 与 PMMA 接枝共聚物，它可作为 PA/ABS、PBT/ABS 混炼的相容剂；而日本油脂开发的 Modiper A 系列产品是由乙烯-甲基丙烯酸缩水甘油酯单体（E-GMA）与 PS、PMMA、SAN 等分别接枝共聚而成。这种相容剂上的环氧基团可与聚酯和聚酰胺中的酯基、羧基、羟基官能团反应，具有优异的增容性能。表 4-15、表 4-16 分别为常见的一些环氧型相容剂在 ABS 类合金中的应用及已经商品化的一些环氧型相容剂。不同牌号环氧型相容剂的基本物性对比可见表 4-17。

表 4-15　常见环氧型相容剂在 ABS 类合金中的应用

聚合物基体	反应基团	共混体系	性能改善
ABS	接枝 GMA	ABS/PBT	缺口冲击韧性
EA	共聚 GMA/MMA	ABS/PBT	冲击性能
St	共聚 GMA	ABS/PBT	拉伸性能
HIPS	接枝 GMA	HIPS/PBT	结晶性、力学性能
AN+St	共聚 GMA	ABS/PBT	力学性能
SEBS	接枝 GMA	SEBS/PA6	缺口冲击韧性
SAN	接枝 GMA	ABS/PA6	力学性能
PS	接枝 GMA	ABS/PA1010	力学性能
St	共聚 GMA/MAH	ABS/PA1010	力学性能
PS	接枝 GMA	SPS/PA6	拉伸强度、模量
AN+BD+St	共聚 GMA	ABS/PA6	韧性
AN+St	共聚 GMA	ABS/PPO	冲击强度

表 4-16　一些市售的环氧型相容剂

厂家	商品名	组成结构
日本东亚化学	Reseda GP 300 Reseda GP 500	环氧改性 PS 接枝 PMMA 环氧改性 PS 接枝 SAN
日本油脂	Modiper A 系列	聚乙烯/乙烯基聚合物接枝 GMA 共聚物
住友化学	Bondfast	烯烃-GMA 共聚物
Arkema	Lotader AX	乙烯-丙烯酸酯-GMA 共聚物
Dupont	Elvaloy-PTW	乙烯-丙烯酸丁酯-甲基丙烯酸缩水甘油酯共聚物
宁波能之光	Impact-E516	POE 接枝 AA 和 GMA
南京友好助剂化工	AG-P400	GMA 改性聚烯烃弹性体
佳易容聚合物	SAG-002 SAG-005 SAG-008	多元共聚甲基丙烯酸缩水甘油酯
日之升新技术	CMG-0508	聚烯烃接枝环氧基团
	MPC-1503	SAN 接枝环氧基团
	ERME-402	乙烯类弹性体接枝环氧基团
沈阳科通	KT-20	高分子量聚乙烯与马来酸酐、缩水甘油酯三元接枝共聚物
沈阳四维	SWR-6B	丙烯酸酯及缩水甘油酯双官能化乙烯类弹性体

表 4-17　部分公司同类产品性能比较

项目	日之升新技术	沈阳科通	Arkema	DuPont	上海日之升	沈阳四维	宁波能之光
	MPC1503	KT-20	AX-8900	Elvaloy -PTW	ERME-402	SWR-6B	Impact-E516
外观	无色半透明颗粒	白色颗粒	白色或淡黄色颗粒		无色半透明	白色颗粒	白色半透明颗粒
熔体流动速率（190℃，2.16kg）/（g/10min）	4～6	1.2	6	12		10（230℃，5kg）	0.5～2.0
密度/（g/cm^3）	0.947		0.95	0.94			
熔点/℃	69		60	72			
接枝率/%	8		8		2		1.0
拉伸强度/MPa			4				
断裂伸长率/%			1100				

大量的文献都曾报道过环氧型相容剂的制备。与酸酐型相容剂的制备类似，环氧相容剂的合成同样可在溶液、熔融和固体状态下进行。常见的环氧型官能团，如甲基丙烯酸缩水甘油酯（GMA），是一种不溶于水，易溶于有机溶剂的无色透明液体，分子结构中不含羧基，不腐蚀设备，无刺激性气味，几乎无毒，沸点较高（189℃），不易挥发。因此，GMA 作为一种功能性单体常常通过接枝或共聚的方法用于聚烯烃改性，作为增韧剂增韧工程塑料，作为增容剂提高共混体系的相容性等。

GMA 分子内含有碳碳双键和环氧基的反应性双官能团，不饱和双键易于发生共聚反应，而活性强的环氧基团很容易与羟基、羧基、氨基等官能团发生开环加成反应，同时，可能还会发生酯化、醚化以及二次开环加成反应，反应过程可见图 4-14 中示例：

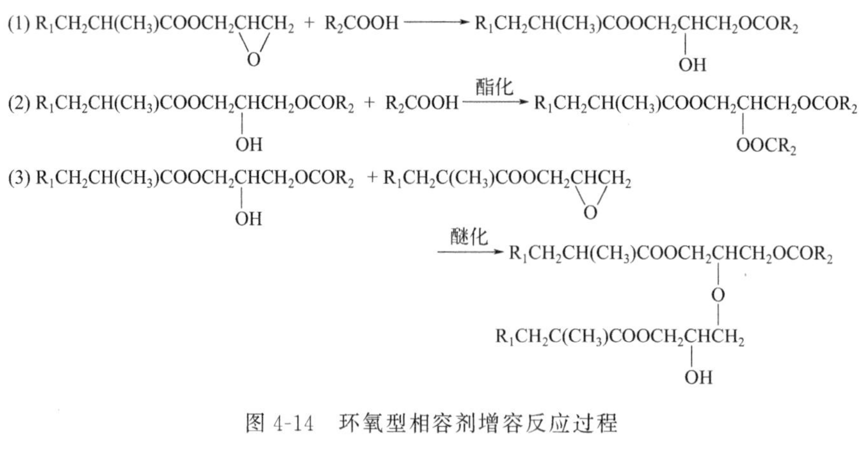

图 4-14　环氧型相容剂增容反应过程

Chen[37]、孙洪海[38]、李军[39] 等采用不同的合成方法研究了带有 GMA 单体的不同新型环氧型相容剂的制备，并探讨了其对 PA/ABS 共混体系性能的影响。研究发现，少量的环氧型相容剂即可有效增强不同组分的相容性。

孙洪海等[38,40] 利用改进的本体聚合方法制备了苯乙烯-甲基丙烯酸环氧丙酯共聚物（St-*co*-GMA），测定的 GMA 含量为 13%。应用结果显示，当相容剂添加量为 5% 时，PA1010/ABS 共混体系的拉伸强度、杨氏模量和断裂伸长率等可达到峰值。李军等[39] 的研究结果也表明，在 PA6/ABS=60/40 时，添加 5%环氧型相容剂后效果即可达到最佳，过多的相容剂反而不利于体系性能的提高。Chen 等[37] 采用悬浮法制备了一系列不同 GMA 含量的苯乙烯/甲基丙烯酸缩水甘油酯（SG）聚合物，应用在 PA6/PS=80/20 的体系中，当相容剂中 GMA 官能团有效当量为 1%或 3%时，相界面的黏合力即可有效增强，但 PS 相的尺寸分布变宽。而随着 GMA 官能团含量的进一步增加，在增强界面黏合力的同时，分散相粒径尺寸也同时明显减小（见图 4-15）。参考其他一些研究人员的实验结果，可见不同配比的 PA/ABS 共混体系中，当环氧型增容剂加入量为 1%～5%时已表现出明显的界面活性，可显著降低界面张力。由图 4-15 可见，当 GMA 含量达到 15%甚至更高时，组分间的相容性反而开始变差，可见继续增加相容剂的用量往往会产生不利影响，这是由于过多的相容剂，使 SG 与 PA 分子间产生过度接枝，生成了梳状接枝共聚物，不利于 SG 主链向相界面扩展。

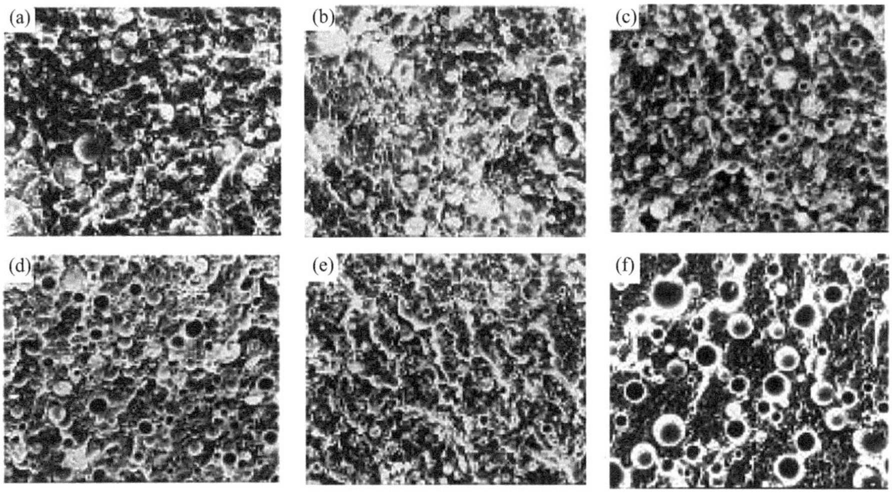

图 4-15　不同 GMA 含量对 5%SG 增容的 PA6/PS（80/20）体系结构的影响（1000 倍）
(a) GMA=1%；(b) GMA=3%；(c) GMA=5%；(d) GMA=10%；(e) GMA=15%；(f) GMA=20%

在 PBT/ABS 合金中，环氧型相容剂也是有效的相容剂之一。Lee 等[41] 较早利用苯乙烯-丙烯腈-甲基丙烯酸缩水甘油酯（SAG）共聚物，研究了其对 PBT/ABS 的增容作用，但是合金的韧性并没有显著提高，这可能与他们所使用的 ABS 有关。Hale 等[42,43] 制备了甲基丙烯酸甲酯-甲基丙烯酸缩水甘油酯-丙烯酸乙酯（MGE）共聚物作为 PBT/ABS 的增容剂，其环氧基团与 PBT 的端羧基和/或羟基发生反应生成共聚物，降低了共混体系的界面张力，分散相在基体中均匀、稳定分散，并较好地改善了材料的低温冲击性能。索延辉等[44] 研究了核-壳结构增韧剂 ABS-*g*-GMA 对 PBT 缺口冲击强度的影响。

图 4-16 为分散相含量对 PBT 共混物脆韧转变的影响。由图可知，1%含量的 GMA 就足以满足增容作用的需要，过高的 GMA 含量反而会导致交联反应，使 ABS 在 PBT

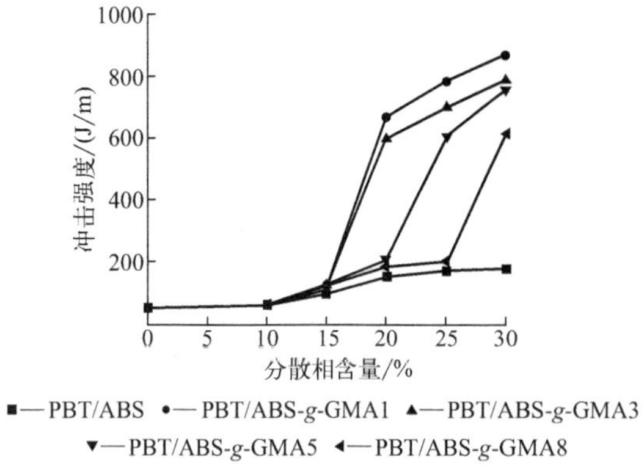

图 4-16 分散相含量对 PBT 共混物脆韧转变的影响

基体中聚集，致使 PBT 共混物脆韧转变向较高的分散相含量转移。

Hale[45]、Sun[46] 等针对 ABS 种类对环氧型相容剂增容 PBT/ABS 共混体系的影响进行了探讨。实验结果显示，在 PBT/ABS 体系中，高橡胶含量的 ABS 更有利于增韧 PBT，但较高的接枝率不利于 ABS 在 PBT 相中的分散，从而影响合金的力学性能。Hale 等采用甲基丙烯酸甲酯-甲基丙烯酸缩水甘油酯-丙烯酸乙酯（MGE）的三元共聚物增容后，PBT/ABS 合金的脆-韧转变温度明显移向低温，但相容剂的加入对合金的冲击性能产生了一定消极影响（见表 4-18），拉伸性能则有一定提高。Sun 等的研究也得到了相似的结论。这可能与 GMA 的副反应有关（见图 4-17 中反应 3、反应 4）。

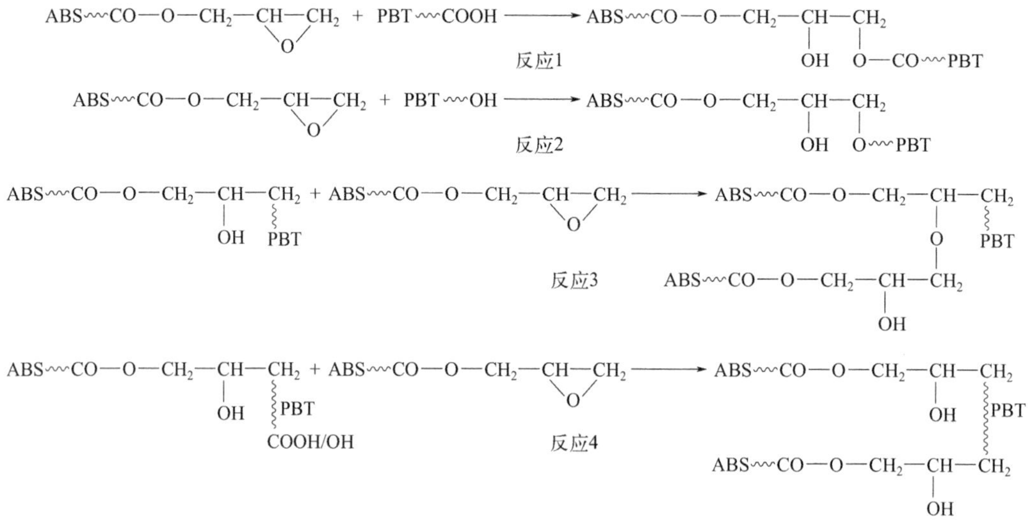

图 4-17 PBT/ABS-g-GMA 共混体系中的化学反应示意图

表 4-18 PBT/ABS/MGE-10＝(70－x)/30/x 共混体系的冲击性能

ABS 种类	脆-韧转变温度/℃		室温 Izod 冲击强度/（J/m）	
	x＝0	x＝5	x＝0	x＝5
ABS-38	18	－47	596	570
ABS-45-a	－22	－53	859	720
ABS-45-b	－10	－64	760	500
ABS-45-c	－10	－54	740	400
ABS-50	18	－45	711	550

4.3.3 噁唑啉型相容剂

噁唑啉基团可与羧基、氨基、酸酐、环氧基团、巯基等活性基团反应，而且 ABS 中丙烯腈的氰基官能团可以在溶剂或熔融挤出条件下转化为噁唑啉，因而在 ABS 合金中，噁唑啉型相容剂是非常重要的一类相容剂。

市售的相容剂产品中，Dow 化学公司开发的含噁唑啉基团的共聚 PS（RPS，噁唑啉 1%，分子量 20000，在 10000 个 C—C 键上有 20 个活性点）就是比较重要的一种，在“原位形成”相容反应中应用也很广泛，多用于反应型挤出加工。但总体而言，目前噁唑啉型相容剂还少有商品化的产品。

刘国智等[47,48] 以 2-乙烯基-2-噁唑啉为原料，探讨了悬浮法和本体法共聚制备含噁唑啉环的活性聚苯乙烯（RPS），发现用悬浮法难以合成噁唑啉环含量较高的共聚物，这可能是由于乙烯基噁唑啉极易溶于水，从而使苯乙烯相中噁唑啉环的实际含量较低，同时发现水相呈乳白色，即使加入水相阻聚剂也无济于事，推测这可能是由于乙烯基噁唑啉的水相自聚所致，定氮分析结果显示悬浮法制备的共聚物中噁唑啉环的含量最高仅能达到 1.2%。相比这下本体法可制备噁唑啉环含量较高的共聚物，噁唑啉单体转化率可达 96%以上，且通过调整原料配方，共聚物中噁唑啉单体掺入量可达 3.28%以上。

另一种噁唑啉官能化的方法是将丙烯腈上的氰基转化为唑啉。任俊芳、Becker、Vocke、Scaffaro 等[49-52] 通过熔融挤出实现了氰基官能团的噁唑啉功能化（见图 4-18）。通过红外光谱分析，1661cm^{-1} 附近新出现的振动吸收带，归属于—C=N[53]，证实了噁唑啉官能团的存在（见图 4-19）。Liu 等[54] 研究后指出，噁唑啉的转化率与氰基官能团的数目有较大关系，此外高剪切条件也有助于提高噁唑啉基团的生成率。由表 4-19 中数据可见噁唑啉环的含量可高达 13%。

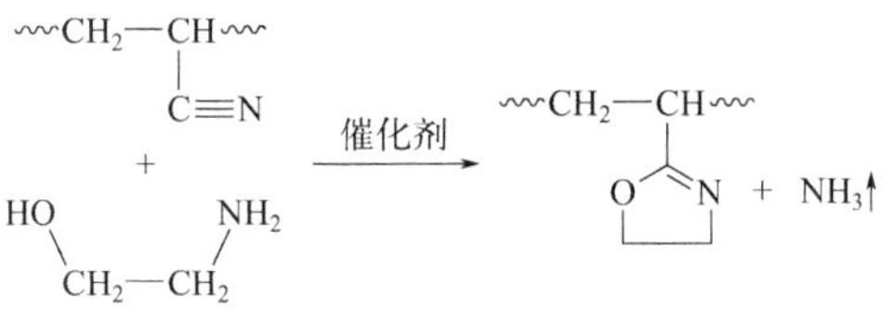

图 4-18　氰基官能团噁唑啉功能化示意图

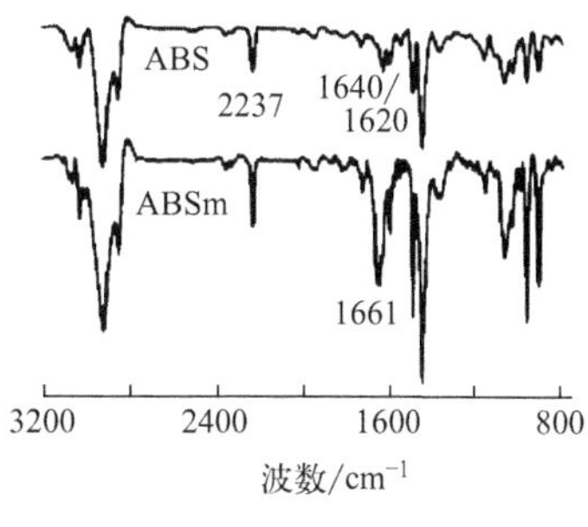

图 4-19　ABS 及噁唑啉官能化 ABS（ABSm）相容剂的红外光谱图

任俊芳等[52] 研究了噁唑啉型相容剂对 PA6/ABS 等共混体系的形态结构和力学性能的影响，指出少量的噁唑啉相容剂即可明显改善 PA6/ABS 的韧性，当 ABSm（噁唑啉官能化 ABS）质量分数为 4%时，合金材料的缺口冲击强度最高可达到 66.34kJ/m^2，呈韧性断裂。Becker 等[49] 研究了 SANm（苯并噁唑啉-SAN 和乙基羟甲唑啉-SAN）对 PC/SAN 共混体系的增容作用，并对比了溶液和熔融条件下所制备合金性能上的差别。熔融条件下 SANm/PC 可以任意比例相容，而溶液中只在 SANm/PC=20/80 条件下显示相容性。

表 4-19 不同 SAN 噁唑啉功能化的转化率[54]

样品/对比样	$[A_{C=N}]_{SANm}$/ $[A_{C=N}]_{SAN}$ 于 $2237cm^{-1}$ 处	$[A_{OXA}]_{SANm}$ 于 $1664cm^{-1}$ 处	转化率/%
SAN-1-m/SAN-1	0.0409/0.0447	—	—
SAN-2-m/SAN-2	0.0527/0.0541	0.0021	3
SAN-3-m/SAN-3	0.0510/0.0541	0.0043	6
SAN-4-m/SAN-4	0.0640/0.0734	0.0081	13

注：SAN-1：25%AN；SAN-2：35%AN；SAN-3：35%AN；SAN-4：分子量高于 SAN-2。

4.3.4 其他类型相容剂

丙烯酸型相容剂是一种很有发展前途的新型相容剂，根据市场上的产品可分为酰亚胺改性丙烯酸类及丙烯酸改性聚烯烃类。Rohm&Hass 公司在这方面进行了较多研究，其开发出的 Paraloid 系列丙烯酸类壳核型相容剂，可应用于多种共混体系合金，其中 Paraloid EXL-4241 可与 ABS 和 SAN 相容，并提高共混物热稳定性。BP 功能聚合物公司开发的产品 Polybond EXL1009 则是丙烯酸改性高密度聚乙烯，它与各种基料都表现出很好的结合性，对不同的填料和增强剂也都有较好的相容性。

Majumdar 等[55] 采用酰亚胺化丙烯酸（IA）增容 PA6/ABS 共混体系。其中，IA 通过聚甲基丙烯酸甲酯与甲胺反应挤出制得。由于 PA 的端氨基可与戊二酸酐和甲基丙烯酸官能团反应，在 PA/ABS（45/45）共混体系中加入 10%的 IA 后，合金的缺口冲击强度达到了 979 J/m，而拉伸弹性模量变化却不大。Triacca 等[56] 还比较了噁唑啉与 IA 聚合物的增容效果，指出在相同用量下，噁唑啉型相容剂的反应活性不如 IA 聚合物，而且噁唑啉型相容剂能与 PA 的端氨基和端羧基反应，易产生聚集。但是 IA 含量较高时会对合金的多重加工稳定性产生较大影响。Kudva 等[57] 对 IA 增容 PA6/ABS（1∶1）体系进行一系列研究后指出，在 IA 含量高于 2%情况下，随着加工次数的增多，PA6/ABS 合金的脆-韧转变温度和黏度都迅速增加，相对而言 SAM（苯乙烯-丙烯腈-马来酸酐）的稳定性就要好得多，其力学性能上的差异可能与 IA 聚合物含有的羧酸和酸酐活性基团可与 PA 的端氨基反应有关。

异氰酸酯是另一类理想的接枝单体，相对马来酸酐等官能团，异氰酸酯沸点高、挥发性小、对设备的腐蚀性小，且容易与含有活泼氢原子的化合物，如胺、水、醇、酸、碱发生反应。丁永涛、邵昉等[58,59] 分别对二元乙丙橡胶（EPM）和三元乙丙橡胶（EPDM）的异氰酸酯官能化进行了研究，其产物可用于 ABS/PA 等共混体系的增容。M. Y. Ju 等讨论了苯乙烯-马来酸酐（SMA，8% MA）与聚亚甲基苯基异氰酸酯（PMPI）对 PET/PS 共混体系的协同增容作用。实验结果显示，SMA 单独增容 PET/PS 合金的效果并不明显，当加入少量 PMPI 后，在相界面生成了 PET-*co*-PMPI-*co*-SMA 共聚物。该共聚物可有效减小分散相尺寸，增加界面层厚度，减小界面张力，从而显著提高力学性能。

Wildes 等[60-63] 还合成了一种带仲胺官能团的 SAN 来反应型增容 PC/ABS 合金。他们先用简单的 PS/SAN 体系考察了 SAN-胺对降低分散相的影响，发现不论两组分的黏度比及分散相的组成如何，只需 1% 的 SAN-胺就可使粒径降低一半。此外还利用 Macosko 理论计算出要覆盖满 PC/SAN 体系中 SAN 分散相的表面只需 2×10^{-4} 的 SAN-胺，这仅为他们最低加入量的 1/50。在 PC/ABS 合金共混时加入 SAN-胺接枝物后同样可明显减小分散相的粒径并增加成型过程中形态的稳定性。

低分子型相容剂是一种特殊的反应型相容剂，其作用是通过催化作用、共交联、交联和接枝反应使混合体系形成共聚物。同高分子相容剂相比，添加量少，一般仅为 0.1%～3%（质量分数），且不必在相界面发生作用。一些常见的低分子型相容剂见表 4-20。

表 4-20 低分子型相容剂的一些应用

<table>
<tr><th>聚合物 A</th><th>聚合物 B</th><th>相容剂</th><th>机理</th></tr>
<tr><td>PET</td><td>PA6</td><td>对甲基苯磺酸</td><td rowspan="11">形成共聚物</td></tr>
<tr><td>PA6</td><td>PA66</td><td>亚磷酸三苯酯</td></tr>
<tr><td>PMMA</td><td>丙烯基聚合物</td><td>过氧化物</td></tr>
<tr><td>PVC</td><td>PP</td><td>双马来酰亚胺或氯化石蜡</td></tr>
<tr><td>PPE</td><td>PA66</td><td rowspan="3">氨基硅烷、环氧硅烷或含多官能团的环氧等</td></tr>
<tr><td>PBT</td><td>MBS 或 NBR</td></tr>
<tr><td>PC</td><td>芳香族 PA</td></tr>
<tr><td>PBT</td><td>EPDM-g-富马酸</td><td>聚酰胺</td></tr>
<tr><td>SMA</td><td>BHR</td><td>二甲基氨基乙醇</td></tr>
<tr><td>POM</td><td>丙烯基聚合物</td><td>有机官能化钛酸酯</td></tr>
<tr><td>PVC</td><td>LDPE</td><td>多官能化单体＋过氧化物</td></tr>
<tr><td>PE</td><td>PP</td><td>过氧化物</td><td rowspan="6">形成共聚物
有一相发生交联</td></tr>
<tr><td>PP</td><td>NR</td><td>过氧化物＋双马来酰亚胺</td></tr>
<tr><td>PP 或 PA6</td><td>NBR</td><td>二羟甲基酚衍生物</td></tr>
<tr><td>PA6</td><td>NR</td><td>PF＋六亚甲基四胺＋交联剂</td></tr>
<tr><td>PVC</td><td>PE</td><td>过氧化物＋三嗪二硫酚或 TAIC＋MgO</td></tr>
<tr><td>PS</td><td>EPDM</td><td>Lewis 酸</td></tr>
<tr><td>橡胶</td><td>橡胶</td><td>普通交联剂</td><td>形成共聚物</td></tr>
<tr><td>NR</td><td>LDPE</td><td>过氧化物＋活性助剂</td><td rowspan="2">两相均发生交联</td></tr>
<tr><td>FPM</td><td>NBR 或 CHR</td><td>三嗪二硫酚配合物</td></tr>
</table>

参考文献

[1] 李光宪. 分子内链段排斥性相互作用导致的聚合物共混相容体系的研究. 高分子材料科学与工程，1994，10(5)：1.

[2] Tasdemir M. Properties of Acrylonitrile-Butadiene-Styrene/Polycarbonate Blends with Styrene-Butadiene-Styrene Block Copolymer. J. Appl. Polym. Sci.，2004，93(6)：2521.

[3] 殷年伟，张勇，张隐西，等. 一种聚碳酸酯/苯乙烯-丙烯腈共聚物合金的制备方法：CN 1962759. 2007-05-16.

[4] Vilgis T A，Noolandi J. Theory of Homopolymer-Block Copolymer Blends. The Search for a Universal Compatibilizer. Macromolecules，1990，23(11)：2941.

[5] Thomas S，Prud'homme R E. Compatibilizing Effect of Block Copolymers in Heterogeneous Polystyrene/Poly (Methyl Methacrylate) Blends. Polymer，1992，33(20)：4260.

[6] 李春刚，赫广杰，郭天瑛，等. 嵌段共聚物在共混体系中的增容作用研究 II. PS-*b*-PMMA 对 PVC/SBS 共混体系相态结构的影响. 高分子材料科学与工程，2000，16(3)：128.

[7] 李春刚，赫广杰，郭天瑛，等. 嵌段共聚物在共混体系中的增容作用研究Ⅲ. PS-*b*-PMMA 对 PVC/SBS 共混体系动态力学行为的影响. 高分子材料科学与工程，2000，16(3)：132.

[8] Hiavata D，Horák Z，Lednický F，et al. Compatibilization Efficiency of Styrene-Butadiene Multiblock Copolymers in PS/PP Blends J. Polym. Sci. Part B，2001，39(9)：931.

[9] Datta S，Lohse D J. Graft Copolymer Compatibilizers for Blends of Isotactic Polypropylene and Ethene-propene Copolymers. 2. Functional Polymers Approach. Macromolecules，1993，26(8)：2064.

[10] Lyatskaya Y，Balazs A C. Using Copolymer Mixtures to Compatibilize Immiscible Homopolymer Blends. Macromolecules，1996，29(23)：7581.

[11] Lyatskaya Y，Solomon H J，Balazs A C. Effect of Composition on the Compatibilizing Activity of Comb Copolymers. Macromolecules，1996，29(3)：1059.

[12] Israels R，Foster D P，Balazs A C. Designing Optimal Comb Compatibilizers：AC and BC Combs at an A/B Interface. Macromolecules，1995，28(1)：218.

[13] 刘波，张才亮，冯连芳，等. PS-*g*-PA6 制备及在 PS/PA6 体系的相容作用. 现代塑料加工应用，2005，17(5)：6.

[14] Ahn T O，Ha Y C，Oh M H，et al. Compatibilizing Effect of Poly(Butylene Terephthalate)-G-Polystyrene Synthesized from Macromonomer. Journal of Macromolecular Science，Part B，1995，34(3)：215.

[15] 郑昌仁，金晨旭，张军. ABS/HPVC 合金的制备与力学性能的研究. 高分子材料科学与工程，2001，17(5)：112.

[16] 张国颖，汪伟志，吴强. 共聚物在聚合物共混体系中的增容作用 Ⅱ. 接枝共聚物和无规共聚物. 高分子通报，2003(3)：29.

[17] Brinke G T，Karasz F E，Macknight W J. Phase Behavior in Copolymer Blends：Poly(2，6-Dimethyl-1，4-Phenylene Oxide) and Halogen-Substituted Styrene Copolymers. Macromolecules，1983，16：1827.

[18] Brown H R，Char K，Deline V R，et al. Effects of a Diblock Copolymer on Adhesion Between Immiscible Polymers. 1. Polystyrene(PS)-PMMA Copolymer Between PS and PMMA. Macromolecules，1993，26：4155.

[19] Sikka M，Pellegrini N N，Schmitt E A，et al. Modifying a Polystyrene/Poly(methyl methacrylate) Interface with Poly(styrene-co-methyl methacrylate) Random Copolymers. Macromolecules，1997，30(3)：445.

[20] Kambour R P，Bendler J T，Bopp R C. Phase Behavior of Polystyrene，Poly(2，6-dimethyl-1，4-phenylene oxide)，and their Brominated Derivatives. Macromolecules，1983，16(5)：753.

[21] 张海燕，赵留喜. ABS/(VC-BA)/PVC 共混体系的研究. 河南化工，2003(8)：16.

[22] 王益龙，陈常明，沈千新，等. 聚乙烯接枝马来酸酐的工业生产技术研究. 中国塑料，2001，15(4)：65.

[23] 戚嵘嵘，钱钧岭，周持兴. ABS 树脂熔融接枝马来酸酐的研究. 工程塑料应用，2003，31(1)：13.

[24] Keskkula H，Paul D R. Nylon Plastics Handbook. New York：Gardner Press，1995.

[25] Marchal P，Coppens G，Legras R，et al. Amine/Anhydride Reaction Versus Amide/Anhydride Reaction in Poly-

amide/Anhydride Carriers J. Polym. Sci Part A.，1995，33(5)：757.

[26] Chiu H T，Hsiao Y K. Studies on Impact-Modified Nylon 6/ABS Blends. Polym. Eng. Sci.，2004，44(12)：2340.

[27] Duvall J，Sellitti C，Myers C，et al. Interfacial Effects Produced by Crystallization of Polypropylene with Polypropylene-*g*-Maleic Anhydride Compatibilitzers. J. Appl. Polym. Sci.，1994，52(2)：207.

[28] Majumdar B，Keskkula H，Paul D R. Morphology of Nylon 6/ABS Blends Compatibilized by a Styrene/Maleic Anhydride Copolymer Polymer，1994，35(15)：3164.

[29] 张凯舟，秦舒浩，于杰. SMAH 对 PA6/ABS 合金的增容作用研究. 工程塑料应用，2007，35(12)：22.

[30] Oshinski A J，Keskkula H，Paul D R. Rubber Toughening of Polyamides with Functionalized Block Copolymers：1. Nylon-6. Polymer，1992，33：268.

[31] 王荣伟，王玮，石正金，等. 一种国产新型反应性增容剂在 PA6 与 ABS 合金中的应用. 高分子材料科学与工程，2005，21(2)：264.

[32] Parsons C F. Polymer Blends of Polycarbonate Styrene Terpolymer and ABS Resin：US 4886855. 1989-12-12.

[33] Zhang X F，Chen Y S，Zhang Y，et al. Effects of ABS-*g*-MAH on Mechanical Properties and Compatibility of ABS/PC Alloy. J. Appl. Polym. Sci.，2001，81(4)：831.

[34] Tjong S C，Meng Y Z. Effect of Reactive Compatibilizers on the Mechanical Properties of Polycarbonate/Poly (acrylonitrile-butadiene-styrene) Blends. European Polymer Journal，2000，36(1)：123.

[35] Paul S，Kale D D. Blends of Acrylonitrile-Butadiene-Styrene/Waste Poly(ethylene terephthalate) Compatibilized by Styrene Maleic Anhydride. J. Appl. Polym. Sci.，2001，80(13)：2593.

[36] Elmaghor F，Zhang L，Fan R，et al. Recycling of Polycarbonate by Blending with Maleic Anhydride Grafted ABS. Polymer，2004，45(19)：6719.

[37] Chen B，Tang T，Xu S Q，et al. Compatibilization of Polyamide-6/Syndiotactic Polystyrene Blends Using Styrene/Glycidyl Methacrylate Copolymers. Polymer Journal，2003，35(2)：141.

[38] 高歌，孙洪海，于晓强，等. 反应型增容剂 PS-*co*-GMA 的合成及反应动力学的研究. 塑料工业，1999，27(1)：1.

[39] 李军，黄仁军，吴意，等. SAN-*g*-GMA 的制备及其在 PA6/ABS 中的应用. 塑料工业，2009，37(5)：56.

[40] 孙洪海，高歌，王静媛，等. 反应型增容剂 PS-*co*-GMA 在 PA1010/ABS 共混体系中的增容作用. 塑料工业，2000，28(1)：12.

[41] Lee P C，Kuo W F，Chang F C. In Situ Compatibilization of PBT/ABS Blends Through Reactive Copolymers. Polymer，1994，35(26)：5641.

[42] Hale W，Keskkula H，Paul D R. Effect of Crosslinking Reactions and Order of Mixing on Properties of Compatibilized PBT/ABS Blends. Polymer，1999，40(13)：3665.

[43] Hale W，Keskkula H，Paul D R. Effect of PBT Melt Viscosity on the Morphology and Mechanical Properties of Compatibilized and Uncompatibilized Blends with ABS. Polymer，1999，40(13)：3621.

[44] 索延辉，陈志成，孙树林. ABS-*g*-GMA 增韧聚对苯二甲酸丁二醇酯的研究. 中国塑料，2006，20(5)：17.

[45] Hale W R，Pessan L A，Keskkula H，et al. Effect of Compatibilization and ABS Type on Properties of PBT/ABS Blends. Polymer，1999，40(15)：4237.

[46] Sun S L，Tan Z Y，Zhou C，et al. Effect of ABS Grafting Degree and Compatibilization on the Properties of PBT/ABS Blends. Polymer Composites，2007，28(4)：484.

[47] 魏无际，刘国智，潘恩黎. 本体共聚法合成噁唑啉官能化聚苯乙烯的研究. 塑料工业，1995，23(3)：21.

[48] 王锋，刘国智. 含噁唑啉环的活性聚苯乙烯制备. 塑料工业，1993，21(4)：19.

[49] Becker H G，Schmidt-Naake G. Compatibilization of Polymer Blends from Poly(styrene-*co*-acrylonitrile) and Polycarbonate by Oxazoline Modification of Poly(styrene-*co*-acrylonitrile) in the Melt. J. Appl. Polym. Sci.，2003，90(9)：2322.

[50] Scaffaro R，Carianni G，Mantia F P L. On the Modification of the Nitrile Groups of Acrylonitrile/Butadiene/Styrene into Oxazoline in the Melt. J. Polym. Sci. Part A，2000，38(10)：1795.

[51] Vocke C，Anttila U，Seppälä J. Compatibilization of Polyethylene/Polyamide 6 Blends with Oxazoline-Function-

alized Polyethylene and Styrene Ethylene/Butylene Styrene Copolymer(SEBS). J. Appl. Polym. Sci., 1999, 72 (11): 1443.

[52] 任俊芳，王金清，王宏刚，等. ABS噁唑啉化对 PA6/ABS 共混物的增容作用研究. 塑料工业，2009，37：21.

[53] Seeliger W, Aufderhaar E, Diepers W, et al. Recent Syntheses and Reactions of Cyclic Imidic Esters. Angew. Chem. Int. Ed., 1966, 5(10): 875.

[54] Liu X D, Mantia F L, Scaffaro R. Oxazoline-Containing Compatibilizers for Polyamide/SAN and Polyamide/ABS Blends. J. Appl. Polym. Sci., 2002, 86(2): 449.

[55] Majumdar B, Keskkula H, Paul D R. Mechanical Properties and Morphology of Nylon-6/Acrylonitrile-Butadiene-Styrene Blends Compatibilized with Imidized Acrylic Polymers. Polymer, 1994, 35(25): 5453.

[56] Triacca V J, Ziaee S, Barlow J W. Reactive Compatibilization of Blends of Nylon 6 and ABS Materials. Polymer, 1991, 32(8): 1401.

[57] Kudva R A, Keskkula H, Paul D R. Properties of Compatibilized Nylon 6/ABS Blends: Part II. Effects of Compatibilizer Type and Processing History. Polymer, 2000, 41(1): 239.

[58] 丁永涛，辛志荣，崔孟忠. 异氰酸酯官能化二元乙丙橡胶的制备与表征. 烟台大学学报，2001，14(4)：278.

[59] 邵昉，冯连芳，顾雪萍，等. EPDM 异氰酸酯官能化与 EPDM/PA6 的增容. 功能高分子学报，2008，21(3)：260.

[60] Wildes G S, Harata T, Keskkula H. Synthesis and Characterization of an Amine-functional SAN for the Compatibilization of PC/ABS Blends. Polymer, 1999, 40(11): 3069.

[61] Wildes G S, Keskkula H, Paul D R. Morphology of PC/SAN Blends: Effect of Reactive Compatibilization, SAN Concentration, Processing, and Viscosity Ratio. J. Polym. Sci. Part B, 1999, 37(1): 71.

[62] Wildes G S, Keskkula H, Paul D R. Coalescence in PC/SAN Blends: Effect of Reactive Compatibilization and Matrix Phase Viscosity. Polymer, 1999, 40(20): 5609.

[63] Ju M Y, Chang F C. Compatibilization of PET/PS Vlends through SMA and PMPI Dual Compatibilizers. Polymer, 2000, 41(5): 1719.

第5章
ABS树脂分类及应用

5.1 引言

从INEOS Styrolution公司、SABIC公司、LyondellBasell公司和Trinseo公司经营的ABS品牌分类中，不难发现许多ABS树脂牌号具有耐热、抗静电、阻燃等特性，有的特性不是合成工艺所能赋予的，要靠后加工共混才能获得。共混加工是乳液接枝-本体SAN掺混法生产ABS树脂的重要工序，也是本体ABS树脂专用化和品种多样化的重要手段。按加工工艺，ABS树脂可分为注塑级、挤出级、压延级、吹塑级等；按用途，可分为通用级、阻燃级、耐热级、耐化学级、抗静电级、透明级、医用与食品级和电镀级等。

5.2 分类

5.2.1 通用级

通用级ABS树脂一般指无阻燃、高耐热等特殊特性，而是在力学性能、加工性能和制品表面质量之间取得一定平衡，可以满足众多应用领域需求的ABS。这类产品市场容量大，主要优势体现在以冲击性能为代表的力学性能和成本。依据冲击性能的高低，通用级ABS可细分为中抗冲、高抗冲级。

通用级ABS树脂可被加工成一些户外用制品。ABS树脂制品长时间暴露于太阳光下，颜色会发生变化，表面光泽度、冲击强度下降，拉伸、弯曲性能和硬度受影响相对较小。添加黑色颜料、在ABS树脂制品上压亚克力板或在其上涂覆涂层可提高耐候性。特别是，在ABS树脂注塑件上使用相容的不透明耐候聚氨酯涂层可最大限度保持颜色和光泽度。

中抗冲级ABS的悬臂梁缺口冲击强度一般在160～270J/m之间，多应用于小家电、玩具和食品包装等领域。各ABS生产商均有对应于这一品级的牌号，其典型性能如表5-1所示。

表5-1 中抗冲级通用ABS树脂常见牌号的性能

项目	奇美PA757	LG 121H	吉化0215A	高桥8434
Izod缺口冲击强度/（J/m）	200	230	185	202
拉伸屈服强度/MPa	48	52	52	47

续表

项目	奇美 PA757	LG 121H	吉化 0215A	高桥 8434
弯曲强度/MPa	79	80	91	65
弯曲模量/MPa	2900	2800	2850	2400
熔体流动速率/（g/10 min）	22	23	20	19
洛氏硬度	116	110	—	—

悬臂梁缺口冲击强度超过 270J/m 的 ABS 为高抗冲级 ABS，主要应用于厨房家电、工具、吸尘器以及草坪用齿轮等。典型的高抗冲级 ABS 如表 5-2 所示。

表 5-2　高抗冲级通用 ABS 树脂常见牌号的性能

项目	奇美 PA747	Cycolac™ DL100	Lucent ABS-45T
Izod 缺口冲击强度/（J/m）	360	700	320
拉伸屈服强度/MPa	38.5	44	37.9
弯曲强度/MPa	62	69	74.5
弯曲模量/MPa	2200	2250	2210
熔体流动速率/（g/10 min）	12	7	5
洛氏硬度	108	104	

5.2.2　耐热级

耐热级 ABS 树脂的热变形温度一般在 85～107℃，具有良好的耐热性、韧性和流动性。在汽车领域，主要用于汽车门、后轮罩内板、面板等制作；在家电领域则适用于微波炉、电饭锅、电吹风等产品的生产。ABS 耐热性可通过降低橡胶含量、增加 SAN 分子量和丙烯腈含量等方法实现，但通过添加耐热单体或耐热助剂开发耐热级 ABS 更受人们的关注。

在 ABS 树脂中引入 α-甲基苯乙烯（MS）、马来酸酐（MA）和马来酰亚胺（MI）可提高 ABS 的耐热性。其途径主要有两种：

① 将 MS、MI 等作为第三单体与苯乙烯、丙烯腈共聚，增加基体树脂刚性，提高其 T_g。MS 和 AN 的共聚物比相同 AN 含量的 SAN 耐热性好，其维卡软化温度分别为 123℃和 103℃。二者的耐化学性和物理性能相似，生产方法也可通用。基于 MS 的材料颜色比基于苯乙烯的材料黄。实际生产时，MS 仅部分替代苯乙烯，替代比例取决于 MS 竞聚率等共聚参数。

② 把耐热性更好的苯乙烯-马来酸酐共聚物（SMA）或苯乙烯-马来酰亚胺共聚物（SMI）作为共混组分加入 ABS 树脂中。其中，SMA 的维卡软化温度可达 150℃，但其在高温下不稳定，需控制加工温度在 260℃以下以避免制件产生放射纹。在 SMA 中加入 1%的受阻酚抗氧剂和硫酯协效剂，可显著提高其热稳定性。SMI 适用于对耐热性要求高于 SMA 和 MS 的场合，可通过 SMA 与氨或胺的亚酰胺化反应制备。SMI 高温时热稳定性好，不产生放射纹。常见耐热 ABS 牌号见表 5-3。

表 5-3　常见耐热级牌号 ABS 树脂的性能

项目	奇美 PA777B	韩国乐天化工 SR-0320
热变形温度/℃	97	93
Izod 缺口冲击强度/（J/m）	230	176
拉伸屈服强度/MPa	45	45
弯曲强度/MPa	65	66
弯曲模量/MPa	2200	2059
熔体流动速率/（g/10 min）	7.5	7.2

5.2.3　高流动级

为满足更大更薄制品的生产需求，需进一步提升 ABS 树脂的加工性能。ABS 的加工流动性和生产效率直接相关。控制 ABS 流动行为的关键因素是丙烯腈含量、SAN 的分子量以及橡胶含量。丙烯腈含量低，ABS 流动性好，但热变形温度下降。较低的 SAN 分子量对流动性有利，但 ABS 树脂韧性会受影响。橡胶含量对 ABS 树脂熔体黏度和韧性调控非常重要。橡胶含量增加，黏度、韧性增加，模量下降。橡胶种类也是 ABS 树脂的重要设计变量。低黏度橡胶（如星形、支化橡胶）有利于提高加工流动性和低温韧性。此外，还可加入脂肪酸、脂肪酸盐、矿物油、芳香磷酸酯等助剂提高 ABS 流动性。

高流动级 ABS 可应用于大型或形状复杂的制品，如空调、电视机外壳、磁带、各式休闲用品等。常见牌号有中国台湾奇美 PA-756、日本住友化学 AT-05、SABIC MG94 等。

5.2.4　抗静电级

由于 AN 的极性特性，SAN 的体积电阻率较 PS 有所下降，但仍然保持优异的绝缘性。ABS 表面易积聚静电荷，在加工、运输、使用中容易产生灰尘吸附、脱模困难和静电放电等问题。因此，ABS 树脂制品需要具有一定的导电性，以防止内部放电，甚至还可以屏蔽外界对精密电子元件的电磁干扰。添加抗静电剂是制备抗静电级 ABS 的主要方法，可防止静电荷产生或消散静电荷。

抗静电级塑料开发的难点在于如何赋予材料长效甚至永久的抗静电性，同时避免抗静电剂出现迁移和析出问题。这取决于抗静电剂与塑料的受限相容性（溶解性）及可控迁移特性。由于 ABS 玻璃化转变温度高于室温，冷却时抗静电剂与基体的相容性便成为决定因素。

抗静电剂可在 ABS 加工之前或加工过程中添加。根据添加方式，抗静电剂的种类如下：

① 外抗静电剂，以水或醇溶液的形式涂覆于 ABS 制件的表面，最常用的是季铵盐。季铵盐可降低制件表面电阻，但在制件使用、清洁等过程中易被去除，因而适用于显示部件等需要短期防尘的应用场景。

② 内抗静电剂，在 ABS 加工时添加，添加量少（0.1 %～3%），和 ABS 具有一定

的相容性。内抗静电剂分为迁移性抗静电剂和永久性抗静电剂。迁移性抗静电剂为离子型或非离子型表面活性剂，疏水部分与 ABS 有限相容，亲水部分从 ABS 内部迁移至表面后可吸附水，增加表面导电性。表面的抗静电剂除去后，内部的抗静电剂仍可持续迁移至表面，直至全部耗尽，因而使用时间较外抗静电剂长。永久性抗静电剂不发生迁移，包括导电性高的填料（如炭黑、金属涂覆的碳纤维、不锈钢丝）、亲水性高分子材料（如聚氧乙烯共聚物）和导电高分子材料（如聚丙烯腈、聚噻吩）。其中，亲水性高分子抗静电剂可通过吸湿增加导电性，其添加量高（超过 10%），但成本较导电高分子材料低，主要应用于办公自动化设备。导电填料不适于注重颜色、透明性的场景以及电子领域。常见的抗静电级 ABS 如表 5-4 所示。

表 5-4　抗静电级 ABS 典型性能

项目	Novodur①	RONFALIN®②				
	P2H-AT	1328A	1335A	1336A	1352A	1363A
表面电阻/Ω	$>1\times10^{15}$	$>1\times10^{13}$	1×10^{13}	$>1\times10^{13}$	1×10^{15}	1×10^{14}
Izod 缺口冲击强度/（kJ/m^2）	18	12	17	17	11	32
拉伸屈服强度/MPa	44	50	50	50	44	37
弯曲强度/MPa	70	82	82	80	65	61
弯曲模量/MPa	2400	2900	2800	2800	2100	2100
熔体流动速率/（g/10 min）	36	40	26	30	11	16

① INEOS Styrolution 产品；② LyondellBasell 产品。

5.2.5　医用与食品级

医用级 ABS 树脂冲击强度中等，光泽度高，是静脉内（Ⅳ）系统、诊疗工具包和外科器械的主要备选材料。其生物相容性满足美国药典（USP）等级Ⅵ标准或美国食品药品监督管理局（FDA）修订版 ISO 10993-1 标准（与人体组织接触 30 天以内医用器械的生物学评价测试）的要求。

医用级塑料制品灭菌的方法包括：① 55℃环氧乙烷灭菌；② γ 射线辐照；③ 75℃低温（低压）蒸汽灭菌；④ 80℃甲醛灭菌。第一种方法医院最常用，第二种方法通常用于工厂环境。医用级 ABS 可采用前两种方法灭菌。由于其耐热性不足，后两种方法并不适用。

ABS 树脂中残留的丙烯腈单体对人体有害，因此境外食品级 ABS 需通过 FDA、欧盟、日本劳动厚生省等机构的食品级标准认证。FDA 对丙烯腈共聚物不仅规定了单体迁移限量，还规定了材料中的丙烯腈单体最大残留量，如 ABS 和丁苯橡胶改性的 SAN 中残留量均需≤11mg/kg，而 SAN 中单体残留量按不同使用情况限定为 0.10～80mg/kg 不等。欧盟物质清单规定丙烯腈迁移量检出限为 0.020mg/kg，未规定材料中的残留量（QM）。中国迄今为止的卫生标准中未规定丙烯腈的迁移限量，但规定丙烯腈单体残留量在橡胶改性的 ABS 中≤11mg/kg，在 SAN 中≤50mg/kg。ABS、SAN 的蒸发残渣指标≤15mg。很多医用级 ABS 也符合食品级的标准，可以和食品接触。

INEOS Styrolution 公司、SABIC 公司和 LyondellBasell 公司是主要的医用与食品级 ABS 生产商。代表性的医用级和食品级 ABS 性能如表 5-5 所示。

表 5-5 医疗级和食品级 ABS 的性能

项目	Lustran 348①	Cycolac②		RONFALIN®③	
		HMG47MD	HMG94MD	1336 FC	1424 FC
Izod 缺口冲击强度/（J/m）	180	320	240	170	120
拉伸屈服强度/MPa	52	44	46	50	53
弯曲强度/MPa	76	72	70	80	88
弯曲模量/MPa	2700	2340	2500	2800	3100
熔体流动速率/（g/10 min）	18	19	12	31	21

① INEOS Styrolution 产品；② SABIC 产品；③ LyondellBasell 产品。

5.2.6 电镀级

ABS 树脂制品经电镀可使其具有耐摩擦、耐候性以及金属装饰效果，是电镀领域使用最多的塑料。电镀处理后的 ABS 树脂制品广泛用于汽车、电子电气等领域。

电镀之前 ABS 表面需刻蚀，通过氧化接枝使橡胶相优先被腐蚀，以增加电镀层与 ABS 表面之间的黏结。镀层结合性能受橡胶含量、橡胶粒径、表面附近取向的共聚物的组成和应力水平影响[1]。增加橡胶含量和粒径以及丙烯腈含量可以提高 ABS 与镀层的黏结强度。Dennis 和 Tipping[2] 研究发现，含有甲基苯乙烯的 ABS 以及橡胶含量低的 ABS 在热循环测试中表现最好，热膨胀系数较低。橡胶含量高的 ABS 热循环测试结果不好，而剥离黏结力、热膨胀系数较高，易于刻蚀，电镀层的力学性能较好。透明 ABS 的连续相中含有甲基丙烯酸酯，使得制件上镀层的黏结强度不高。日本电气化学工业株式会社开发了连续相不含酯的透光 ABS，大大改善了镀层黏结强度[3]。此外，在应用于水箱饰罩这样温度变化范围宽的大型模塑制品时，ABS 须更耐极端温度，热膨胀系数更小，以减小温度变化造成的 ABS 基材和镀层之间的应力。常见的电镀级 ABS 见表 5-6。

表 5-6 电镀级 ABS 性能

项目	奇美 PA-727	奇美 PA-726M	Cycolac MG37EPX①
Izod 缺口冲击强度/（J/m）	284	245	230
拉伸屈服强度/MPa	46.5	39	48
弯曲强度/MPa	73	61	73
弯曲模量/MPa	2500	2100	2470
熔体流动速率（200℃，5kg）/（g/10 min）	1.6	2.3	20.6（220℃，10kg）

① SABIC 产品。

5.2.7 耐化学级

与增强聚烯烃和 HIPS 相比，耐化学性是 ABS 的优势之一。极性氰基基团使得 ABS 耐多种溶剂，吸湿性较低（＜1%）。ABS 凭借这一性能在家电和汽车领域得到了广泛应用。对臭氧层危害较小的 HCFC 取代氟里昂作为制冷剂是 ABS 生产商的挑战之一。HCFC 对通常的 ABS 树脂（St：AN 约为72：28）腐蚀性较大，导致冰箱内衬开裂。解决这一问题有两种途径：使用含有高耐化学性聚合物（如乙烯-乙酸乙烯酯共聚物）的阻隔层或者提高 ABS 的 AN 含量。耐化学级 ABS 牌号有 SABIC 的 Cycolac EX39F 和 GX3800F 等、中国台湾奇美的 POLYLAC® PA-797、Spartech 的 FormPro® Chill “A” 等。

5.2.8 耐候级

基于聚丁二烯橡胶（BR）的 ABS 不具有许多户外应用所需的耐候性，如较差的抗紫外线（UV）和抗氧化性能。采用耐候的弹性体取代 BR 可以获得更好的耐候性。BR 降解源于其双键易受 UV 和氧的攻击而断裂。不含双键的橡胶可抗这种降解反应。

耐候级 ABS 产品主要有两种：用丙烯酸酯类弹性体（如丙烯酸丁酯）改性 SAN 得到 ASA；将 St 和 AN 接枝到乙丙橡胶（EPDM）上而制得 AES。ASA 和 AES 尽可能保留了 ABS 的特性，唯一的缺点是低温韧性较 ABS 低。

ASA 通常用乳液法生产，而 AES 生产大多采用本体-溶液工艺。因此，ASA 的特点与乳液法 ABS 相似，AES 则更像本体法 ABS。

相较于普通 ABS，耐候级 ABS 能显著延缓或减轻因环境导致的材料黄变现象。通过加速老化试验测试，ASA 和 AES 表现出良好耐候性。最通用的试验方法有模拟试验（如 Weather-O-meter）和室外试验（如 Florida 试验）。两种测试方法都证实，即使在阳光、雨和风中长时间暴露后，颜色转变（通过全色差 ΔE 测量）也较小。

ASA 和 AES 的耐化学性也比非耐候级 ABS 好得多，室温下可耐饱和烃、低芳香含量的增碳燃料、矿物油、植物或动物的脂肪，以及石油、水、盐的水溶液和稀酸、碱。然而浓矿物酸、芳香烃、氯代烃、酯、醚和酮对其有腐蚀作用。

耐候性材料主要用于未涂装的户外场景，有注塑级和挤出级两大品类。常见的耐候级 ABS（即 ASA）见表 5-7。

表 5-7　耐候级 ABS（ASA）树脂性能

项目	中国台湾奇美			INEOS Styrolution 的 Luran S 系列		
	PW-957	PW-978B	PW-997S	757R	776S	757G
Izod 缺口冲击强度/（J/m）	147	205	284	120	300	120
拉伸屈服强度/MPa	43	46	44	56	47	51
弯曲强度/MPa	64	67	65	80	65	75
熔体流动速率/（g/10 min）	23	13	4	8	4	25

5.2.9 板材级

板材级 ABS 具有由低到高可调的光泽度和冲击强度，主要应用于汽车仪表板、行李箱外壳和壁板。板材级 ABS 也可作为耐候共挤出部件的基材，用于摩托车外壳和船壳。近年来还代替不饱和聚酯/玻纤复合材料，用于休旅车车身板的制造[4]。

与通用 ABS 树脂相比，板材级 ABS 冲击强度高（300 J/m 以上），熔体黏度大（MFR 在 8 g/10 min 以下），丙烯腈含量高（29%以上），形变均匀性好，有较大的牵伸率。板材级 ABS 主要应用于冰箱、空调等家电领域，其最大用途是作为冰箱内胆。其技术含量高，挤板过程要求平整光滑、无条纹、无污染，吸塑过程要求板材均匀变薄。因此，冰箱用板材级 ABS 树脂必须具有特定水平的剪切黏度、拉伸模量、断裂伸长率、冲击强度、熔体应变硬化和可见颈缩开始时的熔体应变。此外，冰箱板材还要求具有很高的耐溶剂、耐低温、抗开裂及抗冲击性能，且气味较低等。

原美国 GE 公司最早开发了板材级 ABS 树脂，其他主要 ABS 生产商均生产板材级 ABS 产品。兰州石化公司、大庆石化公司也曾开发了冰箱用板材 ABS 专用料。原德国 Bayer 公司（其 ABS 业务被 INEOS 购并）采用连续本体法生产工艺开发出冰箱用 ABS 树脂[5]。原 Dow 化学公司与 Atofina 化学公司合作在 ABS 基材上共挤出耐候性丙烯酸树脂薄面层，获得高光泽、耐刮擦、耐候的高质量 ABS 板材[6]。Spartech 生产了专用 ABS 板材。

目前占据中国板材级 ABS 市场的是中国台湾奇美公司、韩国三星公司和 LG 公司。常见的板材级 ABS 树脂性能见表 5-8。

表 5-8 典型板材级 ABS 树脂的性能

项目	奇美 PA747S	三星 SV-0157	LG RS-656H	SABIC Cycolac GX3800F
Izod 缺口冲击强度/（J/m）	392	343	392	432
拉伸屈服强度/MPa	38	44	47.5	39
弯曲强度/MPa	61	63	76.4	66
弯曲模量/MPa	2058	2350	2450	2160
熔体流动速率（220℃，10 kg）/（g/10min）	2.5	5	5	4
洛氏硬度	110	106	105	—

5.2.10 管材级

建材行业中 ABS 树脂主要用作给排水管等实心或低发泡管材，具有传统的金属管材没有的质轻、耐腐蚀、易着色、隔热保温性能好和外观美观等优点。与其他塑料管材比，ABS 管材使用温度范围宽，冲击强度高，抗蠕变性、耐磨性、耐腐蚀性好，连接简单。

管材级 ABS 树脂拉伸强度、静态弯曲强度、冲击强度高，耐候性、尺寸稳定性好，加工流动性较其他挤出级 ABS 好，符合 NSF 标准。我国市场主要有奇美的 PA709S 等牌号。典型的管材级 ABS 性能见表 5-9。

表 5-9 典型管材级 ABS 树脂性能

项目	奇美 PA709S	奇美 PA709P
Izod 缺口冲击强度/（J/m）	362	367
拉伸屈服强度/MPa	36	45
弯曲强度/MPa	55	64
弯曲模量/MPa	1960	2058
熔体流动速率（220℃，5 kg）/（g/10 min）	0.4	0.5
洛氏硬度	100	100

5.2.11 抗菌型

人们对卫生的日益重视促进了抗菌型 ABS 的开发。抗菌型 ABS 主要应用于饮水机、食品加工设备、食品包装盒、儿童玩具、家电制品、医疗器械等对卫生条件要求高的场合，具有抗菌抑菌、卫生自洁的功能。塑料抗菌处理通常有如下两种方法：

① 加入抗菌剂。这种方法处理的产品抗菌性持续时间长。抗菌剂分为有机抗菌剂和无机抗菌剂。有机抗菌剂可能引起健康问题，而且很多没有足够的抗菌活性；无机抗菌剂使用金属离子（通常为银离子），其安全性和抗菌活性都很好。因此，通常使用无机抗菌剂。

② 在制品表面涂覆含有抗菌剂的镀层。这种制品在使用时随着镀层剥离其抗菌性逐渐下降。

使用哪种方法取决于制品所用材料、制造方法、所需性能等。应用于 ABS 的抗菌剂主要是载银抗菌剂、光催化抗菌剂等。

常见的抗菌型 ABS 有锦湖日丽的 ABS 750KB、770KB、795KB 等。

5.2.12 其他品种

5.2.12.1 透明级

甲基丙烯酸甲酯（MMA）与 St 共聚所得的 SMMA 在物理特性和聚合工艺方面与 SAN 相似，其具有优异的光学性能和较弱的耐候性。在透明 ABS 制备中，可通过引入 MMA 单体取代部分 AN 和 S，调节基体树脂相和接枝相的折射率，可显著提高透光性能。

5.2.12.2 低光泽级

低光泽 ABS 光泽度一般在 20%～40%，在工具、计算机外壳、音响设备、电器仪表、玩具等方面应用广泛。随着汽车工业和通信、信息产业的快速发展，低光泽 ABS 的需求量正在快速增长。低光泽 ABS 广泛应用于汽车的内部装饰部件，起到防眩作用，并在视觉上有柔软感和高级感。使用不涂装的低光泽 ABS 正成为一种趋势。

降低光泽度的途径主要有三种：①在合成过程中控制 ABS 的橡胶粒径、粒子状态以及交联程度等。其中，控制橡胶粒径可使 ABS 形成粗糙的表面，达到散射光的作用，从而降低光泽度。②加入消光剂，如无机填料、丙烯酸树脂和交联苯乙烯系树脂，这是最常用的降低光泽度的方法。③在后加工过程中，采用咬花模具进行注塑或者在 ABS 表面进行涂装也可降低光泽度。

5.2.12.3 阻燃级

ABS 的阻燃性能可通过加速燃烧测试表征。最常用的是 UL 的水平和垂直燃烧测试。根据 UL-94 标准，阻燃性能级别由低到高可分为：HB、V-2、V-1、V-0、5VB 和 5VA。标准的 ABS 属于 HB 级别，需要加入阻燃剂以获得 V-0 级的阻燃性能。最常用的是含卤化合物与三氧化二锑（Sb_2O_3）配合使用。过去使用的溴代二苯醚已经被其他化合物（如溴代低聚苯乙烯或溴代低聚碳酸酯）所取代。

5.3　ABS树脂专用料

本节所指的ABS树脂专用料是ABS树脂含量至少占50%以上，其余的为各种小分子或聚合物添加剂和助剂的共混物。添加剂和助剂包括阻燃剂、协效剂、抗冲改性剂、填料、稳定剂、抗静电剂等。

5.3.1　阻燃ABS树脂

与多数有机高分子材料一样，ABS树脂为可燃材料，其极限氧指数（LOI）低（18.3%～18.8%），按UL94标准属于HB级别。ABS着火时燃烧速度快，并且放出大量毒气和黑烟，不利于实际应用。因此，在过去的六十多年中，人们对阻燃ABS进行了大量研究开发。

ABS是良好的绝缘材料，其电性能不随温度和湿度的改变而变化很大。阻燃ABS主要应用于电话、电脑等电子电气设备外壳（要求达到UL94 V-0或5V标准）、汽车内部构件（要求达到FMVSS 302标准）和外部构件、小型厨房电器、工具和真空吸尘器的外壳等。

降低ABS树脂燃烧性主要有三个途径：①使用阻燃型聚合物与ABS共混，如CPE、PVC；②对现有的ABS树脂进行化学改性，如加入三溴苯乙烯作为第四单体制备四组分的阻燃ABS；③以常用的方法向ABS中加入阻燃剂，包括无机阻燃剂（如MoO_3）和有机阻燃剂（如卤素化合物、磷类阻燃剂）。阻燃型聚合物具有高效的阻燃作用，但往往伴随其他性能短板，如老化、成本高等。而通过化学改性手段制备ABS需要特定的生产过程，工艺更复杂。第三种方法在成本和性能之间取得了平衡，并且在设计多功能材料方面更有灵活性。

5.3.1.1　含卤阻燃剂

含卤阻燃剂在HIPS中应用最广，其中一些也可用于ABS，使用最多的是热稳定并且高效的芳香溴代物。由于多溴代苯醚和六溴环十二烷存在环境、安全风险和不确定性，所以人们致力于开发新型的溴化阻燃剂。

Uhlmann等[7]系统研究了20多种阻燃剂对ABS燃烧性能和力学性能的影响，发现溴系阻燃剂比氯系阻燃剂的阻燃效率高。热稳定性更高的十溴二苯醚（DBDPO）、1,2-双（五溴苯基）乙烷（BPBPE）、1,2-双（四溴邻苯二甲酰亚胺）乙烷（BDBPIE）比所报道的可溶性阻燃剂更有效。添加溴系阻燃剂的ABS热变形温度和维卡软化点最高。可溶性阻燃剂即使熔点高于共混温度，所得ABS的热变形温度和维卡软化点仍然较低。另一方面，含可溶性阻燃剂的ABS与含不溶性阻燃剂的相比，Izod和Gardner冲击强度高得多，熔混性更好。除溴代聚苯乙烯和溴代环氧低聚物外，多数可溶性阻燃剂会发生渗霜、压析。像BPBPE、BDBPIE这样的不溶性阻燃剂则没有这种现象。综合考虑，可优先选用分子量小于1200的低聚物，可溶于ABS并能产生良好的抗冲击性能。

八溴二苯醚（OBDPO）是可溶于 ABS 的阻燃剂，作为优先选用的阻燃剂之一，曾被应用 20 多年。然而，出于环保的考虑，OBDPO 退出了市场[8]。取而代之，四溴双酚 A［图 5-1（a）］由于成本低而在 ABS 中使用最为广泛。如果加工温度高于 240℃，四溴双酚 A 的热不稳定性会引起变色，因此在需要高抗冲以及高的耐热性能时不推荐使用。加入相容剂 SMA 可以保持较好的力学性能，并且使 Sb_2O_3 分散得更好，从而提高了 LOI[9]。虽然含金属的偶联剂也有助于分散，但 LOI 实际上是下降的[10]。这可能是由于偶联剂干扰了 HBr 的释放。

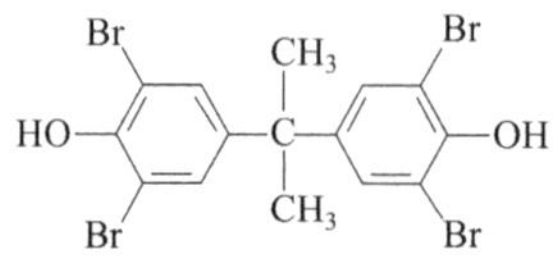

(a) 四溴双酚A

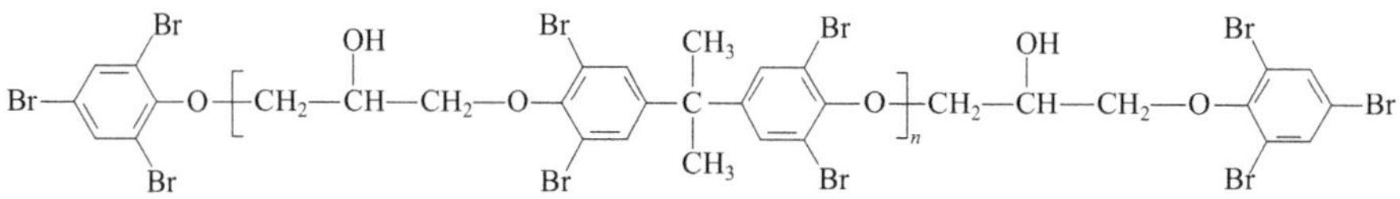

(b) 三溴苯氧基封端的四溴双酚A环氧树脂

图 5-1　溴代物分子结构式

分子量小于 1200 的四溴双酚 A 环氧树脂衍生物的溴含量为 50%～60%，软化温度大约 110℃，且在 300℃以下具有良好的热稳定性[11]。将这类树脂添加到 ABS 中，所得材料的冲击强度、热变形和 UV 稳定性良好[12]。环氧树脂的另一个重要功能是使 ABS 加工流动性更好。三溴苯氧基封端的四溴双酚 A 环氧树脂［图 5-1（b）］是专为解决常规级别的环氧树脂在长距离注塑操作中出现的金属粘连问题而设计的[8]，其热稳定性优于常规环氧树脂。阻燃剂生产商对其进一步改性后，Gardner 冲击强度得到了显著提升。

双（2,4,6-溴代苯氧基）乙烷（BTBPOE）是主要用于 ABS 的可溶性阻燃剂，不用于 HIPS。它需要 Sb_2O_3 作协效剂，也可以使用锡酸锌和羟基锡酸锌[13]，有助于消烟。为了防止不必要的熔滴，还需加入少量（<0.5%）的聚四氟乙烯（PTFE）。PTFE 还能和 Sb_2O_3 发生化学作用，有助于提高阻燃性。某些氯化固体石蜡和 BTBPOE 具有协效作用[13]。BTBPOE 和氯化阻燃剂（见图 5-2）也有相似的作用。氯化物和溴化物的最佳比例为摩尔比 1∶1，LOI 可达 30%以上，达到 UL94 V-0 的要求。

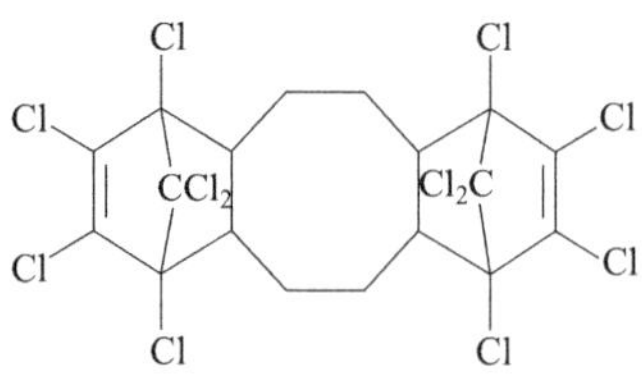

图 5-2　氯化阻燃剂

丙烯酸五溴苄酯是一种适用于 ABS 的聚合物阻燃剂。丙烯酸五溴苄酯可以在无机填料（如 $CaCO_3$）存在的条件下进行聚合，产物沉积在无机颗粒的表面[14]。这种方法有利于生产矿物填充的 ABS，同时无机填料不干扰溴化阻燃剂和 Sb_2O_3 之间的反应。而且 $CaCO_3$ 使得燃烧时产生更加粘连的炭渣，对阻燃有积极贡献。虽然溴化聚苯乙烯一般与 ABS 不相容，但它可以和 DBDPO 或其他阻燃剂配合使用，所得的阻燃 ABS 物理性能良好[15]。

加入氰尿酸三（三溴苯基）酯的ABS成本有吸引力，并且能取得最佳的性能平衡。例如，注塑时的高熔体流动性、光稳定性、良好的冲击性能和高HDT[8]。为HIPS开发的五溴苄基烷基醚[16]或二（五溴苄基）醚在ABS中仍具有良好的阻燃效果，其用量一般为15 %，通常与质量分数为6.0%的Sb_2O_3配合使用。

Harper等[17]研究了不同级别Sb_2O_3（平均粒径分别为0.1μm、0.52μm和1.31μm）在ABS中单独使用或与BTBPOE、四溴双酚A配合使用的阻燃效果。实验表明，标准级别的Sb_2O_3（粒径0.52μm和1.31 μm）对冲击和弯曲性能起不良作用，而0.1 μm的产品对冲击强度有微小的提高作用，对弯曲模量和弯曲强度有轻微的不良作用。与标准级别的相比，加入0.1 μm级Sb_2O_3也可以提高阻燃性能。

Camino等[18]研究了八溴联苯和BTBPOE的阻燃机理，发现当没有Sb_2O_3协效剂时，热稳定性较好的八溴联苯起凝聚相阻燃作用，而BTBPOE只是在低浓度时发挥凝聚相作用，更高浓度时转变为气相作用。凝聚相作用源于Br自由基和ABS的相互作用导致的成炭效应。加入Sb_2O_3后阻燃剂呈现气相作用机理，这可能是因为所生成的$SbBr_3$干扰了气相燃烧过程。与此同时，凝聚相作用的贡献仍然很大。

5.3.1.2　含磷阻燃剂

苯乙烯系聚合物不能成炭，含磷阻燃剂在其中效果不佳。尽管如此，含磷阻燃体系的开发仍然很活跃。

（1）V-2或V-1级阻燃ABS　单独使用含磷阻燃剂或与含氮协效剂配合使用通常可以达到UL94 V-2或V-1级别。例如，ABS达到V-2级别需要加入约8%～10%的双[二（2,6-二甲苯基）磷酸]间苯二酯。这是一种日本生产的阻燃剂。其他双磷酸酯阻燃剂，如双（二苯基磷酸）间苯二酯、双（二苯基磷酸）双酚A酯、双（二苯基磷酸）二苯酯以及单磷酸芳香酯，都有相似或更好的阻燃作用，但热性能较差。在配方中使用Novolak酚醛树脂有助于提高热性能，并使LOI达到28%～31%[19]。

由三羟甲基丙烷制备的烷基磷酸环酯磷含量高、热稳定性好。它单独或与磷酸芳香酯配合使用，在较低的载量（<5%）下就可以使ABS达到V-2级阻燃，而且有助于保持良好的热性能。2-甲基-2,5-二氧化-1-氧-2-磷杂环戊烷在只有1%载量时就可使ABS达到V-2级阻燃[20]。螺环二磷酸烷基或芳香酯与二磷酸芳香酯配合，在较高的载量（25%）下可使ABS达到V-0级阻燃[21]。

烷基磷酸盐或二烷基磷酸盐可有效提高苯乙烯系树脂的LOI，达到V-2级别。例如，甲基甲膦酸铝盐在11%的载量时可使ABS符合V-2级阻燃标准，LOI增加了2%～4%。二乙膦酸铝盐与少量（1%）的特定矿物（如氢氧化铝、水滑石或溴化锌）或与含氮协效剂（如氰尿酸三聚氰胺）配合用于ABS，可以达到V-1级。多膦酸铵盐与烷基亚磷酸盐配合可以得到V-0级阻燃ABS。氰基三甲膦酰胺酸铵盐载量15%时可使ABS阻燃性能达到V-1级[8]。这种盐可溶于水，需要包覆使用[22]。商品的磷酸乙二胺盐与蛭石配合也能使苯乙烯树脂符合V-2级标准[23]。

加入红磷可以得到V-0级阻燃ABS，但必须与其他树脂（如聚酯或聚酰胺）配合。Braun和Schartel[24,25]研究了红磷与氢氧化镁或多磷酸三聚氰胺配合使用时的阻燃作用机理，发现不论是阻燃剂单独还是配合使用，都不能使HIPS的热分解机理发生很大变化，但能影响挥发产物的组成。

（2）V-0 级阻燃 ABS　为了在不使用含卤阻燃剂的情况下使 ABS 的 UL94 级别达到 V-0 级，必须加入成炭剂。这一做法已在可成炭的 PC、PPO 为主要成分的 PC/ABS 和 PPO/HIPS 共混物中广泛使用。在 ABS 中应用的挑战是尽可能少使用成炭剂。Weil 等[26] 详细描述了通过回归分析优化组合含磷阻燃剂和成炭剂的一般原则。

12%的三（2,6-二甲苯基）磷酸酯与 20%的聚苯醚（PPO）以及 5%的 Novolak 酚醛树脂配合可以得到 V-0 级 ABS[27]。二磷酸芳香酯比单磷酸酯热稳定性更好，挥发物少，也可以用于 V-0 级 ABS。若达到 V-0 级阻燃标准阻燃剂的加入量相对较高。降低载量只能达到 V-1 级。

由于 PPO 和 ABS 不相容，可采用 PC、热塑性聚氨酯、PET 等成炭剂代替 PPO 发挥作用。由季戊四醇和苯酚合成的螺环二磷酸酯在 ABS 中有独特的优势。有机黏土有助于提高物理和热性能[28]；其核心作用是抵消高载量磷酸酯增塑作用。

Lee 等[29,30] 研究了单磷酸酯、双磷酸酯与环氧树脂或 Novolak 酚醛树脂在 ABS 中配合使用的阻燃作用，发现任何磷酸酯和成炭剂配合都有协效作用。双（二苯基磷酸）间二苯酯比三苯基磷酸酯更有效。另外，双磷酸酯、单磷酸酯和成炭剂三元配合的效果更好[26]。热分析和红外光谱的结果表明磷酸酯和成炭剂中的羟基反应，使得成炭更加完全，但磷仍然保留在凝聚相中。

环状或线型聚磷腈是高熔点固体，因此不会增塑 ABS。功能化的三聚环苯基磷腈与 ABS 共混后发生交联，载量 25 %时无需成炭剂即可达到 V-0 级阻燃。

5.3.1.3　膨胀阻燃体系

虽然 HIPS 或 ABS 的橡胶相在高温时可被强酸催化交联，但苯乙烯系树脂在常规加工时一般对少量的酸不敏感。这为苯乙烯系树脂用膨胀阻燃体系（包括可膨胀石墨）提供了开发空间。10%可膨胀石墨和 10%溴化阻燃剂配合可以获得 V-0 级阻燃 ABS[31]。如果含卤阻燃剂由氰尿酸三聚氰胺代替，则需要更高的载量（15%）。如果加入双磷酸芳香酯 2、3 中的一种，还需要约 10%的成炭剂以防止渗出。可膨胀石墨也可以和其他膨胀添加剂（如多磷酸铵）配合，例如，可膨胀石墨、多磷酸铵和红磷在总载量仅 10%时可使 ABS 达到 V-0 级标准。没有可膨胀石墨，加入 15%的多磷酸铵可制得 V-1 级 ABS。

5.3.1.4　纳米复合材料体系

ABS 与纳米复合材料相容，最常用的纳米填料是有机改性的蒙脱土类黏土。ABS 与有机黏土共混加工时，聚合物渗透进黏土层间，形成插层材料。挤出机的剪切力可使黏土片层进一步剥离。

天然蒙脱土和有机改性蒙脱土在 SAN[32] 和 ABS[33] 中的阻燃效果研究表明，含未剥离蒙脱土钠盐的聚合物 HRR（热释放速率）峰与纯聚合物几乎相同。当在 SAN 中加入 4.6%的有机黏土（可能已剥离）时 HRR 峰下降 36%；而在 ABS 中加入 5%的有机黏土仅使 HRR 峰下降 28%。显然，不含橡胶相的树脂 HRR 峰下降更加显著。值得注意的是，加入插层（未剥离）有机黏土也使得 HRR 下降幅度变小。

磷酸三苯酯（TPP）插层到有机改性云母类硅酸盐的层间可得到 TPP 纳米复合材料[34]。与普通 TPP 相比，“纳米 TPP”挥发温度更高，可以略微提高 ABS 热稳定性。然后，将环氧树脂和硅烷偶联剂作为复合阻燃剂加入 ABS 中，环氧树脂可使 LOI 大大增加，达到 35%，并且能进一步提高热稳定性。最后，加入双（二苯基磷酸）间二苯酯使得 LOI 增至 45%。研究表明，阻燃性的提高与燃烧后所形成炭的形态密切相关。

5.3.1.5 杂化阻燃体系

含氮化合物是含磷或膨胀阻燃体系的良好协效剂，但单独用于苯乙烯系树脂通常没有阻燃作用。值得关注的是，一个很少见的有效阻燃配方（9%二胍胺和 10%氰尿酸）可以制备 V-1 级 ABS[35]。另外一类具有很好效果的产品是核苷酸碱[36]。

支化甲基苯基硅氧烷和苯乙烯的共聚物载量为 9%时可使 ABS 的 LOI 从 19%升到 25%[37]。

Jang 等[38] 研究了 Lewis 酸型过渡金属氯化物（$NiCl_2$、$CoCl_2$、$ZnCl_2$、$FeCl_3$）存在时 ABS 的燃烧和热降解行为。5%载量可使 LOI 由 19%增加至 22%，商用意义较小。但这些氯化物有很强的成炭作用，在惰性气体氛围中，成炭率在 10%～30%。其机理是过渡金属氯化物通过大分子自由基偶联机理产生催化交联作用。然而，在空气中由于较高温度下炭层的氧化降解，这一催化成炭作用受到抑制。为了消除氧化降解，可进一步引入硅形成复合体系[39]。这些金属氯化物中，$FeCl_3$ 可以和硅有效复配，使得 LOI 达到 33%。这种协效作用可能是高温下 $FeCl_3$ 和硅反应生成 $SiCl_4$ 和 HCl 的缘故。铁阻燃作用的另一个例子是在 ABS/PVC 共混物中加入羟基氧化铁（FeOOH）可以大幅增加成炭，减少发烟[40]。

Zheng 等[41] 以对螺环磷酸酯二酰氯（SPDPC）、2-甲氧基-4,6-二氯-1,3,5-三吖嗪（MDCT）、四溴双酚 A 为单体共聚合成了一系列含磷、氮、溴的聚合物阻燃剂，研究了不加入成炭剂的情况下这些阻燃剂的阻燃效果。结果表明，SPDPC/ MDCT 为 50/50 时阻燃效果最好，在破坏气相燃烧的同时促进聚合物表面成炭。该阻燃剂热分解的起始温度为 274℃，500℃时的炭化残留为 35%。阻燃剂载量为 20%～30%时 ABS 可达到 V-0 级阻燃，LOI 至少 26.9%。阻燃性能依赖于磷、氮、溴的比例。氮、磷之间存在协效作用。

5.3.2 透明 ABS 树脂

工业设计的变革引入了自然风格和柔和色调文化，产品实际应用中要求具有可视性，这都需要使用透明材料[42]。然而，传统的透明材料中，SAN、PS、PMMA 树脂冲击性能差，PC 树脂耐化学性低、价格高，HIPS 耐化学性低、易刮擦，限制了它们的应用范围。因此，人们开发了能够同时满足透明性和其他物理性能要求的 ABS 树脂。

由于橡胶分散相和基体树脂不相容，ABS 树脂通常是不透明的。增加 ABS 透明性的主要原理是调控基体连续相的组成和微观相形态。一般有两种方法：

① 调节橡胶分散相和基体树脂之间的折射率使其相匹配，降低可见光在分散相和基体相界面的折射，以增加 ABS 的透光性。当折射率差小于 0.005 时即可获得足够的

透明度，透光率可达 85%以上。具体可通过引入甲基丙烯酸酯、调节接枝的苯乙烯和丙烯腈比例、调节橡胶的折射率来实现。实验表明，PMMA 与 SAN 复合时在 AN 含量为 9%～27%时具有较好的相容性。图 5-3 为 PMMA 和含 24%AN 的 SAN 透明共混物的折射率随组成的变化。图中还给出了丁苯橡胶（SBR）和聚丁二烯橡胶（BR）的折射率。当树脂与橡胶折射率匹配时，透光性上升。

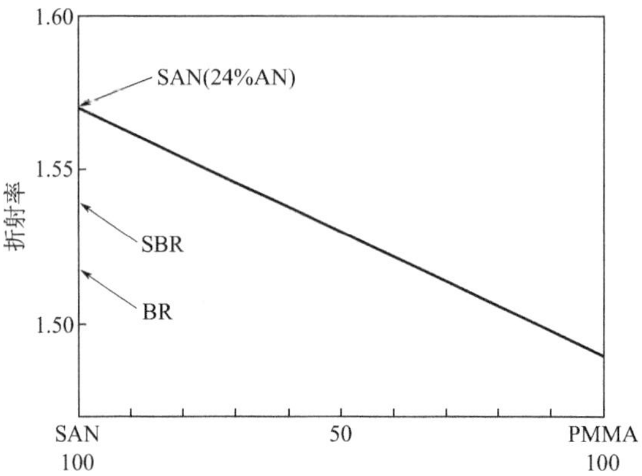

图 5-3　PMMA 与 SAN（含 24%AN）共混物折射率与组成的关系[43]

② 调节橡胶粒径到可见光波长级别，使得可见光的漫散射最少。

ABS 的透明性具有温度依赖性。因此，ABS 的组成必须针对某一温度进行优化以获得需要的透明性。由于基体和橡胶相折射率的温度依赖性不同，加工成型时温度变化较大，导致制件透明度下降。当回到设计温度时，制件透明度也升至所需要的水平。

5.3.2.1　ABS 增透的生产技术

世界各大化工公司都开展了 ABS 增透技术的开发，其生产工艺与第 2 章所述乳液接枝掺混法和连续本体法这两种普通 ABS 生产工艺相似。

（1）Monsanto 公司　将苯乙烯、丙烯腈、甲基丙烯酸甲酯共聚物和苯乙烯、丙烯腈接枝的丁苯橡胶共聚物间歇式熔融挤出共混制得透明 ABS[44,45]。当基体与橡胶接枝共聚物折射率差小于 0.003 时，雾度在 13%以下。乳液法制备的接枝橡胶粒径为 0.3～0.6μm。然而，乳液法得到的 ABS 中含有乳化剂，降低了透明度；同时橡胶增韧效率较低，需要更高的橡胶含量以得到足够的韧性。因此，又将线型有规立构丁苯橡胶溶于苯乙烯、丙烯腈和甲基丙烯酸甲酯中，通过连续本体聚合的方法制备透明 ABS[46]。所得 ABS 在橡胶粒径为 0.3～1.5μm 时雾度较低，冲击强度较高。

（2）BASF 公司　BASF 将甲基丙烯酸甲酯与烷基丙烯酸酯的共聚物、SAN 共聚物、接枝橡胶和其他助剂高温共混，控制接枝橡胶与其他三种组分的折射率差小于 0.005，制得透明、不发黄、无气味的 ABS[47]。

（3）Dow 化学　Montoya-Goni 等[48] 报道用一端为巯基硅烷的弹性体聚合物制备 HIPS、ABS，可降低橡胶粒径，提高树脂透明性，但作者仅给出 HIPS 的实施例。

（4）Bayer 公司　Bayer 将 α-甲基苯乙烯、甲基丙烯酸甲酯、丙烯腈的共聚物与接枝有 α-甲基苯乙烯、甲基丙烯酸甲酯、丙烯腈的橡胶共混制备透明 ABS[49]。基体聚合物和接枝橡胶均为乳液聚合得到，接枝橡胶粒径 0.05～1μm。所得 ABS 雾度最低可达 9%。

（5）日本合成橡胶公司　将甲基丙烯酸甲酯、苯乙烯、丙烯腈接枝到丁苯胶乳可制备透明树脂[50]。该树脂具有抗冲击性、耐化学性和加工性，但是低温冲击性能低，透明度有限，雾度为 4%。

（6）川崎化学公司　在透明的 MABS 中加入抗静电的聚氨酯和 ABS 相容剂，可制得透明的防静电热塑性组合物。500nm 可见光的透过率可达 46.60%，表面电阻率约 10^9～10^{14} Ω/m^2，同时还保持或提高了 MABS 的物理性能。三种组分所占质量分数分别为 40%～90%、10%～40%和 1%～25%，其折射率都调控在 1.53～1.55。

（7）Borg-Warner 公司　采用乳液法[51]，第一步合成丁苯橡胶，橡胶中含有约 1%的二乙烯基苯交联剂；第二步，以约 4∶1的比例加入苯乙烯、丙烯腈单体并与丁苯胶进行接枝共聚从而得到 ABS 改性添加剂，最终产物中丁苯胶约占 60%～70%，优选 65%；接枝物约占 35%。所得 ABS 添加剂折射率为 1.539，粒径约 0.7～0.8μm。

（8）LG 化学　透明 ABS 由 3～15 份小橡胶胶乳、5～25 份大橡胶胶乳、40～70 份甲基丙烯酸烷基酯或丙烯酸烷基酯、15～30 份苯乙烯和 1～20 份丙烯腈组成[52]。通过乳液法先合成两种粒径的橡胶胶乳。小橡胶胶乳粒径为 0.06～0.15μm，凝胶含量 70%～95%；大橡胶胶乳粒径为 0.26～0.5μm，凝胶含量 70%～95%。然后按上述配方同时或分别加入小橡胶胶乳、大橡胶胶乳、甲基丙烯酸甲酯、苯乙烯和丙烯腈进行接枝共聚，得到产品。聚丁二烯的折射率为 1.518，甲基丙烯酸甲酯为 1.49，苯乙烯为 1.59，丙烯腈为 1.518。通过调控甲基丙烯酸甲酯、苯乙烯和丙烯腈的比例可以使接枝物的折射率与橡胶接近，透明性提高，雾度低于 3.5%。后续专利还报道了一种制备透明 ABS 的方法，即先将 10～50 份甲基丙烯酸甲酯、5～25 份芳香乙烯基化合物和 1～10 份烯基腈化合物接枝共聚于 20～50 份共轭二烯橡胶胶乳上制得透明接枝共聚物树脂，再将这一树脂与本体聚合制备的甲基丙烯酸甲酯-苯乙烯-丙烯腈（MSAN）共聚物共混得到透明 ABS。MSAN 由 50～75 份甲基丙烯酸甲酯、20～45 份芳香乙烯基化合物和 1～10 份烯基腈化合物共聚而成。胶乳与接枝单体混合物以及胶乳与 MSAN 共聚物之间的折射率差不超过 0.004。胶乳平均粒径 0.2～0.5 μm，凝胶含量 70%～95%。接枝共聚使用酸碱稳定性好的磺酸类乳化剂。所得 ABS 抗湿性、冲击性、耐热性好，颜色自然，透明度优异。其雾度为 2.3%，抗湿和耐热性测试后雾度偏离约为 5%。此外，他们还通过控制接枝单体混合物的比例、胶乳尺寸和凝胶含量来使它们之间的折射率接近，同时优化分子量，制备了适于板材挤出的透明 ABS。制备过程：通过乳液法制备共轭双烯橡胶胶乳并将 30%～70%甲基丙烯酸烷基酯或丙烯酸烷基酯、15%～30%芳香乙烯基化合物和 0.5%～20%烯基腈化合物接枝于胶乳上。胶乳与接枝共聚单体混合物的折射率差在 0.005 以内。胶乳平均粒径 0.2～0.5 μm，凝胶含量 50%～98%。接枝共聚物的重均分子量为 8 万～20 万。所得 ABS 具有较好的冲击性能、耐化学性、加工性能和高温延伸性能。

此外，还通过乳液法把 20～65 份甲基丙烯酸甲酯、8～25 份苯乙烯、5～20 份丙烯腈[53] 接枝到 1～40 份共轭二烯橡胶胶乳上，制得 ABS 共聚物透明树脂。其中共轭双烯胶乳粒径 0.08～0.4μm，凝胶含量 60%～95%。胶乳和三种单体混合物的折射率差不超过 0.005。为了提高树脂的耐化学性和抗环境应力开裂性能，向 100 份树脂中加入 1～30 份聚酯-酰胺共聚物。聚酯-酰胺共聚物与 ABS 共聚物透明树脂的折射率差不超过 0.01。

后续的专利[54]还报道了通过在聚丁二烯橡胶中加入丙烯酸酯橡胶形成中间层、接枝和调节共聚物中每种单体折射率制备透明性、冲击强度、表面光泽、耐候性、色调均有所提高的 ABS 树脂。所得 ABS 树脂由 20%～80%接枝橡胶共聚物与 80%～20%的 MSAN 共聚物组成。接枝橡胶共聚物包含 5%～60%共轭二烯橡胶胶乳、2%～40%接枝于胶乳上的中间层以及 30%～90%共聚于中间层上的接枝层。胶乳和中间层占 10%～70%。中间层由丙烯酸烷基酯衍生物和芳香烯基衍生物构成，二者都占接枝橡胶共聚物的 1%～20%。接枝层占接枝橡胶共聚物的 30%～90%，组成为丙烯酸或甲基丙烯酸烷基酯衍生物、芳香烯基衍生物和烯基腈衍生物，占接枝橡胶共聚物的比例分别为 20%～65%、8%～25%、1%～20%。MSAN 共聚物包含 40%～75%丙烯酸或甲基丙烯酸烷基酯衍生物、15%～40%芳香烯基衍生物和 3%～20%烯基腈衍生物。胶乳与中间层的折射率差小于 0.01，而胶乳与整个中间层和接枝层、接枝层与 MSAN 之间的折射率差都小于 0.005。透明树脂的制备方法是先将中间层共聚到胶乳上，再将接枝层共聚到中间层上，所得接枝橡胶共聚物与本体聚合得到的 MSAN 共混制得最终的树脂。共聚得到中间层时，加入了不超过接枝橡胶共聚物 1%的接枝剂和接枝交联剂。

（9）Techno Polymer　为了克服传统透明 ABS 透明性不足，并且透明性和力学性能之间不能很好平衡的弱点，Kurata 等[55]通过调控橡胶粒径到特定平均粒径及分布，解决了上述问题，并且所得 ABS 具有激光打标显白（white tinting）性能。将乳液法制备的接枝有甲基丙烯酸甲酯、苯乙烯、丙烯腈的聚丁二烯橡胶增强树脂与本体或溶液聚合制备的甲基丙烯酸甲酯-苯乙烯-丙烯腈共聚物以一定比例共混，且接枝橡胶平均粒径在 0.15～0.35μm，粒径小于 0.15μm 和大于 0.35μm 的橡胶粒子的比例均不超过 30%，得到透明 ABS 树脂，雾度在 4%以下。若平均粒径超过 0.35μm 或者小于 0.15μm 的橡胶粒子的比例超过 30%，就会增加雾度，降低激光打标显白性能。橡胶增强树脂中可溶于丙酮的组分，折射率 1.514～1.520（25℃，D 线），与不溶于丙酮的组分相差不大于 0.006。甲基丙烯酸甲酯-苯乙烯-丙烯腈共聚物的特性黏数为 0.2～0.4dL/g（30℃，丁酮溶液）。透明 ABS 树脂中橡胶增强树脂占 3 %～30%。当其含量在 30%～100%时可用于激光打标显白。

（10）东丽株式会社　采用连续本体聚合或连续溶液聚合制得苯乙烯、甲基丙烯酸甲酯、丙烯腈和一种可聚合单体的共聚物 A[56]。A 除去残单使其含量不超过 10%后，将 5～90 份熔体或半熔体状态（100～220℃）的接枝共聚物 B 加入 A 中熔融共混得到透明 ABS 树脂。ABS 树脂透光率在 50%以上。A 中四种单体所占比例分别为 5%～70%、30%～95%、0～50%和 0～50%。其可溶于丙酮的组分酸值为 0.01～1mgKOH/g。80%以上可溶的树脂中苯乙烯与甲基丙烯酸甲酯平均质量比为 0.75～1.2。A 的溶度参数为 $(4.4\sim5.2)\times10^3\ (J/m^3)^{1/2}$。B 由烯类单体混合物乳液聚合接枝到橡胶上而得，含有 0.1%～5%的乳化剂。橡胶和接枝物之间的折射率差不大于 0.03。B 中也可加入 0.1%～30%平均粒径为 1～10mm 的热塑性树脂粒子，防止 B 发生熔合而难以再分散于 A 的熔体中。共混设备实际的熔体共混体积 V（m^3）与出料速度 v（kg/h）的比在（4.6～11.5）× 10^{-6} $m^3 \cdot h/kg$。

（11）第一毛织株式会社　Lee 等[57] 报道了连续本体聚合制备透明 ABS 树脂的方法，即把丁苯橡胶共聚物溶于苯乙烯类单体、不饱和丙烯酸烷基酯单体和烯基腈单体以及溶剂的混合物中，80～130℃下于第一釜中聚合约 0.5～2h，至相反转点。然后将第一釜产物引入第二釜，加入占整个反应物 0～5%的苯乙烯类单体或不饱和丙烯酸烷基酯单体，在 100～150℃下聚合约 1.5～3h。接下来将第二釜产物转至第三釜，同样再加入占整个反应物 0～5%的苯乙烯类单体或不饱和丙烯酸烷基酯单体，在 110～160℃下聚合约 1.5～3h，脱挥得到最终产物。三釜中的转化率分别为 10%～30%，40%～60%和 70%～90%。所得透明 ABS 树脂由约 5～30 份丁苯橡胶共聚物和约 0～15 份基体树脂组成。丁苯橡胶中苯乙烯含量为 5%～50%。基体树脂包含 20～40 份苯乙烯类单体，40～60 份不饱和丙烯酸烷基酯单体以及 0～15 份烯基腈单体。橡胶共聚物和基体树脂折射率差不超过 0.005。所得 ABS 的雾度约为 0.1%～3%。Hong 等[58] 报道了由 20%～80%的芳香橡胶嵌段共聚物和 80%～20%的树脂相构成的透明 ABS。橡胶相和树脂相主要形成双连续相结构，还有少部分橡胶相或树脂相为分散相。树脂相由约 50%～95%芳香乙烯类化合物、约 0.1%～30%烯基腈化合物和约 0.1%～45%不饱和烷基酯化合物组成，重均分子量约 14 万～35 万。芳香橡胶嵌段共聚物包含约 10%～50%二乙烯基橡胶和 50%～90%芳香乙烯基化合物。树脂相与橡胶相之间的折射率差不超过 0.008。所得的透明 ABS 冲击强度约为 100J/m，熔体流动速率为 45g/10min，雾度不超过 2.5%，透光率达 88%以上。Jin 等[59] 将 10～50 份 MSAN 接枝的橡胶、50～90 份（甲基）丙烯酸烷基酯、芳香乙烯基化合物和不饱和腈类化合物的共聚物以及 0.2～0.5 份增流剂共混，制备了冲击性能、流动性优异的透明 ABS。接枝橡胶与热塑性共聚物之间的折射率差不大于 0.005。GE（现 SABIC）的 Gaggar 等[60] 报道了可用于挤成薄膜，尤其是层压品薄膜以及与其他透明聚合物（如聚碳酸酯）黏合性良好的透明 ABS 树脂的制备方法。ABS 树脂包含 30%～70%的基体共聚物和 30%～70% 的接枝共聚物，橡胶含量约 20%～45%。基体共聚物中芳香乙烯单体和乙烯基腈化物单体的总重量与羧酸乙烯基酯单体的重量之比约为 1.3～1.7，芳香乙烯单体约占 39.5%～53.5%，乙烯基腈化物单体约占 8.5%～19% ，羧酸乙烯基酯单体约占 37%～43.5%。接枝共聚物中橡胶约占 40%～90%，接枝物约占 10%～50%。橡胶粒径小于 0.24μm，由 0～30%的芳香乙烯类单体和约 70%～100%二烯单体组成。接枝物包含约 70%～85%芳香乙烯类单体和约 15%～30%的乙烯基腈化物。基体共聚物折射率和接枝共聚物折射率的计算值大致匹配。所得透明 ABS 的雾度不超过 10%，悬臂梁缺口冲击强度不小于 43J/m。

（12）奇美实业股份有限公司　Hsu 等[61] 采用连续或间歇的本体或溶液聚合法，将橡胶粒子分散到苯乙烯类单体、（甲基）丙烯酸酯类单体和烯基腈类单体形成的共聚物基体树脂中，通过控制橡胶粒子形态和基体共聚物特定的分子量分布，提高了 ABS 的透明性和耐化学性，雾度在 6%以下。橡胶粒子分散相包含由 10%～50%苯乙烯类单体和 90%～50%二烯类单体形成的橡胶嵌段共聚物，其中聚苯乙烯嵌段占共聚物的 5%～35%。至少含有四个包藏物的橡胶粒子占 2%～20%。没有包藏物的橡胶粒子占

20%～80%。共聚物基体由 12%～70%苯乙烯类单体、20%～80%（甲基）丙烯酸酯类单体、1%～20%烯基腈类单体和 0～40%其他可共聚的单体组成，为递变嵌段共聚物。其中 PS 嵌段占 14%～22%，分子量在 3000～50000 的共聚物占 15%～50%。

另一篇专利公开的方法是通过控制橡胶中聚苯乙烯嵌段的含量（10%～25%）、含有包埋树脂粒子的橡胶粒子所占比例（20%～80%）以及连续相中分子量在 3000～50000 范围内的比例，制备了由橡胶状共聚物形成分散相，苯乙烯系单体、（甲基）丙烯酸甲酯系单体、丙烯腈系单体和其他可共聚合单体组成连续相的透明 ABS 树脂，其雾度在 6%以下[62]。

（13）中国石油天然气集团公司　该公司兰州化工研究中心开发了乳液共聚掺混制备透明 ABS 树脂的中试技术[63,64]，并研究了影响透明 ABS 树脂性能的因素。其开发的透明 ABS 树脂专用 EBR 胶乳技术，总排污量大量减少，还进一步扩大了聚丁胶乳的应用市场。吉化精细化工技术中心也开发成功了透明 ABS 树脂制备的中试技术，产品与奇美公司的 PA-758 相当。

5.3.2.2　透明 ABS 树脂结构和性能

Truss 等[65] 利用透明 ABS 可视性的特点从宏观和微观角度研究了 ABS 的拉伸变形行为、缺口样品的断裂行为。Lesser 等[66] 研究了透明 ABS 树脂在多轴应力下的微观破坏和宏观屈服行为。

杨柏等[67] 通过乳液悬浮聚合设计合成了一系列透明 ABS 树脂，研究了橡胶含量、种类、粒径及分布对 ABS 透明度、力学性能的影响。张明耀等[68] 研究了基体树脂组成对透明 ABS 树脂性能的作用。与 PMMA/SAN 相比，MSAN 为基体树脂时透明 ABS 的力学性能好，但光学性能较差。

5.3.3　增强 ABS 树脂

ABS 树脂的强度和刚性在很多应用中不能满足要求，而且使用过的废料性能下降，循环利用存在困难，因此人们通过填充增强材料来解决这一问题。目前普遍使用的增强材料包括以下种类：高长宽比增强改性剂（玻璃纤维、云母片、碳纤维、碳纳米管、纳米黏土）、低长宽比增强改性剂（滑石粉、高岭土、钙硅石、碳酸钙、木粉）。

5.3.3.1　纤维增强 ABS

（1）玻璃纤维增强 ABS　玻璃纤维通常分为 A-玻纤（高碱玻纤）、C-玻纤（中碱玻纤）、E-玻纤（无碱玻纤）、S-玻纤（高强玻纤）、M-玻纤（高模玻纤）等种类。由于玻璃纤维自身的物理、力学性能和高长径比，它可以被用来提高塑料的力学性能。玻璃纤维增强热塑性树脂强度-重量比高，尺寸稳定性、绝缘性好，耐环境性好，易于加工，成本较低，被广泛用于汽车、电器、电子、运动器材等领域。ABS 在碱性条件下容易氧化变色，因而碱含量低、强度和绝缘性好的 E-玻纤成为首选。

玻纤增强热塑性树脂可通过将玻纤粗纱填充到树脂中，然后造粒而得到，此时玻纤沿平行于粒子长轴方向取向，长度可与长轴相同；还可以将短切好的玻纤与树脂在挤出机中共混挤出来制备，由于塑料粒子与玻纤之间的挤压作用使得玻纤长度变短。工业上的生产方法主要有：① 预先短切好的玻纤与未增强树脂以互相分开的料流进入注塑机料斗；② 在料斗上方现切连续股的玻纤粗纱，玻纤直接进入注塑机料斗与未增强的树脂混合。

无定形 ABS 树脂熔体黏度高，玻纤在其中或者在无定形树脂复合物中难于分散。复合物基体为结晶性聚合物时玻纤分散变好，但其与无定形树脂通常不相容。玻纤的分散问题可导致制品外观不好，表面光泽度低，难以喷镀，还可能对树脂的物理性能产生不利影响。另一方面，玻纤在添加到树脂之前进行预处理，增加了玻纤与树脂之间的相容性，可以进一步提高增强作用。因此，改善玻纤的分散状况和增加玻纤与基体树脂的相容性是玻纤增强 ABS 树脂的开发重点。

Sterman 等[69] 制备了玻璃纤维增强 ABS 树脂。有机硅烷处理过的玻璃纤维可以进一步提高树脂的弯曲模量等力学性能。

Boyer 等[70] 将 1 份 80％玻纤增强 SAN 树脂与 3 份 ABS 共混，所得的玻纤增强 ABS 的性能优于玻纤与 ABS 直接共混得到的树脂（玻纤含量相同）。

Hattori 等[71] 在增强 ABS 树脂中加入碳氢分散助剂，使得玻纤在制品中分散更加均匀，进一步提高了树脂性能。Izawa 等[72] 则向增强树脂中添加未固化的环氧树脂，复合物冲击强度和加工性能变好的同时，其他性能没有下降。Hata 等[73] 利用相互无规缠绕的玻纤股在压力去掉后表观体积会弹性恢复到原来状态的性质，不需发泡剂而制备了玻纤增强的多孔热塑性树脂制品。

Davies 等[74] 将 SAN 树脂、弹性体、玻纤和聚酰亚胺预聚物共混制得热塑性材料，报道了橡胶种类和含量、橡胶硫化、玻纤含量以及玻纤之外其他填料的影响。加入聚酰亚胺预聚物有利于改善拉伸、弯曲和冲击性能。聚酰亚胺预聚物和橡胶一起使用不但可以提高冲击强度，而且对拉伸和弯曲强度几乎没有影响。在类似的工作中，Taylor 等[75] 把 ABS、玻纤和聚酰亚胺预聚物共混，制得增强 ABS 树脂。

Zabrocki 等[76] 报道了 60％～98％ABS、2％～40％浸润剂处理的无碱玻纤和 0～5％助剂组成的增强树脂，其加工颜色稳定性和制品表面粗糙度都得到改善。浸润剂由苯乙烯-丙烯腈-甲基丙烯酸乙甘醇酯共聚物和环氧官能硅烷、脲官能硅烷、脂肪酰胺等组成。

Van 等[77] 将本体法 ABS、反应性硅烷偶联剂处理的玻纤进行熔体共混，得到冲击、拉伸和耐高温性能均衡的增强 ABS 树脂。玻纤长度与橡胶的平均粒径比小于 20。

Krijger 等[78] 报道了一种 ABS 粒子，其中包含体积分数为 0.1％～50％的完全无规取向的未分散玻纤束，且每束玻纤至少含 100 根纤维。由其得到的制件在平行和垂直于加工方向都具有优异性能。

Deckers 等[79] 在玻纤增强 ABS 树脂中引入 0.1％～10％聚甲基丙烯酰亚胺作为促黏剂，提高了树脂的力学性能和加工性能。Pischtschan 等[80] 则用含锡的有机化合物作为偶联剂，制得兼具良好力学性能、耐热性能和加工性能的增强 ABS 树脂。

Ogawa 等[81] 将 0.1～50 份包含环氧基和玻纤的苯乙烯三嵌段热塑性弹性体与 100 份 SAN 树脂拉挤得到增强树脂。环氧修饰的热塑性弹性体增进了玻纤与树脂基体之间的黏结力，使力学性能得到提高。

Edwards 等[82] 向 ABS 树脂中加入玻纤填充的热塑性聚氨酯，利用聚氨酯加工时熔体黏度低的特点，改善了玻纤的分散状况，提高增强树脂的耐热、拉伸、弯曲、模具收缩率等性能指标。De Kock 等[83] 则将长玻纤与高流动性 SAN 树脂形成的母粒与 ABS 树脂共混得到增强树脂，其制品密度、成本降低，冲击强度和尺寸稳定性提高。

Bayram 等[84] 研究了玻纤含量、挤出条件对短玻纤增强 ABS 力学性能的影响。玻纤含量增加，复合材料拉伸强度、拉伸模量和弯曲模量上升，而断裂伸长率和冲击强度下降。增加螺杆转速使得玻纤平均长度减少，断裂伸长率上升，其他力学性能下降。挤出温度提高，ABS 降解导致复合材料性能变差。此外，在短玻纤增强 ABS 中引入聚酰胺 6，降低了熔体黏度，使玻纤长度分布变宽，复合材料的韧性提高[85]。利用与聚酰胺 6 有强酸碱作用的偶联剂处理的玻纤增强作用最大。

郭建兵等[86] 制备了由 ABS、玻纤和环氧树脂、苯乙烯-马来酸酐共聚物复配的相容剂组成的高强 ABS 复合材料。其具有很好的强度、韧性、耐热性能、流动性能等。有效解决了翘曲问题，在注塑成型过程中不产生“浮纤”现象，具有很好的表面质量和良好的加工性能。

余木火等[87] 将玻璃纤维布浸渍低黏度的单体和低聚物后进行原位热聚合，制备了长纤维增强 ABS 复合材料，其力学性能优于熔融浸渍法生产的短玻纤增强 ABS。此外，他们还采用微波原位聚合，缩短了聚合时间，得到的复合材料层间剪切强度高[88]。

傅荣政等[89] 报道了苯乙烯-丙烯腈-顺丁烯二酸酐共聚物、ABS 高胶粉和玻纤组成的热塑性组合物。与玻纤增强的通用 ABS 或 SAN/高胶粉/共混物相比，此组合物力学性能，尤其是冲击性能较好。后续工作[90] 以苯乙烯-马来酸酐无规共聚物为相容剂制备了玻纤增强本体法 ABS，其冲击强度、弯曲强度、染色性比传统的玻纤增强乳液法 ABS 好，同时玻纤不外露。

汪克风等[91] 在 ABS 中加入玻纤、相容剂、ABS 增韧剂、偶联剂等，提高材料表面硬度的同时没有大幅降低冲击强度。

Shokoohi 等[92] 研究了转速、玻纤体积分数、偶联剂类型和用量以及加工温度对玻纤增强 ABS 树脂性能的影响。结果表明，玻纤含量上升，冲击强度下降，拉伸性能提高。提升剪切力、升高温度和增加偶联剂含量有利于玻纤分散，优化材料性能。与理论模型比较可知，玻纤在基体中的分散介于二维和三维之间。加入硅烷偶联剂，尤其是有效官能团较多的偶联剂，可以提高 ABS 与玻纤的界面黏结力，使得复合材料的性能与理论值的偏差变小。

Zhong 等[93] 研究了适于熔融沉积成型的短玻纤增强 ABS 复合材料。

付绍云等对短玻纤增强热塑性树脂中玻纤长度的测量进行了校正[94]，研究了其热导率的影响因素。此外，他们还系统研究了方解石、玻纤杂化增强 ABS 树脂的性能，相关工作将在后面详细介绍。

（2）碳纳米管/碳纤维增强 ABS　单壁碳纳米管（SWNT）是碳纳米管的基本形式，由六边形排列的碳原子单层（石墨片层）卷曲而成为无缝圆柱体。多壁碳纳米管（MWNT）是由一叠石墨片层卷曲形成的同心圆柱体。碳纤维由有机纤维（如聚丙烯腈纤维、黏胶纤维）裂解而成。与玻璃纤维相比，碳纤维弹性模量和强度非常高，密度低，已开发出各种级别的产品。它作为塑料的增强改性剂，可应用于力学性能要求高、热导率高和膨胀系数小的场合，如航空 、航天。

Preis 等[95] 把乳液法 ABS、碳纤维和钛酸钾晶须共混制得增强树脂。与不加钛酸钾晶须的树脂相比，所得树脂强度、模量、流动性和冲击性能更高，表面性能和尺寸稳定性更好。

Huang 等[96] 研究化学镀 Ni/P 沉积的碳纤维与 ABS 共混物的电磁干扰屏蔽和力学性能时发现，镀层较厚时其上较松散颗粒的润滑作用使得碳纤维在共混时断裂减少，长径比增加，力学性能得到改善。碳纤维在中等温度（600℃）退火可使无定形的 Ni/P 沉积层转变到结晶态，提高了导电性以及 Ni/P 层与碳纤维界面间的键合作用，使得力学性能上升。

Shofner 等[97] 将 SWNT、气相生长碳纳米纤维分别与 ABS 共混并采用挤出成型方法加工。所得的增强树脂中纤维随加工而取向，与 ABS 及未取向的增强树脂相比，其拉伸模量较高。SWNT 增强树脂的强度和模量最高。他们还通过共混和熔融沉积成型技术加工了气相生长碳纳米纤维增强 ABS。与原始 ABS 相比，碳纳米纤维填充后的 ABS 拉伸强度和模量分别增加 39%和 60%，刚性增加 68%。纳米纤维限制了聚合物分子链运动。

Lee 等[98] 用 MWNT 填充 ABS，使其刚性上升，改善了材料的隔音性能。

Zhang 等[99] 采用硝酸处理的短碳纤维增强 ABS。随着碳纤维含量增加，拉伸强度和模量增加。引入聚酰胺 6 改善了界面相容性，使得强度和模量进一步增加。

Mari 等[100] 研究碳纳米管增强 ABS 的力学谱发现，加入碳纳米管后延迟了 SAN 相玻璃化转变对应的模量下降过程，使得力学损耗峰变宽并向高温方向移动。

Ogi 等[101] 将碳纤维增强 ABS 回收料与 ABS 共混发现，拉伸强度和模量都随回收料含量增加而上升，其变化关系可用宏观力学模型描述。模型考虑了复合材料中纤维取向、纤维长度和界面键合这几个因素。

（3）天然纤维增强 ABS　20 世纪 90 年代以来，天然纤维复合材料在很多应用领域成为玻纤增强复合材料的现实替代品。天然纤维复合材料具有较好的力学性能、低价、低密度、环保、可再生和生物可降解性等优点。虽然其在热塑性聚丙烯中的应用越来越多，但在 ABS 中的应用报道仍然较少。天然纤维一般是亲水的，它与疏水的聚合物树脂基体的相容性限制了其应用。

Martins 等[102] 研究棉纤维、腈纶和废的纺织纤维（50/50 棉纤维/腈纶）增强 ABS 的动态力学行为、热行为和形态发现，棉纤维增强 ABS 平衡扭矩最低，热降解行为与原始 ABS 相比没有变化；而加入腈纶的 ABS 平衡扭矩最高。在所有温度下，增强 ABS 的刚性增加，在 T_g 以上增强效果更加显著。

5.3.3.2　无机填料增强 ABS

Cousin 等[103] 研究尖晶石以及水合尖晶石填充 ABS 的抗氧化和力学性能时发现，填充后 ABS 的氧化焓下降，强度上升。增强作用与硬脂酸锌处理的轻质碳酸钙相同。

Tjong 等[104] 制备了钛酸钾晶须增强 ABS。复合材料的拉伸强度和模量随晶须含量增加而上升，冲击强度的变化趋势相反。晶须在材料表面薄层沿熔体流动方向取向，在内部则无规分布。欧阳等[105] 研究了镁盐晶须增强 ABS 的力学性能。镁盐晶须增强效果好，其作用受晶须的纵横比以及与 ABS 界面黏结情况影响。

Bigg[106] 研究了滑石粉增强 ABS 力学性能的变化。模量随滑石粉含量而增加，其变化关系可用模型预测。聚合物和填料之间黏结力对拉伸强度影响很大，使其具有不同的增强作用。冲击强度变化更加复杂。除界面黏结力外，冲击强度还和断裂机理有关。增强 ABS 的冲击强度低于原始 ABS。

梁基照等[107] 用不同粒径和表面性质的碳酸钙增强 ABS。随着碳酸钙含量增加，所得复合材料的拉伸模量、维卡软化温度增加，而拉伸强度、冲击强度下降，弯曲强度先上升后下降。填料尺寸和表面性质对力学性能影响不大。此外，他们还研究了碳酸钙增强 ABS 在毛细管挤出中的熔体流变行为。Lam 等[108] 则将微米级和纳米级的轻质碳酸钙与 ABS 熔体共混。加入微米级碳酸钙使得 ABS 模量增加，拉伸和冲击强度下降，熔体黏度增加。而纳米碳酸钙增强 ABS 模量升高并且在一定填料载量范围（≤8%）内冲击强度保持甚至增加。这归因于纳米碳酸钙较大的比表面积以及空洞诱导的 ABS 剪切屈服增韧。纳米碳酸钙在基体中形成有序结构，使得 ABS 表现出半固体流变行为，其牛顿流体区消失，低频下 G′较高并有屈服现象出现。陈建峰等[109] 以 ABS、乙烯-乙酸乙烯酯共聚物为载体分别制备了纳米碳酸钙母粒。这些母粒与 ABS 所形成复合材料的弯曲模量增加，冲击强度在一定碳酸钙载量范围内保持并上升，而拉伸模量则下降。纳米碳酸钙颗粒可以引发和终止银纹，吸收更多的冲击能量。

Wang 等[110] 通过熔体插层技术制备了 ABS/蒙脱土复合材料。Lee 等[111] 采用一步乳液法制备了 ABS/钠型蒙脱土复合材料。Nodehi 等[112] 对熔体插层法和一步乳液法进行了比较研究。Choi 等[113] 采用溶液共混和溶液-熔体两步共混的方法制备了 ABS/有机黏土纳米复合材料，研究了聚合物和黏土的相互作用以及复合材料性能的变化。Guo 等[114] 在 ABS 中加入聚苯乙烯-聚氧乙烯共聚物插层黏土母粒，所得复合材料插层黏土为单层和多层结构，拉伸强度、模量和热稳定性大幅提高。Xia 等[115] 制备了以 ABS 为载体的功能化蒙脱土母粒，与 ABS 共混得到的复合材料拉伸性能进一步上升，冲击强度下降幅度减小。Wilkie 等[116,117] 则采用聚合物改性黏土母粒与 ABS 熔体共混制备 ABS/黏土复合材料，研究了其结构、力学和热性能。他们还研究了低聚物改性黏土与 ABS 的复合材料，发现黏土抑制了低聚物的润滑作用，提高了材料的杨氏模量；降低改性黏土中的有机物含量，可进一步减少润滑作用。Chung 等[118] 利用钠型蒙脱土/锂皂石混合黏土在乳液中合成了具有剥离结构的复合材料。两种黏土的比例决定了胶体稳定性和复合材料的力学性能。纵横比较小的锂皂石提高了胶体稳定性而纵横比较大的钠型蒙脱土使得复合材料储能模量上升。Pourabas 等[119] 通过溶剂/非溶剂的方法使得 ABS 和蒙脱土共沉淀形成插层结构的复合材料。Aalaie 等[120] 研究了 ABS/蒙脱土纳米复合材料的稳态流变行为和力学性能。复合材料及其组分都表现出剪切变稀行为，剪切黏度较小时，剪切黏度和剪切应力随黏土的加入而增大；高剪切黏度时，复合材料和 ABS 行为相似。力学性能中仅有弯曲模量上升。Paul 等[121-124] 研究了 SAN、ABS 与不同表面活性剂改性的有机蒙脱土形成的纳米复合材料中黏土剥离程度、AN 含量和力学性能变化的关系。黏土分布于 SAN 相中，并且在橡胶颗粒表面优先聚集。在两种聚合物复合材料中黏土剥离程度相同，模量上升，冲击强度下降，拉伸强度变化趋势相反。ABS/蒙脱土体系拉伸屈服强度略有上升，而 SAN/蒙脱土体系断裂强度下降。黏土的增强作用随AN含量增加而上升。Modesti等[125]采用溶液插层吸附技术制备了ABS/黏土复合材料并研究了有机改性剂的影响，比较了这一制备方法与传统的熔体插层法的不同。二甲基-十六烷基咪唑盐改性的蒙脱土增强效果最好。Pantino-Soto等[126]也研究了丙烯腈含量和不同黏土对复合材料性能的影响。Yoon等[127]用双-［3-（三乙氧基硅）丙基］-四硫化物改性的黏土增强ABS。硫基与ABS中的双键可能发生化学反应，使得复合材料的拉伸性能增强。Ha等[128]研究了橡胶和紫外光稳定剂含量对复合材料力学性能的影响。黏土含量为3%、橡胶含量35%时，橡胶和紫外光稳定剂的增强效果最好。Cai等[129]比较了十六烷基三苯基溴化磷和氯化十六烷吡啶改性蒙脱土与ABS复合材料的性能。氯化十六烷吡啶改性蒙脱土部分剥离，在提高力学性能上具有优势。然而所有这方面的研究工作中剥离程度与力学性能之间的关系仍未得到充分认识。

Natarajan等[130]研究了有机改性剂和黏土种类对ABS/黏土复合材料性能的影响。加入黏土使得拉伸强度和模量增加而断裂伸长率下降。合成锂皂石复合材料形成剥离结构，其冲击强度增加。有机改性蒙脱土复合材料形成插层结构，其冲击强度下降，但其杨氏模量的增幅优于合成锂皂石。

Yeh等[131]采用层状亲油改良黏土与ABS共混得到纳米复合材料，其力学性能增加并且具有自清洁功能。亲油改良的黏土与ABS相容性增加，简化了加工步骤，降低了成本。

Liu等[132]研究了液态环氧树脂处理的蒙脱土与ABS形成的纳米复合材料的流变行为发现，复合材料具有剥离结构，表现出类似固体的黏弹响应。这与使用未经环氧树脂处理的蒙脱土情况不同。

Tyagi等[133]在ABS/云母共混物中加入PTFE/SAN组成的含氟添加剂，与ABS相比，材料的模量、强度增加。Gilbert等[134]在ABS中加入导电的镀镍云母，提高了ABS的弯曲模量和电磁屏蔽效应，拉伸性能却随云母含量以及镀镍量的增加而降低。

Wilkie等[135]将普通石墨、可膨胀石墨和膨胀石墨与ABS共混发现，只有可膨胀石墨在载量为3%～5%时形成纳米复合材料。然而，其力学性能相对较低。

Abbasi等[136]制备了ABS/炭黑复合材料，其拉伸性能、冲击强度随炭黑载量增加而下降。小颗粒炭黑降低材料流动性的作用比大颗粒炭黑显著。

Ramkumar等[137]用纳米氧化铝颗粒增强ABS。在载量（体积分数）为1%～3%范围内，拉伸强度、拉伸模量和弯曲模量上升最多，断裂伸长率下降。加入纳米氧化铝明显降低了材料的摩擦系数，因而降低了磨损。

Lavengood等[138]研究了玻璃微珠填充ABS的形变机理。对于ABS这样可以产生银纹的聚合物，玻璃微珠填充之后其断裂伸长率和韧性可能比未填充的聚合物高。这是由于复合材料发生非均匀形变，刚性填料——玻璃微珠附近的基体聚合物产生银纹，吸收冲击能量，从而提高了材料性能。Reddock和Bucknall[139]研究玻璃微珠对ABS蠕变行为的作用时发现，玻璃微珠在低拉伸应变时起增强作用，在0.1%～2.0%时则会和基体分开，形成应力集中点，使得屈服应力下降，蠕变速度增加，抗断裂能力降低。诱发银纹的作用点随时间而减少。增加玻璃微珠含量可以更加有效地终止银纹。梁基照[140] 研究了不同尺寸和分布的中空玻璃微珠对 ABS 的增强作用。加入玻璃微珠使得 ABS 拉伸模量增加，而拉伸强度、冲击强度下降，弯曲强度先上升后下降。微珠尺寸及分布对力学性能影响不大。

Honda 等[141] 将表面改性剂处理过的二氧化钛、滑石粉等无机填料加入 ABS，所得复合材料拉伸和弯曲强度很高。表面改性剂是一端含有不饱和键的多元醚，增容作用比硬脂酸、硬脂酸钙这些传统改性剂大得多。

5.3.3.3 生物质增强 ABS

将纤维素材料（木粉或木纤维）分散到聚合物基体中形成的木塑复合材料的研究始于 20 世纪 60 年代。其在建筑等领域应用越来越多，有利于节约木材、保护森林资源，并且可以在不能使用木材的环境中使用。木塑复合材料工业的快速发展需要扩大使用除 PE、PP、PVC 之外的其他品种塑料。ABS 的优点是加工温度在 200℃左右，此温度下与木粉共混不会使木粉热降解。然而 ABS 在木塑复合材料领域应用较少[142]。

20 世纪 70 年代开发纤维素填充热塑性材料遇到了难题，由于纤维素在共混和成型时不易分散于塑料中，因而成品的性能不能达到普通纤维增强塑料复合材料的要求。为此，人们进行了很多研究。Arons 等[143] 报道了由 50%～75%的挤出级 ABS 或 HIPS 与 20%～40%的木粉（40 目和 100 目）组成的复合材料制备铅笔。其中塑料木粉的比例在 1.5～3.0，此时材料具有足够的刚性、弯曲性能和断裂强度、黏结性和可削性(sharpenability)。Baumann 等[144] 报道了由 63%的 ABS 与 30%的木粉以及少量碱性添加剂组成复合材料。

20 世纪 80 年代，开发工作更加重视纤维素塑料复合材料的物理性能。然而，纤维素纤维中的湿气在共混和挤出时产生蒸汽，增加了制品的孔隙率，降低了密度，加速热熔体的氧化，使得制品耐久性下降。Motegi 等[145] 在 80～150℃下用乙二醛（为未处理纤维素的 0.5%～12%）处理纤维素，去除湿气。160℃及以上温度下所制得的复合材料制品没有湿气导致的孔洞，提高了物理性能。Fujita 等[146] 将含有 5%～90% PVC、90%～50%ABS 和 70%～5%干燥木粉的树脂组合物热压成片材。与 PVC/木粉复合材料相比，组合物具有优异的成型性，抗热变形能力上升。Zehner 等[147]报道了将纤维素材料和 ABS 共混制得纤维素增强复合材料，杨氏模量至少 3447MPa。预先干燥木粉、加入无机填料可以降低材料的湿气敏感度，提高阻燃性能。

20 世纪 90 年代以来，长纤维、纳米颗粒、复合材料的轻量化、经济性和生物可降解日益受到关注。众所周知，在纯塑料中发泡是实现材料轻量化的手段之一。Zehner 等[148] 报道了一种发泡纤维——ABS 基复合材料，包含约 100 份 ABS、10～80 份纤维素材料、2～10 份调泡剂（如丙烯酸类发泡改性剂和 SAN 共聚物）、0.5～2 份发泡剂（如 hydrocerol 发泡剂）和 1～4 份润滑剂，适用于不同的加工技术。

Yeh 等[149] 将 80 目（约 177 μm）的枫木粉分别与原始 ABS 和回收 ABS 以 1∶1 质量比共混，比较了所得复合材料的结构和性能的关系。虽然原始 ABS 和回收 ABS 的冲击和拉伸性能差别很大，但它们形成的复合材料性能相近，优于聚烯烃木塑材料。而且这些性能还可以通过使用偶联剂来提高，提高程度取决于偶联剂的化学性质。与木粉和 ABS 相容性都好的偶联剂增加了二者之间的相容性，同时破坏了木纤维颗粒之间的氢键作用，防止其聚集，因而效果较好。通过与木粉复合，回收的 ABS 可再次用于高附加值用途，更具经济性。

Matuana 等[150] 制备了 ABS/枫木粉和 ABS/松木粉共混物，其弯曲强度和模量高于聚烯烃/木粉共混物。与硬质 PVC/木粉共混物相比，ABS/木粉共混物弯曲模量较高而弯曲强度较低。然而，ABS/木粉的冲击强度在这几种共混物中最低，可以加入 ABS 高胶粉增韧。

Sombatsompop 等[151] 研究了两种硅烷偶联剂处理的锯木屑和 ABS 复合材料黏结机理和界面强度发现，通过化学键黏结的界面其强度较大，较少的偶联剂用量即可达到与偶极作用相同的增强作用。加入锯木屑使得材料的模量增加，强度下降，断裂伸长率降低。

Ramaraj[152] 将皮革粉加入 ABS，对材料的拉伸、弯曲和悬臂梁冲击强度、抗磨性、硬度、耐热性都没有显著影响，而拉伸模量、断裂伸长率和简支梁冲击强度大幅下降。

5.3.3.4 杂化增强 ABS

上面所述不同类型填料的增强作用各有利弊。因此，各种填料杂配使用可以为复合材料性能提供更多维度的变化。

Farber 等[153] 将 ABS、粒状填料（木炭粉、碳酸钙粉）和短切玻纤共混，使得 ABS 的冲击强度、弯曲模量和热变形温度都得到提高。

Gkogkidis[154] 在本体法 ABS 中加入玻纤和玻璃微珠，所得材料的性能都得到改善。冲击强度大幅增加，具有协同杂化效应；耐热性维持较高水平；拉伸和弯曲性能符合混合规律。使用乳液法 ABS 则没有协同杂化效应。然而，Yilmazer [155]研究 ABS/玻纤/玻璃微珠复合材料力学性能时发现，拉伸强度符合混合规律，而冲击强度和断裂伸长率在加入玻纤后急剧下降。Hashemi 等[156, 157] 研究了 ABS/玻纤/玻璃微珠复合材料熔接线对其拉伸性能以及弯曲性能的影响。无论是否有熔接线，复合材料的拉伸、弯曲性能都符合混合规律，随填料含量以及填料中玻纤比例增加而上升。熔接线使得拉伸、弯曲性能下降，其影响可用熔接线完整性因子定量表示。熔接线对强度的影响大于对模量的影响。

付绍云等[158] 系统研究了 ABS/玻纤/方解石杂化增强复合材料的拉伸行为、断裂行为。玻纤/ABS 的黏结强度和方解石/ABS 的黏结强度具有组合效应，即任何一方黏结强度较低都会造成复合材料拉伸强度下降。复合材料强度定性地与纤维效率因子和纤维体积分数的乘积有关。乘积上升，拉伸强度增加。玻纤与 ABS 的界面能比 ABS 的冲击断裂功高得多。加入玻纤，ABS 的断裂功下降较大，ABS/玻纤的断裂功降低。而 ABS/方解石在加入玻纤后界面能贡献较大，因而断裂功有一定增加。玻纤含量增加，对玻纤表面进行处理可以提高 ABS/玻纤的断裂功，却对 ABS/方解石/玻纤的断裂功影响不大。这时必须考虑两种复合材料中玻纤长度分布。在作者的研究范围内，方解石粒径对力学性能没有影响。ABS/玻纤/方解石杂化增强复合材料不仅力学性能较好，而且成本较低。采用复合材料混合法则公式（RoHM）和层板比拟（LAA）的方法研究发现杂化复合材料弹性模量具有正杂化效应。

5.3.3.5 其他填料

McColgan 等[159] 把沥青作为填料加入 ABS 中，不仅保持或提高了冲击强度、拉伸强度，而且大大降低了成本。

Gaggar 等[160] 在 ABS 中加入乳液法制备的 SAN 包裹聚 PTFE，提高了 ABS 的拉伸和弯曲性能，同时降低了材料的静摩擦和动摩擦系数。后续专利[161] 还报道在加入 PTFE 的同时加入云母，进一步提升了拉伸模量。

5.3.4 增韧 ABS 树脂

不管是热塑性塑料还是热固性塑料，增韧都很重要。增韧的目标是改善材料内在的脆性，或者改善零度以下使用时缺口敏感和裂纹扩展造成的变脆现象。增韧的机理则是引入能够吸收或耗散冲击能量的组分，其主要方法之一为加入微观级别的橡胶粒子。另外，表面改性后也具有增韧作用的填料以及其他添加剂引起了人们的极大兴趣。对增韧剂的关键要求是它和基体聚合物物理或化学键合的能力。

高抗冲 ABS 市场需求量大，用途广泛，是 ABS 专用料开发的重要发展方向。从前述 ABS 结构与性能的关系知道，影响 ABS 韧性的参数包括橡胶含量、橡胶形态和丙烯腈含量。ABS 增韧机理有银纹产生和终止、剪切屈服等。这些成为 ABS 增韧研究的出发点。

对于组成已经固定的 ABS 产品，其增韧的主要途径包括：① 加入橡胶含量高的组分，如 ABS 高胶粉、MBS 等；② 加入热塑性聚合物，如 SBS 等；③ 加入无机填料，兼具增强和增韧的作用。

5.3.4.1 橡胶增韧改性剂

Keskkula 等[162] 在本体法 ABS 中加入 MBS，使得 ABS 的冲击强度增加 50%以上。Paul 等[163] 研究 MBS 增韧 ABS 发现，共混物存在协同增韧效应。ABS 冲击强度随 MBS 粒子壳层中甲基丙烯酸甲酯含量增加而上升。

杜邦公司的 Karmins 等[164] 把柔软的重复单元［乙烯-丙烯酸正丁酯-一氧化碳(E/nBA/CO)］共聚物作为增韧剂加入 ABS，不仅大幅提高了 ABS 的冲击强度，而且保持了 ABS 的刚性，弯曲模量和拉伸强度略有下降，HDT 基本不变。其后续专利[165] 报道了乙烯-丙烯酸乙酯-一氧化碳共聚物只有在三种组分比例分别为 40%～79%、15%～40%、6%～20 %时才具有增韧作用。

抗冲改性剂的添加方式对 ABS 的性能有很大影响。如果改性剂为固体，可以采用干混的方法。Doucet 等[166] 报道了抗冲改性剂直接加入和制成母粒两种添加方式增韧作用的差别。将抗冲改性剂（氯化聚乙烯、SBS）、阻燃剂和协效剂等添加剂制成母粒并与 ABS 干混，所得 ABS 树脂冲击强度远高于直接添加抗冲改性剂制得的树脂。仅添加聚氯乙烯时两种制备方式的增韧作用没有差别。母粒中只含有一种抗冲改性剂，另一种抗冲改性剂直接加入，其增韧作用介于上两种方式之间。王玉忠等[167] 也通过不同添加方式将超高橡胶含量 ABS 加入膨胀阻燃 ABS 中，研究其对力学性能的影响。与直接添加抗冲改性剂相比，添加由抗冲改性剂和阻燃剂制备的母粒对 ABS 的增韧作用更大。

吴立明等[168] 研究了不同抗冲改性剂（氯化聚乙烯、SBS、热塑性聚氨酯、ABS 高胶粉）对 ABS 的韧性和加工稳定性的影响。所有改性剂都无需添加相容剂即可起增韧作用。热塑性聚氨酯增韧作用最大，并能改善加工性能；而加入高胶粉材料综合力学性能最好，但加工稳定性下降。

Chakraborty 等[169] 在 ABS 中加入热塑性共聚醚酯弹性体（COPE），通过轨迹法得到 J 积分来研究材料的断裂韧性。材料具有三相结构，COPE 含量约为 2.5%～5%时力学性能表现出良好的协同作用，断裂韧性在 COPE 含量为 5%时达到最大。这可能是 ABS 与 COPE 的相互作用和低模量橡胶对 ABS 作用两方面竞争导致的。

5.3.4.2　其他抗冲改性剂

聚四氟乙烯（PTFE）结晶度高，分子内作用力小，在很小的应力下就能形成纤维。它与热塑性树脂配合使用可以使树脂具有更好的模塑加工性和力学性能。然而，PTFE 在不含卤的树脂中分散性较差，加工剪切力作用下形成的纤维容易聚集，使得树脂组成不均一，制品外观不好。因此，PTFE 只有在含量较高时才能体现其优势。GE 公司的 Huang[170] 向 ABS 中加入含 PTFE 的母粒和脂肪酸盐，提高了 ABS 的冲击强度。同一公司的 Gaggar 等[160] 进一步报道了加入 2%～20%PTFE 对 ABS 力学性能的影响。

聚丁烯是黏稠的液体聚合物，用于很多聚合物和橡胶，以改善冲击性能、耐环境应力开裂性、流动性和弯曲性能等。Amoco 化学公司[171] 将不同级别的聚丁烯分别加入乳液法和本体法 ABS 中，发现加入聚丁烯增加了橡胶分散相的表观体积，其含量为 7.5%～10%时可使 ABS 室温冲击强度增加一倍。熔体质量流动速率不受聚丁烯的影响，而拉伸和弯曲性能中等程度下降。适当选择聚丁烯的级别、含量和 ABS 的种类可以得到性能最优化的 ABS。

5.4　ABS 树脂的应用

我国是世界 ABS 树脂最大的消费国，家用电器依旧是最大的下游领域，占比 58%，办公设备占比 14%，交通领域占比提升至 15%，轻工业领域占比 8%，建材及其他占比下降至 5%。未来几年家用电器依旧是 ABS 最大下游消费领域，美的、格力、海尔等家电企业内销外销表现亮眼。2023 年我国 ABS 消费结构如图 5-4 所示。

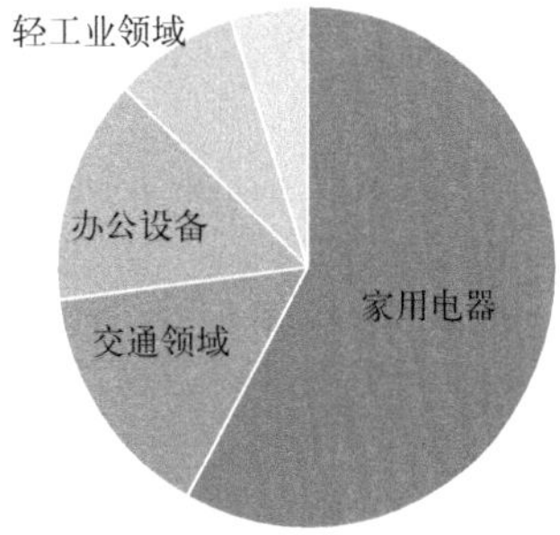

图 5-4　2023 年中国 ABS 消费结构[172]

近年来，我国 ABS 树脂消费市场和应用的重心正在逐步转移，汽车、电子等产业的兴起使 ABS 树脂市场格局呈现新的变化。随着改性聚丙烯等替代物的发展，冰箱、洗衣机等家电市场供过于求，ABS 树脂在大型家电产品的应用正在减少；但在小家电、办公设备和交通运输业等领域的应用正在悄然升温。ABS 树脂的高抗冲击性和良好的表面处理性能使其在冰箱等家电产品中得到大量应用，如冰箱门里衬材料正在由 HIPS 转向 ABS。使用 ABS 树脂可以在不影响部件强度的情况下减小壁厚，也可以降低成本。但 ABS 的流动性比 HIPS 差，因此，国外也有一些冰箱厂家采用了新型 HIPS 代替 ABS。ABS 树脂在交通运输领域的应用也有较大潜力，汽车、摩托车生产和消费的大幅度提速，将使汽车内饰件制品成为 ABS 树脂市场新的消费亮点，游艇和活动房屋等休闲用品也为 ABS 树脂市场打开了新的销路。在北美，面对聚丙烯、聚苯乙烯的竞争，耐候 ABS 仍占有休闲用品的市场。此外，ABS 树脂在管材和管件等建材、医疗器械和合金共混物的应用上也有良好的市场前景。

参考文献

[1] Atkinson E B, Brooks P R, Lewis T D, et al. Metal Plating of ABS and Other Plastics. Plastics Inst. Trans. J., 1967, 35(117): 549.

[2] Dennis J K, Tipping P. Study of Factors Affecting Peel Adhesion of Electroplated Coating on ABS and Polypropylene. Electroplating and Metal Finishing,1974,27(11):9-16.

[3] Maeda T, Onaya K, Okamoto A. Resin Composition and Plated Article Thereof: US 4612253[P]. 1986-09-16.

[4] Tullo A H. Styrenics Makers Seek Market Niche. Chemical and Engineering News,2005, 83(37): 25.

[5] Virkler T L, Wu W C. Process for Preparing Extrusion Grade ABS Polymer: US 6528591. 2003-03-04.

[6] Banyay H R, Pope T. Optimization of Acrylic Capped ABS Coextruded Systems for Sheet Applications. ANTEC 2004 - Annual Technical Conference Proceedings,2004, 1.

[7] Uhlmann J G, Oelberg J D, Sikkema K D, et al. Effect of Flame-Retardant Structure and Properties on ABS Performance. Plastics Compounding,1993, 16(3): 38.

[8] Levchik S V, Weil E D. New Developments in Flame Retardancy of Styrene Thermoplastics and Foams. Polymer International,2008, 57(3): 431.

[9] Chiang W Y, Hu C H. Polymer Blends with Modified Coupling Agent. Ⅱ. Effects of LICA 44 Grafted Styrene-Maleic Anhydride Copolymer on Properties of Flame Retardant Acrylonitrile-Butadiene-Styrene Blends. Journal of Applied Polymer Science,1999, 71(6): 865.

[10] Chiang W Y, Hu C H. The Relationship Between Molecular Structure and the Effect of Coupling Agents in Flame-Retardant ABS Blends. European Polymer Journal,1999, 35(7): 1295.

[11] Murphy J. Flame Retardants: Trends and New Developments. Plastics, Additives and Compounding,2001, 3(4): 16.

[12] Smith R, Georlette P, Finberg I, et al. Development of Environmentally Friendly Multifunctional Flame Retardants for Commodity and Engineering Plastics. Polymer Degradation and Stability,1996, 54(2-3): 167.

[13] Petsom A, Roengsumran S, Ariyaphattanakul A, et al. An Oxygen Index Evaluation of Flammability for Zinc Hydroxystannate and Zinc Stannate as Synergistic Flame Retardants for Acrylonitrile-Butadiene-Styrene Copolymer. Polymer Degradation and Stability,2003, 80(1): 17.

[14] Gutman E, Bobovitch A, Rubinchik I, et al. Thermal Degradation of Flame-Retardant Components in Filled and Unfilled ABS Plastics. Polymer Degradation and Stability,1995, 49(3): 399.

[15] Thomas S G, Desoto T E. Flame Retardant Compositions and Their Use: WO 2006/019414. 2006-02-23.

[16] Zilberman J, Tavor A, Canfi D, et al. Pentabromophenyl Alkyl Ethers and Their Use as Fire Retardants: EP 1470097. 2003-08-07.

[17] Seddon R, Harper J F. Influence of Flame Retardant Additives on the Processing Characteristics and Physical Properties of ABS. Macromolecular Symposia,2001, 169: 109.

[18] Cortemiglia D, Luda M P, Camino G, et al. Mechanism of Action and Pyrolysis of Brominated Fire Retardants in Acrylonitrile-Butadiene-Styrene Polymers. Journal of Analytical and Applied Pyrolysis,1987, 11: 511.

[19] Otsuki K. Flame-Retarded Acrylonitrile-Butadiene-Styrene Resin: US 6462112. 2002-10-08.

[20] Jin S Y, Hong S H, Ahn S H, et al. Flameproof Thermoplastic Resin Composition: WO 2005/012417. 2005-10-02.

[21] Kuma G, Worku A Z. Halogen-Free Flame Retardant Thermoplastic Polymer Compositions: WO 2000/017268. 2000-03-30.

[22] Zubkova N S, Butylkina N G. Flame Retardant for Polymeric Materials: US 6995201. 2006-02-07.

[23] Inata H, Ishida H, Kuwaki T. Fire Resistant Resin Composition: US 6146557. 2000-11-14.

[24] Braun U, Schartel B. Flame Retardant Mechanisms of Red Phosphorus and Magnesium Hydroxide in High Impact Polystyrene. Macromolecular Chemistry and Physics, 2004, 205(16): 2185.

[25] Braun U, Schartel B. Effect of Red Phosphorus and Melamine Polyphosphate on the Fire Behavior of HIPS. Journal of Fire Sciences, 2005, 23(1): 5.

[26] Weil E D, Zhu W M, Patel N, et al. A Systems Approach to Flame Retardancy and Comments on Modes of Action. Polymer Degradation and Stability, 1996, 54(2-3): 125.

[27] Chang Y K, Kim J H, Jang B N, et al. Thermoplastic Flameproof Polymer Blend Composition: GB 2341184. 2000-03-08.

[28] Vuillemin B, Lambert P, Duc M. Thermoplastic Fireproof Composition Based on Aromatic Vinyl Polymer Comprising Mineral Filler Dispersed in the form of Nanoparticles: WO 2004/013223. 2004-02-12.

[29] Lee K, Kim J, Bae J, et al. Studies on the Thermal Stabilization Enhancement of ABS; Synergistic Effect by Triphenyl Phosphate and Epoxy Resin Mixtures. Polymer, 2002, 43(8): 2249.

[30] Lee K, Yoon K, Kim J, et al. Effect of Novolac Phenol and Oligomeric Aryl Phosphate Mixtures on Flame Retardance Enhancement of ABS. Polymer Degradation and Stability, 2003, 81(1): 173.

[31] Titelman G I, Bron S, Peled M. Fire Retarded Polymer Composition: EP 1448698. 2003-06-05.

[32] Gilman J W, Bourbigot S, Bellayer S, et al. Styrene-Acrylonitrile Copolymer Montmorillonite Nanocomposite: Processing, Characterization and Flammability. Cambridge: Royal Society of Chemistry, 2005.

[33] Wang S F, Hu Y, Lin Z H, et al. Flammability and Thermal Stability Studies of ABS/Montmorillonite Nanocomposite. Polymer International, 2003, 52(6): 1045.

[34] Kim J, Lee K, Bae J, et al. Studies on the Thermal Stabilization Enhancement of ABS; Synergistic Effect of Triphenyl Phosphate Nanocomposite, Epoxy Resin, and Silane Coupling Agent Mixtures. Polymer Degradation and Stability, 2003, 79(2): 201.

[35] Vyazovkin S, Dranca I, Fan X W, et al. Degradation and Relaxation Kinetics of Polystyrene - Clay Nanocomposite Prepared by Surface Initiated Polymerization. Journal of Physical Chemistry B, 2004, 108(31): 11672.

[36] Terada T, Kawakami T. Polymer Composition: US 6987139. 2006-01-17.

[37] Serizawa S, Iji M. Flame Retardant Resin Composition: US 6001921. 1999-12-14.

[38] Jang J, Kim J, Bae J Y. Effects of Lewis Acid-Type Transition Metal Chloride Additives on the Thermal Degradation of ABS. Polymer Degradation and Stability, 2005, 88(2): 324.

[39] Jang J, Kim J, Bae J Y. Synergistic Effect of Ferric Chloride and Silicon Mixtures on the Thermal Stabilization Enhancement of ABS. Polymer Degradation and Stability, 2005, 90(3): 508.

[40] Carty P, White S. The Effect of Temperature on Char Formation in Polymer Blends: an Explanation of the Role of the Smoke Suppressant FeOOH Acting in ABS/CPVC Polymer Blends. Polymer Degradation and Stability, 2002, 75(1): 173.

[41] Yan L, Zheng Y B, Liu J P, et al. Synthesis of Polymeric Flame Retardants Containing Phosphorus-Nitrogen-Bromide and Their Application in Acrylonitrile-Butadiene-Styrene. Journal of Applied Polymer Science, 2010, 115(2): 957.

[42] Jeska S. Transparent Plastics Between Intellectualisation and Trash Culture. Basel: Birkhaeuser, 2008.

[43] Keskkula H, Mccreedy K M, Maass D A. Transparent Blends of Polymethylmethacrylate and Certain Styrene Copolymers: US 4508871. 1985-04-02.

[44] Moran J R, Drenzek P J. Transparent Polyblends: US 4083896. 1978-04-11.
[45] Moran J R. Transparent ABS Polyblends: US 4113798. 1978-09-12.
[46] Moran J R. Transparent Polymeric Polyblend: US 4097555. 1978-06-27.
[47] Mckee G E, Haaf F, Hambrecht J, et al. Transparent Impact-Resistant Molding Material: US 4393164. 1983-07-12.
[48] Montoya-Goni A, Hamann E. Monovinylidene Aromatic Polymers Comprising Sulfanylsilane Functionalized Elastomeric Polymers: US 20100087612. 2010-04-08.
[49] Lindner C, Ott K H, Uerdingen W, et al. Transparent Moulding Compositions: US 4666980. 1987-05-19.
[50] Yumoto T, Nakanishi Y, Iwai K, et al. Transparent, Impact-Resistant, Thermoplastic Resin Composition Having Excellent Chemical Resistance and Process for Producing Same: US 4767833. 1988-08-30.
[51] Meredith F L, Ferguson L E. Clear Impact Modifier for PVC: US 4764563. 1988-08-16.
[52] Yoo K H, Shin Y H, Lee C H. Thermoplastic Transparent Resin Composition and Method of Manufacturing Same: WO 2000/026298. 2000-05-11.
[53] Choi J S, Kim S H, Bahn H M, et al. Tacrylonitrile-Butadiene-Styrene Copolymer Transparent Resin Having Superior Chemical Resistance and Transparency and Prepartion Thereof: WO 2003037977A2. 2003-05-08.
[54] Choi J S, Lee M Y, Bahn H M, et al. Transparent Thermoplastic Resin Compositions and Process for Preparing the Same: WO 2006038768A1. 2006-04-13.
[55] Kurata T, Fukumura S, Nakanishi Y, et al. Transparent Butadiene-Based Rubber-Reinforced Resin and Composition Containing the Same: US 6448342. 2002-09-10.
[56] 城户良太，紫田博司，高村元，等. 橡胶增强的苯乙烯透明树脂组合物及其制备方法：CN 1280350C. 2006-10-18.
[57] Lee B D, Jin Y S, Park H S, et al. Transparent Rubber Modified Styrene Resin and Method for Preparing the Same by Continuous Bulk Polymerization: US 20090143532. 2009-06-04.
[58] Hong J K, Lee B D, Jin Y S, et al. Transparent Thermoplastic Resin and Method for Preparing the Same: US 20090124750. 2009-05-14.
[59] Jin Y S, Hong J K, Park H S, et al. Transparent ABS Resin Composition Having Excellent Impact Strength and Flowability: US 20090156719. 2009-06-18.
[60] Gaggar S K, Hutzler C M. Transparent Rubber Modified Styrenics Compositions: WO 2001/096469. 2001-12-20.
[61] Hsu R H. Transparent Rubber-Modified Styrenic Resin Composition: US 20020032282. 2002-03-14.
[62] 许瑞熙. 透明橡胶变性苯乙烯系树脂组成物：CN 1337419A. 2002-02-27.
[63] 编辑部. 透明 ABS 树脂中试技术开发成功. 塑料工业，2006，(4)：15.
[64] 王乐，翟云芳，邵卫，等. 以丁苯胶乳为核心的 ABS 树脂合成. 塑料制造，2006，(10)：46.
[65] Truss R W, Chadwick G A. The Fracture of Notched Tensile Specimens of a Transparent ABS Polymer. Journal of Materials Science, 1977, 12: 1383.
[66] Ramaswamy S, Lesser A J. Microscopic Damage and Macroscopic Yield in Acrylonitrile-Butadiene-Styrene (ABS) Resins Tested Under Multi-Axial Stress States. Polymer, 2002, 43: 3743.
[67] 张大雷，栾明玥，林权，等. 两种不同粒径的 SBR 粒子对透明 ABS 树脂力学性能影响. 高分子学报，2006 (2)：356.
[68] 于越，吕洁，李刚，等. 基体的组成对透明 ABS 树脂性能的影响. 中国塑料，2009，23(4)：20.
[69] Sterman S, Marsden J G. Reinforced Thermoplastic Styrene-Acrylonitrile Resins and Method for Making Same: US 3454454. 1969-07-08.
[70] Boyer W M, Hattori K. Novel Fiber Glass-Reinforced Resin Compositions and Processes for Their Preparation: US 3654219. 1972-04-04.
[71] Hattori K Richardson E L. Glass Fiber Reinforced Resins Containing Dispersion Aid: US 3639331. 1972-02-01.
[72] Izawa S, Toyama K. Thermoplastic Resins: US 3763088. 1973-10-02.

[73] Hata A, Saeki H. Process for Manufacturing A Porous Thermoplastic Resin Article Reinforced by a Glass Matt: US 3865661. 1975-02-11.

[74] Davies J I. Coupled Glass in Rubber Modified Thermoplastics: US 4212792. 1980-07-15.

[75] Taylor K J, Allan L. Synthetic Thermoplastic Moulding Materials: US 4304710. 1981-12-08.

[76] Zabrocki K, Tiburtius C, Doring J, et al. Glass-Fiber-Reinforced ABS-Molding Compositions: US 4547533. 1985-10-15.

[77] Van D P. Rubber-Reinforced Polymeric Resins Containing A Mineral Fiber: US 4622351. 1986-11-11.

[78] Krijger L C, Jansen J M A, Ipenburg C H. Plastic Granulate Containing Non-Dispersed Reinforcing Fibre Bundles: EP 0444724. 1991-09-04.

[79] Deckers A, Guentherberg N. Glass Fiber-Reinforced Styrene Copolymers: US 5346945. 1994-09-13.

[80] Pischtschan A, Eichenauer H, Peters H. Glass Fiber Reinforced ABS-Compositions: EP 0527382. 1994-11-23.

[81] Ogawa H. Glass Fiber-Reinforced Polystyrene Resin Composition: US 5844035. 1998-12-01.

[82] Edwards C M, Moses P J, Clement R. Filler-Reinforced Engineering Thermoplastic Polyurethane Dispersion in a Thermoplastic Resin: US 6184286. 2001-02-06.

[83] De Kock D, Van Riel N. Method for Preparing Long Glass Fiber-Reinforced Composition and Fabricated Articles Therefrom: US 20070191532. 2007-08-16.

[84] Ozkoc G, Bayram G, Bayramli E. Short Glass Fiber Reinforced ABS and ABS/PA6 Composites: Processing and Characterization. Polymer Composites, 2005, 26(6): 745.

[85] Ozkoc G, Bayram G, Bayramli E. Effects of Polyamide 6 Incorporation to the Short Glass Fiber Reinforced ABS Composites: an Interfacial Approach. Polymer, 2004, 45(26): 8957.

[86] 郭建兵，秦舒浩，于杰，等. 一种高强玻纤增强 ABS 复合材料及其制备方法. CN 200910302555.0. 2009-10-14.

[87] 余木火，袁象恺，韩克清，等. 微波原位聚合长玻璃纤维增强 ABS 复合材料的制备方法：CN 1775513A. 2006-05-24.

[88] 余木火，袁象恺，刘明晖. 原位聚合长玻璃纤维增强 ABS 复合材料的制备方法：CN 1775512A. 2006-05-24.

[89] 傅荣政，王芳. 热塑性树脂组合物：CN 100413921C. 2008-08-27.

[90] 傅荣政，王芳. 高性能玻璃纤维增强 ABS 树脂组合物：CN 101638504A. 2010-02-03.

[91] 汪克风，杨得志，岳瑟，等. 一种 ABS 复合材料：CN 101113225A. 2008-01-30.

[92] Shokoohi S, Arefazar A. Effect of Processing Conditions and Coupling Agents on ABS/SGF Composites Properties. Journal of Reinforced Plastics and Composites, 2009, 28(9): 1059.

[93] Zhong W H, Li F, Zhang Z G, et al. Short Fiber Reinforced Composites for Fused Deposition Modeling. Materials Science and Engineering, 2001, 301(2): 125.

[94] Fu S Y, Mai Y W, Ching E C Y, et al. Correction of The Measurement of Fiber Length of Short Fiber Reinforced Thermoplastics. Composites Part A-Applied Science and Manufacturing, 2002, 33(11): 1549.

[95] Preis L. Reinforced Plastics and a Process for Their Production: US 4009043. 1977-02-22.

[96] Huang C Y, Mo W W. The Effect of Attached Fragments on Dense Layer of Electroless Ni/P Deposition on the Electromagnetic Interference Shielding Effectiveness of Carbon Fibre/Acrylonitrile-Butadiene-Styrene Composites. Surface and Coatings Technology, 2002, 154(1): 55.

[97] Shofner M L, Rodriguez-Macias F J, Vaidyanathan R, et al. Single Wall Nanotube and Vapor Grown Carbon Fiber Reinforced Polymers Processed by Extrusion Freeform Fabrication. Composites Part A-Applied Science and Manufacturing, 2003, 34(11): 1207.

[98] Lee J C, Hong Y S, Nan R G, et al. Soundproofing Effect of Nano Particle Reinforced Polymer Composites. Journal of Mechanical Science and Technology, 2008, 22(8): 1468.

[99] Li J, Zhang Y F. The Tensile Properties of HNO_3-Treated Carbon Fiber Reinforced ABS/PA6 Composites. Surface and Interface Analysis, 2009, 41(7): 610.

[100] Mari D, Schaller R. Mechanical Spectroscopy in Carbon Nanotube Reinforced ABS. Materials Science and Engineering, 2009, 521-22: 255.

[101] Ogi K，Nishikawa T，Okano Y，et al. Mechanical Properties of ABS Resin Reinforced with Recycled CFRP. Advanced Composite Materials，2007，16(2)：181.

[102] Martins J，Klohn T，Bianchi O，et al. Dynamic Mechanical，Thermal，and Morphological Study of ABS/Textile Fiber Composites. Polymer Bulletin，2010，64(5)：497.

[103] Cousin P，Magdzinski L. Characterization of Spinel and Hydrated Spinel-Filled ABS - Antioxidant Effect and Strength Properties. Journal of Applied Polymer Science，1993，49(8)：1483.

[104] Tjong S C，Jiang W. Mechanical and Thermal Properties of Poly(Acrylonitrile-Butadiene-Styrene) Copolymer Reinforced with Potassium Titanate Whiskers. Journal of Applied Polymer Science，1999，73(14)：2985.

[105] Ouyang Y X，Sui G X，Yang R，et al. Preparation and Mechanical Properties of Magnesium Salt Whisker/ABS Composites. Materials and Manufacturing Processes，2006，21(2)：191.

[106] Bigg D M. Mechanical Properties of Particulate Filled Polymers. Polymer Composites，1987，8(2)：115.

[107] Tang C Y，Chan L C，Liang J Z，et al. Mechanical and Thermal Properties of ABS-$CaCO_3$ Composites. Journal of Reinforced Plastics and Composites，2002，21(15)：1337.

[108] Jiang L，Lam Y C，Tam K C，et al. Strengthening Acrylonitrile-Butadiene-Styrene(ABS) with Nano-Sized and Micron-Sized Calcium Carbonate. Polymer，2005，46(1)：243.

[109] Wang W Y，Wang G Q，Zeng X F，et al. Preparation and Properties of Nano-$CaCO_3$/Acrylonitrile-Butadiene-Styrene Composites. Journal of Applied Polymer Science，2008，107(6)：3609.

[110] Wang S，Hu Y，Song L，et al. Preparation and Thermal Properties of ABS/Montmorillonite Nanocomposite. Polymer Degradation and Stability，2002，77(3)：423.

[111] Jang L W，Kang C M，Lee D C. A New Hybrid Nanocomposite Prepared by Emulsion Copolymerization of ABS in the Presence of Clay. Journal of Polymer Science Part B-Polymer Physics，2001，39(6)：719.

[112] Nodehi A，Moosavian M A，Haghighi M N，et al. A Comparative Study on the Properties of ABS/Clay Nanocomposites Prepared by Direct Melt Intercalation and in-Situ Emulsion Polymerization Techniques. Iranian Polymer Journal，2007，16(3)：185.

[113] Lim S K，Hong E. P，Song Y H，et al. Preparation and Interaction Characteristics of Exfoliated ABS/Organoclay Nanocomposite. Polymer Engineering and Science，2010，50(3)：504.

[114] Guo T，Hao G，Song M，et al. Amphiphilic Poly(Styrene-*b*-Ethylene Oxide)-Block-Copolymer-Intercalated Layered Silicate and its Nanocomposites with Acrylonitrile-Butadiene- Styrene Resin. Journal of Applied Polymer Science，2004，94(1)：238.

[115] Xia Y，Duan X，Li J，et al. Characterisation and Properties of ABS Nanocomposite Prepared from Functionalised Montmorillonite Masterbatches. Polymers & Polymer Composites，2007，15(8)：639.

[116] Zheng X，Wilkie C A. Nanocomposites Based on Poly([Epsilon]-Caprolactone)(PCL)/Clay Hybrid：Polystyrene，High Impact Polystyrene，ABS，Polypropylene and Polyethylene. Polymer Degradation and Stability，2003，82(3)：441.

[117] Su S，Jiang D D，Wilkie C A. Novel Polymerically-Modified Clays Permit the Preparation of Intercalated and Exfoliated Nanocomposites of Styrene and its Copolymers by Melt Blending. Polymer Degradation and Stability，2004，83(2)：333.

[118] Choi Y S，Xu M，Chung I J. Synthesis of Exfoliated Acrylonitrile-Butadiene-Styrene Copolymer(ABS) Clay Nanocomposites：Role of Clay as a Colloidal Stabilizer. Polymer，2005，46(2)：531.

[119] Pourabas B，Raeesi V. Preparation of ABS/Montmorillonite Nanocomposite Using a Solvent/Non-Solvent Method. Polymer，2005，46(15)：5533.

[120] Aalaie J，Rahmatpour A. Study on Preparation and Properties of Acrylonitrile-Butadiene-Styrene/Montmorillonite Nanocomposites. Journal of Macromolecular Science Part B-Physics，2007，46(6)：1255.

[121] Bourbigot S，Vanderhart D L，Gilman J W，et al. Solid State NMR Characterization and Flammability of Styrene-Acrylonitrile Copolymer Montmorillonite Nanocomposite. Polymer，2004，45(22)：7627.

[122] Stretz H A，Paul D R，Li R，et al. Intercalation and Exfoliation Relationships in Melt-Processed Poly(Styrene-

Co-Acrylonitrile)/Montmorillonite Nanocomposites. Polymer, 2005, 46(8): 2621.

[123] Stretz H A, Paul D R, Cassidy P E. Poly(Styrene-*co*-Acrylonitrile)/Montmorillonite Organoclay Mixtures: a Model System for ABS Nanocomposites. Polymer, 2005, 46(11): 3818.

[124] Stretz H A, Paul D R. Properties and Morphology of Nanocomposites Based on Styrenic Polymers. Part Ⅰ: Styrene-Acrylonitrile Copolymers. Polymer, 2006, 47(24): 8123.

[125] Modesti M, Besco S, Lorenzetti A, et al. Imidazolium-Modified Clay-Based ABS Nanocomposites: a Comparison Between Melt-Blending and Solution-Sonication Processes. Polymers for Advanced Technologies, 2008, 19(11): 1576.

[126] Patino-Soto A P, Sanchez-Valdes S, Ramos-Devalle L F. Morphological and Thermal Properties of ABS/Montmorillonite Nanocomposites Using Two Different ABS Polymers and Four Different Montmorillonite Clays. Journal of Polymer Science Part B-Polymer Physics, 2008, 46(2): 190.

[127] Kim H S, Park B H, Choi J H, et al. Preparation and Mechanical Properties of Acrylonitrile-Butadiene-Styrene Copolymer/Clay Nanocomposites. Journal of Applied Polymer Science, 2008, 107(4): 2539.

[128] Kim H K, Kim G H, Cho B M, et al. Effect of Rubber Content of ABS on the Mechanical Properties of ABS/Clay Nanocomposites. Composite Interfaces, 2009, 16(4-6): 337.

[129] Cai Y B, Huang F L, Xia X, et al. Comparison Between Structures and Properties of ABS Nanocomposites Derived from Two Different Kinds of OMT. Journal of Materials Engineering and Performance, 2010, 19(2): 171.

[130] Tiwari R R, Natarajan U. Effect of Organic Modifiers and Silicate Type on Filler Dispersion, Thermal, and Mechanical Properties of ABS-Clay Nanocomposites. Journal of Applied Polymer Science, 2008, 110(4): 2374.

[131] Yeh J M, Huang C C, Chen C L, et al. Laminate Oleophilic Reformative Clay and a Method of Production for the Same, the Material and Method of Production of ABS Nano-Metric Composite Material Produced by the Same: US 20050121819.

[132] Liu B, Wan C Y, Zhang Y, et al. Effect of Epoxy Modifier on Flame Retardancy and Rheological Behaviour of ABS/Montmorillonite Composites. Polymers & Polymer Composites, 2006, 14(8): 805.

[133] Tyagi S, Gupta D, Krishnamurthy R, et al. Resin Compositions with Fluoropolymer Filler Combinations: US 20050143508. 2005-06-30.

[134] Kandasubramanian B, Gilbert M. An Electroconductive Filler for Shielding Plastics. Macromolecular Symposia, 2005, 221(1): 185.

[135] Uhl F M, Yao Q, Wilkie C A. Formation of Nanocomposites of Styrene and its Copolymers Using Graphite as the Nanomaterial. Polymers for Advanced Technologies, 2005, 16(7): 533.

[136] Shenavar A, Abbasi F, Aghjeh M K R, et al. Flow and Mechanical Properties of Carbon Black Filled Acrylonitrile-Butadiene-Styrene(ABS). Journal of Thermoplastic Composite Materials, 2009, 22(6): 753.

[137] Kumar V, Ramkumar J, Aravindan S, et al. Fabrication and Characterization of ABS Nano Composite Reinforced by Nano Sized Alumina Particulates. International Journal of Plastics Technology, 2009, 13(2): 133.

[138] Lavengood R E, Nicolais L, Narkis M A. Deformational Mechanism in Particulate-Filled Glassy Polymers. Journal of Applied Polymer Science, 1973, 17(4): 1173.

[139] Bucknall C B, Eric Reddock S. Rubber Toughening of Plastics Part 8. Journal of Materials Science, 1985, 20(4): 1434.

[140] Liang J Z. Mechanical Properties of Hollow Glass Bead-Filled ABS Composites. Journal of Thermoplastic Composite Materials, 2005, 18(5): 407.

[141] Honda S, Sugihara T, Igarashi T, et al. Synthetic Resin Compositions: US 5104925. 1992-04-14.

[142] Klyosov A A. Wood-Plastic Composites. Hoboken, (New Jersey): Wiley, 2007.

[143] Arons I J, Eller R, Merrill R E. Pencil Sheath Compositions: US 3875088. 1975-04-01.

[144] Baumann H, Kriisa A, Grahn H E. Method of Preventing Corrosion in Connection with Extrusion of Mixtures Containing Polyvinyl Chloride and Wood Flour or Similar Cellulosic Material, and Analogous Mixtures Contai-

ning Polystyrene or Acrylonitrile-Butadiene-Styrene Resin, Respectively: US 3878143. 1975-04-15.

[145] Motegi T, Aoki K, Kimura K. Thermoplastic Resins with Cellulosic Filler: US 4783493. 1988-11-08.

[146] Fujita T, Nagoshi F. Thermoplastic Resin Composition Containing Wood Flour: US 4737532. 1988-04-12.

[147] Zehner B E, Brandt J R. Synthetic Wood Composite Material and Method for Molding: US 6780359. 2004-08-24.

[148] Zehner B E, Ross S R. ABS Foam and Method of Making Same: US 6784216. 2004-08-31.

[149] Yeh S K, Agarwal S, Gupta R K. Wood-Plastic Composites Formulated with Virgin and Recycled ABS. Composites Science and Technology, 2009, 69(13): 2225.

[150] Matuana L M, Cam S, Yuhasz K B, et al. Composites of Acrylonitrile-Butadiene-Styrene Filled with Wood-Flour. Polymers & Polymer Composites, 2007, 15(5): 365.

[151] Chotirat L, Chaochancbaikul K, Sombatsompop N. On Adhesion Mechanisms and Interfacial Strength in Acrylonitrile-Butadiene-Styrene/Wood Sawdust Composites. International Journal of Adhesion and Adhesives, 2007, 27(8): 669.

[152] Ramaraj B. Mechanical and Thermal Properties of ABS and Leather Waste Composites. Journal of Applied Polymer Science, 2006, 101(5): 3062.

[153] Farber M, Petersen H A. Reinforced Styrene-Acrylonitrile Polymers: US 3951906. 1976-04-20.

[154] Gkogkidis A. Mass Polymerized Styrene Polymer Composites Reinforced with a Mixture of Fibrous and Spherical Particles: EP 0570632. 1993-11-24.

[155] Yilmazer U. Tensile, Flexural and Impact Properties of a Thermoplastic Matrix Reinforced by Glass-Fiber and Glass Bead Hybrids. Composites Science and Technology, 1992, 44(2): 119.

[156] Hashemi S, Olumide O, Newaz M. Influence of Weldlines on Tensile Properties of Hybrid Acrylonitrile Butadiene Styrene(ABS) Composites Filled with Short Glass Fibres(GF) and Glass Beads(GB). Journal of Materials Science, 2008, 43(6): 1987.

[157] Hashemi S. Hybridisation Effect on Flexural Properties of Single- and Double-Gated Injection Moulded Acrylonitrile Butadiene Styrene(ABS) Filled With Short Glass Fibres and Glass Beads Particles. Journal of Materials Science, 2008, 43(14): 4811.

[158] 付绍云，李来风. 混杂增强型 ABS 工程塑料：CN 1508186A. 2004-06-30.

[159] Mccolgan J M. ABS Resin Compounds: US 3926884. 1975-12-16.

[160] Gaggar S K, Moore M D. High Modulus Thermoplastic Resin Composition: US 5962587. 1999-10-05.

[161] Agarwal N, Gaggar S K, Gupta D, et al. Polymer Compositions, Method of Manufacture and Articles Formed Therefrom: US 7557154. 2009-07-07.

[162] Keskkula H, Maass D A, Mccreedy K M. Blends of Grafted Acrylate Polymers and Mass-Made ABS-Type Resins: US 4460744. 1984-07-17.

[163] Fowler M E, Keskkula H, Paul D R. Synergistic Toughening in Rubber Modified Blends. Polymer, 1987, 28(10): 1703.

[164] Kamins K A, Statz R J. Thermoplastic Blends Containing Ethylene Terpolymers and the Preparation Thereof: US 4985497. 1991-01-15.

[165] Kamins K A, Statz R J. Thermoplastic Blends of ABS Containing Ethylene Terpolymers: US 5086113. 1992-02-04.

[166] Doucet D K, Jones J F, Landry S. D, et al. Flame-Retarded ABS Formulations with High Impact Strength: US 5281648. 1994-01-25.

[167] Dai P B, Meng F D, Wang X L, et al. Effect of an Ultrahigh Rubber ABS Impact Modifier Resin on Mechanical Properties of Intumescent Flame-Retardant ABS Composites. Journal of Macromolecular Science, Part B, 2010, 49(3): 542.

[168] 吴立明，赵新刚，郝刚，等. ABS 增韧及其加工稳定性研究. 弹性体，2005，15(1)：43.

[169] Sivaraman P, Chandrasekhar L, Mishra V S, et al. Fracture Toughness of Thermoplastic Co-Poly(Ether

Ester) Elastomer - Acrylonitrile Butadiene Styrene Terpolymer Blends. Polymer Testing, 2006, 25(4): 562.

[170] Huang J N. Vinyl Aromatic Resin Compositions Containing a Fluoro Olefin Polymer and a Metal Salt or Ester or a Fatty Acid: US 5741854. 1998-04-21.

[171] Vitands E. Modifying ABS Resins With Polybutene. Plastics Engineering, 1996, 52(11): 35.

[172] 中国石油和化学工业联合会，山东隆众信息技术有限公司. 中国石化市场预警报告 2024. 北京：化学工业出版社，2024.

第6章 ABS树脂共混改性

6.1 引言

共混改性是实现聚合物材料高性能化、精细化、功能化和开发新品种的重要途径。近几十年来世界各国对于聚合物合金展开了大量的研究。ABS树脂合金也已从最初的ABS/PVC发展到了现在的几十个品种，在汽车、电子、精密仪器、办公设备、包装材料、建筑材料等领域得到了更广泛的应用。

共混改性不一定能使任意两种或两种以上的聚合物共混形成具有使用价值的共混材料。完全相容的两种聚合物混炼后可以达到分子级互容，从而形成单相结构，如PS/PPO等。这种共混物的性能通常表现为两种聚合物性能的简单叠加，缺乏创新性和突破性的性能改进，工业应用有限；完全不相容的两种聚合物共混体系中各个聚合物成分独立地凝聚，接触界面很小，如PA/ABS等，其各方面的性能，特别是力学性能很差，同样缺乏工业应用价值；而介于相容和不相容之间的是半相容状态，如PC/ABS等，其两相虽然不完全相容，但在混炼过程中可通过多种方式对相结构进行控制，实现细分散。这种具有较好相容性又存在微观（或亚微观）相分离结构的聚合物共混物，往往能够表现出独特的复合特性。这种细分散体系中，每种聚合物仍保持其固有的功能，发挥各自的特性，同时其综合性能又较各组分性能有显著提高。因此这种非均一相的聚合物共混物备受重视，成为聚合物共混物发展的主流方向。

本章将讨论ABS树脂共混改性，重点探讨如何控制ABS树脂共混改性产物微观（或亚微观）相分离结构，实现两种及两种以上聚合物的有效共混改性。

6.2 聚合物相容性

6.2.1 基本原理

根据已有的研究，ABS树脂与大部分树脂掺混时相容性都不太理想，而聚合物混合组分之间的相容性对混合物的形态结构和性能有决定性的影响。若能提高不相容组分之间的相容性，则有望显著提升混合物的综合性能，从而制备出更具特色的聚合物共混物或合金。因此相容化技术也就成为开发聚合物共混物或合金的关键。

两种聚合物相容与否取决于共混过程的Gibbs自由能变化，相容的聚合物共混时，有：

$$\Delta G_{mix}=\Delta H_{mix}-T\Delta S_{mix}\leqslant 0 \quad (6\text{-}1)$$

式中，ΔG_{mix}、ΔH_{mix} 和ΔS_{mix} 分别为共混聚合物体系的混合自由能、混合焓和混合熵，T 为共混聚合物体系的温度。

通常情况下ΔS_{mix} 都是正值，只有当ΔH_{mix} 小于一定值时，两组分才能互容。根据Hildebrand的理论[1]，ΔH_{mix} 可由下式计算：

$$\Delta H_{mix}=V_{mix}(\delta_1-\delta_2)^2\varphi_1\varphi_2 \tag{6-2}$$

式中，V_{mix} 是混合物总体积，δ_1、δ_2、φ_1、φ_2 分别为两组分的溶度参数、摩尔体积分数。从热力学角度考虑，$\Delta H_{mix}\rightarrow 0$ 时有利于自发相容过程的进行，所以从Hildebrand的溶度参数公式中可以判断，δ 值接近的聚合物有自发相容的趋势。但是溶度参数理论仅适用于非极性或弱极性聚合物组分混合体系，因为其仅考虑了分子间色散力对ΔH_{mix} 的贡献，实际上很多聚合物组分分子间还存在极性基团间的偶极力及氢键的作用。它们之间的关系为：

$$\delta^2=\delta_d^2+\delta_p^2+\delta_b^2 \tag{6-3}$$

式中，δ_d 是色散组分；δ_p 是极性组分；δ_b 是氢键组分。

采用三维溶度参数来判别相容性[2]，虽然显著提高了实验的准确性，但是由于较为繁琐，使用并不普遍，多数情况下仍采用一维溶度参数来判别相容性，但对于极性聚合物混合，除了看两种聚合物的δ 值外，还需考虑它们的极性相近与否。由于聚合物的分子量很大，共混过程的熵变很小，若聚合物分子之间不存在特殊相互作用（如氢键），共混过程通常为吸热过程（$\Delta H_{mix}>0$），因此满足式（6-1）的条件是非常困难的。实际上，绝大多数聚合物混合物都无法达到分子水平的共混。但在较低温度下，由于动力学因素的限制，聚合物混合物无法像小分子那样完全分相，这也正是聚合物混合物能具有很多独特特性的原因。

ABS树脂可以看成聚丁二烯的丙烯腈-苯乙烯接枝共聚物与游离的苯乙烯-丙烯腈共聚物（SAN）的混合物，其各组分的溶度参数差异很大，由此形成了主要由PB接枝橡胶相、SAN塑料相与界面区组成的非均相混合物。各组分自身组成（包括SAN中丙烯腈与苯乙烯配比）的不同，必然会影响ABS树脂的溶度参数，因而其溶度参数随牌号不同有差异，已有资料[3-5] 中给出的其溶度参数大致范围是19.6～20.5 $(J/cm^3)^{1/2}$。而塑料相SAN的溶度参数依据丙烯腈含量不同而有所不同，大致在19.0～20.1 $(J/cm^3)^{1/2}$；若丙烯腈含量在更大范围内（10%～95%）变化，溶度参数范围扩大为18.4～20.9 $(J/cm^3)^{1/2}$（相对分子量60000～300000）；橡胶相（PB）的溶度参数是17.3 $(J/cm^3)^{1/2}$。因此，若另一共混组分的溶度参数与SAN相近，或者与PB相近，原则上均会与ABS树脂有一定相容性。

6.2.2　聚合物相容性的表征

常用的聚合物相容性表征方法有以下几种[6]。

6.2.2.1　玻璃化转变温度法

这是表征聚合物间相容性最常使用的方法之一。测定的方法有DSC法、DMA法、介电松弛法、膨胀计法等，其中前两种方法最为常用。对于完全相容体系，混合物只出

现一个 T_g，且 $T_{g1}<T_g<T_{g2}$；若混合物出现两个 T_g（$T_{g1'}$和 $T_{g2'}$），且 $T_{g1'}=T_{g1}$、$T_{g2'}=T_{g2}$，则为完全不相容体系；部分相容体系可能会出现两个 T_g（$T_{g1'}$和 $T_{g2'}$），且 $T_{g1'}<T_{g1}<T_{g2'}<T_{g2}$。如果混合物中两种聚合物的 T_g比较接近，或其中一种聚合物的含量很少，或某些结晶的聚合物混合物由于结晶使非晶区含量相对减少，这时使用 T_g法判断相容性是有困难的。此外，当微相尺寸小于 15nm 时，即便观察到相分离，也有可能只呈现一个 T_g。

6.2.2.2 显微镜法

相差显微镜原理是通过使光的直射振动与衍射振动之间产生 $\pi/2$ 的相对移动，将物体内微小的相位差转变为亮度差，从而显著提高透明物体的可见度，其分辨率可达 1μm。只要两相的折射率存在微小差异就可以观察到不相容体系的分离形态。

电子显微镜法主要指 TEM 法和 SEM 法。TEM 的分辨率小于 10nm，配以适当的染色技术，是观察相区尺寸、形状和相界面最直观的方法。SEM 法也是直观研究共混材料表面和界面的常用方法，它的分辨率能达到 10nm 左右，其景深深、视场大、图像富有立体感，放大倍数易调节。聚合物组分相容性较差的混合物在扫描电镜图中通常表现为断面支离破碎，且存在较多空洞；而相容性较好的混合物则表现为断裂面纵横交错、凹凸不平，甚至浑然一体。

6.2.2.3 三元溶液法

这种方法是用同一种溶剂将两种聚合物溶解，配制成一定浓度的溶液。在一定温度下放置，如果此溶液可以长期稳定、不发生分层现象，则为相容体系。反之，放置一段时间后若出现分层，则为不相容体系。影响此法实验结果的因素很多，所以这种方法表征的只是在一定聚合物浓度、溶剂种类、温度等条件下聚合物间的相容性。

反相气相色谱借助于流动相中已知的挥发性溶质来测定固定相性质，这也是其重要的延伸应用。它是将聚合物混合物沉积在惰性载体上装入柱中作为固定相，选择适宜的探针分子，可以借探针在混合物固定相中的非无规吸收以及在共混物某一组分中的优先溶解情况来判断聚合物间的相容性。

6.2.2.4 红外光谱（IR)法

相容性很好的共混体系的 IR 谱图会偏离单组分 IR 谱图的平均值。这是因为不同聚合物之间存在较强的相互作用，导致相关基团的红外吸收谱带发生位移或峰形不对称加宽。然而，无法从其偏离程度预测其相容程度，因此这种方法只适用于定性研究聚合物间的相容性。IR 法可以检测聚合物混合物中氢键的存在，进而表征相容性。使用 IR 法还可以表征互穿网络、反应增容等聚合物共混技术中新基团或价键的生成，进而间接表征聚合物间的相容性。

6.2.2.5 稀溶液黏度（DSV)法

DSV 法不需要复杂的仪器，操作简便，而且可以表征 T_g相近的聚合物间相容性。当聚合物混合物溶解在某种溶剂中形成混合物溶液时，组分间的相互作用（吸引或排斥）将对溶液黏度产生影响。DSV 法就是通过溶液黏度的变化来表征聚合物之间的相容性。目前文献报道的 DSV 法的判据有：稀溶液黏度——聚合物共混组成曲线、实验所测溶液和理想混合溶液特性黏数之差（$\Delta\eta_m$）、热力学参数（α）、修正的热力学参数（β）、实验所测溶液与理想混合溶液总黏度相互作用参数之差（Δb_m）及其修正值（$\Delta b'_m$）等。Kuleznev 等[7] 的研究表明，溶液的黏度可以揭示聚合物混合物溶液的相容程度。在不同溶液浓度下，以黏度对聚合物混合物的组成作图，如果呈线性关系，则表明聚合物之间达到了分子水平的完全相容；如果呈非线性关系，则为部分相容；如果呈现“S”形曲线，表明两种聚合物完全不相容。García 等[8] 提出的 $\Delta[\eta]_m$ 判据为：定义 $\Delta[\eta]_m=[\eta]_m^{exp}-[\eta]_m^{id}$，推算出 $[\eta]_m^{id}=[\eta_1]\omega_1+[\eta_2]\omega_2$，其中 $[\eta]_m^{exp}$、$[\eta]_m^{id}$、$[\eta_1]$ 和 $[\eta_2]$ 分别为实验所测溶液、理想混合溶液和聚合物组分溶液的特性黏数，ω_1 和 ω_2 为两聚合物组分的质量分数。将 $[\eta]_m^{exp}$ 与 $[\eta]_m^{id}$ 进行比较，若 $\Delta[\eta]_m \geqslant 0$ 时，聚合物分子间的相互作用表现为吸引，两种聚合物相容；若 $\Delta[\eta]_m<0$ 时，聚合物分子间的相互作用表现为排斥，两种聚合物不相容。

6.2.2.6　其他表征方法

除了以上方法外，超声波技术、小角中子散射（SANS）法、X 射线衍射法、核磁共振（NMR）法等也可用于表征聚合物混合物相容性。超声波技术是通过测量超声波速度及聚合物混合物对超声波的吸收系数来表征相容性。判断依据为：穿过相容聚合物混合物的超声波速度与混合物的质量组成呈线性关系，而穿过不相容聚合物混合物的超声波速度则大大偏离线性关系；聚合物混合物对超声波的吸收系数与质量组成的曲线只有一个最大或最小值时为相容体系，出现多个最大或最小值时则为不相容体系。SANS 法可以用于固态聚合物分子链的均方末端距及均方回转半径的直接测定。例如对于 PMMA/（苯乙烯/丙烯腈）共聚物（SAN）共混体系，当 SAN 中丙烯腈含量为 28.7%时，用 SANS 法测得该体系中 SAN 的均方末端距与在稀溶液中无干扰条件下的值相近，证明 SAN 无规分散在 PMMA 中，属于热力学相容体系[9]。X 射线衍射法则主要用于测定聚合物组分的结晶度，由于结晶度与聚合物分子间的相互作用相联系，从而可以用来表征相容性。NMR 法则是通过测量 ^{1}H 自旋-晶格弛豫时间等参数来确定聚合物间的相互作用，进而判断其相容性。

如图 6-1 所示，值得注意的是，由于不同研究方法的检测限存在差异，某些聚合物混合物在一种测试方法下被认为是相容的（如只有一个 T_g），但在另一种测试方法（如 TEM），可能在 10nm 尺度上显示出非均相结构。因而，对于聚合物混合物而言，其相容性并非如小分子化合物那样达到分子水平的均一相，而只是一个相对的概念。

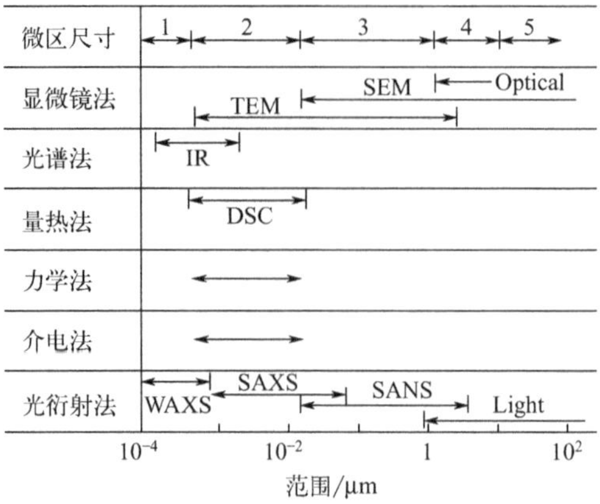

图 6-1 表征聚合物形态仪器的检测范围

TEM—透射电子显微镜；SEM—扫描电子显微镜；Optical—光学显微镜；IR—红外光谱；DSC—差热扫描量热；WAXS—广角X射线衍射；SAXS—小角X射线衍射；SANS—小角中子散射；Light—光学衍射；1—原子间；2—分子、球粒；3—填料团粒、相容共混物；4—补强、不相容共混物；5—空穴

6.3 ABS/PA合金

6.3.1 概述

聚酰胺（PA）具有优良的机械强度、耐磨性、自润滑性和耐腐蚀性，是最重要的工程塑料之一。因其存在吸水率高、尺寸稳定性差、低温和干态冲击不足等原因，限制了其在某些领域的应用。将ABS与PA共混所获得的ABS/PA合金既具备了ABS、PA各自的优点，又获得了两者所不具备的独特优势，如亚光效果、吸声减震，合金缺口冲击强度可达1000J/m以上，是迄今为止冲击强度最高的工程塑料合金，因而备受关注。

ABS/PA合金是一种非晶/半结晶体系，ABS的加入改善了PA的吸水性和缺口韧性，而PA的加入改善了ABS的耐化学品性、耐热性和耐疲劳性。众所周知，PC/ABS是应用最广泛、研究最深入的ABS共混物，是ABS最重要的合金产品之一。ABS/PA合金凭借其优异的综合性能，在汽车内饰件领域展现出显著的优势：

① 汽车内饰部件在满足力学与热学性能的基本要求外，通常需具备低光泽度特性，以减少驾驶员视觉疲劳，从而提升行车安全性。目前，常规材料（如PC/ABS或纯ABS）需依赖喷涂亚光漆或添加亚光剂等二次加工手段实现低光泽效果，但此类方法易导致光泽分布不均。相比之下，ABS/PA材料通过其本征亚光特性，可免去喷涂工艺，同时实现更均匀的表面效果。

光泽度测试数据（85°测量）显示：ABS/PA平板样品的光泽度为47%，显著低于PC/ABS（83%）和ABS（78%）；在皮纹样品测试中，ABS/PA制品的光泽度仅为3%～4%，而PC/ABS制品则超过10%。这些数据充分证明了ABS/PA材料能够有效降低产品的光泽度，同时带来均匀的亚光效果。

② ABS/PA材料的耐热性也不亚于PC/ABS材料。特别是在低负载（1kg）情况

下，相比PC/ABS材料其耐热性更佳。ABS/PA材料的维卡软化温度可达180℃，这是PC/ABS材料所无法比拟的。

③ ABS/PA材料的密度降低可高达6%，从而有效降低了成本。PC/ABS材料相对密度范围一般在1.13～1.15，而ABS/PA材料的相对密度仅在1.07～1.08，与耐热级ABS密度相当。

④ ABS/PA的产品流动性非常好，相比其他材料具有更好的加工性，且加工窗口更宽。在各自合适的注塑温度，以及相同的压力和速度的条件下，ABS/PA和ABS的流长比是PC/ABS的近两倍。

⑤ ABS/PA材料展现出优异的耐化学品性。对于大多数化学品，如汽油、润滑油、冷却剂、植物油、酯类以及醇类等有很好的耐受性。

当然，ABS/PA材料还有很多的优异性能，如耐磨性和减震消声性等。得益于其综合性能的卓越平衡，能够胜任许多传统材料难以满足的应用场景。ABS/PA材料应用范围可从汽车行业到家居产品，从日常的眼镜、文具到电动工具等。

美国Borg-Warner公司研究开发的Elemid系列合金成功应用于汽车外饰，揭开了PA6/ABS合金工业化开发及应用的序幕，随后日本合成橡胶公司、孟山都公司、韩国Miwon石化公司、德国的Bayer和BASF公司、英国Daicel公司、荷兰DSM公司都开发出商品化的PA6/ABS合金。

上海锦湖日丽塑料有限公司针对汽车内饰件的使用特点，率先在国内研发出了超韧性、免喷涂亚光内饰材料HNB0225和HNB0270，这种ABS/PA合金不需要添加亚光剂，就可以带来非凡的表面柔和亚光效果，已经在神龙、大众、奥迪等一线品牌内饰件中获得广泛应用。

目前，ABS/PA材料最大的应用领域是汽车内饰件，主要用于汽车仪表板周边部件，如中央控制面板、仪表盘罩以及空调出风口等内饰件，不仅实现了汽车饰件的轻量化，而且由于它天然的亚光性、免喷涂、可回收的特点极大地提高了产品的附加值，不仅大幅降低了成本，也有利于环境保护。另外，免喷涂不仅可以省去涂料的成本，还能够省去前处理、预涂装以及涂装等繁琐的工艺，从而消除了由于这些环节所产生的废品和运输费用等，大大降低了产品的不良率。除此之外，ABS/PA合金因优异的低温冲击性和耐疲劳性而被广泛用于运动器材和壳体，如滑雪车轮、滑雪靴、鞋跟、割草机和电动工具外壳。

6.3.2 相容性

根据相容性原则，由于ABS与PA溶度参数、极性、结晶性都相差很大，所以通过简单共混获得的ABS/PA二元体系相界面黏结强度低、力学性能差，没有实用价值。

为了提高ABS与PA的相容性，改善ABS树脂基体SAN与PA间的界面亲和力，主要有以下两种途径[11]：

① 将ABS与丙烯酰胺共聚提高ABS的极性，同时在ABS中引入酰氨基，通过氢键作用提高ABS与PA间的界面黏合力。但该方案由于生产成本高，并且界面性能受工艺条件限制，容易产生二次相分离，实用价值较低；

② 通过接枝共聚的方法在SAN中引入可与PA端基反应的官能团，以反应型增容

原理降低界面张力，在受到外力时基体产生剪切屈服，力学性能提高。最常用的接枝共聚物为 MAH（马来酸酐）、GMA（甲基丙烯酸缩水甘油酯）、IA（酰亚胺化丙烯酸）。如 1987 年由原孟山都公司（现为 INEOS Styrolution 公司）开发的商品名为 Triax R 的 PA/ABS 合金，SAN-*g*-MAH 三元共聚物作为 PA/ABS 的相容剂，因冲击强度显著提高而首次被用于汽车内饰件；另外，SMA 共聚物也是 PA/ABS 合金常用的反应型增容剂，典型的例子如荷兰 DSM 公司成功开发的商品名为 Stapron R 的 PA/ABS 合金。后来，苯乙烯-*N*-苯基-马来酰亚胺-马来酸酐被用于增容 PA/ABS 合金，其特点是由于增加了体系的空间位阻，在改善材料性能的同时极大地提高了合金的热变形温度。

需要注意的是，反应增容技术并不是简单地通过添加相容剂来达到改善界面性能的目的，从材料方面来说，相容化程度主要受以下几个因素影响：

① 极性基团是位于主链还是支链上。一般来说，位于支链上的极性基团的化学活性较主链上的大，增容效果更显著，这类相容剂往往只需要少量添加就可以明显提高界面强度，改善材料性能。

② 极性基团的类型。

③ PA 本身的端基含量、类型和分子结构也是重要的影响因素，但这些往往被忽视。从相容剂与 PA 反应本身而论，PA 端基含量越高，与相容剂的化学结合点就越多，则相容化程度越高，但端基含量过高也会带来负面效应，例如反应性增黏导致流动性下降或形成凝胶从而形成应力集中点，导致材料强度下降。

ABS/PA 合金为非晶/结晶体系，相比无定形的 PC/ABS 合金，阻尼因子降低，具有独特的声学特征，如 INEOS Styrolution 公司（原 BASF 公司）开发的 Terblend® N 系列和上海锦湖丽日开发的 HNB 系列 PA/ABS 合金就是利用了其消声防噪的原理，在汽车车顶行李箱中获得了重要应用。

6.3.3 性能影响因素

6.3.3.1 相容剂

相容剂的添加量是决定相容化程度和材料性能最主要的因素之一。文献 [12] 中研究了亚胺化丙烯酸（IA）共聚物对 ABS/PA6 合金力学性能和形貌的影响，如图 6-2 和图 6-3 所示，添加 0.5%相容剂（IA），合金的缺口冲击强度从 150J/m 提高到 950J/m，但随着 IA 含量的继续提高，材料的冲击强度基本不变，但加工扭矩明显提高，这是由于熔融共混过程中过量的 IA 共聚物可能导致 PA 反应性增黏，材料流动性下降，所以，通过反应增容技术制备合金材料必须考虑加工性能，避免由于加工性下降带来的局部过热导致材料降解、制品充模困难和制品表面流痕等负面效应。

如图 6-3 所示，ABS/PA 共混样品通过 PA 与 OsO_4 顺序染色，白色部分为橡胶粒子，黑色部分为 SAN 基体与 PA。相容剂 IA 通过降低组分表面张力，提高了界面强度，促进了 ABS 中橡胶相的变形和破碎，分散相粒径明显减小，单位面积上橡胶粒子数目增加，在受到外力破坏时，ABS/PA 合金可以吸收更多的冲击能，表现为韧性提高。需要注意的是，为了制备超韧性材料，橡胶分散相粒径通常在某个范围之内，分散相粒径太大（$>1\mu m$），单位面积增韧剂体积分数较小，不能有效吸收冲击能；分散相

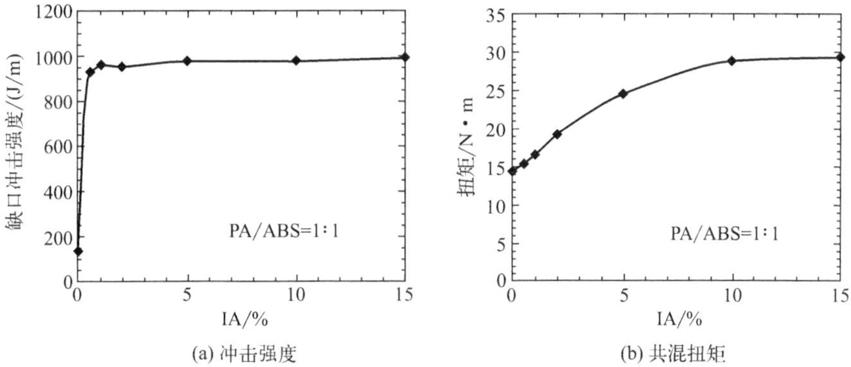

(a) 冲击强度　　(b) 共混扭矩

图 6-2　相容剂添加量对材料性能的影响

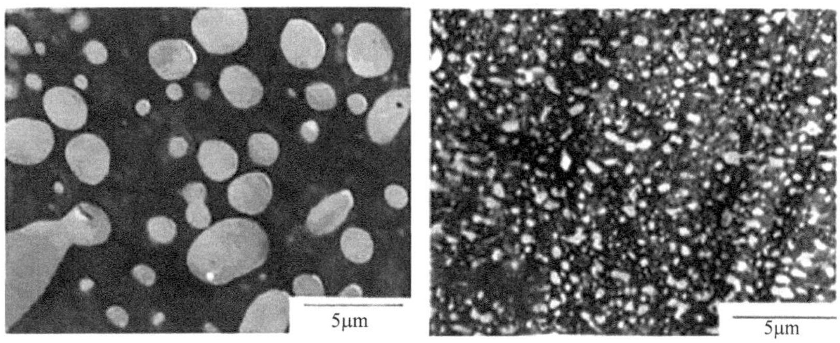

(a) 0%　　(b) 3%

图 6-3　相容剂对 PA/ABS 合金微观形态的影响

粒径太小（<200nm），橡胶粒子无法通过变形诱导银纹和剪切带产生，同样抵抗破坏能力较弱。所以通过改变相容剂添加量来调控分散相粒径的大小尤为重要，而最佳添加量要通过具体实验来获得。

6.3.3.2　相容剂类型

由于不同的极性基团与 PA 端基之间的反应活性不同，熔融共混过程中所起的作用和所获得材料的性能也不尽相同。同时，商业化的相容剂种类繁多，所以合理地选择相容剂对获得实用的合金材料至关重要。

Kudva[12] 通过多步挤出的方法研究了亚胺化丙烯酸（IA）共聚物与苯乙烯-丙烯腈-马来酸酐共聚物（SANMA）对 SAN/PA 合金性能和形貌的影响，如图 6-4 和图 6-5 所示。相容剂含量增加，加工扭矩提高，并且在整个范围内 IA 对材料黏度影响比 SANMA 更明显。这是由于 IA 结构中同时具有可与 PA 端氨基反应的六元环酸酐和丙烯酸极性基团，改善组分相容性的同时还有可能发生交联和 PA 扩链反应，导致共混物黏度增加。从图 6-4（b）可知，由于 IA 的扩连作用导致 PA 熔体黏度增加，其增容共混物中 SAN 更容易形成连续相，而 SANMA 增容共混物更容易在低 PA 含量发生相反转。

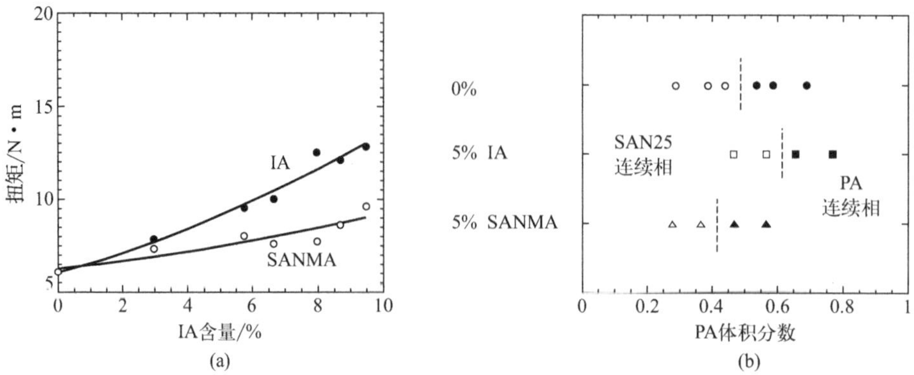

图 6-4　相容剂类型对 SAN/PA 合金性能的影响

图 6-5 中的透射电镜照片直观地反映了不同增容剂对 SAN/PA 共混物形态结构的影响，在 SAN/PA＝47.5/47.5 共混物中，IA 增容体系为典型的海-岛结构，而 SANMA 增容体系则形成了双连续相。另外，两种增容体系最大的差异在于，多次挤出后，SANMA 增容体系能够保持材料原有的形态，而 IA 增容体系多次挤出后分散相粒径明显增加，合金冲击韧性显著下降，脆-韧转变温度提高。

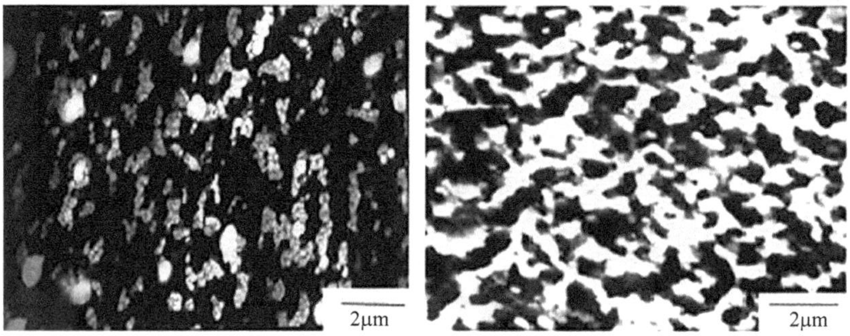

(a) IA(5%)　　(b) SANMA (5%)

图 6-5　相容剂类型对 SAN/PA 合金微观形态的影响（SAN/PA＝47.5/47.5）

6.3.3.3　共混设备

前面讨论了配方设计与材料性能之间的关系，影响共混物最终性能的另一个最主要因素是加工工艺，包括温度、剪切应力、加工设备、共混时间等。Paul 及其团队[13,14]在 SAN/PA 体系研究过程中，对工艺与材料结构之间的关系做了大量的基础研究，这里着重讨论加工设备的影响。分别采用间歇式混合器和单螺杆挤出机制备 SAN/PA 样品，并通过 TEM 对其形态进行了分析，不同的加工设备导致了材料相反转点的改变。单螺杆挤出机使合金在较低的 PA 含量下发生相反转行为，而间歇式混合器需要较高的 PA 含量才能发生相反转行为。这可能是螺杆挤出过程中同时存在拖曳流和拉伸流，熔体在混合过程中受到的剪切应力相对较大，同时 PA 的剪切敏感程度较 SAN 高，挤出过程中流动性提高更显著，相反转点向低 PA 含量偏移。

为了获得性能优异的共混物，通常需要对工艺进行优化，这对于处于临界混合比范围的共混体系尤为重要。例如 ABS/PA＝50/50 的二元体系中，由于 ABS 的黏度较小，通常形成连续相，但通过调控加工温度、螺杆转速和螺杆组合等参数，可有效改变两相的黏度比，使含量较低的 PA 相转变成连续相，从而制备出尺寸稳定性和耐化学品性兼备的 ABS/PA 合金。利用共混工艺，对 ABS 合金的形态结构进行设计，是近年来非常活跃的研究方向。

6.3.3.4　混合比

对于增容 ABS/PA 合金来说，合金的性能还与组分混合比有关。如图 6-6 所示，在 ABS/PA/SMA 三元体系中，合金的缺口冲击强度在 PA 含量为 60%时达到最大值。同时 PA 含量增加，热变形温度提高，这是由 PA 的氢键作用力和结晶本质所决定的。

反应增容体系中，在相容剂含量固定的前提下，由于组分混合比的改变导致材料最终相形貌的差异，包括分散相粒径大小、相结构类型和相反转行为。Kitayama 等[13-15]详细研究了 PA/ABS/IA 三元体系微观结构与 PA/ABS 混合比的关系，如图 6-7 所示，随着 PA 质量分数的增加，材料经历了从双连续结构向海-岛结构的转变，这有助于理解图 6-6 中力学性能的变化趋势。

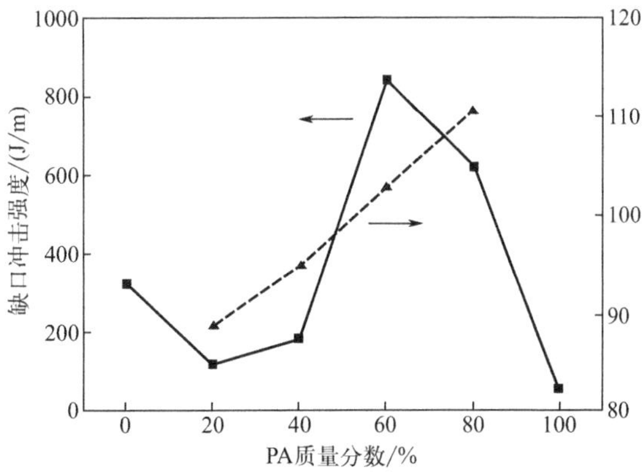

图 6-6　PA 添加量对 PA/ABS/相容剂合金性能的影响

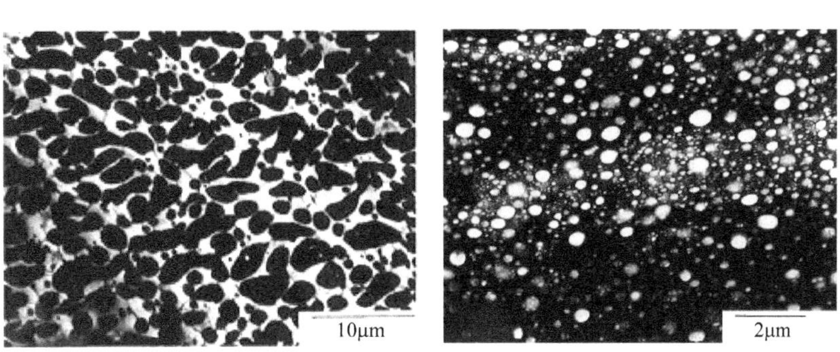

(a) 53.5/43.5/3　(b) 67.9/29.1/3

图 6-7　共混比对 PA/ABS/IA 合金微观形态的影响

另外，PA/ABS 的耐化学品性同样受混合比的影响，众所周知 PA 是耐化学品最好的工程塑料之一，通过调节混合比获得 PA 为连续相、ABS 为分散相的两相结构，是提高材料耐化学品性能的重要途径。需要注意的是，由于 PA 易吸水，对于尺寸精度要求较高的产品，这种设计思路往往受到局限。如何获得耐化学品性和尺寸稳定性兼备的材料是 ABS/PA 合金的研究热点，这里不再详细阐述。

6.3.4 高性能化

6.3.4.1 亚光 ABS/PA

前面已经多次提到，ABS/PA 合金具有其他材料无可比拟的亚光优势，成为高档轿车的内饰首选材料，很大程度地缓解了驾驶员的视觉疲劳。ABS、亚光 PC/ABS、PA/ABS 亚光效果对比见图 6-8。那么，ABS/PA 是如何实现亚光效果的呢？

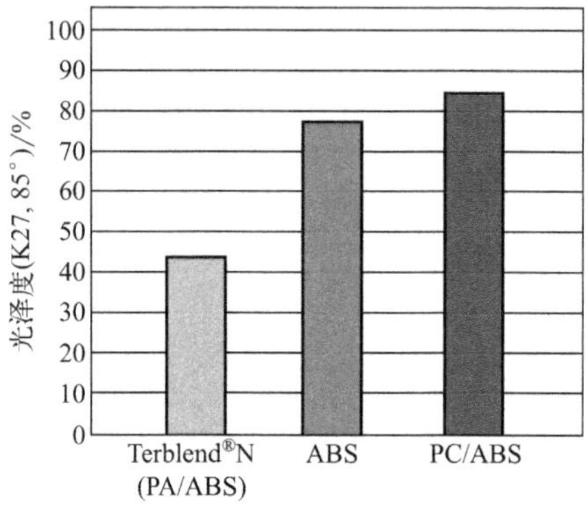

图 6-8 ABS、亚光 PC/ABS、PA/ABS 亚光效果对比图

ABS/PA 合金属于典型的非晶/结晶材料，ABS 本身易加工，而 PA 在其熔点以上流动性显著增加，一般 ABS/PA 的成型温度为 230～250℃，在此范围内 ABS/PA 体现出极佳的流动性和易充模特性。另外，其优异的复制模具皮纹能力，使成型制品具有独特的亚光效果，与添加亚光剂的 PC/ABS 相比，ABS/PA 不仅节省了材料成本，而且能够有效降低材料的光泽度，带来均匀的亚光效果。

影响 ABS/PA 合金亚光效果的因素主要有以下几个。

① PA 含量　随着 PA 含量的增加，合金的充模和复制模具皮纹能力提高，亚光程度增加。在 60℃模温下，PA 含量与 ABS/PA 合金光泽度之间的关系如图 6-9 所示，随着 PA 含量的增加，光泽度先降低后升高，PA 含量为 40%时，ABS/PA 合金的光泽度是纯 ABS 的一半。

② 模具粗糙度　模具粗糙度是影响材料表观效果的重要因素，合理的皮纹设计能够带来柔和亚光效果；如果模具表面粗糙程度不均匀，可能导致局部光泽度不一致，极大地影响产品外观。

③ 成型工艺　产品亚光效果的实现主要依赖于材料对模具皮纹的高精度复刻能力，而这一过程受成型工艺参数，特别是成型温度和模具温度的显著影响。

④ ABS 的橡胶粒径　橡胶粒径越大对光线漫反射越有利，产品亚光程度越高。但单一地通过提高橡胶粒径降低 ABS/PA 的光泽度有限，同时大粒径橡胶容易变形，如果流道设计不合理，可能导致产品表面白斑。

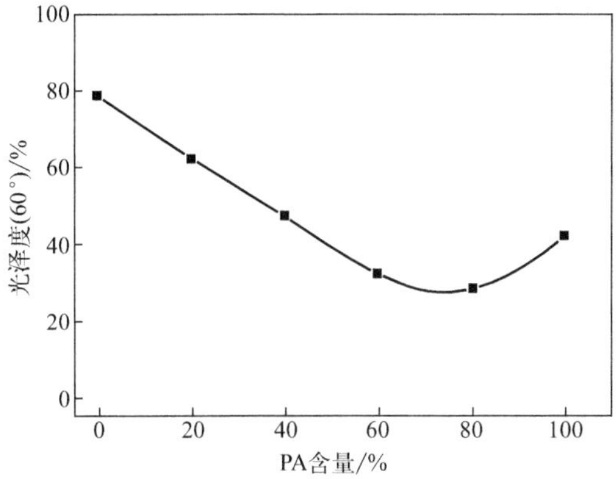

图 6-9　PA 含量与 ABS/PA 合金光泽度之间的关系

6.3.4.2　无卤阻燃 ABS/PA

聚酰胺在低温和低湿环境中使用具有相当好的电绝缘性能，因此它被广泛用于电器上，其注塑件可用作各种连接件，同时聚酰胺是理想的介电材料，其极佳的耐电弧性大大提高了用户的安全系数[16]。

鉴于以上特点，ABS/PA 合金经常被用于电子电器零部件，如电源插座、电压转换器和充电器外壳，根据产品特点和使用环境，这些电器部件一般需要具有防火性能，如无人看管的电源外壳需要满足 IEC60695-2-10 中所规定的 850℃灼热丝实验，有的电器部件要长期置于高温高热环境，一般要求其阻燃等级达到 UL94V-0 或 V-1 级。

但令人遗憾的是 ABS/PA 为易燃材料，必须对其进行阻燃改性。虽然通过添加传统的卤素阻燃剂，阻燃性能很容易达到 V-0 级，但由于添加量较大，加工温度较高，一般只能选取填料型的十溴二苯乙烷和价格昂贵的溴化聚苯乙烯，导致材料力学性能大幅度下降且增加了成本。

随着环保要求的提高，高性能无卤阻燃 ABS/PA 被相继开发出来并获得广泛应用。目前，用于 ABS/PA 合金的无卤阻燃剂[17] 主要有金属氢氧化物、微胶囊化红磷、聚磷酸铵、三聚氰胺及其衍生物，以及反应型磷系阻燃剂。荷兰 DSM 公司[18] 采用三嗪类无卤阻燃剂（蜜胺阻燃剂）开发的无卤阻燃 ABS/PA 合金具有显著优势，可以成型厚度<1mm 的薄壁制件，实现产品轻量化，同时赋予产品良好的触感；另外该合金还具有优异的耐化学品性，在 24h 化学暴露后和老化循环测试中，其颜色、光泽度变化以及表面气泡或裂纹等表现均明显优于传统的 PC/ABS 产品。

在选择 ABS/PA 合金无卤阻燃剂时，必须考虑阻燃改性的同时不牺牲材料的其他性能。例如，日本专利 Sho. No. 61-291642 公开了一种 ABS/PA 合金的改性方法，其中磷化合物和酚醛清漆树脂被共混在 ABS 树脂中，通过与 PA 二次共混使材料阻燃性能达到 UL94 V-0 级，但它造成冲击强度、耐热性下降以及热稳定性差带来的发黄问题。另外，三聚氰胺类阻燃剂常用于 ABS/PA 的阻燃改性，但在增强材料中阻燃剂在玻纤附近聚集，并且由于材料显著的高流动性导致阻燃剂失效，这就是三聚氰胺类阻燃剂独特的“灯芯效应”，在选择时必须根据材料要求区别对待。

另外，无卤阻燃剂的选择还应充分考虑材料的成型工艺和最终产品的外观。例如蜜胺和蜜胺氰尿酸酯在ABS/PA合金中被广泛应用，不需要使用协效剂，在相对较低的浓度下就可以获得足够的阻燃效果，但其缺点是耐热性较差，如果成型周期过长会导致产品变色，同时蜜胺容易在模具上沉积，可能造成排气孔堵塞，使阻燃剂分解，影响产品外观。

6.3.4.3 超耐候ABS/PA

目前，ABS/PA主要用于汽车内饰件，如仪表饰板、出风口面罩和储物盒等，这些制件对原材料耐候要求较低。而对于长期接受光照的外饰件，由于ABS树脂易老化，ABS/PA不能满足外饰件的耐候要求。现在，主流的汽车外饰件是以改性的ASA及其合金为原材料，如耐热ASA和PC/ASA，其特点是丙烯酸酯类橡胶代替丁二烯橡胶，原材料的耐候性大大提高。

ASA/PA合金是为了改善ABS/PA合金的耐候性而开发的一种新型材料，使ABS/PA合金的应用领域从汽车内饰件扩展到外饰件，如门缝装饰条、散热格栅和后视镜外壳等。常用外饰材料性能对比如表6-1所示。ASA/PA兼备了耐候、高抗冲、高流动和高耐热的优点，并且可以赋予制品均匀的亚光效果，省去了二次喷涂，大大节约了材料成本。与PC/ASA相比，ASA/PA具有更优异的低温韧性、耐化学品性和耐应力开裂性，提高了外饰制品在不同环境下使用的可靠性。

上海锦湖日丽开发的超耐候ASA/PA合金，商品名为HNA0370，先后通过了国内几大主机厂的外饰件耐候性认证，在轿车上获得推广应用，如奥迪车型的仪表板装饰盖，凯旋车型的出风口面板、组合仪表罩、仪表饰板等。

表6-1 汽车外饰常用材料性能对比①

性能	测试条件	ASA/PA	ABS/PA	耐热ASA	PC/ASA
熔体流动速率/(g/10min)	240℃，10kg	40～50	40～50		
缺口冲击强度/(J/m)	3.2mm，23℃	>600	>600	100～200	
	3.2mm，−30℃	>200	>200	<100	100～200
热变形温度/℃	0.45MPa	>105	>105		
耐候性(DE)	0.77W，300h	1.68	4.59	1.52	1.26
光泽度/%	60°，镜面	<50	<50	>60	>70

① 材料中均添加1.0%的炭黑。

6.3.5 技术进展及市场发展方向

随着汽车轻量化和环保化设计的提出，ABS/PA以其低密度、免喷涂和超韧性的优点在车用塑料中所占的比例越来越高，特别在高档车型中，ABS/PA正逐渐取代改性PP成为汽车内饰的首选材料。另外，ABS/PA因其优良的低温韧性和独特的声学特征，在其他领域也被推广使用，如制冷器装饰条、除草机外壳和电动工具手柄等。

目前，针对ABS/PA合金的高性能化有大量的研究报告和专利发表，研究方向主要集中在以下几个方面。

6.3.5.1 尺寸稳定的 ABS/PA

ABS/PA 合金虽然在一定程度上降低了 PA 的吸水性，但仍然不能满足尺寸精度要求较高的场合，特别是在应用最广的汽车领域，由于尺寸稳定性较差带来的诸如装配问题极大地影响了产品外观，并且增加了产品不良率。

这里提到的尺寸稳定性主要有两层含义：由于吸水引起的产品在放置过程中的尺寸变化；材料本身易吸水特性引起的成型收缩。关于 PA 合金尺寸稳定性的解决方案如下：

① 纤维增强和矿物填充；

② 与特殊级聚酰胺共混，例如芳香族聚酰胺、半芳香族聚酰胺和硅氧烷基聚酰胺；

③ 降低 PA 含量；

④ 添加 PA 成核剂，提高材料结晶度，降低吸水率。

通过一种或多种上述方案可以改善 PA 合金的尺寸稳定性，但每一种方案都存在各自的缺陷，如在改善尺寸稳定性的同时可能导致韧性下降、成本提高、加工性能恶化、成型周期增加等。目前，还不能从根本上解决 ABS/PA 合金的尺寸稳定性，在尺寸精度要求较高的电子电器零件和汽车部件中，ABS/PA 合金的使用受到了限制。所以，ABS/PA 合金在高精度领域的成功应用，一方面依赖于 PA 合金改性技术的发展，同时需要合理的模具设计和优化的成型工艺。

6.3.5.2 抗划伤 ABS/PA

ABS/PA 合金在汽车内饰件展现出优异的纹理复刻能力，能够实现精致、高雅的外观效果。但因其模量较低，导致其成型产品质软，表面硬度较低，容易造成表面划伤，影响产品外观，同时制品表面产生的划痕也容易导致应力集中，带来安全隐患。

目前汽车内饰材料一般为热塑性材料，材料本身抗划伤较差，而这一性能却是仪表板、操控台和门板表皮等汽车内饰部件的关键性能，塑料和汽车工业正积极寻找解决方案以提高材料的抗划伤性，并且已有可行性方案在汽车领域得到了验证，主要思路是：①提高材料的表面硬度，即改善材料的表面耐刮擦性，可以通过添加耐刮擦的树脂来实现，如制备 ABS/PA/PMMA 合金；②降低表面摩擦系数或提高材料的自润滑性，例如通过使特定分子量的硅氧烷向材料表面迁移，形成自润滑的分子层，有效改善表面耐磨性。

抗划伤 ABS/PA 合金未来的发展方向是开发高效的耐刮擦助剂，例如汽巴精化开发的适用于 PP 和 TPO 的新型耐刮擦剂 SR-100，只需添加 2%就可以大大减小由于划伤引起的色差，既保护了产品外观，又不牺牲材料的力学性能。另外，耐磨性和耐刮擦性实际上是两个不同的概念，在材料开发前期要充分考虑客户的评价方法，以符合产品的最终性能要求。

6.3.6 主要牌号

商业化 PA/ABS 牌号见表 6-2。

表 6-2　商业化 PA/ABS 牌号一览表

产品类型	公司名	牌号	密度/(g/cm^3)	熔体流动速率/(cm^3/10min)	Izod 缺口冲击强度/(kJ/m^2)	维卡软化温度/℃
高抗冲级	INEOS Styrolution	Terblend N NM-19（抗紫外）	1.07	30（240℃,10kg）	65	102
		Terblend N NM-11	1.07	30（240℃,10kg）	65	102
	锦湖日丽	HNB0270	1.06	35（240℃,10kg）	68	105
	LyondellBasell	M/MK 6501 U	1.07	7（250℃,5kg）	80	125
高流动级	锦湖日丽	HNB0225	1.06	50（240℃,10kg）	40	102
超耐候级	锦湖日丽	HNA0370	1.06	52（240℃,10kg）	65	110
玻纤增强	INEOS Styrolution	Terblend N NG-04	1.20	15（240℃,10kg）	9	114
		Terblend N NG-02 EF	1.12	40（240℃,10kg）	12	118
	LyondellBasell	M/MK 6101 GF15	1.19	20（240℃,10kg）	10	140
		M/MK 7101 GF20	1.21	4.5（250℃,5kg）	9	157
		M/MK 7102 GF20	1.20	3（250℃,5kg）	9	150
	锦湖日丽	HNB0225G4	1.20	18（240℃,10kg）	12	115
矿物填充	INEOS Styrolution	Terblend N 3154	1.11	8（260℃,5kg）	7	105
阻燃级	锦湖日丽	HNB0250FR	1.20	30（240℃,10kg）	18	92

6.4　ABS/PMMA 合金

6.4.1　概述

虽然 ABS 具有优良的综合性能，被广泛应用于汽车、家电、办公用品、玩具等，但 ABS 表面硬度低、耐候性差、不透明等特点限制了其在某些领域的进一步使用。例如，环保设计概念越来越深入人心，某些对外观要求较高的制品如高档洗衣机面板和液晶电视外壳由于省略了喷涂工艺，对基体材料的耐刮擦性提出了更高的要求，通常要求铅笔硬度在 F 级以上，单一的 ABS 树脂通常无法胜任。

PMMA 具有高表面硬度、优异的耐光性和耐热性，其透光率＞90%，Haze＜2%，被广泛应用于航天和建筑用有机玻璃、信号灯外罩、商用广告牌、卫浴设施和高档家电面板。同时，PMMA 的熔体黏度较高，刚性较大，容易产生残留内应力，造成制品应力开裂。且因 PMMA 分子中存在酯基，其吸水率较大，具有明显的室温蠕变性；随着负荷和时间的增加，也容易导致制品应力开裂。另外，PMMA 为脆性材料，甚至抗冲改性的商业化 PMMA 缺口冲击强度也只有 3～5kJ/m^2，很难满足大多数模塑制品的韧性要求。共混改性是提高材料性能的主要途径之一，正如 PC/ABS 合金能够获得广泛应用，ABS/PMMA 兼备了耐刮擦、耐光照、高光泽、冲击改善和易加工成型等性能，并且通过合理设计能够获得透明性，其染色产品因为具有独特的视觉效果而备受青睐。

近 20 年来，随着高端家电市场的日趋扩大，针对 ABS/PMMA 高性能化的研究日益受到关注，国内外一些大的塑料改性厂紧跟市场潮流加大了研发力度，纷纷推出了功能化的 ABS/PMMA 合金材料，如 LG 的 XG 系列，三星第一毛织的 SF、BF 系列，广州金发科技的 RS 系列和上海锦湖日丽的 HAM 系列。

上海锦湖日丽早在 2004 年就配合国内几大家电供应商开发耐刮擦、免喷涂高光 ABS/PMMA 材料，并设计出透明、超高流动等高性能化的 ABS/PMMA 系列产品，成功应用于电子电器壳体和面板材料等。随着 LCD 产品设计大尺寸、薄壁、轻质化，ABS/PMMA 合金逐渐展示出了传统高光 ABS 和 PC/ABS 无可比拟的优势，在追求美观的市场导向下，ABS/PMMA 获得了推广和应用的新契机。

常用透明材料性能比较见表 6-3。与 ABS/PMMA 竞争最激烈的是透明 ABS 材料（MABS）。MABS 树脂是日本合成橡胶公司于 1962 年首先开发和生产的，20 世纪 80 年代制备 MABS 树脂的工作引起了各国的重视，获得了迅速发展，主要生产企业有韩国 LG、三星第一毛织、日本东丽、日本电气化学、万华化学、扬子石化、中国台湾奇美实业等。

表 6-3　常用透明材料性能比较

商品名称	透明	注塑成型	冲击强度	表面硬度	刚性	吸湿性	耐热	耐候	相对密度
GPPS	●～○	●	△	○	●	●	○	○	1.04～1.09
SAN	○	○	△	●	●	●～○	○	○～△	1.08
T-PP	△	●	○	△	○～△	○	○～△	○～△	0.90～0.92
MBS	○	○	○	○	○	○	○～△	○	1.1～1.11
MS	●	○	△	●	●	○	○	●～○	1.11～1.12
MABS	○	○	●～○	○～△	○～△	○	○～△	○～△	1.07～1.11
PMMA	●	△	△	●	●	×	○	●	1.15～1.20
ABS/PMMA	●～○	○	●～○	●	○～△	○	○～△	●～○	1.09～1.12
SMMA	●～○	●	●～○	●～○	●	○	○	●～○	1.05～1.09
SBC	●～○	○	●～○	△	△	●	×	×	1.01～1.03
PC	●～○	×	●	○	●	△	●	○	1.20
PETG	●	×	●～○	●	●	●～○	○～△	×	1.27
CA	●	○	●～○	○	●	○～△	○～△	○	1.26～1.30
硬质 PVC	○	●～○	○	○～△	○～△	○	○～△	○	1.30～1.45

注：●一级，○二级，△三级，×不存在；一级最好，三级最差。

目前，商业化的 ABS/PMMA 合金根据外观效果主要分为以下几类：

① 透明系列。可以根据要求自由设计材料，赋予其不同的透光率，应用领域有 LCD 前壳及装饰条、透明包装材料、玩具、加湿器、真空吸尘器外壳、家电设备可视窗和电话机外壳等。

② 高光、免喷涂系列。这类材料由于符合环保理念，并且省略了产品的后处理工艺，降低了材料的使用成本，成为目前 ABS/PMMA 产量最大、市场应用最广的系列

产品。主要应用于家电壳体、车载电视、显示器外壳、打印机、复印机部件、手机和充电器外壳等对光泽和耐刮擦性要求较高的领域。

③ 特殊效果系列。目前最流行的炫黑、珠光、金属质感效果充分展示了ABS/PMMA的独特优势，越来越受到市场的关注和青睐，主要应用领域有家电，如洗衣机、空调、高档音响面板，化妆品盒，冰箱装饰条等。目前，市场上该类产品主要以上海锦湖日丽的塑可丽®特殊效果树脂为代表，有珠光、金属、自然纹理、闪烁等视觉效果。

6.4.2 相容性

对于多相合金，组分间的相容性是研究者必须首要考虑的因素，我们所期望的聚合物共混物应具有宏观相容、微观相分离的形态结构，这是多相组分共混改性获得优良性能的必要条件，也是制备大多数商业化聚合物合金的理论依据。对于完全不相容的聚合物来说，共聚改性或反应性增容是提高组分相容性最常用的途径，而对于具有UCST（最高临界相容温度）和LCST（最低临界相容温度）行为的聚合物，影响组分间相容性的因素则更为复杂，除了分子间作用力（界面效应），还受到温度、压力和混合比的影响[19]。

6.4.2.1 相容性原理

根据Flory-Huggins经典晶格理论，在A/B/C类型共混中，当A、B、C组分互不相容［即组分对相互作用能B_{ij}同时满足：B（ab）<0、B（ac）<0、B（bc）<0］时，要实现体系相容。必须满足以下条件：

$$B(\mathrm{ab})>[B^{1/2}(\mathrm{ac})+B^{1/2}(\mathrm{bc})]^2 \tag{6-4}$$

在ABS/PMMA二元体系中，ABS树脂基体SAN与PMMA之间的相容性是决定材料性能的主要因素，如果获得St、AN、MMA之间的相互作用能参数，则可以对体系的相容性进行预测。表6-4列出了相关参数[19]，根据式（6-4）计算结果如下：

$$B(\mathrm{St\text{-}AN})>[B^{1/2}(\mathrm{St\text{-}MMA})+B^{1/2}(\mathrm{AN\text{-}MMA})]^2 \tag{6-5}$$

所以，虽然PS、SAN与PMMA均为完全不相容共混物，但SAN与PMMA仍具有一定的理论相容性，在共聚物-均聚物共混体系中，这种“排斥相容”原理被普遍接受。

表6-4 SAN/PMMA体系相互作用能参数（参见表3-10）

i-j	B_{ij}/（4.2J/cm^3）
St-MMA	0.23
St-AN	7.02
MMA-AN	4.32

6.4.2.2 相容性影响因素

共混物的LCST行为如图6-10所示，随着混合比和温度的改变，共混物经历了从均相-亚稳态-相分离的转变。经典相分离理论提出了两种转变机理：双节线机理（BD）和旋节线机理（SD），前者类似于半结晶聚合物的成核-增长机理，而后者主要是受共混过程中热力学条件波动控制，主要经历三个过程：① 分子链扩散；② 液滴流动；③ 相粗化，最终形成双连续相形貌。

SAN/PMMA 是典型的 LCST 共混物。如果不考虑加工因素（压力、速度、应变），则相分离温度 T_s 与 SAN 与 PMMA 混合比有关。如图 6-11 所示，随着 PMMA 含量的增加，相分离温度向低温方向移动，组分相容性窗口变窄，所以，PMMA 富相共混物更容易发生相分离，使材料性能恶化。而对于透明 ABS/PMMA 合金则导致透明性丧失或 Haze 提高。SAN 中 AN 含量是影响体系相分离温度的另一个重要因素，据文献报道，AN 含量为 5.7%～38.7%时，SAN 与 PMMA 为相容体系，其可相容的范围与组分比例有关。如果 AN 含量超出这个范围，在整个组分配比范围内，SAN 与 PMMA 均为完全不相容。如图 6-12 所示[20]，这种相容性对 AN 含量的依赖性被认为是由于不同的 AN 含量导致 SAN 与 PMMA 的溶度参数差造成的。

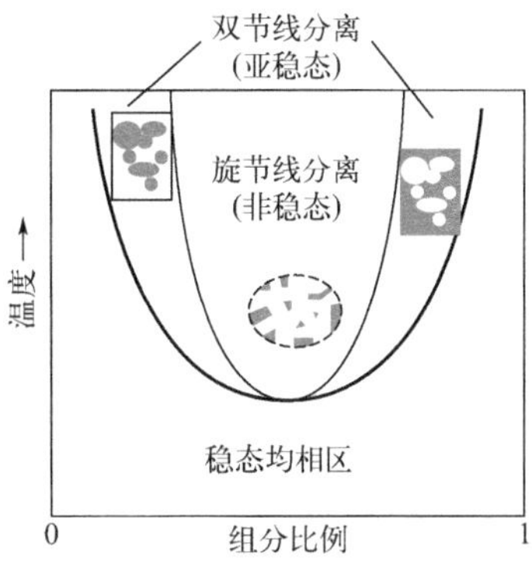

图 6-10　LCST 示意图

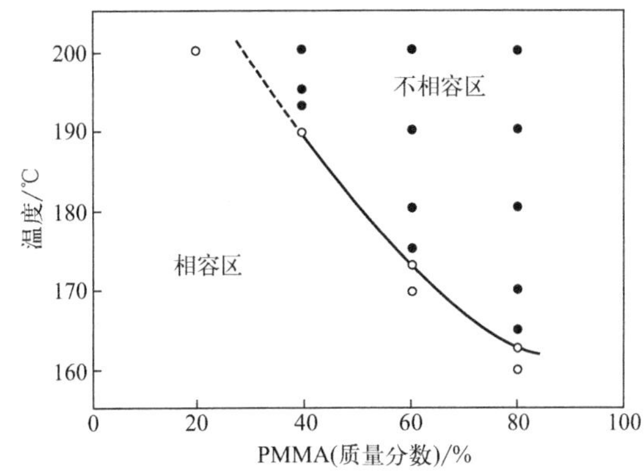

图 6-11　PMMA 含量对 SAN/PMMA 二元体系相分离温度的影响

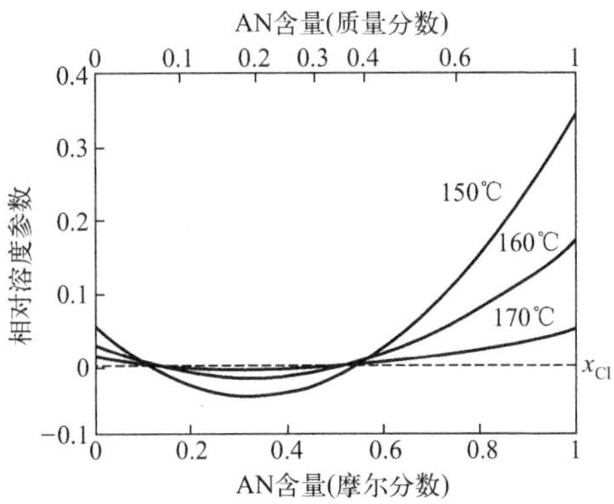

图 6-12　SAN/PMMA 体系中 AN 含量与相对溶度参数之间的关系

根据经典共混理论，对于 SAN/PMMA 体系，组分间的相容性的影响因素还有很多，比如 SAN 的单元序列分布、PMMA 的构型、纯组分的分子量等。另外，相关研究通过振荡流变技术研究剪切速率对 SAN 与 PMMA 组分间的相容性，提出了剪切诱导相容的理论，这对获得性能优良的共混物具有实际的指导意义。

6.4.2.3 ABS/PMMA 合金性能

（1）耐候性　由于 ABS 中存在不饱和双键，其制品耐候较差，特别是浅色制品在使用和放置过程中容易出现黄变和白化现象，影响其外观，导致其力学性能大幅度下降，最终失去使用价值。为了改善 ABS 的耐候性，通常的方法是加入耐候剂，但成本会明显增加并且耐候性随着光照时间的增加其改善效果有限，而通过制备 ABS/PMMA 合金，材料的耐候性得到明显改善。图 6-13 为本色 ABS/PMMA 合金的耐候曲线，添加 20%PMMA，合金的色差下降 68%。需要注意的是 PMMA 熔体黏度较大，韧性较低，所以通过 PMMA 与耐候剂复配可以在较低 PMMA 添加量下达到较好的耐候性，并且保持材料的加工和使用性能。

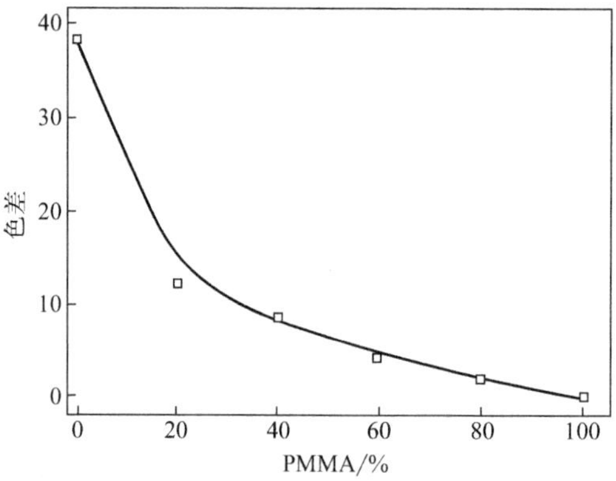

图 6-13　PMMA 添加量对 ABS/PMMA 合金耐候性的影响（340nm UV，168h）

与 PC/ABS 相比，ABS/PMMA 在耐候性方面具有明显优势，如图 6-14 所示，在同样的测试条件下，PMMA 含量为 50%的 ABS/PMMA 合金的光照色差约为 ABS 的 1/30，为 PC/ABS 的 1/4，使得 ABS/PMMA 合金特别适合于对耐候要求较高的浅色产品，如户外广告牌、荧光标志等。

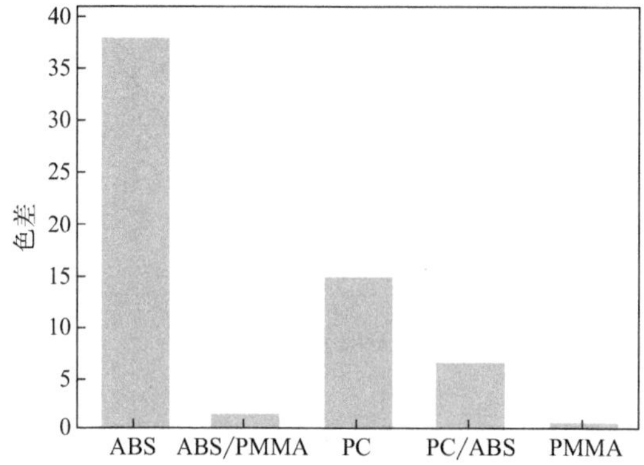

图 6-14　不同材料耐候性对比图（本色产品，340nm UV，168h）

（2）冲击性能　ABS/PMMA 合金在家电行业应用较为广泛，特别是作为液晶显示器外壳。由于产品设计复杂，在卡扣和熔接线区域产品韧性较差，成为使用者最关注的性能之一。影响 ABS/PMMA 合金冲击强度的主要因素有 ABS 的橡胶相含量、PMMA 的类型、PMMA 含量和基体 SAN 中的 AN 含量（AN 含量影响 ABS 与 PMMA 的相容性）。如图 6-15 所示[20]，合金的冲击强度随 PMMA 含量的增加而提高，高黏度 PMMA 对合金韧性的提高更加显著，且高黏度 PMMA 使合金发生脆-韧转变的 PMMA 含量低。图 6-16 中 SEM 断面形貌表明高黏度 PMMA 诱导剪切带产生，在受到破坏时能够通过基体屈服吸收更多的冲击能，提高合金韧性。

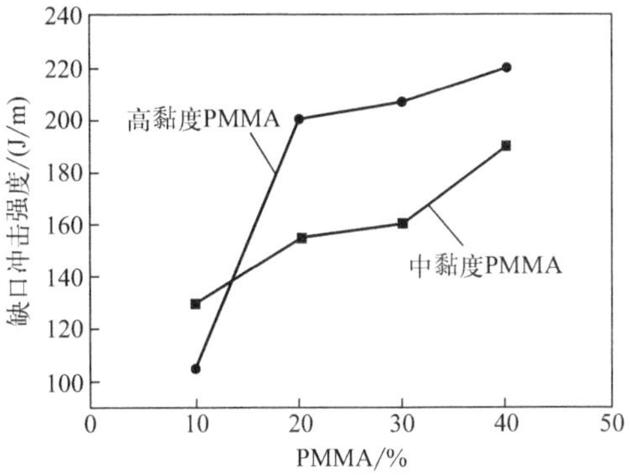

图 6-15　PMMA 含量和类型对合金冲击强度的影响

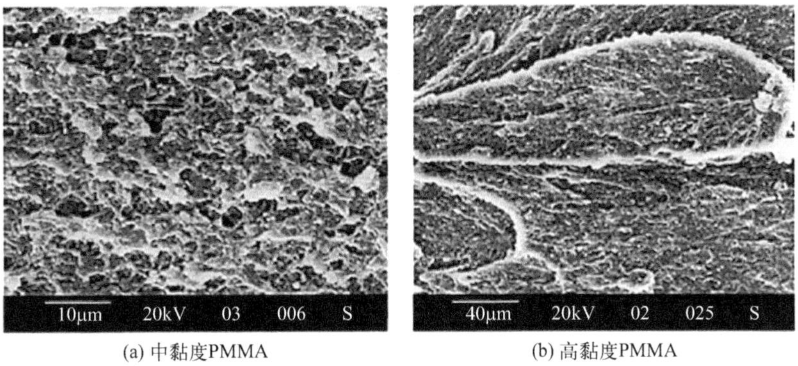

(a) 中黏度PMMA　(b) 高黏度PMMA

图 6-16　ABS/PMMA＝80/20 合金断面形貌

图 6-17 为 SAN/PMMA/增韧剂三元合金缺口冲击强度随 PMMA 含量的变化趋势，随着 PMMA 含量的增加合金的冲击强度先增加后降低，并且在 PMMA＝50％时出现最大值，这可能是由于 SAN/PMMA 合金发生相反转，PMMA 作为脆性连续相导致材料整体韧性下降。

除此之外，在 SAN/PMMA/增韧剂三元体系中，增韧剂的类型和橡胶粒径也是影响材料韧性的主要因素，但增韧剂一般价格昂贵，需要综合考虑 PMMA 类型、混合比和选择合适的增韧剂才能获得性价比较高的 ABS/PMMA 材料。

（3）其他性能　随着 LCD 的薄壁化、轻质化和美观化，市场对材料的综合性能的要求越来越高，目前 LCD 行业的主流材料有通用高光 ABS、无卤阻燃 PC/ABS 和

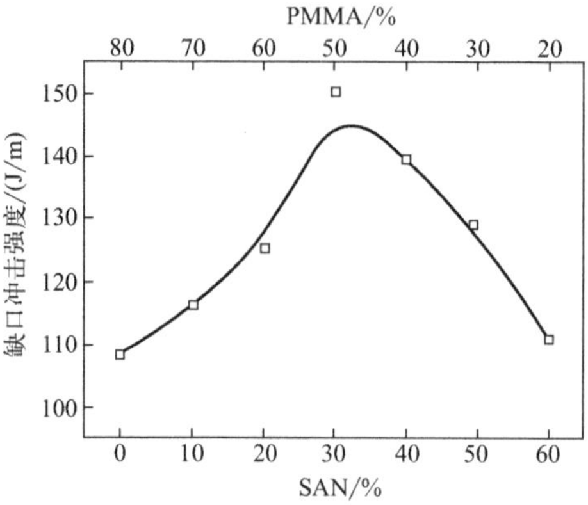

图 6-17　PMMA 含量对 SAN/PMMA/增韧剂（20%）性能的影响

ABS/PMMA 合金，其综合性能对比如表 6-5 所示。通用高光 ABS 适用于对表面硬度要求较低的零部件，如 TV 底座和后壳，在成本和加工性能方面具有其他两种材料无可比拟的优势；无卤阻燃 PC/ABS 主要用于 LCD 前壳，兼备阻燃性和高抗冲性，但其同时存在明显的不足：成型大制件时容易出现熔接线、易划伤、成型温度高易导致材料降解等。

表 6-5　LCD 常用材料性能对比

材料类型	熔体流动速率/(g/10min)	铅笔硬度(1kg)	密度/(g/cm³)	成型温度/℃	阻燃性	价格/(元/kg)
通用高光 ABS①	30	HB～F	1.04～1.06	180～240	HB	18～20
无卤阻燃 PC/ABS②	25	HB～F	1.18～1.20	230～280	V0	25～30
ABS/PMMA③	28	F～H	1.11～1.14	180～240	HB	22～25

① 熔体流动速率测试条件：220℃×10kg；② 熔体流动速率测试条件：220℃×5kg；③ 熔体流动速率测试条件：240℃×5kg。

近年开发的 ABS/PMMA 合金具有高耐刮和易成型的特点，表面硬度可达 H 级，省去了二次喷涂，缩短了生产周期，仅此一项就可以为客户节约 15%～20%的成本；另外，PMMA 和 SAN 玻璃化转变温度较高，其合金特别适合于急冷急热高模温成型（如 E-Mold），解决了由于复杂流道和薄壁化带来的流痕和熔接线的风险。随着产品外观越来越受到客户关注，ABS/PMMA 正逐渐取代无卤阻燃 PC/ABS 成为高档家电行业的首选材料。

6.4.3 高性能化

6.4.3.1 透明 ABS/PMMA

（1）设计目的　透明 ABS 是改性 ABS 中附加值最高的产品，国内市场对透明 ABS 需求巨大，但由于其制备工艺复杂、设备成本高、雾值较高的特点，导致价格昂贵，大大增加了使用成本。

在市场驱动下，将 PMMA 与 ABS 合金化赋予 ABS 透明性成为研究热点，国内几大改性企业加快了研发力度，先后推出了不同牌号的透明 ABS/PMMA 合金，极大地满足了市场需求。

（2）设计原理　普通 ABS 和透明 ABS 的透光原理如图 6-18 所示。普通 ABS 由两个不相容的相，即聚丁二烯橡胶接枝共聚物相和 SAN 树脂相所组成，其不同微相之间折射率的差别造成的光散射效应使材料丧失了透明性。接枝橡胶粒径大小和两相折射率差决定了 ABS 的透明性。当橡胶粒径足够小，小到可与可见光波长相比，则可认为二相在光学上是均一的，产品表现为半透明。如果折射率完全相等，则产品表现为全透明。

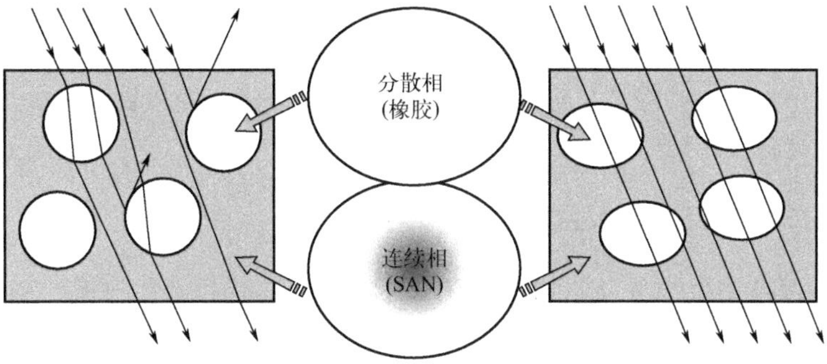

图 6-18　普通 ABS（左图）和透明 ABS（右图）透光原理

透明 ABS 树脂的设计原理在于保持其微观相分离的前提下，通过共混、共聚等手段调控材料的化学组成，减小两相的折射率差。从而消除光散射效应而实现可见光区透明。一般情况下，当两相折射率差小于 0.009 时就可以达到足够的透明度。理论上，胶乳的粒径只要小于可见光的最短波长（370nm），就可以透明。但实际上由于两相折射率有微小差异，将接枝橡胶粒径控制在 100nm 以下，当橡胶粒径进一步减小到 70nm 左右时，橡胶颗粒可以看作是悬浮在透明介质中的光学均相，几乎不影响光线通过。

（3）影响因素　透明 ABS/PMMA 合金的设计原理与透明 ABS 类似，为了匹配组分间的折射率，合金通常包含三个组分：SAN、PMMA、增韧剂。获得高透明度的关键是选择合适的原材料，商业化的透明 ABS 通常选择 MBS 作为增韧剂，粒径范围为 150～300nm，使合金材料兼备透明性和韧性；另外，AN 含量不仅决定了组分间的相容性，同时 SAN 的折射率随 AN 含量而改变，在固定合金组分比的前提下调节 AN 含量，可能使合金完全丧失透明性；其次，透明材料中即使存在微量的杂质也会引起光散射，导致透光率下降，这必须引起注意。所以在设计 ABS/PMMA 合金时，根据产品对透光率的要求选择合适的原材料，并且在进行理论计算的前提下通过具体实验优化配方，才能事半功倍。

（4）关键性能　衡量材料透明性的关键指标包括透光率和雾度，计算光线通过样品后的散射损失量可获得相关数据。在实际应用中很多人将透光率和雾度混淆，其实这两个指标是从不同角度衡量材料的透明性。

透光率为透射光（散射角度$<0.1°$）强度与总入射光强度之比，而雾度为光线通过极化球后大于 2.5°的散射光强度与总入射光强度之比，表示如下：

透光率：Transparency ＝（$I_r<0.1°/I_i$）×100%

雾度：Haze ＝［$I_s>2.5°/(I_s+I_r)$］×100%

其中，I_s为散射光强度；I_r 为：沿直线透射光强度；I_i 为入射光强度。

为了更好地区分透光率和雾度，举例如下：

① 高透光率、低雾度，如 PMMA；

② 高透光率、高雾度，如散光 PMMA；

③ 低透光率、低雾度，如染色 PMMA；

④ 低透光率、高雾度，如 ABS。

除了材料本身的性质，透光率与制品表面粗糙程度有关，表面越平滑、缺陷越少，透光率越高，可视图像越清晰；而雾度与产品成型工艺有关，如成型温度过高、剪切过大很容易造成材料分相或降解，导致制品白雾，材料由透明变成乳白色或浑浊，严重时可能完全丧失透明性。

6.4.3.2 高抗冲 ABS/PMMA

源于 ABS 和 PMMA 本身的特点，ABS/PMMA 具有高光免喷涂、高耐刮的优势，但同时因 PMMA 为脆性材料，通用的 ABS/PMMA 合金一般缺口冲击强度小于 150J/m，大尺寸制件成型时容易脱模开裂。为了解决这一问题，通常在制品直角、厚度变化等薄弱位置设置倒角或加强筋。但由于 PMMA 玻璃化转变温度较高，成型过程中分子链快速冻结，这容易造成表面白斑和填充不饱满等缺陷，严重影响产品外观质量。

高抗冲 ABS/PMMA 正是为了解决上述问题而开发的高性能材料。解决方案主要有以下几种。

① 提高增韧剂添加量或选择粒径较大的橡胶增韧。在 SAN/PMMA/增韧剂三元体系中，增韧剂一般选取粒径较小的 MBS，在合适的 SAN/PMMA 配比下，通过提高 MBS 添加量可以获得高透光率的抗冲 ABS/PMMA 合金，但由于 MBS 成本较高，添加量过高必然提高材料成本，通过优化螺杆组合和挤出工艺可改善 MBS 的分散，在较低的 MBS 添加量下使缺口冲击强度达到 160～200J/m；或者选择粒径较大的增韧剂可以达到同样的效果，但会对材料的透明性带来负面影响，在对透明性要求较低的场合可以作为优选方案。

② 增加 SAN 基体分子量。通常 ABS/PMMA 合金中，SAN 为连续相、PMMA 为分散相，通过提高连续相的分子量可以诱导剪切屈服，增加材料抵抗破坏的能力，从而吸收更多的冲击能，改善材料韧性。

③ 选择高黏度的 PMMA。图 6-15 表明高黏度 PMMA 使材料发生脆-韧转变的 PMMA 含量降低，更容易实现材料的高韧性化，并且保持产品透明性，但同样会带来加工性能的下降，所以这种方案适用于尺寸较小和简化设计的产品，如 LCD 底座、音响面板和加湿器外壳等。

④ 调节 PMMA 添加量。PMMA 是典型的脆性材料，也是影响 ABS/PMMA 韧性的关键因素，选择适当的组合比可以显著提高材料韧性，在相反转点可以使材料韧性达到最大值。锦湖日丽通过独特的螺杆设计使共混过程中材料发生相反转点的 PMMA 含

量降低，开发出缺口冲击强度高达 200J/m 的合金材料，商品名为 ABS722，同时赋予了材料高流动性和高韧性，并且节约了材料成本，广泛用于较大尺寸的 LCD 底座和冰箱托盘，降低了低温开裂的风险。

综上所述，在制订 ABS/PMMA 合金冲击改性方案时，应充分考虑产品的具体特点，例如单独通过提高基体树脂分子量或选择高黏度的 PMMA 往往会造成材料流动性下降，成型大尺寸制件出现熔接线的风险；而在对透明 ABS/PMMA 合金改性时，大粒径增韧剂就不是优选方案。所以，在不影响材料关键性能的前提下，综合考虑上述几种方案才能获得性能理想的 ABS/PMMA 合金。

6.4.3.3　耐化学品 ABS/PMMA

为了赋予 ABS 透明性和耐刮擦性而引入的 PMMA 导致 ABS 的耐化学品性变差，不能用于对耐化学品性有要求的制品，如化妆品容器和电池外壳。目前，ABS/PMMA 逐渐成为洗衣机面板和厨房设备的主流材料，同样涉及耐化学品的问题。相关专利[21]中已经提出透明 ABS 树脂的耐化学品性改性，但是同时出现了透明度变差和用于化妆品时容易发生开裂问题，耐化学品性改善有限。

改善 ABS/PMMA 耐化学品性的思路主要有以下几个方面：

① 引入耐化学品优异的第三组分；

② 提高 SAN 的分子量和 AN 含量；

③ 添加耐化学品的惰性组分。

根据产品要求选择合适的解决方案，如果需要透明性和耐化学品性兼备的树脂，则需要满足添加组分与基体树脂折射率差＜0.009，如 LG 化学报道，在透明 ABS 中添加少量的聚酰胺酯嵌段共聚物，通过调节聚酰胺嵌段组分比，可在不影响其透明性的前提下显著改善树脂的耐化学品性；Akema 公司制备出一种耐异丙醇优异的 PMMA 合金，其关键点是在树脂中添加 PVDF，理论上是利用了 F 元素的化学惰性，获得的 PMMA 合金特别适合于医疗和生物器械。在非透明产品中，可以通过提高基体 SAN 的分子量和 AN 含量来改善 ABS/PMMA 合金的耐化学品性，但由于 SAN 与 PMMA 相容的局限性，这种方案通常不能获得令人满意的耐化学品性。

6.4.4　技术进展及市场发展方向

由 ABS/PMMA 合金成型的制品具有高耐刮擦、高耐候和美观的优点，获得了大多数客户的青睐，但同时该材料也有不足之处，如韧性较低、易燃烧和成型温度过高容易导致制品发雾、耐热性较低等。

ABS/PMMA 合金作为一种高附加值的材料，对其新型用途的开发一直是各大企业的研究热点，结合材料本身的特点 ABS/PMMA 合金未来的发展方向主要有以下几个方面。

6.4.4.1　阻燃改性

由于 ABS 与 PMMA 均为易燃材料，ABS/PMMA 合金的阻燃等级只有 HB 级，同时欧盟国家对材料安全性能要求很高，一般要求用于电器设备的材料阻燃等级达到 V-0

或 V-1 级，所以虽然 ABS/PMMA 合金在消费电子领域占有一定的市场份额，但其主导材料还是阻燃 PC/ABS。针对 ABS/PMMA 合金的阻燃改性势在必行，但由于材料阻燃的无卤趋势和合金本身的特点限制，阻燃改性技术还不成熟，目前市场上只有少量 V-2 级 ABS/PMMA 合金推出，材料铅笔硬度只有 HB～F 级，在游戏机外壳和办公设备上还未能获得规模化推广。

6.4.4.2 超高流动（薄壁化）

在产品大尺寸和薄壁化的市场趋势下，超高流动 ABS/PMMA 合金成为材料发展的新方向，超高流动 ABS/PMMA 合金期望通过合成低 AN 含量的超高流动 SAN 树脂和添加特殊结构的流动助剂来实现，如果开发成功，不仅能够使 ABS/PMMA 合金在超大尺寸的 LCD 外壳产品上得到推广，而且可以解决由于添加珠光颜料带来的流痕和熔接线问题，同时赋予材料高流动性和高韧性。

6.4.4.3 高耐热、消光 ABS/PMMA

为了缓解驾驶员的视觉疲劳，汽车内饰材料一般要求具有亚光效果，通常需要对材料进行消光处理或选择 PA/ABS 合金。而 ABS/PMMA 合金的显著特点是高光泽、免喷涂，除了某些有高光要求的零部件外，ABS/PMMA 合金在汽车行业用量较小，如果能够实现 ABS/PMMA 合金的低光泽化，结合材料本身的耐候和耐刮擦特点，ABS/PMMA 合金将在汽车领域得到极大的推广。针对汽车内饰材料的特点，已经有相关专利报道在高耐热的 PMMA 中添加特定粒径的基于 PMMA 和 PS 的交联聚合物，可以获得低光泽、高耐热的 PMMA 组合物，其 60°光泽度小于 40%，维卡软化温度大于 95℃，即使在镜面抛光的模具中也能赋予制品亚光效果。

6.4.4.4 ABS/PMMA 美学树脂

当包装设计成为产品细化的决定性因素之一时，越来越多的供应商开始采用色彩与效果来满足这种需求。前些年，高光黑又亮树脂的成功推出使家电领域的免喷涂设计成为了现实，但随着消费者对产品外观需求的不断提高和具有特殊效果颜料的成功研发，极富感官效果、色彩多姿的产品一推向市场就获得了消费者的关注和青睐，如家电领域流行的珠光效果、闪烁效果、木纹效果和色度渐变效果等。

目前，这些美学效果的获得无一例外都是通过表面喷涂实现的，由此带来的昂贵的喷涂成本、复杂的工序导致生产成本大幅提高，让使用者望而却步。另外，喷涂工艺带来的环境污染也饱受质疑。

在树脂里添加颜料实现美学效果是实现免喷涂的有效途径。性价比高的 ABS/PMMA 合金可实现外观的自由设计（透明、半透等），具有极佳的着色力，效果颜料可以发挥其最佳的光学效果，如通过添加铝粉来制备具有金属效果的外观材料。需要注意的是，因效果颜料成型过程中容易取向，会导致熔接线、浇口痕等不良缺陷，极大地影响产品外观。所以，优良效果的获得需要配合先进的成型技术和合理的模具设计（如图 6-19 所示，对比常规模具与 E-Mold）。

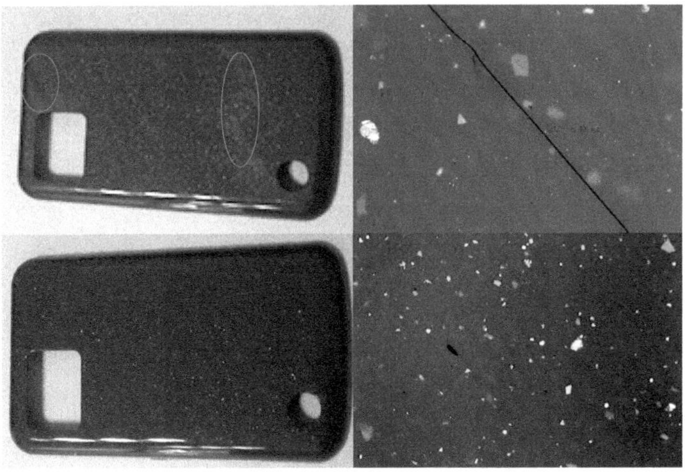

图 6-19　对比常规模具与 E-Mold

6.4.5　主要牌号

商业化 ABS/PMMA 合金见表 6-6。

表 6-6　商业化 ABS/PMMA 合金一览表

产品类型	公司名称	牌号	关键性能			
			熔体流动速率/(g/10min)	缺口冲击强度/(J/m)	铅笔硬度(1kg)	光泽度(60°)/%
通用高光 ABS	锦湖日丽	ABS728	30	170	HB	100
高光、高抗冲、耐刮擦 ABS	LG	XG568	24	110	F	/
	锦湖日丽	ABS722	28	140	F	98
高光、高流动、耐刮擦 ABS	Sumsamg	BF-0675E	14	90	H	90
	锦湖日丽	HAM8541	16	100	H	92
	LG	XG569C	8	90	H	90
超高光泽、超耐刮擦 ABS	锦湖日丽	HAM8560	8	80	3H	95

6.5　ABS/PC 合金

6.5.1　概述

聚碳酸酯（PC）是一种综合性能优良的工程塑料，其产量仅次于聚酰胺（PA）。它具有耐冲击、尺寸稳定、耐热、透明等优异性能，广泛应用于电子电器和汽车制造业。由于 PC 分子链的高刚性和大的空间位阻，使其具有较高的熔体黏度，加工困难，制品残余应力大，易发生应力开裂，耐溶剂性和耐磨损性较差。这些缺点使它在许多领域中的应用受到限制[22-24]。共混合金化是 PC 改性的一种重要方法，能使 PC 性能更为优异。ABS/PC 合金是最早工业化的 PC 合金产品，也是最重要的 PC 合金之一。ABS/PC 合金与 ABS 相比，可提高耐热性、耐冲击性，改善制品表面凹陷、翘曲等缺陷；与 PC 相比，可提高流动性，改善加工性能，减小制品对应力的敏感性，并降低生产成本。

以汽车应用为例，ABS/PC 合金是最适合用于汽车内饰件的材料之一，其具有优异的耐热性、力学性能，良好的加工流动性。ABS/PC 合金制作的汽车仪表板维卡软化温度可达 110～135℃，完全可以满足热带国家炎热的夏天中午汽车在室外停放的受热要求；另外，良好的涂饰性和对覆盖膜的黏附性，使仪表板无需进行表面预处理，可以直接喷涂软质面漆或覆涂 PVC 膜。ABS/PC 合金还用来制造汽车仪表板周围部件、防冻板、车门把手、阴流板、托架、转向柱护套、装饰板、空调系统配件等汽车零部件。

6.5.2 共混研究

6.5.2.1 ABS 与 PC 的相容性及相态结构

PC、ABS 的分子链中均含有苯环，PC 的溶度参数为 20.3～22.0 $(J/cm^3)^{1/2}$，ABS 的溶度参数为 19.6～20.5 $(J/cm^3)^{1/2}$，所以，PC 和 ABS 具有一定的相容性，其相容性与 ABS 中的 AN 含量有关。当 SAN 质量分数在 25%～75%变化时，PC 与 ABS 之间的粘接力达到最大[25-29]。

ABS/PC 中，当 PC 过量时，PC 包围 SAN，SAN 又包围接枝橡胶粒子，即 PC 相与 PB 相之间由 SAN 相隔开，如图 6-20（a）所示，PC 此时作为连续相存在。PC 和 SAN 的溶度参数差为 0.84 $(J/cm^3)^{1/2}$，而 PC 和 PB 的溶度参数差为 7.45 $(J/cm^3)^{1/2}$，PC 与 SAN 为部分相容，而与 PB 不相容。所以，上述的隔相结构有利于 PC 与 ABS 之间的胶接，从而使 PC 与 ABS 之间产生部分相容的可能。研究表明，当 ABS 中的 AN 含量为 25%时与 PC 的相容性最好。

当 ABS 含量进一步提高并超过 50%时，共混体系将发生相反转［见图 6-20（b）］，ABS 成为连续相，PC 成为分散相，材料的冲击强度反而下降。当 ABS 含量再进一步提高达到 75%时，相结构表现为非典型的 SAN 连续相过渡体系［见图 6-20（c）］。

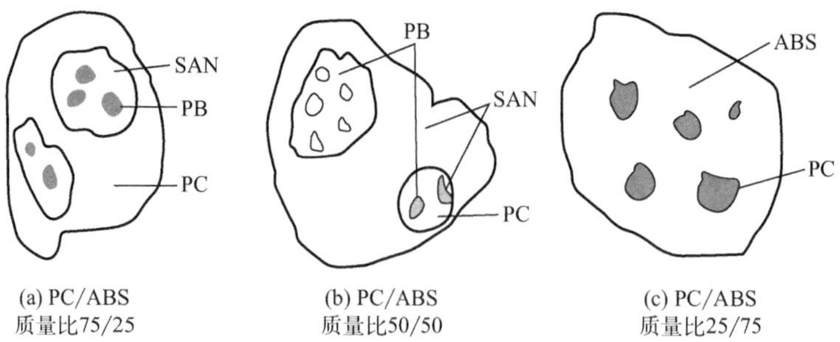

图 6-20　ABS/PC 多相结构示意图

6.5.2.2 ABS/PC 合金的增容改性

由于 ABS 为两相结构，其中包括分散相 PB 和连续相 SAN。而 PC 与 PB 相容性很差，因此，当 ABS 中橡胶含量较低时 ABS/PC 合金的相容性较好，反之则较差。为了提高两者的相容性，最简便的方法是在体系中加入相容剂。

（1）采用接枝共聚方法使 ABS 接上具有一定反应活性的官能团，该活性官能团与 PC 的端羟基或端羧基反应，在共混过程中形成 PC-*g*-ABS 接枝物，可起到增容作用。美国专利报道，采用甲基丙烯酸烷-2-羟乙酯接枝 ABS（HEMA-*g*-ABS）为相容剂，基本配方为 62.5 份 PC、10 份 HEMA-*g*-ABS、12.5 份 SAN、13 份阻燃剂、1 份 PTFE，制得阻燃达到 V-0 级别、抗冲击性能优良的 ABS/PC 合金。Balakrishnan 等以 ABS 熔融接枝 MAH（马来酸酐）的接枝物 mABS 代替 ABS，则 PC/mABS 共混体系呈层状分散结构。

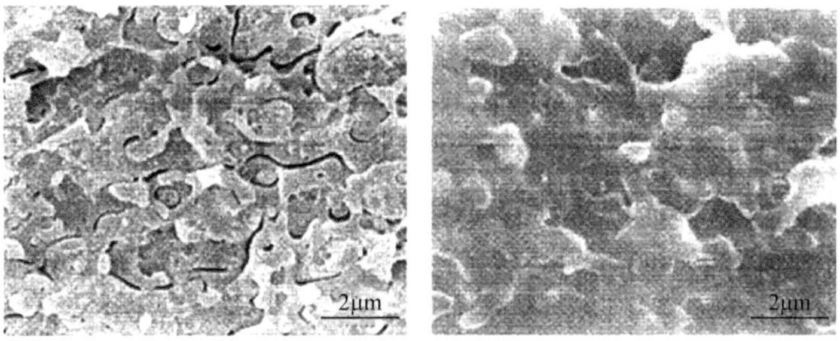

(a) PC/ABS=60/40　　(b) PC/ABS/ABS-*g*-MAH=60/40/4

图 6-21　PC/ABS 合金液氮冷冻低温横断面 SEM 照片

图 6-21（a）显示，PC、ABS 共混材料的横断面不平滑，且有凸凹不平的梯槽，表明 PC 与 ABS 相容性有限。图 6-21（b）显示，添加 4 份 ABS-*g*-MAH 共混的 PC/ABS 复合材料的低温横断面比较平滑，且层状断面边缘模糊不清，说明相容剂的添加提高了 PC/ABS 合金微团间的相容性，从而使共混物结合成完整的整体。

（2）采用苯乙烯-马来酸酐共聚物（SMA）作相容剂，其酸酐官能团能与 PC 的端羟基或端羧基反应，形成 PC-*g*-SMA 接枝物。此类相容剂可使 ABS/PC 合金的冲击强度提高 2 倍以上，断裂伸长率增加 3 倍以上。此外，SMA 与 ABS 由于结构相似，因而两者有良好的相容性，并且活性较强的酸酐基团能在高温及剪切场下与 PC 发生酯交换反应，从而降低了两相的界面张力，使体系分散相颗粒细化，提高共混物的力学性能。

（3）PE 接枝物也可增容 ABS/PC 共混体系。LLDPE-*g*-MAH 接枝物相容剂加入共混体系后，明显提高了 ABS/PC 共混物的耐热性，改善了体系的相容性，且冲击强度、拉伸强度和断裂伸长率均有明显的提高。美国专利报道，采用一种含环氧基的 α-烯烃聚合物作为相容剂，提高了 ABS/PC 共混物流动性能，且低温韧性和模量几乎未受到任何影响，适于制作薄壁板材。

（4）甲基丙烯酸甲酯-丁二烯-苯乙烯（MBS）共聚物也可作为第三组分增容 ABS/PC 合金。ABS/PC/MBS 三者的共混比为 70/10/20 时合金的冲击强度远远高于 PC 的冲击强度，同时三相合金的测试样条呈象牙白色，质地均匀，而且手感较好。

（5）双组分相容剂对 ABS/PC 共混体系的增容效果比单一相容剂好。MAH-*g*-PP 和一种环氧树脂 NPES-909 共同增容 ABS/PC（70/30）共混体系时，含环氧基相容剂体系的屈服强度、拉伸模量和冲击强度均优于单一 MAH-*g*-PP 增容的体系。DSC 测试表明，随着 NPES-909 含量的增加，ABS 和 PC 的玻璃化转变温度逐渐接近，即体系向均相方向发展。说明此类相容剂的加入大大地改善了 ABS/PC 体系的相容性。

（6）其他类型相容剂。方少明等采用 PP-*g*-MAH 对 ABS/PC 共混体系进行改性，研究表明，PP-*g*-MAH 用量为 2.5%时，ABS/PC 合金缺口冲击强度达到峰值 $44kJ/m^2$。用量超过 2.5%时，合金的缺口冲击强度下降。这是因为随着 PP-*g*-MAH 的加入，可明显改善 ABS 与 PC 的相容性，在两相间形成稳定的过渡区，使两相结合紧密，冲击强度得以提高；当相容剂用量超过 2.5%时，相容剂从两相界面处析出，影响了合金的冲击性能。上海交通大学采用自制的（PP/POE）-*g*-MAH 改性 PC 及合金，使改性合金缺口冲击强度达到了 $48.4kJ/m^2$，且加工性和耐沸水性得到了改善。南京聚龙工程塑料公司采用乙烯/丙烯酸酯共聚物和含有甲基丙烯酸缩水甘油酯的乙烯/丙烯酸酯共聚物增容 ABS/PC 合金。两种相容剂在总添加为 2%时有较好的增韧效果，到 4%时接近最高点，悬臂梁缺口冲击强度分别达到了 $66.8kJ/m^2$ 和 $82.2kJ/m^2$。乙烯/丙烯酸酯共聚物可使合金的拉伸强度下降，断裂伸长率提高。含有甲基丙烯酸缩水甘油酯的乙烯/丙烯酸酯共聚物使合金的拉伸强度和断裂伸长率都提高，可能是因为它不但属柔性材料，而且还含有相对刚性的环氧基团，并且活性非常高，导致合金分子结合非常紧密，界面黏合力非常强。韩国釜山大学研究了 ABS 占主要成分的 ABS/PC 合金，结果表明，PMMA 作为相容剂，可以提高 Izod 缺口冲击强度和拉伸强度。Wildes 等开发了一种新型的胺官能团化的 SAN（SANamine），作为 ABS/PC 的反应相容剂。由于 PC 链端缺乏功能性基团，难以直接与 ABS 形成增容作用，所以通过在 SAN 分子链上引入氨基，使其既能与 ABS 基体相混容，又可与 PC 相反应，形成 SAN-*g*-PC 接枝聚合物。这种增容策略显著降低了 SAN 分散相的粒径。

6.5.2.3 影响 ABS/PC 合金性能的因素

（1）原料的影响　PC/ABS 合金因选用的 ABS 和 PC 的品牌或牌号不同而使其性能有较大的差异。由图 6-22 可知，高橡胶含量提高了 ABS/PC 体系的冲击强度，但大大损害了相态间互容行为，使合金的拉伸性能降低。因此，选用适当橡胶含量的 ABS，不但可以使合金的冲击强度获得提高，而且其弯曲强度还会出现协同增强。另外，高丙烯腈、低橡胶含量和高分子量 SAN 的 ABS 可以使合金耐热性能提高。

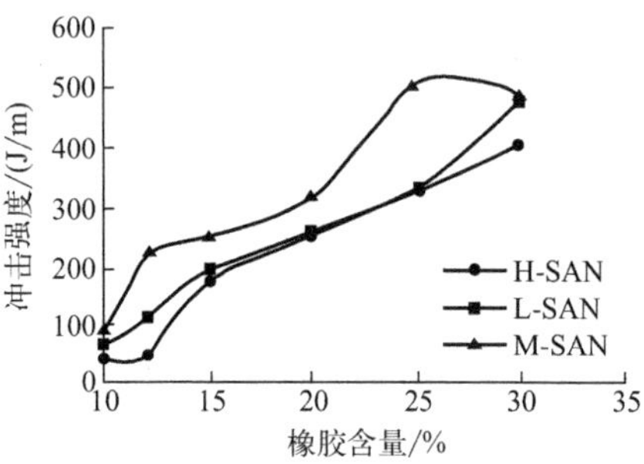

图 6-22　橡胶含量与冲击强度关系

（2）PC/ABS 共混配比对合金性能的影响　PC/ABS 合金的力学性能和组分相容性与各组分含量直接相关。曹民干等[30] 通过调节 PC 与 ABS 树脂的共混比例，分别获得不同特性的 PC/ABS 合金。PC/ABS 合金的性能与 ABS 的含量呈线性关系，其整体性能介于 PC 与 ABS 之间。值得注意的是，合金冲击强度随配比有超加和效应（即协同效应）和对抗效应。

（3）第三组分的影响　在 ABS/PC 合金中，第三组分如相容剂的加入对其组分间的相容性及其力学性能的影响前面已经叙述。另外，在合金中加入苯并噻唑、聚酰亚胺等物质可提高合金的热稳定性。在加工过程中，加入加工改性剂如环氧乙烷/环氧丙烷嵌段共聚物、MMA/St 共聚物、烯烃/丙烯酸酯共聚物等可改善 ABS/PC 合金的流动性。此外，为提高 ABS/PC 合金注射制品的接缝强度，通常加入 PMMA、SAN、SBR、丙烯酸酯弹性体、低密度聚烯烃、乙烯/丙烯酸酯/乙酸、乙烯-乙酸乙烯共聚物，PC/乙烯类嵌段或接枝共聚物等。

(4) 加工工艺的影响　PC 与 ABS 的共混设备可选择双螺杆挤出机和附有静态混合器的单螺杆挤出机。韩国研究者[31] 认为使用连续捏合式挤出机效果较为理想。在共混方式上，二阶共混的混炼效果好。但在二阶共混中，部分物料要经过两次高温挤出，能耗高，易使物料降解，合金性能下降。

成型方式也对 ABS/PC 合金的形态结构影响很大，例如压塑成型的试样能较好地保持合金混炼时所形成的微观非均相分散状态，而注塑成型时，在高剪切速率下，分散状态发生变化，达到了过度的均匀分解。因此，两种试样的冲击强度有较大的差别，且压塑成型试样的冲击强度高。PC 在有水分（含水量大于 0.03%）以及高温（温度高于 150℃）条件下极易降解，因此在共混或成型前除需干燥外，还应避免硬脂酸类润滑剂的混入，以免影响制品性能。

6.5.3 分类及应用

6.5.3.1 通用非阻燃 ABS/PC 合金概述

PC 与 ABS 共混可以综合 PC 和 ABS 的优良性能，提高 ABS 的耐热性、抗冲击性和拉伸强度，降低 PC 成本和熔体黏度，改善加工性能，减少制品内应力和冲击强度对制品厚度的敏感性。PC/ABS 合金性能的高低除受上述因素影响外，与 PC 和 ABS 的配合比例也有很大的关系[32]。

(1) 对拉伸、弯曲的影响　ABS 含量对合金拉伸和弯曲性能的影响见图 6-23 和图 6-24。

可以看出，PC/ABS 合金的拉伸强度、断裂伸长率、弯曲强度随着 ABS 含量的增加逐渐减小，在超过含量 30%时减小得更快。

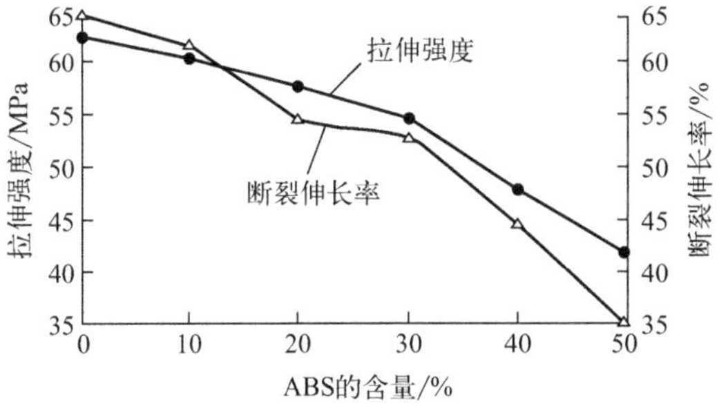

图 6-23　ABS 含量对合金体系拉伸性能的影响

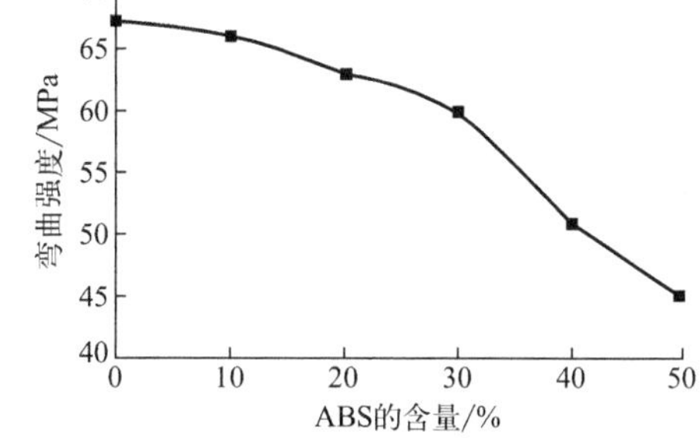

图 6-24　ABS 含量对合金体系弯曲性能的影响

(2) 对冲击的影响　ABS 含量对合金缺口冲击强度的影响见图 6-25。

可以看出，ABS 含量接近 50%时，合金材料的简支梁缺口冲击强度有一峰值，在

PC含量约为20%时，缺口冲击强度有一最低点。

当ABS含量低于40%，即以PC为主体时，体系显示出一定的协同增韧效果，但只出现在较窄的范围内；当ABS含量高于50%时，即以ABS为主体时，体系的冲击韧性则出现了反协同效应，也叫对抗效应，当ABS含量约为80%时，冲击强度最低。

这种现象的原因可能是：随ABS含量的增加，合金材料受到冲击时，因ABS的裂纹效应和PC的剪切带效应之间的相互诱发、歧化、削弱、终止的协同效应，使材料的缺口冲击强度与组分含量之间呈现出复杂的关系[30]。

（3）对耐热的影响　ABS含量对合金热变形温度的影响见图6-26。

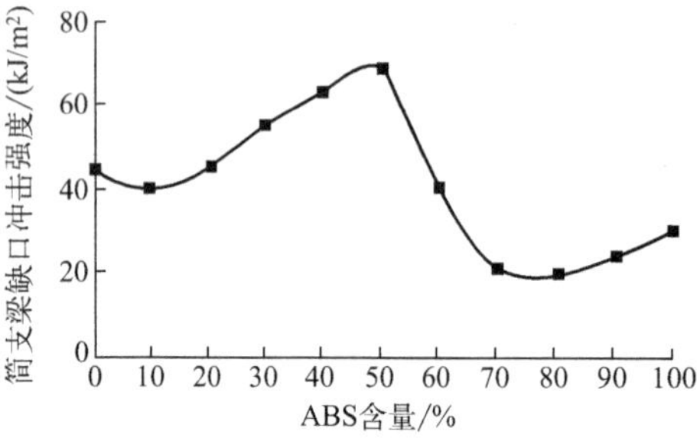

图6-25　ABS含量对合金缺口冲击强度的影响

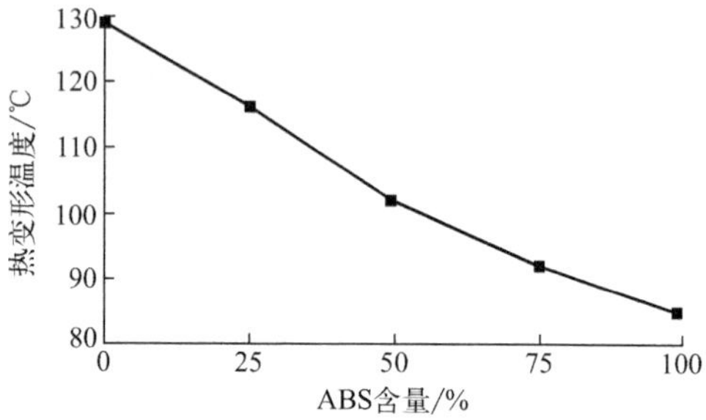

图6-26　ABS含量对合金热变形温度的影响

可以看出，PC/ABS合金的热变形温度随着ABS含量的增加而逐步降低。ABS含量从零增加到100%的过程中，合金材料的热变形温度也逐步实现了从PC向ABS的转化。

市场上同类产品分类也是按照PC和ABS的不同比例来区分的。客户可根据实际需求来选择不同的ABS/PC。因耐热性随比例的变化基本成线性关系，故有些厂商也根据不同耐热性来进行分级。当然，也可用其他性能指标来区分，比如流动性、冲击强度等。

市场上典型通用ABS/PC厂商、牌号、特点、应用见表6-7。

表6-7　市场上典型通用ABS/PC厂商、牌号、特点、应用

类型	产品类别	厂商	牌号	特点	应用
非阻燃	通用型	SABIC	C1000	低耐热	汽车部件（如散热格栅、挡泥板、仪表板、控制器壳等）、电脑壳体、手机外壳等
			C1100	中耐热	
			C1200	高耐热	
		INEOS	T45	高流动	
			T65	高耐热	
			T85	超耐热	
		锦湖日丽	HAC8240	高流动	
			HAC8250	高耐热	
			HAC8260	超耐热	

6.5.3.2　通用 ABS/PC 合金的高性能化

（1）电镀 ABS/PC

随着产品设计中功能性和装饰性金属镀层应用的日益广泛，ABS 和 ABS/PC 合金在电镀领域的应用呈持续增长态势。

为确保金属镀层与塑料基底材料形成良好的黏附力，关键工艺步骤是在腐蚀溶液中浸泡，进行粗化处理。该溶液通常是铬酸和硫酸的混合物。一般要求粗化液中的硫酸浓度为 400g/L、铬酸浓度为 400g/L，粗化温度为 64～68℃，粗化时间为 13～16 min。电镀工艺流程见图 6-27。

［塑料件检验］→［去应力］→［上挂］→［除油］→［清洗］→［亲水］→［清洗］→［粗化］→［回收］→［清洗］→［中和］→［清洗］→［超声波清洗］→［浸酸］→［预敏化］→［敏化/活化］→［清洗］→［加速］→［清洗］→［化学镍］→［清洗］→［预镀铜］→［清洗］→［活化］→［清洗］→［酸铜］→［清洗］→［活化］→［半亮镍］→［亮镍］→［清洗］→［电解活化］→［镀铬］→［回收］→［还原］→［清洗］→［干燥］→［挂具退镀］

图 6-27　电镀工艺流程图

改善电镀的常用方法：

① 去应力。塑料件中存在一定的应力，必然会对粗化及一系列的前处理工序带来很多的问题。因此，对应力较高的塑料件必须经过这一工序。特别对 PC 含量高（>40%）的塑料件，由于 PC 物料本身自润滑性差，有应力开裂倾向，成型时收缩率小，易发生熔融开裂和应力集中，需采用退火等方法去除应力。

② 注塑工艺。提高模温、减少材料的应力等。

③ 控制 ABS 组分。在 ABS 树脂中，聚丁二烯橡胶颗粒为分散相，SAN 为连续相，在电子显微镜下可以观察到聚丁二烯橡胶相呈球状均匀地嵌入丙烯腈-苯乙烯树脂相中。在化学粗化时，橡胶相被氧化溶蚀，而连续的树脂相表面留下了大量微小的孔穴。正是这些孔穴，使镀层被锚固在塑料表面，以获得良好的结合力，因此，聚丁二烯的浓度和离散度对于整体效果而言十分重要。聚丁二烯颗粒的离散度被认为是最重要的一个方面。用于电镀的 ABS 塑料要求聚丁二烯的含量在 18%～23%。

④ 提高流动性。材料的流动性至关重要，高的流动性可使毛坯件具有高的光泽度，确保电镀无麻点。

（2）耐候 ABS/PC　由于 ABS 中聚丁二烯组分含有双键，长期光照条件下容易发生键断裂，使 ABS/PC 产品户外使用时存在变色风险，影响产品外观。

改善材料的耐候性的方法如下。

① 添加耐候剂。添加时应考虑与基材的匹配性。应尽量避免使用受阻胺类光稳定剂。大部分受阻胺光稳定剂属于弱碱物质，很容易使 PC 降解，导致材料的性能下降。

② 提高色粉浓度，并尽量避免使用增白剂。如金红石型的钛白粉能屏蔽紫外线，不易变色；炭黑能吸收紫外线等。通常荧光增白剂通过吸收波长为 300～400nm 的紫外光，发射出 500nm 以下的蓝光或蓝紫光达到使制品增白和增亮的效果，但在长期使用过程中容易使分子活化，导致分子链断裂，使产品发黄、变脆，在耐候要求较高的白色制品中慎用。

（3）吹塑 ABS/PC　吹塑成型是将挤塑或注塑所得的半熔融态管坯（型坯）放于各种形状的模具中，在管坯中通入压缩空气使其膨胀，紧贴于模具型腔壁上，经冷却脱模得到制品的方法[33]。

汽车保险杠、尾翼等中空制品常选用吹塑 ABS/PC。为保证良好的吹塑效果，在材料设计时应考虑保证较高的熔体强度，提高材料熔体强度的方法如下。

① 选用高分子量基材。选用高分子量的 PC、ABS。分子量越大，分子间力越大，对剪切作用下的熔体变化不敏感，从而保证吹塑时的高熔体强度。

② 加入熔体增强剂。如丙烯酸酯类熔体增强剂，能增加黏度、抑制熔体下垂、增加材料均匀分散效果。

(4) 玻纤增强 ABS/PC　市场上常用的玻纤增强 ABS/PC 的玻纤添加量大都在 30%以下，这是因为加入过多会使材料的表面光泽严重下降，常常表现为玻纤外露。

① 对拉伸/弯曲性能的影响　图 6-28 和图 6-29 为玻纤含量对 ABC/PC 合金拉伸强度、弯曲强度和弯曲模量的影响。由图可见，随玻纤含量的提高，强度缓慢提高，模量增加较明显。

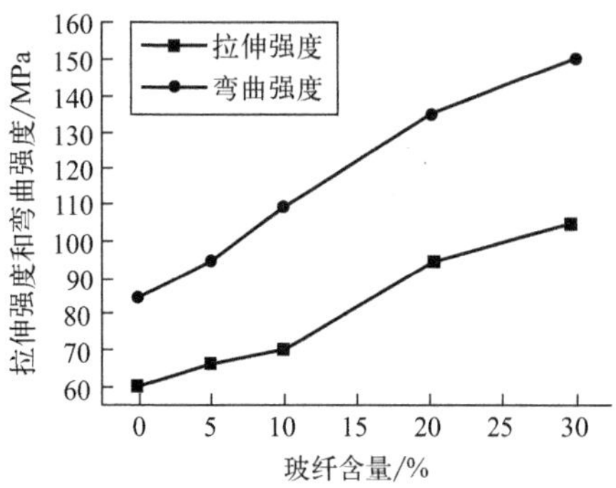

图 6-28　ABC/PC 合金拉伸、弯曲强度随玻纤含量的变化趋势

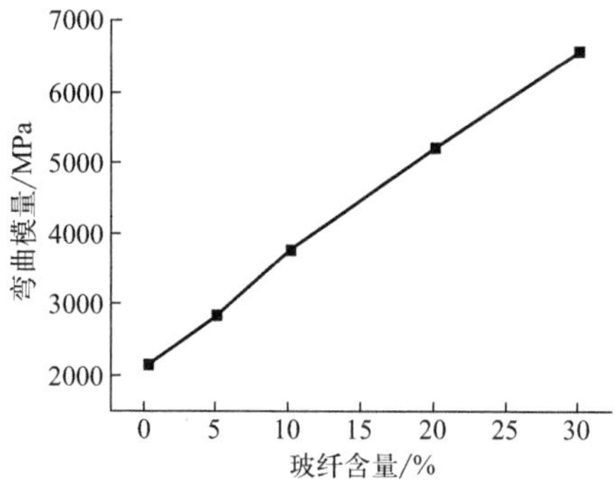

图 6-29　ABC/PC 合金弯曲模量随玻纤含量的变化趋势

② 对冲击性能的影响　图 6-30 为 ABC/PC 合金冲击强度随玻纤含量的变化趋势。由图可见，5%玻纤使冲击强度下降很快，之后，变化不明显。

③ 对耐热性的影响　图 6-31 为 ABC/PC 合金热变形温度随玻纤含量的变化趋势。由图可知，玻纤对耐热性的影响有限。此外，加入玻纤后，材料的收缩率降低，加入量大于 20%后基本稳定在 0.1%～0.3%。

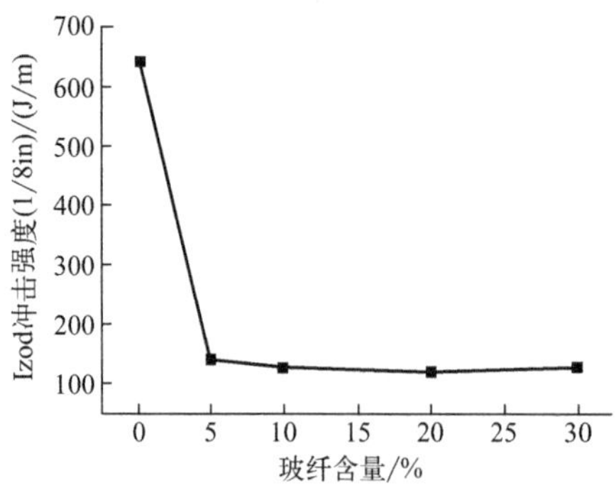

图 6-30　ABC/PC 合金冲击强度随玻纤含量的变化趋势

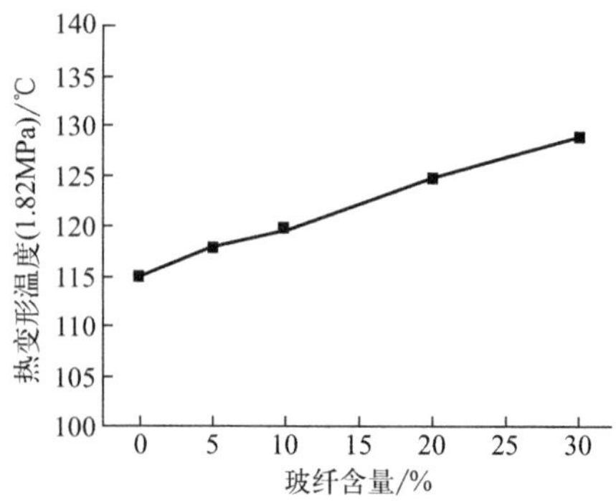

图 6-31　ABC/PC 合金耐热性随玻纤含量的变化趋势

加入玻纤后材料的表面光泽会严重下降，为改善外观，常采用的方法有：加入助剂，如光亮剂、提高材料的流动、选用超细玻纤、先做玻纤母粒然后二次加工等方法。

（5）耐化学品级 ABS/PC　为满足客户对产品耐候、美观等多种需求，需对 ABS/PC 产品进行喷漆。因 ABS/PC 耐化学品性差，喷漆后，会导致产品开裂、制件尺寸变形、材料脆化等缺陷。

提高 ABS/PC 耐化学品性的方法如下。

① 选择高 AN 含量的 ABS　由于丙烯腈具备良好的耐化学腐蚀性、耐油性，提高其含量尤为重要。需要注意的是，丙烯腈的含量也不是越高越好，过高会导致溶度参数与 PC 差别变大而出现相容性差的问题。

② 添加抗化学品的组分

a. 结晶性聚酯　因其冷却以后具有一定的结晶度，而晶区抵抗化学品侵蚀能力优良，从而可提高材料的抗化学试剂侵蚀性。需指出的是，PBT 加入过多会导致材料的耐热性能、冲击强度有所降低。有专利[34] 提出了一种通过加入聚酯改善 ABS/PC 合金耐化学品性的方法，其组成按重量比为 PC（30～70）、ABS（10～30）、SAN（20～30）、MBS（0～5）、PBT（3～7）。耐化学品性好坏可用龟裂时间来表征。由表 6-8 可见，MBS 加入 3 份、PBT 加入 5 份时性能最佳。

表 6-8　性能评价表

	项目	实施例 1	实施例 2	实施例 3	实施例 4	实施例 5	实施例 6	实施例 7	实施例 8	实施例 9	实施例 10
组分/质量份	PC-201-15	60	60	60	60	60	60	60	—	30	70
	PC-201-10	—	—	—	—	—	—	—	60	—	—
	ABS	20	20	20	20	20	20	20	20	40	10
	SAN	20	20	20	20	20	20	20	20	30	20
	PBT	—	—	—	3	5	7	5	5	5	5
	MBS	—	3	5	—	—	—	3	3	3	5
拉伸强度/MPa		56.1	57.3	56.2	57.1	55.2	53.2	58.2	57.2	48.2	54.2
弯曲强度/MPa		78.2	74.2	76.2	74.2	70.2	72.1	70.2	71.2	67.3	72.1
弯曲模量/MPa		2278	2145	2068	2368	2250	2110	2175	2215	2150	2240
缺口冲击强度/（kJ/m^2）		55.3	60.4	59.2	56.4	50.2	43.2	54.2	55.3	43.2	62.2
热变形温度/℃		109.2	108	105.2	109.3	111.2	110.3	109.2	110.2	96.2	113.2
龟裂时间/min		2	4	4	5	9	8	15	13	15	15

b. PA 类　PA 因高结晶性而具备优异的抗化学试剂侵蚀性。有专利[35] 报道加入 5～10 份聚酰胺酯共聚物（P-6321、P7530），ABC/PC 耐化学品性和抗环境应力开裂性能明显提高。

c. 乙烯类聚合物　有专利公开了一种改进流动性和耐化学品性的 ABS/PC 制备方法[36]。将 M_w 为 1500～5000、T_g＞40℃ 的低分子量乙烯基聚合物（共聚物）加入 ABS/PC 体系中。

乙烯基聚合物选自苯乙烯、α-甲基苯乙烯、丙烯酸、甲基丙烯酸、甲基丙烯酸（C_1～C_4）烷基酯、丙烯腈和马来酸酐中至少一种单体的聚合物，如表 6-9 所示。

表 6-9 模塑组合物和它们的性能

项目		比较例 1	实施例 1	比较例 2	实施例 2
组分/质量份					
A	PC	92.7	90.0	69.4	67.4
B1	ABS 接枝物	4.05②	3.96②	12.9	12.5
B2	SAN	—	—	16.9	16.4
C	Joncryl	—	2.9	—	2.9
D	BDP	2.3	2.2	—	—
E①	PTFE	0.45②	0.44②	—	—
F1	PET	0.4	0.4	0.7	0.7
F2	稳定剂	0.1	0.1	0.1	0.1
性能					
耐溶剂性（断裂）		0.8%/5min	1.2%/5min	—	—
耐溶剂性（断裂）		—	—	0.8%/4min	0.8%/210min
阻燃性（UL94，1.5mm）		V-0	V-0	—	—
熔体黏度（260℃，$1000s^{-1}$）/Pa·s		530	494	286	242
缺口冲击强度/（kJ/m^2）		60	56	63	85
维卡软化温度（B120）/℃		136	135	132	129

① 相应于组分 E 的 PTFE 母粒。

② PTFE 母粒。

d. 其他　有专利通过将间同立构聚苯乙烯（等规度>97%）、核壳接枝共聚物、磷酸酯化合物引入碳酸酯树脂中，改进了 PC 的耐化学品性和流动性[37]。

（6）抗水解 ABS/PC　汽车、家电用塑料件因长期暴露在一定湿度和温度的环境中，选用材料时需考察高温高湿下材料是否能仍保持很好的性能。ABS/PC 中含有 PC 组分，PC 中的碳酸酯键对水分比较敏感，容易吸水分解，在高温下即使微量水分也会造成降解，致使制品变色、分子量急剧下降、性能变差。改善 ABS/PC 水解稳定性的方法有以下几种。

① 化学改性、封端　端羟基和端羧基对 PC 水解、热稳定性影响很大，应尽量减少。以苯氧基为端基可提高 PC 的稳定性。酯交换法生产的 PC 因碳酸二苯酯过量可得到分子链两端多为苯氧基的产物，但必须在反应中采取措施以使端羟基尽量除尽才能使其具有良好的稳定性。光气法生产的 PC 不封端，对水解稳定性影响很大。对改性厂来说，需选择惰性基团封端。

GE 公司研发的一种新型聚碳酸酯，其连续使用温度高达 160～170℃，高于普通双酚 A 型聚碳酸酯（110～120℃）。此外，在双酚 A 型聚碳酸酯主链上引入醚键也可改进 PC 的耐热性能。

② 外加抗水解剂

a. 矿物填料　通过添加平均粒径（直径）小于 100nm 的碳酸钙，显著改善了抗水解性，且不损害共混物的韧性[38]。表 6-10 为加入碳酸钙后的水解稳定性数据。

在 95℃、100%条件下，通过测试不同时间的 MFR（ISO-1133，240℃，5kg）变化来评价水解稳定性。

表 6-10 模塑组合物水解稳定性数据表

项目	V-0	V-1	V-2	E1	E2	E3	E4	E5	E6
组分/质量份									
聚碳酸酯	69.80	68.80	69.75	68.80	68.80	69.80	69.75	69.75	69.75
本体 ABS	15.80	15.80	15.80	15.80	15.80	15.80	15.80	15.80	15.80
碳酸钙（直径 5μm）		1.00	0.05						
碳酸钙（直径 80nm＋2%有机涂层）				1.00			0.05		
碳酸钙（直径 80nm）					1.00			0.05	
碳酸钙（直径 20nm）						1.00			0.05
BDP	12.90	12.90	12.90	12.90	12.90	12.90	12.90	12.90	12.90
PTFE 母粒	0.80	0.80	0.80	0.80	0.80	0.80	0.80	0.80	0.80
PET	0.40	0.40	0.40	0.40	0.40	0.40	0.40	0.40	0.40
稳定剂	0.30	0.30	0.30	0.30	0.30	0.30	0.30	0.30	0.30
特性									
缺口冲击强度/（kJ/m^2）	10.6	7.7	10.1	10.0	11.1	10.5	9.8	11.3	11.2
72h 后 MFR 变化/%	136.2	41.7	116.3	21.2	18.5	10.7	55.3	50.8	38.6
144h 后 MFR 变化/%	775.1	120.4	613.9	37.5	31.3	18.8	163.4	164.4	81.8
192h 后 MFR 变化/%	n. b.	267.8	n. b.	48.1	45.8	31.0	546.6	469.3	165.8
264h 后 MFR 变化/%	n. b.	435.4	n. b.	65.4	61.4	39.8	n. b.	n. b.	211.9
336h 后 MFR 变化/%	n. b.	n. b.	n. b.	86.9	81.6	55.3	n. b.	n. b.	276.6

b. 内酯稳定剂　通过比较多次挤出后材料的起始分解温度和降解温度发现：内酯稳定剂对 PC 的热稳定性有明显的促进作用[39]。

c. 水解抑制剂 NaH_2PO_4　需要注意的是如 ABS 里含有酯类调节剂，即使是很少量也会与 PC 发生酯交换反应。ABS 里残留的金属离子催化剂会对酯交换反应起到催化作用，NaH_2PO_4 能络合这些金属催化剂而抑制酯交换。除此之外，NaH_2PO_4 也能够与 PC 的端基发生皂化反应，通过降低反应活性来抑制酯交换，从而起到热稳定和水解稳定的作用。

d. 其他　通过加入少量 HMTA（六亚甲基四胺）和亚磷酸盐复配体系（两者比例 99/1，添加量 0.01%～0.3%）来提高水解稳定性，效果明显[40]。

③ 控制 PC 分子量及其分布　为提高聚碳酸酯的稳定性，应适当提高 PC 树脂的平均分子量和减小分子量分布宽度，特别是分子量低于 1.1×10^4 部分应尽量少。

(7) 亚光 ABS/PC　汽车内饰材料一般都有亚光的要求，这样有利于减少驾驶员的视觉疲劳，从而提高驾驶安全性。

PC/ABS 的综合性能良好，广泛应用于汽车内饰件，但由于其表面的光泽度较高

（60°，皮纹的光泽度在 13%左右，与要求差距很大），需要喷亚光漆等二次加工来实现亚光效果。

① 常用的消光剂种类

a. 带有多个环氧基的聚合物消光剂　环氧基团可以与 PC 的端羟基反应，使 PC 发生支化或部分交联，这些支化或交联后的 PC 的分子量大幅提高，但其端基浓度却急剧下降，这时即使使用相容剂，PC 和 ABS 的界面相容性也比支化前下降，导致材料表面微粗糙化，从而达到消光效果（图 6-32）。

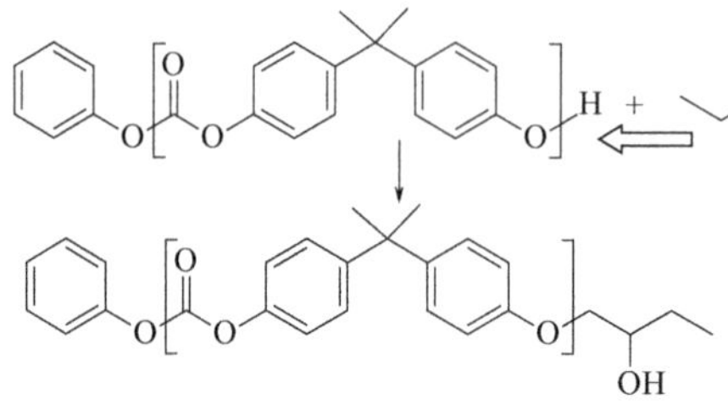

图 6-32　带有多个环氧基的聚合物消光剂与 PC 的反应机理、消光机理

b. 高分子量半交联 SAN　分子体积较大，分子间不相容的程度较高，加入 ABS/PC 合金体系中，塑化效果较差，导致材料表面微粗糙化，达到消光效果。

② 对物性的影响　需要注意的是，不同的消光剂对材料的物性影响不尽相同，在选择时务必慎重。如长链型的 A 类消光剂对材料的弯曲模量影响较大。

③ 市场应用　锦湖日丽成功开发了亚光级 PC/ABS 系列材料，已经成功应用于汽车方向盘上下盖板。

6.5.3.3　高性能 ABS/PC 厂商、牌号、特点

高性能 ABS/PC 厂商、牌号、特点见表 6-11。

表 6-11　高性能 ABS/PC 厂商、牌号、特点

产品类别	厂商	牌号	特点
电镀级	SABIC	MC1300/CP8320	中高耐热，可电镀
	INEOS	T45 PG	可电镀
	锦湖日丽	HAC8244	可电镀
吹塑级	INEOS	KU1-1446	低温冲击好、吹塑
	锦湖日丽	HAC8240B	高韧、中耐热、吹塑
玻纤增强级	SABIC	C4210/C4210HF/C4220	10%GF/高 MFR/20%GF
	INEOS	T88-2N/-4N/KU2-1522/DPT88 PLUS	10%/20%/10%耐候/10%耐候、高韧
	锦湖日丽	HAC5010G/HAC5020G/HAC5030G	10%GF/20%GF/30%GF
耐化学品级	锦湖日丽	HAC82XOC 系列	低/中/高耐热/耐化学品性
抗水解级	SABIC	CY8620	耐水解
	锦湖日丽	HAC82XOH 系列	低/中/高耐热/耐水解

续表

产品类别	厂商	牌号	特点
亚光级	SABIC	LG8002/LG9000	中/高耐热、亚光
	锦湖日丽	HAC82XOZ 系列	低/中/高耐热、亚光

6.5.3.4 阻燃 ABS/PC

阻燃 ABS/PC 合金已在电子电气、家用电器、通信工具、汽车制造等行业得到了广泛应用。由图 6-33 可见，没有加入阻燃剂的 ABS/PC 合金起始分解温度较高，具有较好的热稳定性。实验表明，ABS/PC 合金自身就具有一定的阻燃性，其氧指数为 23%，但离实际的需要还有一定的距离。表 6-12 为 PC/ABS（70/30）合金的热失重数据。

表 6-12　PC/ABS（70/30）合金的热失重数据

项目	起始分解温度（失重 0.5%）	快速分解对应温度	一定失重百分数的温度		失重曲线正切温度
			5%	10%	
PC/ABS（70/30）	300.5℃	418.7℃	384.1℃	395.8℃	398℃

（1）阻燃剂选用

① 卤系阻燃体系　卤系阻燃剂具有阻燃效果好、添加量少、对产品性能影响小和价格低等优势，在 ABS/PC 产品中仍在普遍使用。卤系阻燃剂主要以溴系阻燃剂为主，包括溴化环氧树脂低聚物、四溴双酚 A 聚碳酸酯低聚物、溴代三嗪、十溴联苯醚、十溴双酚 A、四溴双酚 A、1,2-双（三溴苯氧基）乙烷、1,2-双（四溴邻苯二甲酰亚胺）乙烷、溴化聚苯乙烯等。

图 6-34 为在 ABS/PC=7/3 的合金中加入不同配比的十溴联苯醚/三氧化二锑阻燃剂的热失重曲线。需要注意的是，ABS/PC 合金中如 PC 含量较高时，三氧化二锑会促使 PC 降解，导致材料的性能下降。

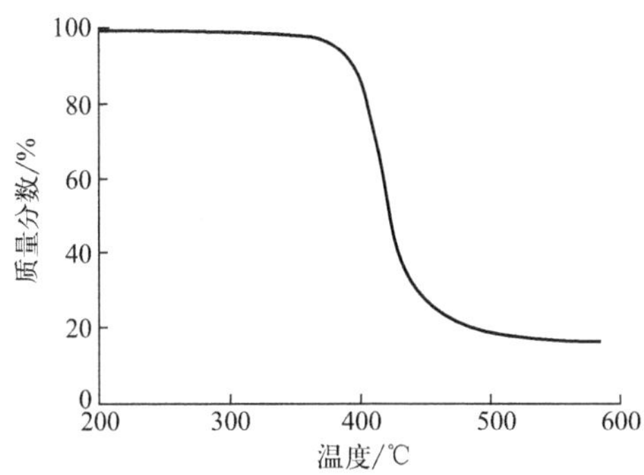

图 6-33　PC/ABS（70/30）合金的热失重曲线

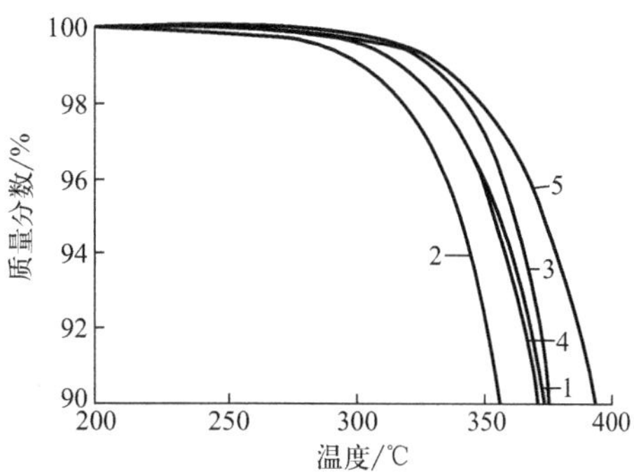

图 6-34　十溴联苯醚/三氧化二锑在不同配比下的热失重曲线

1—十溴联苯醚；2—十溴联苯醚/三氧化二锑（3/1）；3—十溴联苯醚/三氧化二锑（2.5/1）；4—十溴联苯醚/三氧化二锑（2/1）；5—十溴联苯醚/三氧化二锑（1/1）

由于含溴联苯醚阻燃剂在焚烧时会产生二噁英类等有毒物质，因此，无卤、无锑阻燃剂产品的研发受到重视。

② 磷系阻燃剂　是无卤阻燃 ABS/PC 合金开发的重要试剂。磷系阻燃剂分为单磷和多磷类。单、双磷酸酯复配物的阻燃效果会比单独用更显著。磷酸酯类阻燃剂阻燃机理主要是凝聚相阻燃机理。在燃烧过程中磷酸酯类阻燃剂促进了 PC 成炭，炭层起到了阻燃作用。

虽然添加 15%磷酸三苯酯（TPP）时，PC/ABS 合金阻燃性能达到 V-0 级，但在合金加工时 TPP 很容易黏在设备上；再者，TPP 熔点不是很高，挤出成型时很容易挥发，影响加工。在 ABS 含量不超过 25%的 PC/ABS 合金中，添加 8%～12%的间苯二酚-双（磷酸二苯酯）（RDP），阻燃性能即可达 UL94 V-0 级。RDP 水解性不稳定，可能会对合金的性能有影响。

③ 有机/无机纳米复合阻燃剂　德国研究人员在芳基磷酸酯阻燃 ABS/PC 合金中加入纳米分散的无机矿物水合 α-氧化铝（AlOOH）制备无卤阻燃 ABS/PC 复合材料[41]。结果表明，添加质量分数为 5%的 AlOOH 降低了材料的最高燃烧放热速率。AlOOH 受热释放出水，通过促进 PC 和 BDP 的水解而影响合金的热分解过程。在加有 PTFE 和 BDP 的前提下，添加质量分数为 5%的 AlOOH 后，燃烧过程中形成的 $AlPO_4$ 对 PC/BDP 成炭起反作用。添加质量分数为 1%的 AlOOH，不论是否添加 BDP、RDP 和 TPP 阻燃剂，其对 ABS/PC 合金的热分解行为影响不大。

④ 其他阻燃剂　Alexander B Morgan 等采用两步法合成了一种芳基硼酸阻燃剂，通过 DSC 和 TGA 分析了这种阻燃剂的热性能，并研究了其对 PC 和 ABS 及其合金的阻燃效果。结果表明，在 PC 中添加质量分数为 5%的 1,4-芳基二硼酸阻燃性能就可达到 UL94 V-0 级。而这种芳基二硼酸虽可在 ABS 中燃烧成炭而阻燃，且不能再次引燃，但由于其燃烧时间超过 5min 而不能用 UL94 来测量其阻燃级别。对 ABS/PC 合金体系，芳基二硼酸的阻燃机理在于其受热形成环硼氧烷层，通过促进成炭抑制火焰前端的可燃分子，从而起到阻燃作用。

（2）阻燃 ABS/PC 高性能化

① 高光泽无卤阻燃 ABS/PC　为使无卤阻燃 ABS/PC 获得高光泽，通常考虑以下几个方案。

a. 提高基材的流动性　选用高流动性的基体树脂、控制 PC 的含量、添加流动改性剂等方法。

b. 控制 ABS 中的橡胶粒径　一般来说，橡胶粒径越小，材料的表面光泽度越高。

c. 优选防滴落剂　为提高阻燃效果，避免材料燃烧时火团滴落，会加入少量的 PTFE，但纤维化的 PTFE 易在注塑制件表面产生银丝，所以一般选用包覆型的 PTFE。

d. 提高材料的热稳定性　如添加热稳定剂等。避免小分子迁移影响制品表面光泽。

e. 选用适当工艺　如 E-Mold 技术，通过控制模具快速升温、降温来提升产品的表面品质。此外，通过改变模具设计、成型加工工艺来改进产品的表面光泽。

② 耐刮擦无卤阻燃 ABS/PC　高光泽无卤阻燃 ABS/PC 材料在实际使用过程中与喷涂制件的耐刮擦性存在一定差距，用拭物擦拭后会出现刮花现象，影响外观，尤其是在高黑度情况下刮痕更明显。改善材料的耐刮擦性可考虑以下几个方面。

a. 提高材料本身的硬度　常常以铅笔硬度对材料进行表征，PC 的铅笔硬度为 2B

级，ABS 为 B 级。一般加入高硬度矿物填料、高硬度树脂等以提高材料的硬度。因添加矿物填料对表面光泽影响较大，往往添加高硬度树脂来提高材料的表面硬度，如 PMMA。但普通 PMMA 由于不与 PC 完全相容，以及与 PC 的折射率差别较大，出现明显的珠光效果，所以在使用时必须对其进行改性。引入改性的甲基丙烯酸酯树脂可提高材料的表面硬度（铅笔硬度可达 H 级），同时获得明亮的色彩和高的力学性能[42]。

b. 降低制品表面的摩擦系数，使制件表面不易被刮花 可以通过加入耐磨填料（如钼化物）或高分子耐磨剂（如硅氧烷、氟化物等）降低摩擦系数。加入耐磨填料对表面光泽影响较大，故常选用高分子耐磨剂。选用高分子耐磨剂时，应考虑与材料具有一定的相容性，否则，要么起不到耐磨效果，要么会降低材料的表面光泽（如制品发雾）。

6.5.3.5 主要阻燃 ABS/PC 厂商、牌号、特点、应用

主要阻燃 ABS/PC 厂商、牌号、特点、应用见表 6-13。

表 6-13 主要阻燃 ABS/PC 厂商、牌号、特点、应用

类型	产品类别	厂商	牌号	特点	应用
有卤阻燃	标准型	锦湖日丽	HAC8200FR	高流动、V-2	电脑显示器、DVD
			HAC8250FR	高耐热	
			HAC8265FR	超耐热	
		金发科技	JH950-402/502/602	通用阻燃、耐热	电子电器
无卤阻燃	标准型	SABIC	RCM6134	薄壁	LCD 外壳、OA 外壳、手机外壳等
			CX7110	高流动	
			CX7510/CX7720	高耐热	
			CX7240	抗化学试剂	
		LyondellBasell	750 HF	高流动	
			750	高耐热	
			7000M	高流动、光稳定	
		锦湖日丽	HAC8250NH	超高流动	
			HAC8250NH（M）	高流动、高耐热	
			HAC8250NH（H）	高耐热	
			HAC8290NH	超高耐热	
		金发科技	JH960-6100	高流动	
			JH960-6300/6800/6200	薄壁	
			JH960-6111	耐热	
			JH960-HT10/11/12	高耐热	
	耐刮擦	LG	SG-5009FU	高硬度、H 级	
		Samsung	NH-1017H	高硬度、H 级	
		锦湖日丽	HAC8262NH	高硬度、H 级	

6.5.3.6 回收利用 PC 制 ABS/PC 合金

PC 树脂经过长期使用后，仍然具有回收价值。即使在汽车上使用 10 年后，其材料性能与初始性能差异也不大。因此回收 PC 可以用来制备环保再生 ABS/PC 合金。环保再生合金一般分为 Post-Consumer Recycle（PCR）材料和 Post-Industry Recycle（PIR）材料。其主要区别在于回收组分的来源。PCR 指消费市场使用后的再回收材料，PIR 指工业生产中的回收料。PCR 的 PC 主要来自 PC 水瓶、可回收奶瓶、废弃光盘、汽车部件、挤出 PC 板材等，PIR 的 PC 主要来自热成型产品的毛边、注射成型的水口、流道料，热成型片材的碎片等。

就国内而言，饮水桶市场的五加仑饮水桶保有量在 5 亿个以上，每年消费量在 8 千万个以上，用于满足新增市场需求和更换旧桶。按照每个桶平均 750 克计算，每年的 PC 需求量可达到 6 万吨以上。另外，随着新型存储媒介的兴起，光盘作为传统存储介质的用量已大幅萎缩，直接导致用于制作光盘的 PC 量迅速下降，但目前应用在光盘上的 PC 仍然占 PC 产量 10%。这些已经使用的 PC 均具有回收价值。

光盘级 PC 分子量比注塑级和挤出级 PC 的分子量低很多，因此，回收的光盘级 PC 不能单独使用，一般以一定比例和其他 PC 复配使用。锦湖日丽通过对较低分子量的 PC 回料进行特殊增黏处理，再与一定比例的高分子量 PC 复配使用，制得 PC/ABS HAC8251NH 无卤阻燃环境友好材料。其性能可与全新料产品的性能相媲美。与新料产品相比，PC/ABS HAC8251NH 的加工性更好。该产品目前已被用于 LCD 边框、OA 办公器械部件及电子电气部件。

随着人们对环境保护重视程度的提高，废塑料的处理被人们所关切，各国政府也出台了一系列的政策法规，鼓励对塑料的再生使用，环保再生的 ABS/PC 合金也得到越来越广泛的应用。

6.5.4 其他

（1）耐模垢 ABS/PC　模垢问题大多发生在阻燃 ABS/PC 中。因阻燃剂偏酸性或在湿度很高的情况下发生水解反应，游离出一些质子酸，对模具产生腐蚀，久而久之，对材料的表面光泽也产生影响，通常表现为模垢。解决的方法一般是优选阻燃剂，如控制其酸值在很低的水平等。

（2）抗静电 ABS/PC　随着塑料件二次加工（如涂装）的要求越来越高和电子电气及微电子技术的飞速发展，因静电所导致的制程不良和材料破坏等问题增多，影响日益严重。为了解决这些问题，要求材料具有优异的导电性或抗静电性。有专利公开了使用特殊聚亚烷基醚提供抗静电性能的 PC/ABS 模塑组合物[43]。所使用的聚亚烷基醚可通过形成自由基，增强其作为抗静电的作用效果。但实际应用后发现对 PC 有一定的催化降解作用，影响材料的性能。

6.6 ABS/PBT 合金

6.6.1 概述

从 PBT（聚对苯二甲酸丁二醇酯）分子结构看，其大分子为线型结构，结构规整，重复结构单元中有活动困难的苯环和极性的酯基。极性酯基、羰基的存在增大了分子间作用力，使分子间靠得紧密，分子链刚性加强。酯基易于水解而发生断裂，从而影响 PBT 的性能。另外，其结构单元中还有 4 个非极性亚甲基$\lbrack CH_2 \rbrack$，比聚对苯二甲酸二乙醇酯（PET）多 2 个，减小了分子间作用力，分子链的柔曲性和结晶能力均高于 PET，在低温下比 PET 结晶速度快，易于成型加工。

PBT 是结晶型聚合物，熔点为 225～235℃，结晶度可达 40%，熔体的黏度受温度的影响不如剪切应力那么大，因此，在注塑过程中，注塑压力对 PBT 熔体流动性影响非常明显。PBT 在熔融状态下流动性好，黏度低，成型时易发生“流延”现象，成型制品各向异性，在高温下遇水易降解。

PBT 具有结晶速度快、吸水率低、电气性能优异且随温湿度变化小、耐候性好、耐化学品性优异、力学性能优良、摩擦性能优异、成型加工性良好、成型周期短等优点，因而广泛用于汽车制造、电子电气、仪器仪表、照明用具、家电、纺织、机械和通信等领域。但是，PBT 也有一些缺点，如对缺口敏感，缺口冲击强度低，高载荷下热变形温度低；高温下，刚性差、结晶收缩率大、尺寸稳定性差。虽经增强后，可改善其收缩率，但容易发生翘曲，同时使无缺口冲击强度下降，这些缺点限制了它的应用[44]。

利用 ABS 的非结晶性和 PBT 的结晶性，ABS/PBT 合金的室温冲击强度比 PBT 大幅提高。同时，该合金具有优良的成型性、尺寸稳定性和耐化学品性，是一类性能优良的工程塑料合金。对 ABS/PBT 合金进行反应增容后，不仅能进一步改善其力学性能，而且可克服二元物相结构不稳定带来的合金性能对加工条件依赖程度较大的缺点，改善其加工性能。

ABS/PBT 合金形态及其物性受化学、物理以及加工条件诸多因素的综合影响，下面列出一些主要影响因素：

① ABS 中橡胶含量、粒径大小及分布的影响。

② ABS 中 AN 含量的影响。

③ ABS 聚合方法、黏度的影响。

④ PBT 分子量的影响。

⑤ 共混工艺的影响。

⑥ 阻燃剂、玻纤以及其他添加剂的影响。

6.6.2 共混研究

6.6.2.1 ABS/PBT 合金的相容性及相态结构[45-50]

ABS 与 PBT 在热力学上是不相容体系。SAN 与 PBT 之间的相互作用决定它们的相容性，且受 AN 含量的影响。PB 的 SAN 接枝率对 ABS/PBT 合金的影响有两方面，其一是过低的接枝率导致 ABS 橡胶相不能被 SAN 充分覆盖，共混时 ABS 在 PBT 基体中发生聚集；其二是接枝率降低、接枝 SAN 分子量下降，PBT 基体与 SAN 之间的缠结密度降低，界面强度下降。二者共同作用导致 PBT/ABS 冲击强度低。研究表明，当 AN 含量为 0 时，即 HIPS 不能均匀分布在 PBT 中，HIPS/PBT 共混物以脆性方式断裂，引入 AN 后，合金以韧性方式断裂，进一步地增加 AN 含量对合金冲击强度影响不大。在不考虑橡胶粒径等其他因素时，ABS 核壳比对 ABS/PBT 合金影响表现在：当 PB/SAN 核壳比高于 60/40 时，壳层过薄，导致 ABS 发生聚集，ABS/PBT 冲击强度低；PB/SAN 核壳比低于 50/50 时，过高的壳层含量同样会导致 ABS 的聚集。

其实，ABS/PBT 合金的加工窗口相当窄，且形态结构不稳定。在较低应力加工条件下，ABS 不易分散，从而对合金性能产生不良影响。由于环氧基团能与 PBT 中的端羧基和端羟基发生反应，因此，含环氧官能团的聚合物能有效增容 ABS/PBT 共混体系，不仅使合金的性能得到大幅度提高，而且相分散更均匀，合金形态结构更稳定，加工窗口更宽，更有利于得到性能稳定的合金材料。

6.6.2.2 ABS/PBT 合金的增容改性

ABS/PBT 合金制备的关键之一便是添加合适的相容剂。

(1) ABS/PBT/MGE[49]　目前研究最多的相容剂是甲基丙烯酸甲酯（MMA）-甲基丙烯酸缩水甘油酯（GMA）-丙烯酸乙酯（EA）三元共聚物（MGE），其中 GMA 提供反应增容的环氧官能团，少量的 EA 是为了防止开链，不影响与 ABS 中 SAN 的相容性。图 6-35 反映了 ABS/PBT/MGE 共混体系的组成形态。其中，PBT 为连续相，ABS 是分散相。MGE 中的 MMA 与 ABS 中的 SAN 相容，同时，在两相界面上，相容剂中的环氧单元与 PBT 的羧基或羟基发生反应生成了 PBT-*g*-MGE 接枝共聚物。这种接枝共聚物减小了界面张力并起到了空间稳定的作用，阻止了 ABS 分散相粒子的相互碰撞，进而抑制了团聚的发生。此外，接枝反应增加了共混物的黏度，相应地会给加工带来一些难度。

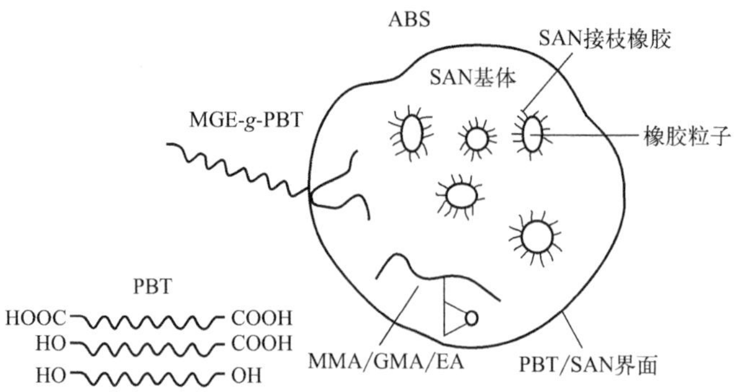

图 6-35　MGE 增容 ABS/PBT 合金示意图

表 6-14 为 ABS/PBT/MGE（30/70/x）合金的冲击性能。MGE 的加入使 ABS/PBT 合金的室温冲击强度提高了 100～200J/m，脆-韧转变温度降低了 20～40℃。研究

表明，适量 GMA（在相容剂中的含量大于 5%）和少量的相容剂（共混物中含量小于 5%）可显著改善共混物的相分散，使共混物的脆-韧转变温度显著降低，但却伴随着室温冲击强度损失 10%～15%。研究认为，乳液法制备的 ABS 中残留的酸性物催化了环氧官能团的交联反应。通过适当调整共混加工顺序可以消除这一影响。如在第二步挤出加入 ABS 之前，先将 PBT 与 MGE 共混，使 PBT 与相容剂中环氧官能团的接枝反应优先发生，从而使环氧优先用于生成对共混体系起增容作用的接枝共聚物，并抑制其交联反应的发生。

表 6-14 ABS/PBT/MGE（30/70/x）合金的冲击性能

ABS 型号	室温缺口冲击强度/（J/m）	
	$x=0$	$x=5$
ABS-38	596	670
ABS-45	500	760
ABS-50	550	711

（2）ABS/PBT/GMA[51] 由于 ABS-g-GMA 中 GMA（甲基丙烯酸缩水甘油酯）的环氧官能团可以与 PBT 端基发生化学反应，生成 ABS-g-PBT 共聚物，提高了 PBT 与 ABS 之间的界面黏结力，因此 ABS 可以在 PBT 中均匀、稳定分散，实现对 PBT 的增韧。表 6-15 为 ABS-g-GMA 粒径随 GMA 含量而变化的情况。

表 6-15 ABS-g-GMA 粒径随 GMA 含量的变化情况

样品名称	GMA 含量/%	ABS 粒径/μm
ABS	0	0.37
ABS-g-GMA1	1	0.40
ABS-g-GMA3	3	0.41
ABS-g-GMA5	5	0.43
ABS-g-GMA8	8	0.42

对于 ABS-g-GMA/PBT 共混体系表现出的形态特征可以用两种不同的化学反应解释。如图 6-36 所示，反应 1、2 属于增容反应，该反应发生在 PBT 的端羧基、羟基与 ABS-g-GMA 中的环氧基团之间，生成 ABS-g-PBT 共聚物，起到增容作用。

（3）ABS/PBT/SAG 苯乙烯-丙烯腈-甲基丙烯酸缩水甘油酯（SAG）共聚物通过其环氧官能团与 PBT 中的羧基或羟基反应生成接枝聚合物 SAG-g-PBT，从而起增容作用。其中 SAG 共聚物中 SA 链段部分 St/AN 单体比应与 ABS 中 St/AN 单体比相匹配。虽然接枝带来了共混体系性能的改善，但过度接枝会对相容剂上的 SA 链段起屏蔽作用，反而降低了增容效果，并使共混体系黏度大幅度增加。SAG 增容能较好地解决 ABS/PBT 合金在挤出加工中遇到的出口膨胀和熔体破裂等问题。对该增容体系值得注意的一点是，只有当 SAG 和催化剂（乙基三苯基溴化磷）并用时，才能得到良好的改性效果[52]。研究表明[53]，在 ABS/PBT 共混体系中，加入少量的 SAG 就可以使合金的冲击强度高达 800J/m 以上。而过多的 SAG，反而使合金的冲击强度降低。

（4）ABS/PBT/SMA 苯乙烯-马来酸酐共聚物（SMA）也可以作为 ABS/PBT 的

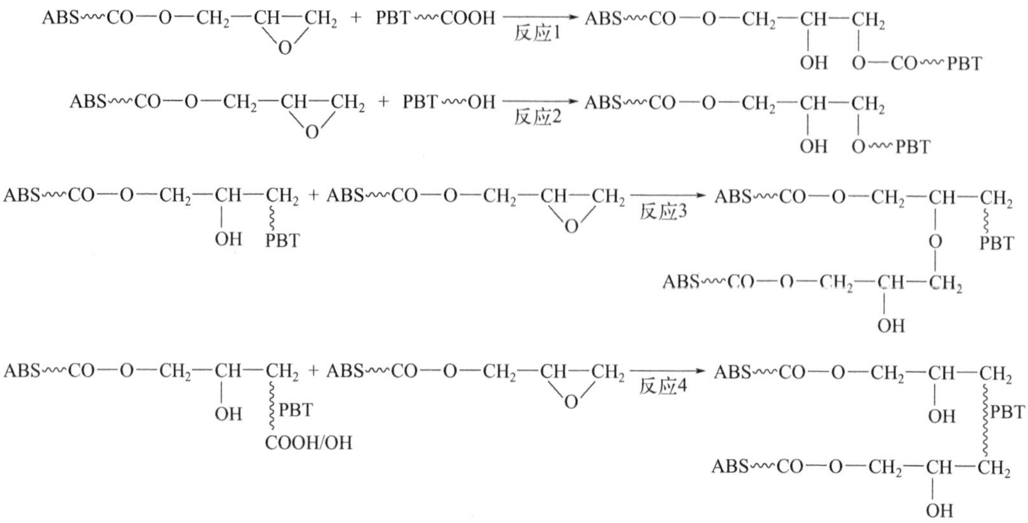

图 6-36　PBT/ABS-g-GMA 共混体系中的化学反应示意图

相容剂[54]。加入 SMA 可使 PBT 分散相尺寸变小且均匀地分散于 ABS 中，显著改善了 ABS/PBT 共混物的抗冲击和拉伸性能。SMA 先与 ABS 共混再与 PBT 共混，共混物的分散相尺寸最小、分布最均匀，优于 SMA 先与 PBT 共混再与 ABS 共混的方法。

6.6.2.3　ABS/PBT 合金性能的影响因素

（1）ABS 用量对 PBT/ABS 合金性能的影响[55]　不同牌号的 ABS 与 PBT 共混，会使合金性能有较大差异。纯 PBT 材料的缺口冲击强度仅为 50J/m。加入 ABS 后，合金的冲击强度大幅度提高。当 ABS 用量超过 30%后，合金冲击强度提高至 600J/m，受力呈现为韧性断裂。随着 ABS 用量进一步增加，共混物的冲击强度增加不明显。纯 PBT 玻璃化转变温度在 60℃以上才具有较高的冲击强度，加入 ABS 后共混物的脆-韧转变温度大幅度降低，在−20℃甚至更低温度下合金仍具有较高的冲击强度。ABS 的用量超过 30%后对合金的脆-韧转变温度只有轻微的影响。

表 6-16 为 ABS/PBT 合金拉伸性能。由表可见，随着 ABS 用量的增加，合金拉伸模量和屈服强度同时呈下降趋势。

表 6-16　ABS/PBT 合金拉伸性能

合金组成/质量比		拉伸模量/GPa	屈服强度/GPa	断裂伸长率/%
PBT/ABS-38	100/0	2.4	48	165
	80/20	2.1	41	48
	70/30	2.1	39	59
	60/40	1.7	36	114
	50/50	1.7	34	35

续表

合金组成/质量比		拉伸模量/GPa	屈服强度/GPa	断裂伸长率/%
PBT/ABS-45	80/20	1.9	39	76
	70/30	1.7	36	110
	60/40	1.5	31	300
	50/50	1.3	28	248

注：ABS-38 表示 ABS 中橡胶含量为 38%，ABS-45 表示 ABS 中橡胶含量为 45%。

(2) ABS 中橡胶含量对 ABS/PBT 合金冲击性能的影响　当 PBT 与 ABS 的配合比为 60∶40（质量）时，ABS 中橡胶含量对 ABS/PBT 合金悬臂梁冲击强度的影响见表 6-17。随橡胶含量的增加，ABS/PBT 合金冲击强度先增加后降低。当橡胶含量达 45% 时，冲击强度最大。这可能是因为当橡胶含量大于 45%时，橡胶含量增加的同时降低了 SAN 含量，影响了 ABS/PBT 的相容性，导致材料的冲击强度呈下降趋势。

表 6-17　ABS 中橡胶含量对 ABS/PBT（40/60）冲击性能的影响　　单位：J/m

ABS		ABS/PBT 悬臂梁冲击强度
橡胶含量/%	冲击强度	
15	170	45
20	242	66
25	314	86
30	350	221
35	396	337
40	423	878
45	431	952
65	400	904
75	362	740

(3) ABS 中丙烯腈（AN）含量对 ABS/PBT 合金的影响　ABS/PBT 合金的性能不仅依赖于组分的相对比例及分布、橡胶相粒径、分子量，还依赖于丙烯腈含量。丙烯腈的含量同样影响体系的相容性，并且是关键因素之一。

(4) PBT 分子量对 ABS/PBT 合金性能的影响　表 6-18 为不同温度下 PBT 分子量对 ABS/PBT 合金冲击性能的影响。

表 6-18　PBT 分子量对 ABS/PBT 合金冲击性能的影响　　单位：J/m

ABS/PBT 共混物组成（质量比）	PBT 的数均分子量			
	30000		35000	
	200℃	250℃	200℃	250℃
20/80	303	153	711	210
30/70	773	234	725	746
40/60	849	226	777	776

6.6.3 分类及应用

6.6.3.1 通用ABS/PBT合金的高性能化

（1）超韧ABS/PBT合金　目前，汽车保险杠材料主要以聚丙烯加弹性体与矿物的复合材料为主。聚丙烯为基材的保险杠表面活性低，与涂料亲和力差，保险杠在喷涂之前必须经过火焰处理程序，若处理不当，则整批涂装保险杠将报废。聚丙烯基材的保险杠耐热性不高，膨胀系数高，处理前后尺寸变化大，造成保险杠在使用过程中由于温度的变化而发生尺寸变化，导致保险杠变形和产生内应力，易引起保险杠的松脱或破坏。而超韧的ABS/PBT合金无上述缺陷[56]，且可适当提高烘烤温度，缩短烘烤时间，提高生产效率。也可以根据实际情况进行免喷涂配色，使塑料部件达到与金属部件同样的颜色效果。

采用ABS和一些热塑性弹性体增韧PBT的缺点是合金的拉伸强度、弯曲强度和弯曲模量会大幅下降。另外，当弹性体添加量一旦超过一定的范围，就会使合金出现分层、脱皮现象。因此，弹性体的选择不但要与ABS/PBT合金体系有较好的相容性，使之与相容剂协同增韧，而且还要减少拉伸强度等性能的损失，从而达到优化合金性能的目的。

丁腈橡胶（NBR）是丁二烯与丙烯腈共聚得到的一种极性聚合物，其极性随NBR中丙烯腈含量增加而加强。NBR与PBT的相容性较好，同时又与ABS极性、分子结构、溶度参数相近，所以NBR是ABS/PBT合金体系较好的增韧剂。

热塑性聚氨酯（TPU）是多嵌段共聚物，硬段由二异氰酸酯与扩链剂反应生成，它提供有效的交联功能；软段由二异氰酸酯与聚乙二醇反应生成，它提供拉伸性和低温韧性。所以TPU既有橡胶的高弹性，又有良好的流动性，与ABS的相容性很好，可用于ABS/PBT合金体系的增韧。研究表明：NBR、TPU的加入量为5～15份时最佳，对合金的冲击强度和耐磨性有显著的改进。此外，其他的弹性体，如乙烯-丁烯共聚物（SEBS）、三元乙丙橡胶（EPDM）等增韧机理与NBR、TPU基本相似，加入ABS/PBT合金体系中，也能起到良好的增韧效果，从而优化合金的性能。

（2）高表面ABS/PBT合金　在注塑成型时，特别是在低温、高速注塑时，ABS/PBT常常会出现一些表面瑕疵。改善ABS/PBT表面性能的方法有以下几种。

① 提高材料流动性　ABS/PBT合金中，使用低黏度的PBT可有效改善制品表面形态[57,58]。合金中PBT质量分数为30%～50%、非接枝刚性的SAN为20%～50%、ABS为20%～50%时改善效果最佳[59,60]。

② 控制小分子的挥发　发雾是高表面ABS/PBT材料常见的问题，而发雾的主要原因是体系中的小分子迁移至表面，造成材料表面折射率的不同从而引起发雾的视觉差异。体系中小分子包括水、助剂和基体微降解的低聚物。

避免水分的影响：在配方设计时应避免添加易吸水的组分。在挤出造粒时，应预先烘料。其中，最重要的是在注塑加工时应确保材料干燥充分。

避免助剂的影响：助剂的分子量均不高，造成了助剂的热稳定性不佳，在高温及剪切下易挥发。所以，除了保证助剂功效外，选择分子量更大和热稳定性更好的助剂；同时也要尽量降低助剂的添加量。

避免基体微降解的影响：ABS 中会存在微量的金属离子残余。尽管其含量仅为 10^{-6} 级，但会造成 PBT 的微降解，从而生成易挥发的低聚物，应选择低金属离子残余的 ABS 或在配方设计时添加亚磷酸酯类的热稳定剂。

(3) 吹塑 ABS/PBT 合金　ABS/PBT 适合吹塑，可应用于汽车油箱等部位。为保证良好的吹塑效果，在配方设计时应注意合金的熔体强度。吹塑级 PBT/ABS 设计方法如下：

① 选用高分子量的基材　选择高分子量的 PBT、ABS 可提高分子链的相互作用力，保证合金的熔体强度，从而使吹塑顺利进行。

② 添加熔体增强剂　添加如丙烯酸酯类的熔体增强剂，可增加合金体系黏度，抑制熔体下垂，同时可使合金成分均匀分布。

(4) 耐热 ABS/PBT 合金　通过加入耐热剂（马来酰亚胺及其衍生物）可以制备具有超高耐热性的 ABS/PBT 合金，可用于注塑成型家用电器、汽车轮罩、仪表盘支架、保险杠、体育器械及其他机电产品[61]。

但耐热剂的玻璃化转变温度较高，且难以分散，造成了 PBT、ABS 和耐热剂的加工窗口不匹配，通常在加工时会造成 PBT 的降解。改善耐热 PBT/ABS 挤出加工的方法：使用高剪切螺杆将 ABS 与耐热剂做成耐热母粒，再使用中低剪切螺杆将耐热母粒与 PBT 挤出造粒。

为提高合金脱模性能和抗冲击性能，ABS/PBT 中可加入一些氢化或非氢化烯烃低聚物[62]。日本石油公司等开发的耐化学品性、耐冲击性的 ABS/PBT 共混物，其中加入了乙烯基接枝甲基丙烯酸酯共聚物作为改性剂。日本三菱人造丝公司开发了玻纤增强(10 份)、耐磨性好的 ABS/PBT 共混合金，其中加入了少量环氧树脂作改性剂。日本东洋油墨制造公司在 ABS/PBT 合金中加入了不锈钢纤维，制得了电磁屏蔽性及外观良好的产品。

6.6.3.2 主要 ABS/PBT 厂商、牌号、特点及其应用

表 6-19～表 6-23 是各个公司生产的一些 ABS/PBT 合金牌号及特性。

表 6-19　日本帝人公司 ABS/PBT 合金一般特性

性能参数	A7300	A7500S	A7315	A7515	AN7315	AN7515
相对密度	1.20	1.20	1.32	1.27	1.51	1.48
吸水率/%	0.10	0.15	0.10	0.11	0.11	0.14
拉伸强度/MPa	51	42	107	105	102	97
伸长率/%	100	230	7	6	5	4
弯曲强度/MPa	72	62	143	133	138	124
弯曲弹性模量/MPa	2140	1820	4800	4700	5800	5500
悬臂梁（缺口）冲击强度/（J/m）	60	350	60	60	70	80
热变形温度（1.85MPa）/℃	85	85	192	140	196	148

续表

性能参数	A7300	A7500S	A7315	A7515	AN7315	AN7515
热变形温度（0.45MPa）/℃	126	95	219	207	218	209
成型收缩率（流动方向）/%	1.2	0.9	0.3	0.2	0.3	0.3
成型收缩率（垂直方向）/%	1.5	0.9	0.9	0.6	0.8	0.6
燃烧性（UL94）	HB	HB	HB	HB	V-0	V-0

表 6-20　LG 化学公司 LUMAX 系列 ABS/PBT 合金性能[63]

性能参数	测试条件	MHF-5008	HF-5600F	GP-5106F1	GP-5200B
熔体流动速率/（g/10min）	250℃，2.16kg	3.7	4.6	3.2	10.2
拉伸模量/MPa	23℃	1900	2000	3500	6700
屈服强度/MPa	23℃	38	40		
屈服伸长率/%	23℃	2.8	2.8		
断裂强度/MPa	23℃			58	99
断裂伸长率/%	23℃	26	16	3	2.2
简支梁冲击强度/（kJ/m^2）	23℃	NB	NB	30	35.2
	−30℃	46.3	44.3	38.4	21.6
简支梁缺口冲击强度/（kJ/m^2）	23℃	32.3	25.4	6.2	6.9
	−30℃	4.3	4.6	4.5	6.6
热变形温度/℃	1.80MPa	71	75	119	160
	0.45MPa			191	208
阻燃性 UL（1.5mm）		V-0	V-0	V-0	HB
体积电阻率/Ω・m		$>10^{13}$	$>10^{13}$	$>10^{13}$	$>10^{13}$
表面电阻/Ω		$>10^{15}$	$>10^{15}$	$>10^{15}$	$>10^{15}$
吸水率/%	23℃	0.13	0.12	0.07	0.07
密度/（kg/m^3）	23℃	1090	1130	1340	1320

表 6-21　帝人株式会社 ABS/PBT 性能

性能参数	测试条件	测试结果
弯曲模量/MPa	23℃	5300
弯曲强度/MPa	23℃	125
断裂强度/MPa	23℃	85
断裂伸长率/ %	23℃	2.0
Izod 缺口冲击强度（3.2mm）/（J/m）	23℃，缺口	53
	23℃，无缺口	490
热变形温度/℃	1.82MPa	122
	0.45MPa	192
阻燃性		5VA

续表

性能参数	测试条件	测试结果
体积电阻率/ Ω·m		>10^{14}
吸水率/ %	23℃	0.09
密度/（g/cm^3）	23℃	1.44

表 6-22　日本住友诺格达克公司 ABS/PBT 合金性能

性能参数	测试条件	TB-1701 数据	TB-1801 数据
熔体流动速率/（g/10min）	220℃，10kg	1	0.8
弯曲模量/MPa	23℃	1760	2060
弯曲强度/MPa	23℃	55	67
断裂强度/MPa	23℃	35	42
断裂伸长率/ %	23℃	80	60
Izod 缺口冲击强度（3.2mm）/(J/m)	23℃	275	147
	−30℃	147	78
成型收缩率/ %		0.5～0.8	0.5～0.8
密度/（g/cm^3）	23℃	1.11	1.09

表 6-23　锦湖日丽塑料有限公司 ABS/PBT 合金牌号及用途

牌号		特性	用途
通用级	HAB8710FR	高流动、阻燃、高耐磨性	汽车零部件、电子电气部件、CD-ROM 托盘等
	HAB8720FR	高流动、耐磨、高阻燃	电子零部件、电脑产品等
	HAB8750	高流动、优秀成型性、高抗冲击、耐温	汽车零部件等结构复杂制件等
	HAB8740	超高抗冲击、优秀耐寒性、良好防震性	汽车保险杠及保险杠骨架，复印机、办公用品外壳等
	HAB8730B	中空吹塑成型	汽车尾翼、脚踏板
增强级	HBG5710	一般用 10%GF 增强	1. 汽车零部件、开关、接插件、燃料桶 2. 电子电气零件、电吹风、接插件 3. 照相机器材、办公用品、化妆容器
	HBG5720	良好流动、高耐热、高抗冲击，20%GF 增强	
	HBG5723	良好流动、高耐热、高抗冲击，20%GF 增强	
	HBG5724	高抗冲击，20%GF 增强	
阻燃级	HBG5710FR	标准耐热、高阻燃，10%GF 增强	空调压缩机、空调电路板、家电机架及内装配件、电脑风扇
	HBG5730FR	高耐热、高阻燃，30%GF 增强	除草机机架、发动机机架、汽车部件、电气及电子部件
	HBG5723FR	超高耐热、高阻燃，25%GF 增强	泵推进器、开关外壳

6.7 可回收 PET 制 PET/ABS 合金

随着塑料制品在各领域得到广泛的应用，伴随而来的塑料废弃物也日益增多，造成了能源的巨大浪费和因塑料不可生物降解性带来的严重污染。因此，废旧塑料的回收利用越来越受到人们的重视。

近些年，随着国家倡导发展循环经济、建设节约型社会以及促进再生资源综合利用，国内一些有为的塑料材料企业纷纷加大了技术开发的投入，并成功推出了一些具有国际先进水平的含有再生废旧塑料的材料。

6.7.1 增容性研究

PET/ABS 合金与 PBT/ABS 类似，要得到比较好的性能，特别是冲击性能，改善两者相容性尤为关键[64]。

苯乙烯-马来酸酐共聚物（SMA）可作为 PET/ABS 共混物的增容剂，其作用如下。

（1）反应机理　图 6-37 为 SMA 中马来酸酐与 PET 末端羟基的反应。

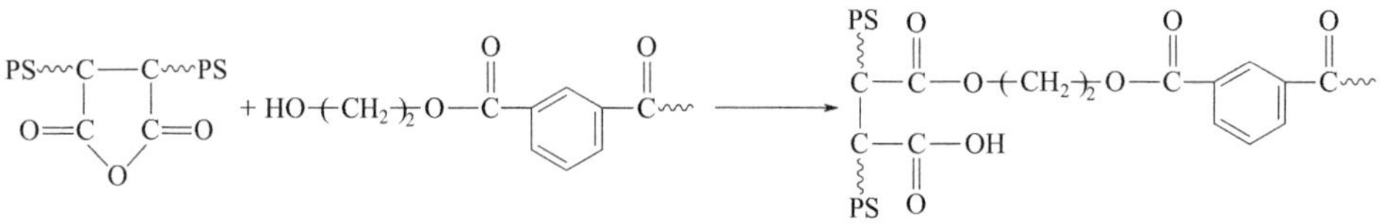

图 6-37　马来酸酐与羟基的反应式

（2）SMA 用量对力学性能的影响　图 6-38 为 SMA 用量对 PET/ABS 合金力学性能的影响。由图可知，选用 PET/ABS = 30/70（质量比）作为基材（以 100 质量份计），随着 SMA 用量的增加，合金的缺口冲击强度和断裂伸长率不断增加。SMA 用量为 10 份时，分别提高近 20% 和 50%。而拉伸强度和弯曲强度略有降低。SMA 对 PET/ABS 合金的增容源于在熔融状态下其马来酸酐（MA）基团与 PET 中的羟基可以发生如图 6-37 所示的反应[65]，形成接枝共聚物（SMA-*g*-PET）。并且，SMA 与 ABS 中 SAN 具有一定的相容性[66]。因而，合金的冲击强度和断裂伸长率得到提高。

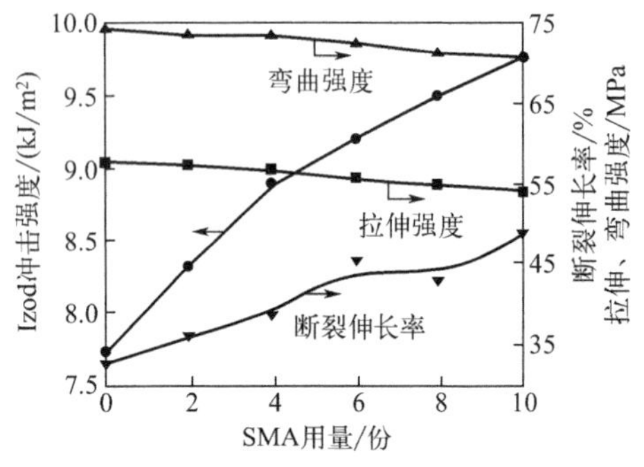

图 6-38　SMA 用量对 PET/ABS 合金力学性能的影响

（3）SMA 用量对微观形态的影响　图 6-39 为 SMA 增容 PET/ ABS（30/70）合金的 SEM 照片。由图可见，没有加入增容剂 SMA 的 PET/ABS 合金中，PET 分散很不均匀，颗粒尺寸相差很大；加入 SMA 后，PET 在 ABS 中分散性提高，且颗粒尺寸较均匀，体现了较好的相容性。一般而言，除 SMA 外，适用于 ABS/PBT 合金的相容剂，也可用于 ABS/PET 合金。

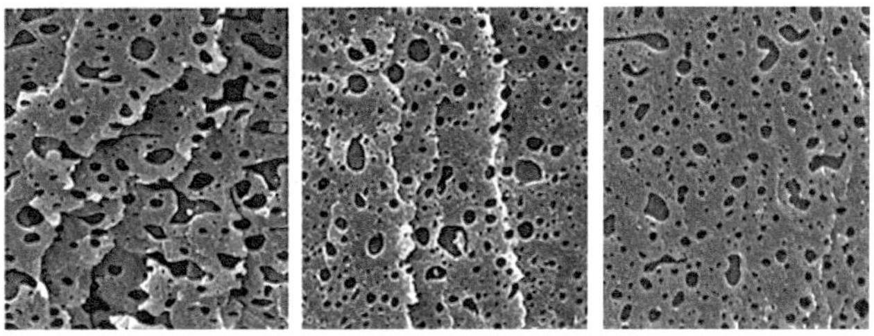

图 6-39　SMA 增容 PET/ ABS（30/70）合金的 SEM 照片

6.7.2　PET 与 ABS 组成配比

图 6-40 为 PET 含量对 PET/ABS 合金力学性能的影响。由图可见，随着 PET 用量的增加，拉伸强度和弯曲强度不断升高；断裂伸长率先从 43%下降至约 32%（ PET 的质量分数约 30%），而后迅速升高至 103%；冲击强度先从 18.08kJ/m^2 迅速下降至约 7.729kJ/m^2，而后缓慢升高至 8.021 kJ/m^2，然后逐渐下降至 4.375kJ/m^2。

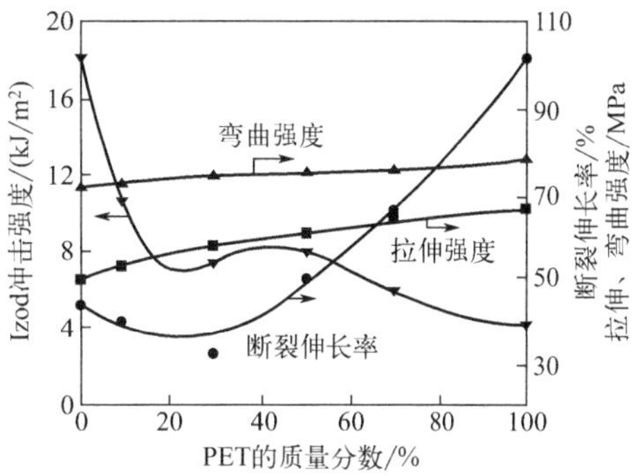

图 6-40　PET 含量对 PET/ABS 合金力学性能的影响

图 6-41 为不同 PET 含量的 PET/ABS 合金的 SEM 照片。由图 6-41（a）和图 6-41（b）可见，该合金存在明显“海岛”结构，而图 6-41（c）中为明显的双连续相结构。随着 PET 含量的增加，PET/ABS 合金的形态结构必将由“海岛”结构变为双连续相结构，再变为“海岛”结构。在以 ABS 为海相的“海岛”结构中，PET/ABS 合金更多地体现了 ABS 的特性，从而具有较高的冲击强度；但是 PET/ABS 之间的相容性较差，随着 PET 含量的增加，合金易形成应力集中点，并且两相间黏结力将会越差，从而降低了合金的断裂伸长率和冲击强度。当 PET 的质量分数在 50%时，PET/ABS 合金将会发生相转变，生成双连续相结构，其力学性能将会发生较大的变化[67]。较 PET 质量分数为 30%的“海岛”结构，双连续相结构使合金的冲击强度和断裂伸长率都有所提高。在以 PET 为海相的“海岛”结构中，PET/ABS 合金更多体现了 PET 的性能，因此具有较高的断裂伸长率、弯曲强度和拉伸强度。

上海锦湖日丽选择回收利用的 PET 塑料瓶片，通过对再生 PET 瓶片进行化学增黏处理，以一定的比例加入合金体系中，并采用特殊的相容技术制得牌号为 PAE97XX 的环境友好型 PET/ABS 产品。其性能可与普通 ABS 产品的性能相媲美，以含有 30% PET 回收料的 PAE9730 产品为例，对比性能见表 6-24。

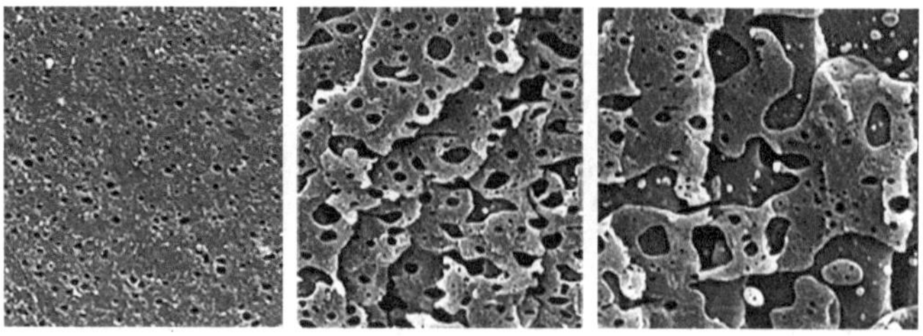

(a) 90%ABS (b) 70%ABS (c) 50%ABS

图6 41 PET/ABS合金的SEM照片

表6-24 PAE9730与普通ABS性能比较

项目	测试条件	PAE9730	ABS750
拉伸强度/MPa	50mm/min	41	45
弯曲强度/MPa	2mm/min	60	63
弯曲模量/MPa	2mm/min	1800	2000
Izod缺口冲击强度（1/8in)/(J/m)	23℃	270	260
密度/(g/cm^3)	23℃	1.08	1.04
熔体流动速率/(g/10min)	250℃，10kg	25	35①
热变形温度/℃	1.82MPa	82	83

① 测试条件：220℃×10kg。

6.8 ABS/PVC合金

6.8.1 概述

PVC树脂是由氯乙烯单体聚合而成的热塑性聚合物，属于无定形聚合物，含结晶度5%～10%的微晶体。PVC的突出优点就是难燃性、耐磨性、耐化学腐蚀性，以及气体和水汽的低泄漏性。其缺点是热稳定性和抗冲击性差[68]。

用于家用电器类产品的ABS本身不能阻燃，添加无机阻燃剂是最常用的方法，然而，无机阻燃剂会严重降低其力学性能。PVC与ABS进行共混不仅可以实现ABS阻燃，而且可以达到降低生产成本的目的。更有意义的是ABS与具有阻燃性的PVC共混改性后，形成的ABS/PVC合金同时具有优良的阻燃和力学性能，可用于家用电器、插线板等制品。但ABS/PVC合金热稳定性较差，合金在加工过程中容易降解，从而影响注塑件的外观和力学性能。所以，ABS树脂与PVC的共混改性仍是目前ABS研究领域一个比较活跃的分支。

6.8.2 改性研究

（1）共混组分的影响 ABS用量是影响ABS/PVC合金性能的主要因素。随着ABS用量的增加，PVC/ABS合金的冲击强度和断裂伸长率都有所提高，但拉伸强度和硬度却会降低。实践证明，ABS的含量（质量分数）以不超过40%为佳。另外，ABS

生产中使用的原料种类、工艺方法的不同使 ABS 树脂的实际组成千差万别。PVC 树脂用量的增加可使共混合金的拉伸强度、弯曲强度、伸长率增加，但合金的热稳定性下降。同时，PVC 树脂分子量分布宽，有利于提高熔体的剪切敏感性，改善加工性能，但又使冲击性能下降。因此，共混合金与组分的关系有两个特点：在一定组成区域内，共混合金性能会出现极大值；极值随 ABS、PVC 类型不同，出现位置不同。

(2) 增容改性技术　ABS/PVC 合金的性能受两种树脂相容性的影响。根据溶度参数判断，PVC 与 SAN 相容性很好，而与橡胶相相容性比较差，因而，ABS/PVC 属于半相容体系。PVC 与 SAN 相容性受 SAN 中丙烯腈（AN）含量的影响，AN 含量过多或者过少均容易导致相容性降低，AN 含量为 12%～26%（质量比）时可以与 PVC 达到比较好的混合效果。当 PVC 与 ABS 混合良好时，PVC 与 SAN 为连续相，PB 为分散相，使共混物的冲击强度得到较大提高。为降低界面张力、提高两相的黏合力，氯化聚乙烯（CPE）是 ABS/PVC 合金加工中最为常用的相容剂。CPE 的加入有利于 PVC 均匀塑化，缩短熔融时间，增加熔融回弹性，因此可提高 PVC/ABS 合金的缺口冲击强度和加工流动性。据美国 Dow 化学公司专利介绍，在 PVC/ABS 合金中添加 CPE 可制得一种具有优良冲击性能和加工性能的合金。这种合金适合于挤出管材制品或吹塑制品等。例如，将 100 份 PVC、2.5 份巯醇烷基锡稳定剂、20 份 ABS 和 1.25 份 CPE 放在掺混机中进行混合，挤出制样，试样的冲击强度为 587J/m、断裂伸长率为 159%，热变形温度为 84℃，外观光滑；而不用 CPE 的试样，其冲击强度为 430J/m，断裂伸长率为 149%，热变形温度为 83℃。

此外，ABS/PVC 常用的增容剂还有 MBS、ACR、α-甲基苯乙烯与丙烯腈共聚物（α-MS-AN）、乙酸乙烯与 ABS 的接枝共聚物等。对于 MBS 而言，ABS 与 MBS 中的连续相分别能与 PVC 相容。MBS 的加入可提高 ABS/PVC 合金的拉伸强度、静弯曲强度以及冲击强度，但随着 MBS 的加入，ABS/PVC 合金耐热性及耐候性下降，一般以 3%～10%为宜。

Buna 公司的专利提出，用乙酸乙烯与 ABS 的接枝共聚物作 ABS/PVC 合金的相容剂，如 60 份 ABS 和 40 份 PVC 组成的合金在 20℃和－20℃的悬臂梁冲击强度分别为 48.5kJ/m^2 和 9kJ/m^2，而由 54 份 ABS、40 份 PVC 和 6 份上述相容剂组成的合金在 20℃和－20℃的悬臂梁冲击强度（缺口）则分别为 49.1kJ/m^2 和 9.6kJ/m^2。当选用 α-MS-AN 作相容剂时，由于 α-MS-AN 分子量较大，使分子链易于缠结。因此，可以形成更稳定的银纹屈服区，在 ABS 与 PVC 中更有效地分配负荷。另外，由于 α-MS-AN 分子量较大，因而黏度比较高，流动性不如 SAN，所以，黏度以 1.4～1.6Pa・s 为宜。ACR 的加入也能有效地改善共混合金的综合性能和加工性能。在注塑成型过程中 ACR 能消除 PVC 易出现的螺旋状流纹，使制品表面光洁度得到较大的提高，其用量以一份左右为宜。

(3) 加工工艺对合金性能的影响　当加工温度为 100℃时，PVC 开始分解，170℃左右分解明显，因此，在 PVC 共混物中加入性能优良的热稳定剂是非常必要的。目前，比较常用的有 3 种：铅盐热稳定剂、稀土热稳定剂、有机锡热稳定剂。其中有机锡热稳定剂最有效，应用范围最广，但是价格也是最高的。在 PVC 加工中，特别是，不加入增塑剂时，需要向 PVC 共混体系中加入少量可以减少 PVC 分子链之间摩擦力的内润滑剂和可降低 PVC 塑料熔体与加工设备间粘连的外润滑剂，润滑体系的加入可以改善 PVC 物料的流动性。此外，如果是软制品，还需要加入增塑剂，它可以明显改善 PVC 物料的流动性和柔韧性，常用的 PVC 增塑剂为邻苯二甲酸二辛酯（DOP）。

6.8.3 应用

ABS/PVC 合金具有良好的抗冲击性、阻燃性和韧性，PVC 提供了紫外线稳定性和内在的阻燃性，而 ABS 带来了良好的抗冲击性能和易加工性能。ABS/PVC 合金是 ABS 系列合金的最重要品种之一，美国、日本、西欧等有关公司纷纷推出了各种 ABS/PVC 合金产品，其中有硬质、半硬质、挤出、注塑、阻燃等品种，主要用于电子、仪表、航空、汽车、火车、建材、纺织、轻工家电等行业。

（1）汽车上的应用　我国的汽车工业自 1956 年起经过几十年的发展已有了很大的起色。与此同时，车用塑料的用量在逐年增长。随着近年来国内新能源汽车大力发展，我国车用塑料用量平均只有 14～28kg，占整车自重的 10%～15%。改性塑料已普遍应用于汽车的内外装饰，如仪表板总成、座椅系统附件、门板、立柱护板等内饰件，以及保险杠、散热格栅、车灯、轮罩等外饰件制造，在汽车工业中的作用和地位愈加明显。目前 ABS/PVC（PVC/ABS）合金主要用于汽车仪表板总成、车顶内饰嵌条、内饰总成等。

下面提供一种性能优异的花纹保持性良好、表面具有亚光效果、适用于汽车仪表板表皮的 ABS/PVC 真空成型片材的制备方法。配方如下：PVC 树脂，聚合度为 900～1500，100 份；ABS，注塑级，101～200 份；增塑剂，脂肪族或芳香族酯类，10～50 份；热稳定剂，钡盐或有机锡，2～10 份；抗氧剂 0.1～3 份；阻燃剂，溴类和三氧化二锑，5～10 份。不同配方下的性能见表 6-25。

表 6-25　不同配方下的性能数据表

项目	ABS 用量/份							
	50	80	100	101	120	130	150	200
拉伸强度/MPa	7	9	11	12.5	14	17.2	17.5	15
伸长率/%	297	281	258	162	158	154.5	144.5	140
耐寒性（−30℃落球冲击）	不破裂	不破裂	不破裂	不破裂	不破裂	不破裂	不破裂	不破裂
热老化性能（120℃，500h，断裂伸长率）/%	30	35	40	78	80	82	85	80
压花保持性（170℃，5min）	消失	清晰	清晰	清晰	清晰	清晰	清晰	清晰

注：PVC100 份；DOP28 份；脂肪酸钡 3 份；DLTP25 份；三氧化锑 65 份。

（2）电子、电器上的应用

实例 1：手机 SIM 卡用 PVC/ABS 材料制备。SIM 卡是手机的核心部件。SIM 卡是在卡基材料上植入芯片，放入手机电池下方使用。当手机通话或处于连续不断的工作状态时，因电池散热能力差，就会出现发热、发烫的现象。普通的 SIM 卡基材料，维卡软化温度低，大约为 77℃，易受高温影响而变形，甚至，发生芯片脱离，严重影响手机的使用。改进的方法一般是在 PVC 卡基材料配方中，加入 ABS 树脂，以提高材料维卡软化温度。从而，在电池发热温升下手机的 SIM 卡不容易发生变形或芯片脱离，更好地保证手机的正常使用。

配方：64～87 份 PVC 树脂，13～36 份 ABS，3～5 份改性 PVC 树脂，0.8～1.6 份热稳定剂，0.8～2 份加工助剂，4～12 份钛白粉，0.7～3 份润滑剂，3～5 份金属黏合剂。

加工条件：将称好的物料放入低速搅拌机中，于 35～45℃条件下低速混合后，将冷搅拌的物料均匀输入行星挤出机塑化，温度控制在 135～175℃；将行星挤出机塑化的物料送入单螺杆挤出机，单螺杆挤出机温度为 110～130℃；经挤出机塑化的熔融物料均匀地送入五辊压延机压延成片材，温度控制为 165～195℃；最后冷却，切片。

实例 2：冰箱和家用电器的专用原料制备。

配方：40～80 份 PVC 树脂，15～60 份 ABS，3～6 份 ABS 色母料，1.5～3.0 份有机锡稳定剂，30 份氯化聚乙烯，2.0～5.0 份 SAN，2.0～4.0 份氯化石蜡或十溴联苯醚，3.0～6.0 份低分子量的聚乙烯或丙烯酸酯共聚物（ACR）。

加工条件：PVC 树脂、稳定剂、增容剂、硬脂酸、阻燃剂和其他助剂按一定比例混合，升温搅拌 10～15min，冷却至 40℃转入螺杆挤出机。然后，在螺杆转速为 32r/min 和 55～180℃下挤出、切粒得 PVC 混合料。再将 PVC 混合料、ABS 色母料放入高速混合机中，于室温条件下高速混合 5～10min。之后，将混合母料在 80～90℃的气流下，干燥 2h 即可，真空吸入注塑成型加工成制件，注塑温度 170～190℃，注塑压力为 13.5MPa，注塑速度 35r/min，模具温度 50～60℃，得到 ABS/PVC 注塑合金制件。

性能指标：阻燃 V-0 级（UL94）；缺口冲击强度 7～2kJ/m^2；拉伸强度 35～45MPa；弯曲强度 60～70MPa；熔体流动速率 2.0～8.0g/10min；热变形温度 73～80℃。

6.9 ABS/SMA 合金

6.9.1 概述

ABS 因耐热性不足，限制了其在汽车以及电子电气方面的应用。提高 ABS 耐热性主要有三种方法。① 化学改性法，引入耐热单体与苯乙烯共聚，如：将 *N*-苯基马来酰亚胺与苯乙烯聚合，再与 ABS 共混，*N*-苯基马来酰亚胺质量分数达 10%时，可制得高耐热级 ABS（热变形温度 125～130℃）。② 物理共混法，与耐热性高的树脂共混制成塑料合金，如将 ABS 与 PC 等耐热工程塑料共混，优点是提高耐热性的同时提高抗冲击性。缺点是流动性下降、成本提高。③ 添加无机填料，如用玻纤（GF）、晶须等矿物质增强，优点是弯曲模量、弯曲强度可以大幅度提高。缺点是冲击强度下降，表面光泽变差。SMA 树脂系苯乙烯与马来酸酐的无规共聚物具有较强的分子极性，从而具备广泛的分子相容性。可充当 AS、ABS、PA、PC、PPO、PVC、PBT 等极性高分子共混合金的相容剂，与 GF 有良好的亲和性。特别是，具有优良的可塑性，可使 SMA/ABS 在较低的温度和压力下注塑或挤出成型，与耐热 ABS（奇美 777D）相比，SMA/ABS 合金注塑成型温度低 30℃；与 MPPO 相比低 40～60℃，使材料的性能和成本得到优化。因此，将 SMA 与 ABS 共混是一种非常有竞争力的改性手段。

6.9.2 改性研究

SMA 含有的马来酸酐等环状刚性基团使其具有很好的耐热性能。SMA 在共混物中的比例越高，合金的耐热性能越好。如表 6-26 所示，当 ABS/SMA 合金中 SMA 的质量分数为 30%时，其共混物的热变形温度（HDT）比 ABS 提高了 7℃；当 SMA 的质量分数增加到 50%时，其 HDT 比 ABS 提高 13℃。ABS/SMA 合金的断裂伸长率、缺口 Izod 冲击强度随着 SMA 树脂质量分数的增加而降低。这是 SMA 分子链的刚性和脆性引起的。对比合金 1 和合金 2 的性能可以发现，橡胶质量分数较高的合金 1 表现出了良好的冲击性能。因此，体系中 SMA 质量分数相同的情况下，橡胶的质量分数决定了合金材料的冲击性能。

表 6-26　不同组成的 ABS/SMA 合金的性能

项目	ABS-1	合金 1	合金 2	合金 3
ABS/SMA 质量比	100/0	70/30	70/30	50/50
拉伸断裂强度/MPa	39.5	30	44	40
断裂伸长率/%	46	29	9	7
弯曲强度/MPa	63	66	76	72
弯曲弹性模量/MPa	2069	2225	2571	2661
Izod 缺口冲击强度（3.2mm）/（J/m）	460	100	59	49
热变形温度（1.8MPa，6.4mm）/℃	84	91	93	97

注：合金 1 和合金 2 选用的 ABS 树脂牌号不同，合金 1 选用 ABS-1、合金 2 选用 ABS-2，ABS-2 橡胶相含量高。

上述分析表明，SMA 树脂可提高 ABS/SMA 合金的耐热温度，但同时对 ABS/SMA 合金的冲击强度有较大影响，ABS/SMA 合金的冲击强度与合金组成中的橡胶质量分数有较大关系。由于市售的 ABS 树脂已是一种各项性能平衡的树脂共混物（SAN 树脂与 ABS 树脂的共混物），所以要制备综合性能（特别是冲击强度和耐热性能）较好的 ABS/SMA 合金还需重新调整 ABS/SMA 合金中橡胶组分的质量分数。即采取添加 ABS 高胶粉的方法对 ABS/SMA 进行改性。表 6-27 表明，ABS 高胶粉的加入可显著提高 ABS/SMA 合金的冲击强度，如合金 4 的冲击强度为 264 J/m，达到高冲击 ABS 树脂的水平，而 HDT 也提高到 92℃，已适合某些较低耐热要求的应用。由于 ABS 高胶粉的加入显著改进了 ABS/SMA 合金的冲击强度，因此可增加 ABS/SMA 合金中 SMA 树脂的质量分数，进一步提高 ABS/SMA 合金的耐热等级，如合金 7 的 HDT 达 109℃，达到了中等耐热 ABS 的水平。

表 6-27　高抗冲耐热性 ABS/SMA/ABS 高胶粉合金性能

项目	合金 4	合金 5	合金 6	合金 7
ABS-1/SMA/ABS 高胶粉的质量比	40/40/20	30/50/20	20/60/20	15/70/15
拉伸断裂强度/MPa	31.3	36.4	34.9	39.3
断裂伸长率/%	17	15	13	17

续表

项目	合金 4	合金 5	合金 6	合金 7
弯曲强度/MPa	64	67	65	74
弯曲弹性模量/MPa	2066	2172	2169	2555
Izod 缺口冲击强度（3.2mm）/(J/m)	264	214	150	105
热变形温度/℃	92	99	103	109

6.9.3　应用

近年来，我国汽车工业对耐热 ABS 树脂的需求越来越大，如汽车灯座、仪表面板等。采用某单位的耐热 ABS（黑色）制造汽车仪表板，存在颜色分布不均匀、价格高等问题。该类材料的主要性能要求是维卡软化温度（5kg 负荷）大于 110℃、Izod 缺口冲击强度大于 100 J/m。中国石化上海石油化工研究院提供的 ABS/SMA 合金产品的物性如表 6-28 所示。

表 6-28　用于汽车仪表板合金制造的 ABS/SMA

项目	ABS/SMA 合金产品（黑色）
拉伸断裂强度/MPa	39.3
断裂伸长率/%	20
弯曲强度/MPa	65
弯曲弹性模量/MPa	2218
Izod 缺口冲击强度/（J/m）	
3.2mm	159
6.4mm	139
维卡软化温度（5kg 负荷）/℃	114

上海锦湖日丽对 SMA/ABS 系列合金进行了较为深入的研究，推动了 SMA/ABS 合金的商品化进程。其开发的 SMA/ABS 产品具有以下特点（见表 6-29）：耐热性好，HDT 温度为 90～115℃（1.82MPa），相当于 MPPO 水平；韧性好，即使在极低的温度下也有良好的韧性；熔融流动性高于 MPPO、耐热 ABS、ABS/PC，易于加工成型；电镀性好，可采用标准电镀级 ABS 工艺，电镀质量优于 MPPO、ABS/PC。其中，E-220 为通用级，由于流动性好，还可以与 PC 直接混合注塑，改善 PC 注塑件的应力开裂现象。H251 为耐热级，广泛用于生产耐热家电零件。251G3 为玻纤增强级，用于汽车零件、风叶。

表 6-29　上海锦湖日丽 SMA/ABS 合金的性能

项目	H251	E-220	251G3
熔体流动速率（200℃，5kg）/（g/10min）	3	3.5	1.5
密度/（g/cm^3）	1.05	1.05	1.19
拉伸强度/MPa	50	45	100
断裂伸长率/%	20	30	3

续表

项目	H251	E-220	251G3
弯曲强度/MPa	65	55	140
弯曲模量/MPa	2200	2000	5000
Charpy 缺口冲击强度/(kJ/m^2)	12	20	7.5
Izod 缺口冲击强度/(J/m)	150	170	85
热变形温度（1.82MPa)/℃	107	90	115
注塑收缩率/%	0.4～0.6	0.4～0.6	0.42～0.4
特性	耐热	通用 抗冲击	15%玻纤 增强高刚性

参考文献

[1] Hildebrand J H. The Solubility of non-Electrodytes. New York: Dover, 1964.

[2] 游长江，石小华. 溶解度参数预测共混物的相容性. 高分子材料科学与工程，2001，17(1)：162.

[3] Sharma Y N, Anand J S, Kulshreshtha A K, et al. Development and Characterization of PVC/ABS Polyblends. International Journal of Polymeric Materials, 1988, 12(2): 165.

[4] 刘军，丘庆生，邹从新，等. HPVC/ABS 共混物加工流动性能的研究. 现代塑料加工应用，1999，11(1)：14.

[5] 刘树清，张大伟，王博祺，等. ABS/改性 PE/PC 塑料合金的研究. 工程塑料应用，1997，25(3)：6.

[6] 沈家瑞，贾德民. 聚合物共混物与合金. 广州：华南理工大学出版社，1999.

[7] Kuleznev V N, Melnikova O L, Klykova V D. Dependence of Modulus and Viscosity upon Composition for Mixtures of Polymers: Effects of Phase Composition and Properties of Phases. European Polymer Journal, 1978, 14(6): 455.

[8] Garcia R, Melad O, Gómez C M, et al. Viscometric Study on the Compatibility of Polymer-Polymer Mixtures in Solution . European Polymer Journal, 1999, 35(1): 47.

[9] 姜胶东. 聚合物共混 Ⅱ. 聚合物的相容性. 高分子通报，1993,(3)：178.

[10] 李细珍. PA/ABS 合金的增韧改性及研究新进展. 科技创新与应用,2016(27):292.

[11] Utracki L A. Polymer Blends Handbook. Online: Kluwer Academic Publisher, 2003.

[12] Kudva R A, Keskkula H, Paul D R. FractureBehavior of Nylon 6/ABS Blends Compatibilized with an Imidized Acrylic Polymer. Polymer, 2000, 41(1): 335.

[13] Kitayamal N, Keskkula H, Paul D R. Reactive Compatibilization of Nylon 6/Styrene-Acrylonitrile Copolymer Blends. Part 1. Phase Inversion Behavior. Polymer, 2000, 41(22): 8041.

[14] Kitayamal N, Keskkula H, Paul D R. Reactive Compatibilization of Nylon 6/Styrene-Acrylonitrile Copolymer Blends. Part 2. Dispersed Phase Particle Size. Polymer, 2000, 41(22): 8053.

[15] Kitayamal N, Keskkula H, Paul D R. Reactive Compatibilization of Nylon 6/Styrene-Acrylonitrile Copolymer Blends: Part 3. Tensile Stress-Strain Behavior. Polymer, 2001, 42(8): 3751.

[16] 邓如生. 聚酰胺及其复合材料. 北京：化学工业出版社，2024.

[17] 张丽，安桃芳，刘玉飞，等. 无卤阻燃剂在尼龙中的应用及研究进展. 广东化工,2022,49(16):67-68.

[18] 马尼克·斯古尔朴·范，杰恩斯·弗兰克·马克沃尔德. 电源外壳:CN 101056927. 2007-10-17.

[19] 保罗 D R，巴克纳尔 C B. 聚合物共混物. 北京：科学出版社，2003.

[20] Shimomai K, Higashida N, Lnoue T. Studies on Miscibility in Homopolymer/ Random Copolymer Blends by Equation of State Theory. Polymer, 1996, 37(26): 5877.

[21] Tiefensee K, Guntherberg N. Transparent Molding Materials Resistant to Stress Cracking and Having Improved

Toughness/Rigidity Ratio：US 5969042. 1999-10-09.

[22] 李连荣，郑晓茜，刘永超，等. PC/ABS 共混材料的制备及性能研究，塑料科技，2024 ，52(08) ：24-27.

[23] 马晓坤，李鑫宇，王立伟，等. 高抗冲 PC/ABS 合金的制备及树脂优选. 工程塑料应用，2025 ，53(02) ：35-44.

[24] 王家龙，张雅娟，张新波. ABS 共混合金研究进展. 安徽化工，2008，34：11.

[25] 戈明亮. 国内聚碳酸酯/ABS 合金力学性能的研究进展. 广州化工，2005，33：13.

[26] 贾娟花，苑会林. 反应型相容剂对 PC/ ABS 合金改性研究. 塑料工艺，2005，33：50.

[27] 毛传稳，关胜军，刘金龙，等. 阻燃 PC/ABS 合金的开发. 天津化工，2024 ，38(04) ：62-65.

[28] 杨其，郑一泉，冯强，等 . PC/ABS 共混体系的研究进展. 塑料科技，2003，(5)：58.

[29] 周海骏，王久芬. 聚碳酸酯树脂及其合金的研究进展. 华北工学院学报，2000，21：334.

[30] 曹民干，浦鸿汀，李颖寒. PC/ABS 共混合金的配比与性能. 塑料工业，1998，26(3)：119.

[31] Chun J H，Maeng K S，Sun K S. Miscibility and Synergistic Effect of Impact Strength in Polycarbonate/ABS Blends. Journal of Materials Science，1991，26：5347.

[32] 殷敬华，莫志深. 现代高分子物理学(上册). 北京：科学出版社，2001.

[33] 李树. 塑料吹塑成型与实例. 北京：化学工业出版社，2006.

[34] 辛敏琦，李荣群，张毅. 一种耐化学品性优异的 PC/ABS 合金：CN 101508833A. 2009-08-19.

[35] 崔正洙，金成姬，潘亨旼，等. 具有良好耐化学性和透明度的 ABS 共聚物透明树脂及其制备方法：CN 1578795. 2005-02-09.

[36] A・塞德尔，T・埃克尔，M・瓦陶尔. 具有改进的熔体流动性和耐化学品性的聚碳酸酯模塑组合物：CN 1813030. 2006-08-02.

[37] 闵星植，李秉春，李汉洙. 具有良好耐化学性和流动性的聚碳酸酯树脂组合物：CN 101208388. 2008-06-25.

[38] E・文茨，T・埃克尔，O・梅因克 ，等. 增强了抗水解性的聚碳酸酯模塑材料：CN 101128536. 2008-02-20.

[39] 张新兰，张琴，傅强 ，等. 聚碳酸酯热降解与稳定性的研究进展. 塑料工业，2008，36(9)：1.

[40] J・M・D・古森斯，T・L・霍克斯. 聚碳酸酯树脂改善的颜色和水解稳定性：CN 1200385. 1998-12-02.

[41] Pawlowski K H，Schartel B. Flame Retardancy Mechanisms of Aryl Phosphates in Combination with Boehmite in Bisphenol a Polycarbonate/Acrylonitrile-Butadiene-Styrene Blends. Polymer Degradation and Stability，2008，93(3)：657.

[42] 张福男，郑仁哲，朴熙贞，等. 耐刮擦阻燃热塑性树脂组合物：CN 101200583. 2008-06-18.

[43] Buysch H J，Schon N ，Eichenauer H，et al. Antistatic Thermoplastic Moulding Compositions Based on Polycarbonates and Graft Copolymers：EP 0278348. 1988-08-17.

[44] 吴培熙，张留城. 聚合物共混改性. 北京：中国轻工业出版社，1988.

[45] Basu A，Diya D. Determination of Optimum Compatibilizer(SMA) Concentration for PBT/ABS(70/30) Blends Using Tensilestrength Data. J. Appl. Polym. Sci.，1997，64：1485.

[46] Hale W，Keskkula H，Paul D R. Effect of Crosslinking Reactions and Order of Mixing on Properties of Compatibilized PBT/ABS Blends. Polymer，1999，40(13)：3665.

[47] Hale W，Keskkula H，Paul D R. Effect of PBTMelt Viscosity on the Morphology and Mechanical Properties of Compatibilized and Uncompatibilized Blends with ABS. Polymer，1999，40(13)：3621.

[48] Hale W，Keskkula H，Paul D R. FractureBehavior of PBT-ABS Blends Compatibilized by Methyl Methacrylate Terpolymers. Polymer，1999，40：3353.

[49] Hale W，Keskkula H，Paul D R. Compatibilization of PBT/ABS Blends by Methyl Methacrylateglycidy Methacrylate Ethyl Acrylate Terpolymer. Polymer，1999，40：365.

[50] Hale W R，Pessan L A，Keskkula H，et al. Effect of Compatibilization and ABS Type on Properties of PBT/ABS Blends. Polymer，1999，40(15)：4237.

[51] 索延辉，陈志成，孙树林. ABS-*g*-GMA 增韧聚对苯二甲酸丁二醇酯的研究. 中国塑料，2006，20(5)：17.

[52] 任华，张勇，张隐西. PBT/ABS 共混体系研究进展. 中国塑料，2001，15(11)：6.

[53] 杨金波. 增容剂对 ABS/PBT 共混体的力学性能及形态结构的影响. 金山油化纤，2006，25(3)：7.

[54] 于杰. SMA 增容 ABS/PBT 共混体系的形态和力学性能. 高分子材料科学与工程，2008，24(1)：55.

[55] Hage E，Hal E W，Keskkula H，et al. Impact Modification of Poly(butylene terephthalate) by ABS Materials. Polymer，1997，38：3237.

[56] 徐东，贺永，李茂林. 一种 ABS/PBT 合金及其制备方法：CN 101284932. 2008-10-15.

[57] Sheu H R，Cox K E. ABS Polyester Blends：EP 0564241. 1993-10-06.

[58] Kuruganti V K，Angeli S R，Wozny J C. Improvements of Surface Appearance in PBT/SAN/ABS Blends：EP 0614945. 1994-09-14.

[59] 刘正军，张鹰，张祥福，等. 一种良好表面、高流动玻纤增强 PBT/ABS 复合材料：CN 101469107. 2009-07-01.

[60] 辛敏琦，李荣群，刘春艳，等. PBT 和 ABS 阻燃材料：CN 101007894. 2007-08-01.

[61] 孟成铭，李茂林，倬唐. 改善耐热性能的 PBT 和 ABS 合金材料：CN 101205354. 2008-06-25.

[62] Nelson L H. Composition：US 5008315. 1991-04-16.

[63] 辛敏琦. ABS/PBT 合金的研究进展及其在汽车领域的应用. 上海塑料，2003，(4)：32.

[64] 徐东，贺永，杨德武. 一种 ABS/PBT 合金及其制备方法：CN 101508818. 2009-08-19.

[65] Cook W D，Zhang T，Moad G. Morphology Property Relationships in ABS/PET Blends. I. Compositional Effects. J. Appl. Polym. Sci.，1996，62(10)：1699.

[66] Cook W D，Moad G，Fox B. Morphology Property Relationships in ABS/PET Blends. Ⅱ. Influence of Processing Conditions on Structure and Properties. J. Appl. Polym. Sci.，1996，62(10)：1709.

[67] 邓本诚，李俊山. 橡胶塑料共混改性. 北京：中国石化出版社，1996.

[68] Zhang P，Hou J，Liu B，et al. ABS and Styrene-*N*-Phenylmaleimide-Acrylonitrile Terpolymer Achieved both Toughening and Boosting Heat Resistance of PVC. Journal of Applied Polymer Science，2024，142(10)：1.

附 录

附录 1 INEOS Styrolution 公司 ABS 牌号

INEOS Styrolution 是具有六十多年经验的工程热塑性树脂全球供应商。其市场开发简史如下：

1956 Bayer 开始生产 Novodur® ABS

1972 首次生产 Novodur®汽车仪表板

1995 Bayer 购并 Monsanto ABS 业务（美国/加拿大/欧洲）

1996 Bayer 购并 Premier Enterprise/泰国（ABS）

1997 Bayer 购并 51% ABS Ltd.（印度）

1997 Bayer 购并 Premier Enterprise/泰国（ABS）剩余 49.5 %

2004 Bayer 剥离化学业务（含 ABS 业务），并入新公司 Lanxess

2006 ABS 业务被重命名为 Lustran Polymers

2007 INEOS 收购与 Lanxess 合资企业的大部分股份后，业务被命名为 INEOS ABS

2008 INEOS ABS 进一步收购 32.33% 印度 ABS 业务

2009 INEOS 收购 100% INEOS ABS 业务

2010 INEOS 和 BASF 合资成立 Styrolution

2014 INEOS 收购 BSAF 拥有的 50%Styrolution 股份，独立拥有 Styrolution

2015 INEOS ABS 并入 INEOS Styrolution

牌号	熔体流动速率/(g/10min)(cm³/10min)	Izod 缺口冲击强度/(kJ/m²)(J/m)	热变形温度(维卡软化温度)/℃	备注
1. 注塑级				
Lustran 348	19.0	18	96	外科器械、诊断测试套件
Lustran 349	6	(267)	88 (104)	外科器械、诊断测试套件
Lustran 451	4.4	(181)	81 (96)	大家电
Lustran LGM	21	(171)	76 (106)	电动工具箱盒、键盘等
Novodur 240	(20)	16	93	家电、电子电气、玩具
Novodur 250	(38)	14	92	家电、电子电气、玩具
Novodur 377	(28)	17	91	家电、电子电气、玩具

续表

牌号	熔体流动速率/(g/10min)(cm³/10min)	Izod缺口冲击强度/(kJ/m²)(J/m)	热变形温度(维卡软化温度)/℃	备注
Novodur 440	(20)	19	92	家电、电子电气、玩具
Novodur 450	(27)	17	92	家电、电子电气、玩具
Novodur 580	(6)	30	(95)	高抗冲
Novodur 640	(16)	24	91	家电、电子电气、玩具、高光泽
Novodur 650	(22)	22	91	家电、电子电气、玩具、高流动
Novodur 680	(6)	23	91	家电、电子电气、玩具、耐化学品
Novodur 970	(29)	25	90	车用、家电、电子电气、可喷涂
Novodur M201AS	(18)	20	96 (98)	家电、洗衣机、烘干机
Terluran GP-35	34.0	(240)	75 (95)	高韧性
Terluran HI-10	8.0	(448)	86 (94)	适合注射成型和挤出成型
2. 挤塑级				
Lustran 552	(6)	32	(96)	型材、共挤塑成型
Lustran 556	10.0	(107)	86	各种车辆仪表板等
Lustran Elite 1827	13	17.3	(101)	车门板、车灯罩等
Novodur 530	(3.5)	30	91	家电、汽车、建筑、头盔、玩具
Novodur 532	(2.5)	35	90	建筑、板材、头盔
Novodur E401	(5)	32	94 (99)	共挤出基材、冰箱内衬
Terluran EHI-7	7	(379)	98 (100)	高光泽、单或多层板材用基材
Terluran GP-22	19	(299)	78 (96)	高抗冲、家用电器
Terbluran KR2910	(9.0)	(453)	(93)	型材、共挤塑成型
3. 医用与食品级				
Lustran 248FC	(5)	(224)	86	医用容器
NovodurHD 15	(15)	14	93	医用电器
Novodur HD M203FC	(31)	16	94 (99)	医用电器
4. 车用级				
Lustran 446	13	30	(97)	非外表结构件
Lustran Elite 1827	13	17.3	(101)	车门板、车灯罩等
Lustran Elite 1891	7	16.7		车门板、车灯罩等
Lustran LGA	21	16.2	(96)	车门立柱、车门框板、内饰板
Lustran PG 298	19	(171)	84 (110)	轮罩、反光镜罩、格栅
Novodur Ultra 4105	(9)	38	99 (107)	立柱装饰、手套箱
Novodur H604	(10)	21	98 (102)	反光镜罩、内饰件
Novodur H605	(26)	15	98 (102)	车内饰、吸尘器
Novodur H701	(8)	22	99 (105)	车用、电子电气、家电

续表

牌号	熔体流动速率/(g/10min)(cm³/10min)	Izod 缺口冲击强度/(kJ/m²)(J/m)	热变形温度(维卡软化温度)/℃	备注
Novodur H702	(14)	19	99 (104)	喷漆外反光镜、后灯罩等
Novodur H801	(10.5)	35	99 (106)	内装饰、门把手、手套箱
Novodur H802	(9.5)	18	101 (108)	后灯罩、车装饰
Novodur H950	(4.5)	17	101 (114)	喷漆外反光镜、后灯罩等
Novodur HH-106	(7)	16	99 (106)	中控台、散热格栅、灯罩
Novodur HH-112	(5.5)	11	102 (111)	后灯罩、手套箱盖
5. 抗静电级				
Novodur P2M-AT	(20)	22	93 (98)	高光泽、家用电器
Novodur P3H-AT	(13)	21	92 (98)	家用电器、洗衣机
Novodur P2H-AT	37	18	93 (98)	家电、运动器材
6. 电镀级				
Novodur P2MC	25	25	94 (96)	汽车格栅、家用电器
Lustran Ultra 4000 PG	(7)	23	98 (107)	卫浴器具、装饰用途
7. 玻纤增强级				
Novodur P2HGV	(3)	7	102 (105)	16%玻纤、车用结构件
Novodur HH-106 G2	(4)	6	99 (107)	8%玻纤、车用外立柱支撑件
8. 管材级及其他				
Lustran 261	6	(256)	101	下水管和通风管管件
Lustran 720	6.5	(293)	104	下水管和通风管管件
Lustran 750	9	(373)	100	下水管和通风管管件
Lustran 754	9	(336)	102	下水管和通风管管件
Lustran 448	12	(331)	81	吸尘器壳、厨房电器壳

附录 2　SABIC 公司 Cycolac 牌号

牌号	熔体流动速率(220℃/10kg)/(g/10min)(cm³/10min)	Izod 缺口冲击强度/(kJ/m²)(J/m)	热变形温度(维卡软化温度)/℃	备注
1. 注塑级				
BDT5510	6 (230℃/3.8kg)	(293)	81 (98)	车用内饰、低光泽、高耐热
BDT6500	3.3 (230℃/3.8kg)	(186)	81	车用内饰、低光泽
FXS610SK	25	10	80 (100)	多用途、亮色效果
GRM2600L	2.5	(400)	85 (113)	冰箱内衬、耐化学品
HMG47MD	19	23	80 (100)	医用、生物相容、食品级

续表

牌号	熔体流动速率(220℃/10kg)/(g/10min)(cm³/10min)	Izod 缺口冲击强度/(kJ/m²)(J/m)	热变形温度(维卡软化温度)/℃	备注
HMG94MD	12（220℃/5kg）	(240)	77（98）	薄壁医用品、食品级、可消毒
MG29	8	(455)	79（99）	高抗冲、耐低温冲击
MG34LG	(24)	(245)	82（98）	车用、低光泽
MG37EPX	20.6	(23)	82（98）	可电镀、上漆
MG38	15	(373)	82（98）	抗冲、耐疲劳
MG38F	15	(373)	82（98）	抗冲、食品级
MG38N	15	(374)	80（99）	抗冲、耐疲劳
MG47	18	(320)	81（99）	多用途
MG47F	18	(320)	80（99）	多用途、食品级
MG47U	17	20	80（99）	多用途、抗紫外
MG47N	18	(320)	80（99）	多用途、符合 NSF 标准
MG94	12（220℃/5kg）	(240)	82（98）	高流动、薄壁制品
MG94F	(39)	18	80（99）	高流动、薄壁制品、食品级
MG94U	(12)（220℃/5kg）	(240)	82（98）	高流动、抗紫外、薄壁制品
MGABS01	(18)	(293)	82（98）	高抗冲、高光泽、流动佳
MGABS02	(18)	(293)	82（98）	通用、流动好、抗冲
2. 挤塑级				
EX39	(4)	(464)	77（106）	用于接触食品制品
EX58	(4)	(432)	76（106）	用于接触食品制品
EX75	(9)	(421)	82（106）	多用途
EXABS01	(4)	(411)	80（106）	中抗冲、供应亚洲和美洲产品
GX3800F	(4)	(432)	80（106）	板材、食品级
3. 耐热级				
X11	10	(300)	86（104）	车用、高耐热、高光泽
4. 阻燃级				
FR15	10（220℃/5kg）	(213)	70（86）	非 PBBE、UL94 V-0/5VA
FR15U	7（220℃/5kg）	(213)	75（93）	可塑性好、UL94 V-0/5VA 级、高 UL RTI 级
FR23	9（220℃/5kg）	(267)	72（90）	非 PBBE、UL94 V-0

附录 3 LG Chem 公司 ABS 牌号

牌号	熔体流动速率 (220℃/10kg) /(g/10min) (cm^3/10min)	Izod 缺口冲击强度/(kJ/m^2) (J/m)	热变形温度 (维卡软化温度)/℃	备注
1. 注塑级				
AP163	30	(440)	83 (91)	抗静电
HF380	42	(245)	85 (93)	高流动
Hf380G	52	(245)	85 (93)	高流动
HF380I	38	(270)	85 (93)	高流动，喷涂用
HF380U	40	(230)	85 (93)	耐候性、高熔体流动速率
HF390	64	(240)	86 (94)	高流动
HG173	23	(230)	85 (93)	高光泽
HI100H	10	(460)	84 (92)	高抗冲
HI121	21	(320)	85 (93)	力学性能佳
HI121H	22	(220)	85 (92)	高刚性
HI700	18	(195)	88 (95)	高刚性
SG175	33	(220)	86 (94)	高光泽
SG175G	37	(230)	85 (92)	高光泽、高流动
SG175H	32	(215)	87 (95)	高光泽、耐候性
RX710	37	(540)	84 (91)	抗 HCFC、冰箱板材
LG703W	9	(290)	90 (98)	耐热、低光泽、车内饰件
LG704W	7	(170)	97 (106)	耐热、低光泽、车内饰件
LG709W	3	(155)	106 (114)	耐热、低光泽、车内饰件
LG749W	6	(264)	92 (100)	耐热、低光泽、车内饰件
2. 挤塑级				
PI641	7.5	(440)	86 (94)	管子配件
RS650	6	(320)	87 (95)	冰箱板材、旅行箱、绕线筒
RS657L	4.5	(460)	89 (96)	耐化学性、冰箱板材
RS670	4.5	(310)	89 (96)	冰箱板材
RS800M	6	(390)	87 (94)	抗 HCFC、冰箱板材
SH610A	5	(490)	87 (94)	冰箱板材、旅行箱
SH625	7	(540)	85 (90)	高流动、高抗冲、冰箱板材
LG713	4	(260)	90 (95)	耐热、低光泽、车内饰件
3. 阻燃级				
AF312A	60	(245)	76 (83)	IT/OA、TV、显示器外壳
AF312B	60	(265)	77 (84)	IT/OA、TV、显示器外壳

续表

牌号	熔体流动速率(220℃/10kg)/(g/10min)(cm³/10min)	Izod 缺口冲击强度/(kJ/m²)(J/m)	热变形温度(维卡软化温度)/℃	备注
AF312C	60	(265)	77 (84)	IT/OA、TV、显示器外壳
AF364	10	(186)	93 (100)	IT/OA、TV、显示器外壳
AF365	30	(235)	86 (93)	IT/OA、TV、显示器外壳
AF365B	20	(294)	84 (92)	IT/OA、TV、显示器外壳
AF365F	75	(206)	84 (90)	IT/OA、TV、显示器外壳
AF365S	7.5	(274)	89 (96)	IT/OA、TV、显示器外壳
AF366	25	(206)	84 (91)	IT/OA、TV、显示器外壳
AF366F	70	(206)	83 (90)	IT/OA、TV、显示器外壳
EF378L	55	14	75 (86)	打印机、复印机零件等
4. 耐热级				
ER400	7	(280)	92 (101)	车内外饰件、挤出板材
ER460	22	(240)	92 (99)	车内外饰件、电子电气
ER461	14	(290)	93 (100)	车内外饰件
ER462	50	(240)	90 (98)	车用、电子电气
XR401	9	(265)	97 (106)	车内外饰件、电子电气壳
XR404	7	(160)	100 (112)	车内外饰件、电子电气壳
XR404T	6.5	(180)	102 (112)	车内外饰件、电子电气壳
XR407E	7	(175)	105 (114)	电子电气外壳
XR409H	3	(180)	106 (116)	车内外饰件
XR410	7	(155)	97 (107)	车内外饰件
XR419	5	(240)	102 (106)	车内通风格栅等
XR440	6	(125)	102 (110)	车内手套箱等
XR474	3	(135)	112 (122)	车内外饰件
XR490	3.5	(135)	106 (115)	车内手套箱等
5. 透明级				
TR551	8	(125)	87 (95)	玩具、电气和电子外壳
TR552	11	(220)	82 (90)	玩具、电气和电子外壳
TR552F	5	(50)	79 (87)	家具边角装饰
TR556	5	(195)	85 (93)	消声壁等
TR557	21	(165)	81 (89)	玩具、电气和电子外壳
TR558A	25	(125)	83 (91)	玩具、电气和电子外壳
6. 高抗冲级和其他				
MP211	27	(260)	89 (99)	高流动、电镀级、家电、门把手

续表

牌号	熔体流动速率(220℃/10kg)/(g/10min)(cm³/10min)	Izod 缺口冲击强度/(kJ/m²)(J/m)	热变形温度(维卡软化温度)/℃	备注
MP220	20	(290)	91 (101)	电镀级、车用散热格栅等
XG569C	11	(100)	84 (92)	抗刮擦、TV 音响外壳等
XG570	22	(170)	88 (96)	抗刮擦、TV 音响外壳等
BM662	5	(265)	97 (104)	吹塑级、车用扰流板等
BM662B	2	(160)	103 (110)	吹塑级、车用扰流板等

附录 4 LyondellBasell 公司 Diamond 以及其他牌号

牌号	熔体流动速率(200℃/5kg)/(g/10min)(cm³/10min)	Izod 缺口冲击强度/(kJ/m²)(J/m)	热变形温度(维卡软化温度)/℃	备注
1. 注塑级				
1000	3.5	(80)	78 (104)	高光泽
2100 P	3.0	(210)	79.4 (103)	粉料、共混专用料
2510 AS/P	4.6	(130)	77.8 (104)	抗静电、粒料
3001 MC	2	(350)	77.8 (103)	粒料
3500	2.9	(190)	77.2 (107)	粒料、自然色
3500 HF	3	(210)	79.4 (103)	粒料、高流动
3500 LG	2.3	(250)	76.7 (104)	低光泽
3501	2	(300)	77.2 (104)	粒料、高抗冲
7501	3.6	(400)	77.2 (103)	粒料、超高抗冲
9501 N	13 (220℃/10kg)	(480)	80 (105)	超高抗冲、粉料
9501 Natural	7.3 (220℃/10kg)	(430)	76 (103)	超高抗冲
Diamaloy ABS Med Izod	2	(300)	77.2 (104)	粒料、高抗冲
TR-5000	2.1	(110)	72.8	透明、符合 FDA 标准
TR-5000 AS/P L	2.4	(120)	(65)	抗静电、透明
VP-33 1002 Natural	8.5 (230℃/3.8kg)	(140)	71.1 (93.3)	阻燃、粒料
VP-33 Black 1402	5 (230℃/3.8kg)	(140)	71.1 (93.3)	阻燃、粒料
RABS 90000 UV5 CA	(44) (220℃/10kg)	7.3	68 (79)	POLYFLAM 牌号，抗静电、阻燃
RABS 90000 UV5 FR		10	80 (105)	POLYFLAM 牌号，阻燃
RABS 90000 UV5	(30) (220℃/10kg)	10	80 (96)	POLYFLAM 牌号，阻燃
RABS 90950 UV5	(16) (220℃/10kg)	6	91 (94)	POLYFLAM 牌号，阻燃、耐紫外

续表

牌号	熔体流动速率(200℃/5kg)/(g/10min)(cm^3/10min)	Izod缺口冲击强度/(kJ/m^2)(J/m)	热变形温度(维卡软化温度)/℃	备注
HH3D	(12)(220℃/10kg)	13	104(110)	POLYMAN牌号，耐热、车用
HH3	(7)(220℃/10kg)	6	105(108)	POLYMAN牌号，耐热、车用
HH	(4)(220℃/10kg)	12	103(107)	POLYMAN牌号，耐热、车用
K1836	(35)(220℃/10kg)	15	77(95)	POLYMAN牌号，流动好
LC145	(5)(220℃/10kg)	15	101(100)	POLYMAN牌号，亮色
LC165	(6)(220℃/10kg)	21	99(102)	POLYMAN牌号，浅色、可挤塑
LCHH	(7)(220℃/10kg)	14	82(104)	POLYMAN牌号，耐热、可染色
LP125/2GL	(13)(220℃/10kg)	27	90(93)	POLYMAN牌号，高抗冲
LP128/2GL	(36)(220℃/10kg)	17	72(94)	POLYMAN牌号，可电镀
LP129/2GL	(22)(220℃/10kg)	16	80(100)	POLYMAN牌号，高流动
LP137A	(22)(220℃/10kg)	18	(96)	POLYMAN牌号，抗静电
LP299/2GL	(21)(220℃/10kg)	21	80(96)	POLYMAN牌号，中抗冲
LP320	(17)(220℃/10kg)	21	75(94)	POLYMAN牌号，中抗冲
LP330	(32)(220℃/10kg)	14	72(98)	POLYMAN牌号，流动好
LP340	(40)(220℃/10kg)	14	(97)	POLYMAN牌号，高流动
LP500RCP	(27)(220℃/10kg)	10	74(95)	POLYMAN牌号，工业品级
LP510NT	(12)(220℃/10kg)	10	80(100)	POLYMAN牌号，黑色工业品级
M/HI	(17)(220℃/10kg)	21	91(93)	POLYMAN牌号，抗静电
M/HI-G	(30)(220℃/10kg)	15	88(90)	POLYMAN牌号，可电镀
M/HI-W	(9)(220℃/10kg)	19	95(99)	POLYMAN牌号，高抗冲、车用
M/MI CA	(31)(220℃/10kg)	16	103(95)	POLYMAN牌号，永久抗静电
M/MI-A	(25)(220℃/10kg)	15	77(97)	POLYMAN牌号，抗静电
M/SHI	(13)(220℃/10kg)	30	89(93)	POLYMAN牌号，高抗冲
M/TK AK1459	(29)(220℃/10kg)	15	92(98)	POLYMAN牌号，可接触食品
M/TK	(23)(220℃/10kg)	15	92(98)	POLYMAN牌号
M/TK-H	(17)(220℃/10kg)	11	95(110)	POLYMAN牌号，耐热
ABS1236PG	(30)(220℃/10kg)	15	88(90)	RONFALIN牌号，可电镀
ABS1237U	(36)(220℃/10kg)	18	79(95)	RONFALIN牌号，高流动
ABS1237	(36)(220℃/10kg)	18	79(95)	RONFALIN牌号，高流动
ABS1261FC	(7)(220℃/10kg)	34	82(97)	RONFALIN牌号，高抗冲
ABS1261	(7)(220℃/10kg)	32	82(97)	RONFALIN牌号，中抗冲
ABS1271AFC	(10)(220℃/10kg)	38	(91)	RONFALIN牌号，可接触食品
ABS1326	(32)(220℃/10kg)	12	79(97)	RONFALIN牌号，流动佳
ABS1328	(42)(220℃/10kg)	12	82(97)	RONFALIN牌号，高流动

续表

牌号	熔体流动速率(200℃/5kg)/(g/10min)(cm^3/10min)	Izod缺口冲击强度/(kJ/m^2)(J/m)	热变形温度(维卡软化温度)/℃	备注
ABS1328A	(42)(220℃/10kg)	12	82(97)	RONFALIN牌号，抗静电
ABS1333LC	(15)(220℃/10kg)	16	95(96)	RONFALIN牌号，自着色
ABS1334	(22)(220℃/10kg)	17	82(97)	RONFALIN牌号，通用
ABS1335	(27)(220℃/10kg)	17	84(97)	RONFALIN牌号，通用
ABS1335A	(27)(220℃/10kg)	17	84(97)	RONFALIN牌号，抗静电
ABS1335ALE	(27)(220℃/10kg)	17	84(97)	RONFALIN牌号，低挥发
ABS1335ALM	(27)(220℃/10kg)	17	84(97)	RONFALIN牌号，可激光光刻
ABS1336	(32)(220℃/10kg)	17	77(97)	RONFALIN牌号，通用
ABS1336A	(32)(220℃/10kg)	17	77(97)	RONFALIN牌号，抗静电
ABS1336AFC	(32)(220℃/10kg)	17	77(97)	RONFALIN牌号，可接触食品
ABS1336CA	(32)(220℃/10kg)	17	78(97)	RONFALIN牌号，永久抗静电
ABS1336FC	(32)(220℃/10kg)	17	77(97)	RONFALIN牌号，可接触食品
ABS1337	(37)(220℃/10kg)	17	79(97)	RONFALIN牌号，高流动
ABS1337U	(37)(220℃/10kg)	17	79(97)	RONFALIN牌号，耐紫外
ABS1338	(40)(220℃/10kg)	15	(95)	RONFALIN牌号，高流动
ABS1341AMU	(17)(220℃/10kg)	22	97(100)	RONFALIN牌号，抗菌、耐紫外
ABS1344FC	(21)(220℃/10kg)	21	74(96)	RONFALIN牌号，可接触食品
ABS1352A	(12)(220℃/10kg)	11	84(97)	RONFALIN牌号，抗静电
ABS1361	(7)(220℃/10kg)	32	82(97)	RONFALIN牌号，超高抗冲
ABS1362CA	(12)(220℃/10kg)	32	80(97)	RONFALIN牌号，永久抗静电
ABS1363	(17)(220℃/10kg)	32	80(97)	RONFALIN牌号，超高抗冲
ABS1363A	(17)(220℃/10kg)	32	80(97)	RONFALIN牌号，抗静电
ABS1363AU	(17)(220℃/10kg)	32	80(97)	RONFALIN牌号，耐紫外
ABS1411MFC	(8)(220℃/10kg)	9	(101)	RONFALIN牌号，自着色
ABS1424FC	(22)(220℃/10kg)	12	80(102)	RONFALIN牌号，可接触食品
ABS1431	(5)(220℃/10kg)	15	101(102)	RONFALIN牌号，自着色
ABS1432M	(10)(220℃/10kg)	17	100(102)	RONFALIN牌号，低光泽、车用
ABS1442	(12)(220℃/10kg)	24	98(101)	RONFALIN牌号，低光泽、车用
ABS1443LE	(17)(220℃/10kg)	22	84(102)	RONFALIN牌号，低挥发
ABS1443U	(17)(220℃/10kg)	22	84(102)	RONFALIN牌号，耐紫外
ABS1511	(7)(220℃/10kg)	6	105(108)	RONFALIN牌号，高耐热、车用
ABS1520	(4)(220℃/10kg)	12	103(107)	RONFALIN牌号，耐热、车用
ABS1522	(12)(220℃/10kg)	10	104(108)	RONFALIN牌号，高流动、耐热
ABS1541	(7)(220℃/10kg)	22	86(107)	RONFALIN牌号，高抗冲、耐热

续表

牌号	熔体流动速率(200℃/5kg)/(g/10min)(cm³/10min)	Izod 缺口冲击强度/(kJ/m²)(J/m)	热变形温度(维卡软化温度)/℃	备注
ABS1572	(14)(220℃/10kg)	36	86(108)	RONFALIN 牌号，高抗冲、耐热
ABS1621	(6)(220℃/10kg)	12	102(112)	RONFALIN 牌号，高耐热、车用
2. 挤塑级				
3501 Black 1300	1	(320)	77.2(104)	粒料、高抗冲
3501 EBlack 1300	1	(320)	77.2(104)	粒料、高抗冲
3501 ESCR	0.7	(270)	77.2(104)	粒料、高耐应力开裂
7500E	0.5	(400)	80.0(107)	粒料、超高抗冲
9501	0.4～1.2	(520)	75.6(105)	粒料、超高抗冲
9501-1001S	7.3(230℃/10kg)	(520)	76(105)	粒料、超高抗冲
TM-40	0.4	(160)	106(140)	粒料、高耐热
TR-7	4.9(220℃/10kg)	(200)	94.3(125)	高耐热、车用、可上漆
ABS809L	0.7	(520)	75	ACCUCOMP 牌号，高抗冲
ABS809SL	0.4	(530)	74	ACCUCOMP 牌号，高抗冲
E/HI	(9)(220℃/10kg)	34	88(90)	POLYMAN 牌号，高抗冲
3. 增强级				
3501 GF-10	1.1	(91)	93.9(111)	粒料、10%的玻纤
3501 GF-20	0.8	(64)	102(113)	粒料、20%的玻纤
3501 GF-30	0.1	(64)	103(115)	粒料、30%的玻纤
ABS831G10L	1.5	(91)	88	ACCUTECH 牌号，10%玻纤
ABS831G20L	1	(76)	88	ACCUTECH 牌号，20%玻纤
ABS831G30L	0.7	(68)	91	ACCUTECH 牌号，30%玻纤
ABS831G40L	0.5	(64)	92	ACCUTECH 牌号，40%玻纤
ABS832G10L	0.6	(96)	86	ACCUTECH 牌号，10%玻纤
ABS832G20L	0.5	(88)	93	ACCUTECH 牌号，20%玻纤
ABS832G30L	0.4	(78)	94	ACCUTECH 牌号，30%玻纤
ABS832G40L	0.3	(90)	95	ACCUTECH 牌号，40%玻纤
ABS1012	(27)(220℃/10kg)	10	74(95)	POLYMAN 牌号，含 5%矿物
FABS20GF	(11)(220℃/10kg)	6	101(102)	POLYMAN 牌号，20%玻纤
ABS1205BS70	(26)(220℃/10kg)	1.3	73(94)	RONFALIN 牌号，70%$BaSO_4$
ABS1200MW20U	(4)(220℃/10kg)	13	81(93)	RONFALIN 牌号，20%$CaSO_3$
ABS1312GB30	(10)(220℃/10kg)	5	93(98)	RONFALIN 牌号，30%玻璃珠
ABS1314GB10	(22)(220℃/10kg)	7	80(97)	RONFALIN 牌号，10%玻璃珠
ABS1411GF30	(7)(220℃/10kg)	7	95(102)	RONFALIN 牌号，30%玻纤
ABS1412GF17	(12)(220℃/10kg)	7	95(102)	RONFALIN 牌号，17%玻纤

续表

牌号	熔体流动速率(200℃/5kg)/(g/10min)(cm³/10min)	Izod缺口冲击强度/(kJ/m²)(J/m)	热变形温度(维卡软化温度)/℃	备注
ABS1412GF20	(12)(220℃/10kg)	7	95(102)	RONFALIN 牌号，20%玻纤
ABS1413GB20	(17)(220℃/10kg)	7	82(102)	RONFALIN 牌号，20%玻璃珠
ABS1510GF30	(4)(220℃/10kg)	5	95(105)	RONFALIN 牌号，30%玻纤
4. 阻燃级				
ABS860V0L	5	(360)	66	ACCUGUARD 牌号
ABS860V0UVL	5	(360)	66	ACCUGUARD 牌号
RABS 3000	1.17(220℃/10kg)	10	83(94)	POLYFLAM 牌号
5. 吹塑级和电镀级				
4012B	1.3	(340)	84.4(116)	吹塑级、粒料
7600B	0.6	(430)	77.2(104)	吹塑级、超高抗冲
7600B 1002 Natural FDA	0.6	(430)	77.2(104)	吹塑级、符合 FDA 标准
6. 其他				
ABS801L	2	(260)	73	ACCUCOMP 牌号，中抗冲
ABS801V	3	(250)	69	ACCUCOMP 牌号，车用
ABS802L	1.2	(440)	77	ACCUCOMP 牌号，高抗冲
ABS803L	2.2	(220)	77	ACCUCOMP 牌号，中抗冲
ABS810L	2.8	(270)	75	ACCUCOMP 牌号，中抗冲
ABS811L	3	(360)	73	ACCUCOMP 牌号，中抗冲
ABS827L	1.8	(310)	76	ACCUCOMP 牌号
ABS846HL	5	(340)	75	ACCUCOMP 牌号，高流动
ABS856BL	3.5	(230)	77	ACCUCOMP 牌号，高流动
ABS881ASD6	5	(100)		ACCUCOMP 牌号，导静电
ABS881L	3	(130)	87(0.45MPa)	ACCUCOMP 牌号，透明
ABS892BL	0.8	(370)	82	ACCUCOMP 牌号，高耐热
ABS892DL	0.3	(180)	88	ACCUCOMP 牌号，高耐热
ABS892EL	0.6	(190)	88	ACCUCOMP 牌号，高耐热
ABS-45T	5	(320)	82.2	Lucent 牌号，高抗冲
ABS-305	5	(160)	87.8	Lucent 牌号，通用级
ABS-305LG	5	(160)	87.8	Lucent 牌号，低光泽
Primolac V620GP	3	(190)	85	车用，符合 GMP. ABS. 001

附录 5 Trinseo 公司 Magnum 牌号

2010 年 6 月，陶氏化学公司（DOW）宣布将其 Styron 部门出售，Styron 以独立公司存在

2011 年 4 月，Styron 公司将公司名改为 Trinseo（中文名：盛禧奥）

牌号	熔体流动速率(220℃/10kg)/(g/10min)(cm^3/10min)	Izod 缺口冲击强度/(kJ/m^2)(J/m)	热变形温度(维卡软化温度)/℃	备注
1. 注塑级				
275	8	(260)	80 (99)	中抗冲
3453	15	18	100 (97)	家电、电话、玩具
3513	8.5	24	100 (101)	高抗冲、挤塑型材
8391	8.4 (220℃/5kg)	19	95 (95)	家电、玩具
8391MED	28	19	95 (95)	医疗器械盒
8434	13	21	102 (101)	车用、高光泽
3504	5.2	23	101 (102)	注塑或挤塑通用
342EZ	23	14	76 (95)	车用、高流动
347EZ	40	14	76 (94)	车用、高流动、低挥发
348	22	(200)	77 (96)	高流动
375HH	2.1 (230℃/3.8kg)	(220)	81.7 (105)	车用、低光泽
375HP	2.1 (230℃/3.8kg)	(220)	81.7 (103)	车用、低光泽
3525	11	18	79 (100)	车用、高流动
3904	4.5	37	97 (97)	车用、高抗冲
3416NA	8	20	85 (107)	车用、高耐热
3416SC	6.5	14	83 (108)	车用、高耐热
3416SLG	8.5	12	82 (107)	车用、高流动
2. 挤塑级				
3404	6.6	18	101 (102)	通用、共挤原料
3404Smooth	6.6	18	101 (102)	运输、卫生洁具
3513UV	10	20	100 (100)	建筑型材、耐紫外
3904Smooth LP	4.7	28	97 (97)	车用、家具
3. 其他				
3325MT	10	17	79 (99)	车用、高流动
3325SLG	10	18	82 (103)	车用、高流动
3616	5.5	18	79 (107)	车用、高抗冲
1150EM	0.9 (230℃/3.8kg)	(560)	82.2 (112)	车用、挤塑板材

续表

牌号	熔体流动速率(220℃/10kg)/(g/10min)(cm³/10min)	Izod缺口冲击强度/(kJ/m²)(J/m)	热变形温度(维卡软化温度)/℃	备注
1250BG	1.7	(360)	86.7	车用、高抗冲
357HP	2 (230℃/3.8kg)	(310)	87.8 (120)	车用、高耐热
720GS	4	(140)	98.9	车用、20%玻纤

附录 6 Lotte Chemical 公司 Starex® 牌号

牌号	熔体流动速率(200℃/5kg)/(g/10min)(cm³/10min)	Izod缺口冲击强度/(kJ/m²)(J/m)	热变形温度(维卡软化温度)/℃	备注
1. 通用级				
ABF-0200HF	4.5	(215)	84 (95)	抗菌、洁具、家电
BC-0130X	2.6	(147)	86 (99)	电池盒
CM-0140M	7.0	(137)	84 (97)	办公设备
CM-0140	3.2	(215)	81 (95)	办公设备
CM-0140UV	3	(196)	76 (95)	办公设备
EA-0640	1.8	(186)	81 (95)	办公设备、抗静电
EG-0191	9 (220℃/10kg)	(235)	88 (98)	家用电器
EG-0191F	15 (220℃/10kg)	(235)	(98)	家用电器、耐化学品
EG-0763	12 (220℃/10kg)	(255)	84 (95)	家用电器、耐化学品
EG-0780	11 (220℃/10kg)	(343)	(95)	家用电器
FP-0140	2	(196)	(96)	家用电器、食品级
HF-0660M	5	(166)	86 (97)	家用电器
HF-0670U	3.5	(196)	84 (94)	
HF-0670	4.5	(186)	85 (95)	高流动
HF-0680U	2.2	(225)	(97)	电视机/监视器
HF-0680	5.5	(196)	85 (97)	电视机/监视器、高流动
HF-0690M	8.5	(186)	82 (94)	家用电器、高流动
HG-0760GP	4	(225)	82 (96)	家用电器
HG-0760TV	5.5	(157)	(97)	电子电气
HP-0500	16 (220℃/10kg)	(127)	91 (100)	家用电器
LM-0990	15 (220℃/10kg)	(117)	81 (88)	电子电气、透明
LX-0760	3.2	(137)	85 (96)	家用电器、免喷涂
LX-0915G	17 (220℃/10kg)	(54)	97 (101)	家用电器

续表

牌号	熔体流动速率（200℃/5kg）/(g/10min)（cm^3/10min）	Izod 缺口冲击强度/(kJ/m^2)（J/m）	热变形温度（维卡软化温度）/℃	备注
LX-0951	29（220℃/10kg）	（137）	85（96）	家用电器、免喷涂
LX-0951EF	5.5	（137）	86（90）	家用电器
LX-0957	12（220℃/10kg）	（147）	85（95）	家用电器
LX-0981M	5	（147）	82（94）	家用电器
ML-0750	4	（215）	（95）	医疗器械、CFDA
MR-0130	40（220℃/10kg）	（176）	（94）	医疗器械、高流动
PT-0170M	1.4	（284）	88（97）	车用
PT-0180H	2.3	（323）	84（97）	车用、喷涂级
PT-0180	3.6	（196）	（97）	车用、喷涂级
SD-0150	2.0	（215）	84（99）	家用电器、车用
SD-0150GP	1.8	（274）	（97）	家用电器
SD-0150GW	2.2	（245）	83（97）	
SD-0150UF	11（220℃/10kg）	（274）	84（98）	家用电器
SD-0190H	8.5（220℃/10kg）	（392）	（95）	家用电器、头盔
SD-0790T	5.5	（255）	79（97）	玩具
SL-0100	7.5（220℃/10kg）	（59）	85（97）	共挤出板材、低光泽
WR-0790	30（220℃/10kg）	（196）	75（94）	抗紫外、家用电器
XM-0900	4.5（220℃/10kg）	（69）	83（98）	家电、透明、挤塑级
2. 挤塑级				
EU-0191S	2.5（220℃/10kg）	（284）	92（102）	冰箱、耐化学品
QU-0191S	4.3（220℃/10kg）	（215）	91（102）	冰箱
SH-0160	8（220℃/10kg）	（323）	90（98）	工业板材、建筑
SP-0170	6.4（220℃/10kg）	（382）	88（99）	管材、高抗冲
SP-0180	6（220℃/10kg）	（372）	（97）	管材、耐压
SP-0183	3.9（220℃/10kg）	（401）	91（101）	管材
SU-0191LH	3.5（220℃/10kg）	（294）	89（102）	家用电器、耐化学品
SV-0155	5.5（220℃/10kg）	（245）	89（100）	家用电器
SV-0165U	8.2（220℃/10kg）	（215）	88（90）	工业板材、建筑
3. 阻燃级				
NH-0825S	6.5	（196）	（93）	办公设备、游戏器具
NH-0825	9	（215）	78（89）	办公设备、游戏器具
NH-0826	6	（137）	82（94）	办公设备
NH-0925S	6.5	（186）	93（93）	办公设备、游戏器具
NH-0927	3.5	（157）	88（96）	办公设备、游戏器具

续表

牌号	熔体流动速率(200℃/5kg)/(g/10min)(cm³/10min)	Izod缺口冲击强度/(kJ/m²)(J/m)	热变形温度(维卡软化温度)/℃	备注
VE-0812	3.3	(147)	80 (90)	电子电气、家用电器
VE-0855YS	6	(127)	(87)	电子电气
VE-0856U	3.6	(157)	80 (90)	家用电器
VE-0856	3.5	(166)	80 (90)	家用电器
VE-0858	3.5	(196)	70 (90)	家用电器
VE-0860P	14 (220℃/10kg)	(137)	89 (99)	家用电器
VE-0860T	12 (220℃/10kg)	(264)	80 (94)	电源、充电器
VE-0860	1.6	(137)	85 (97)	电源设备
VE-0860EX	16 (220℃/10kg)	(196)	82 (94)	电子电气、车用
VE-0860SE	9.4 (220℃/10kg)	(166)	90 (102)	转接器、充电器
VH-0800E	5	(196)	76 (85)	电子电气、家用电器
VH-0800	5.4	(196)	70 (86)	电子电气、家用电器
VH-0810M	4.5	(215)	78	电子电气、家用电器
VH-0810T	6.5	(196)	70 (85)	电子电气、家用电器
VH-0810	6	(225)	78 (87)	电子电气、家用电器
VH-0815M	4	(209)	78 (85)	电子电气、家用电器
VH-0815	3.8	(245)	77 (86)	电子电气、家用电器
VH-0819	8	(78)	80 (90)	电视机/监视器
4. 耐热级				
BM-0320E	3.3 (220℃/10kg)	(147)	97 (108)	建筑、挤塑级
BM-0320J	4 (220℃/10kg)	(245)	93 (104)	车用、挤塑级
BM-0320JM	4 (220℃/10kg)	(284)	92	车用、挤塑级
LH-0300	10 (220℃/10kg)	(98)	88 (100)	车用
SR-0300T	7 (220℃/10kg)	(196)	88 (102)	车用
SR-0300	13 (220℃/10kg)	(225)	88 (102)	电子电气、车用
SR-0305	15 (220℃/10kg)	(225)	85 (100)	电子电气、车用
SR-0310FM	20 (220℃/10kg)	(147)	90 (103)	车用
SR-0315V	26 (220℃/10kg)	(206)	90 (102)	电子电气
SR-0320K	9 (220℃/10kg)	(166)	94 (106)	电子电气、车用
SR-0320	7.2 (220℃/10kg)	(176)	93 (108)	电子电气、车用
SR-0320BM	3.5 (220℃/10kg)	(176)	94 (108)	电子电气、车用
SR-0320LT	10 (220℃/10kg)	(166)	94 (106)	车用
SR-0325	7.5 (220℃/10kg)	(117)	103 (115)	车用
SR-0325L	8 (220℃/10kg)	(117)	103 (115)	车用

续表

牌号	熔体流动速率(200℃/5kg)/(g/10min)(cm^3/10min)	Izod 缺口冲击强度/(kJ/m^2)(J/m)	热变形温度(维卡软化温度)/℃	备注
SR-0325LT	4（220℃/10kg）	(117)	100（113）	车用
SR-0330L	3.5（220℃/10kg）	(127)	107（120）	车用
SR-330M	3（220℃/10kg）	(117)	104（118）	车用
SR-340M	2.5（220℃/10kg）	(137)	(120)	车用
5. 玻纤增强级				
GR-4005	15（220℃/10kg）	(70)	96（103）	办公设备
GR-4010	7.8（220℃/10kg）	(85)	100（106）	家用电器
GR-4017	17.2（220℃/10kg）	(78)	100（105）	车用
GR-4020	7（220℃/10kg）	(59)	101（107）	家用电器
GR-4020L	7（220℃/10kg）	(68)	100（105）	办公设备
GR-4030	5.4（220℃/10kg）	(64)	103（107）	家用电器
GR-4615	22（220℃/10kg）	(49)	99	电视机/监视器
VG-4910	23（220℃/10kg）	(117)	97（99）	家用电器
VG-4920	25（220℃/10kg）	(49)	96（100）	办公设备
VG-4920F	42（220℃/10kg）	(60)	93（101）	办公设备、坐浴盆

附录 7　中国台湾奇美实业股份有限公司 Polylac® 牌号

牌号	熔体流动速率(200℃/5kg)/(g/10min)(cm^3/10min)	Izod 缺口冲击强度/(kJ/m^2)(J/m)	热变形温度(维卡软化温度)/℃	备注
1. 通用级				
PA-707	1.7	(147)	85（105）	电话外壳、灯座
PA-709	0.5	(362)	85（105）	水管配件、车前后扰流板
PA-717C	1.3	(245)	85（104）	厨房用具、马桶座圈
PA-747	1.1	(313)	85（103）	摩托车挡泥板、鞋跟
PA-757	1.6	(196)	85（105）	家电、办公设备、化妆品盒
2. 挤塑级				
PA-709P	0.5	(367)	88（104）	管材
PA-709S	0.4	(362)	85（106）	管材、家具
PA-747F	0.3	(255)	85（106）	冰箱板材
PA-747H	0.2	(313)	85（106）	冰箱板材
PA-747R	0.3	(343)	85（105）	行李箱、手提箱、冰箱

续表

牌号	熔体流动速率(200℃/5kg)/(g/10min)(cm³/10min)	Izod 缺口冲击强度/(kJ/m²)(J/m)	热变形温度(维卡软化温度)/℃	备注
PA-747S	0.5	(343)	85 (103)	冰箱板材、可注塑
3. 阻燃级				
PA-763	2.8	(196)	85 (104)	电器外壳
PA-764	3.2	(117)	78 (97)	电器外壳
PA-764B	2.8	(117)	80 (101)	电器外壳
PA-764G	(34) (220℃/10kg)	13	82 (101)	耐候、电器外壳
PA-765	5	(176)	73 (90)	电器外壳
PA-765A	4.6	(196)	76 (92)	电器外壳
PA-765B	4.2	(215)	76 (92)	电器外壳
4. 耐热级				
PA-77NB	(10) (220℃/10kg)	23	86 (115)	低挥发、低气味、低光泽
PA-777B	7.5 (220℃/10kg)	(196)	97 (115)	车用
PA-777D	5.5 (220℃/10kg)	(137)	105 (125)	车用
PA-777E	4 (220℃/10kg)	(108)	109 (129)	车用
5. 耐化学和电镀				
PA-727	1.6	(255)	87 (106)	电镀、轮毂罩
PA-726M	2.3	(245)	85 (104)	电镀、车用
PA-797	(9.2) (220℃/10kg)	35	80 (105)	耐化学品
6. 高流动				
PA-757H	3	(264)	85 (105)	通用
PA-746M	(50) (220℃/10kg)	(186)	(104)	喷涂、车用
PA-737	2.6	(137)	83 (101)	薄壁制品
PA-746	3	(255)	85 (105)	薄壁制品
PA-746H	4.5	(245)	85 (104)	薄壁制品
PA-756	4.4	(157)	83 (105)	薄壁制品
PA-756H	8	(88)	85 (105)	薄壁制品
PA-756S	6.5	(166)	83 (105)	薄壁制品
7. 染色				
PA-747S A01	0.5	(343)	85 (103)	挤塑、板材
PA-757 A01	1.8	(176)	87 (104)	瓷白、通用
PA-757GJ08	2.7	(225)	87 (105)	高光泽、黑色
PA-757J01	1.65	(166)	87 (103)	家电、化妆品、办公

附录 8 天津大沽化工股份有限公司 ABS 牌号

牌号	熔体流动速率(220℃/10kg)/(g/10min)	Izod 缺口冲击强度/(kJ/m^2)(J/m)	热变形温度(维卡软化温度)/℃	备注
1. 注塑级				
DG-102	25	(160)	80 (102)	客户定制、电动车、玩具
DG-318	26	(260)	75 (103)	客户定制、汽车散热格栅
DG-407	17	24.5	75 (98.9)	汽车、家电
DG-417	19.1	19.7	75 (99.5)	汽车、家电
DG-427	26.7	18.5	75 (99.1)	汽车、家电
DG-437	18.6	12.6	76 (100.2)	汽车、家电
DG-417C	19.1	19.2	75 (99.5)	汽车、家电
DG-MG29	9.2	33.5	72 (98.2)	汽车、家电
DG-MG38	11～19	(280)	(96)	汽车、家电
DG-MG39	12	(450)	75 (103)	客户定制、厨房家电、头盔
DG-MG47	15～25	(150)	(95)	汽车、家电
DG-MG94	35.5	16.9	76 (99.1)	汽车、家电
2. 挤塑级				
DG-EX39	0.5～5	(320)	(89)	汽车、家电
DG-EX58	1.5～5.5	(300)	(90)	汽车、家电
DG-EX75	4～10	(260)	(95)	汽车、家电
3. 阻燃级				
DG-FR11	19.6	12.6	65 (84.2)	汽车、家电
DG-FR12	50	(220)	78 (88)	汽车外部构件、厨房电器
DG-FR15	15.1	18.1	63 (83.6)	汽车、家电
4. 其他				
DG-417KF	17～28	(170)	(95)	汽车、家电、专用料
DG-MG94KF	32～45	(160)	(95)	汽车、家电、黑色、专用料
DG-HG01	35～45	(150)	(95)	汽车、家电、黑色、专用料
DG-319	7	(260)	95 (107)	客户定制、电子电气、电镀
DG-MG38P	7～16	(214)	(82)	管材级
DG-EX107P	3.5～10	(107)	(82)	汽车、家电、管材级
DG-MG37EP	9～21	(260)	(97)	汽车、家电、电镀

附录 9　Spartech 公司 ABS 牌号

牌号	Izod 缺口冲击性能 /(J/m) (kJ/m^2)	弯曲强度 /MPa	热变形温度 /℃	备注
FormPro® 1101	427	62	90	阻燃、优级板材
FormPro® 1102	373	65	90	阻燃、基础板材
FormPro ®1103	240	61	87	多用途板材
FormPro® 1109	373	62	90（未淬火）	板材
FormPro® 1111	373	59	88	阻燃、低光泽优级板材
FormPro® 1112	320	59	87	阻燃、低光泽基础板材
FormPro® Chill “A”	213	34	82	耐化学、高光泽冰箱板材
FormPro® HR	(21)	73	105	高耐热
Korad® Capped	400	69	92	车用阻燃、抗紫外
Royalite® R12	240	61	104	硬质高耐热板材
Royalite® R15	213	54	88	医用、车用阻燃
Royalite® R20	427	48	96	航空、车用阻燃
Royalite® R21	373	55	98	车用阻燃、板材
Royalite® R23	213	60	93	车用阻燃、硬质板材
Royalite® R24	400	54	99	车用阻燃、耐火板材
Royalite® R26	400	59	99	车用阻燃、硬质板材

附录 10　ABS 合金牌号

牌号	熔体流动速率 /(g/10min) (cm^3/10min)	Izod 缺口冲击强度/(kJ/m^2) (J/m)	热变形温度 /℃	备注
1. INEOS Styrolution				
ABS/PC 合金				
Novodur Ultra 4104	(9)	38	99	汽车内饰件
H801	(10.5)	32	99	汽车内饰件
ABS/PA 合金				
Terblend N NM-11	(25) (240℃/10kg)	75	58	耐低温、冰柜部件
Terblend N NM-13	(30) (240℃/10kg)	65	65	耐低温、机车部件
Terblend N NM-19	(30) (240℃/10kg)	65	65	抗紫外、车内饰件

续表

牌号	熔体流动速率/(g/10min)(cm^3/10min)	Izod 缺口冲击强度/(kJ/m^2)(J/m)	热变形温度/℃	备注
2. LyondellBasell				
ABS/PC 合金				
RONFALIN C C110FR	35（260℃/5kg）	40	90	家电罩壳
Primolac V620GP	3	（190）	85	车用
Diamaloy ABSPC 750 HF	26（200℃/5kg）	（530）	82.2	阻燃、注塑级
Diamaloy ABSPC 750	18（230℃/3.8kg）	（640）	87.8	阻燃、注塑级
Diamaloy ABSPC 7000M	23（265℃/5kg）	（530）	110	耐热、抗冲、医用
Acculoy PCA083L	5（230℃/3.8kg）	（580）	87	电镀级
ABS/PA 合金				
4010A	37（265℃/5kg）	不断	52.8	注塑级
6201MT	（5）（250℃/5kg）	110	77	纳米复合材料
6301E	（0.4）（260℃/5kg）	60	72	挤出级、抗紫外
6401U	33（240℃/10kg）	79	66.2（未淬火）	注塑级、阻燃
6501	（11）（250℃/5kg）	91	66	车用
6503U	（15）（260℃/5kg）	80	68	车用、抗紫外
3. SABIC				
ABS/PC 合金				
Cycoloy CX2142ME	22.5（260℃/2.16kg）	（600）	84	注塑级、阻燃、医用
Cycoloy CX2244ME	18（260℃/2.16kg）	（700）	89	注塑级、阻燃、医用
Cycoloy CX7110	22（260℃/2.16kg）	（600）	84	注塑级、阻燃
Cycoloy CX7211	15.5（260℃/2.16kg）	（625）	89	注塑级、阻燃
Cycoloy CX7240	18（260℃/2.16kg）	（700）	100	注塑级、阻燃
Cycoloy CX7240U	16（260℃/2.16kg）	（500）	89	注塑级、阻燃
Cycoloy CX7510	（41）（260℃/2.16kg）	（640）	106（6.4mm）	注塑级、阻燃
Cycoloy CX7720	9（260℃/2.16kg）	（150）	110	注塑级、阻燃
4. Lotte Chemical				
ABS/PC 合金				
HA-1011	49（250℃/10kg）	（706）	106	办公设备
HI-1001BN	40（250℃/10kg）	（490）	100	手机、家用电器
HP-1000H	14（250℃/10kg）	（608）	120	电子电气

续表

牌号	熔体流动速率/(g/10min)(cm^3/10min)	Izod缺口冲击强度/(kJ/m^2)(J/m)	热变形温度/℃	备注
HP-1000P	22 (250℃/10kg)	(578)	124	电子电气
HP-1000X	4.6 (250℃/2.16kg)	(637)	113	车用
LX-1098F	42 (250℃/10kg)	(392)	104	车用
WP-1053	45 (250℃/10kg)	(470)	105	车用
ABS/PET合金				
EG-7000	35 (250℃/10kg)	(206)	78	家用电器
EG-7030	18 (250℃/10kg)	(333)	80	空调排水盘
GC-0710		(274)	80	电子电气
GC-0730		(559)	74	电视显示器
ABS/PBT合金				
GP-3200G	33 (250℃/5kg)	(65)	145	玻纤增强、家用电器
VB-3100G	30 (250℃/2.16kg)	(49)	135	玻纤增强、家用电器